本著作获西安石油大学优秀学术著作出版基金资助出版

U0809121

鄂尔多斯盆地延长组下组合石油成藏机理及主控因素

李元昊 著

中国石化出版社

内容提要

鄂尔多斯盆地上三叠统延长组为大型坳陷湖盆沉积，储层以低渗透特征闻名中外，延长组下组合以源下成藏为主，成藏富集条件较为苛刻，受沉积相、储层特征、烃源岩排烃、异常压力、输导体系等多因素影响。本书是在长期教学实践基础上撰写完成的，在大量翔实的野外露头、岩心照片、分析化验等基础资料分析基础上，重点从盆地构造背景、下组合物源、沉积相及演化、储层特征及控制因素、烃源岩、成藏机理、成藏物理模拟及主控因素等方面进行介绍。该书具有较高的学术价值，对石油天然气勘探具有重要的意义。

本书可供油气勘探和开发专业的专业技术人员及大专院校的师生使用，是一本理论和实践相结合具有较高学术价值的参考资料。

图书在版编目（CIP）数据

鄂尔多斯盆地延长组下组合石油成藏机理及主控因素 / 李元昊著 .—北京：中国石化出版社，2022.6
ISBN 978-7-5114-6716-4

Ⅰ. ①鄂…　Ⅱ. ①李…　Ⅲ. ①鄂尔多斯盆地 – 三叠纪 – 油气藏形成 – 研究　Ⅳ. ① P618.130.2

中国版本图书馆 CIP 数据核字（2022）第 097944 号

未经本社书面授权，本书任何部分不得被复制、抄袭，或者以任何形式或任何方式传播。版权所有，侵权必究。

中国石化出版社出版发行

地址：北京市东城区安定门外大街 58 号
邮编：100011　电话：(010) 57512500
发行部电话：(010) 57512575
http: //www.sinopec-press.com
E-mail : press@sinopec.com
北京柏力行彩印有限公司印刷
全国各地新华书店经销
*
787 × 1092 毫米 16 开本 18 印张 454 千字
2023 年 1 月第 1 版　2023 年 1 月第 1 次印刷
定价：128.00 元

前 言

鄂尔多斯盆地是我国最重要的含多种能源盆地之一，石油、天然气、煤、铀矿等富集共存，其中油气资源尤其丰富，具有古生界满盆含气、中生界半盆含油的分布特征。目前，年生产油气当量已突破6000×10^4t，成为我国第一大油气田，同时也是我国陆上最早进行石油勘探开发的盆地，把鄂尔多斯盆地称为聚宝盆一点都不为过。

笔者2002年从中国石油大学（华东）研究生毕业后就在长庆油田勘探开发研究院从事油气勘探方面的科研及生产工作，从此与鄂尔多斯盆地结下了不解之缘，探索含油气层系地质奥秘逐渐成为终身追求的事业。在亲身参与了长庆油田快速发展的过程中，见证了油田从参加工作时的年产1000×10^4t到近年来的5000×10^4t、6000×10^4t发展历程。在对长庆油田发展现状感到欣喜的同时，一代代石油人怀着我为祖国献石油的责任感，日夜加班艰苦奋斗的一幕幕场景不时浮现在眼前，深感这些成果真的来之不易。虽然后来调入西安石油大学工作，但仍然关注油田发展并继续做与盆地相关的科研工作。

随着石油勘探的深入，侏罗系及延长组上部层系勘探程度逐渐变高，需要寻找新的勘探接替领域，延长组下组合就成为最为现实的目标攻关层系，同时也面临着资料少、认识程度低等困难。笔者有幸主持及参与了多项下组合相关的研究课题，包括油田生产课题，“十一五”“十二五”国家重大专项岩性课题，“十二五”5000×10^4t中国石油股份有限公司课题及博士论文课题。研究内容涉及盆地构造背景、沉积物源、沉积相类型划分及演化、砂体分布规律及控制因素、储层特征及相对高渗储层成因机制、烃源岩生排烃特征、成藏动力、向下排烃机制及距离、油藏富集规律、勘探潜力及甜点区预测等多个方面。本书就是在以上研究成果基础上总结深化而成的。书中提出了一些新的观点及认识，如下组合主要发育东北、西北、西南三大沉积体系；长8发育浅水三角洲，湖岸线控砂；幕式排烃，多点式充注成藏；烃源岩先向下排烃再向上排烃等。开展了成藏物理模拟实验，总结了下组合勘探潜力及有利区控制因素。本书既有丰富的露头、岩心、分析化验等资料支撑，又有一定深度的理论认识总结，对延长组下组合及盆地的勘探开发具有一定的指导意义。

本书全部由李元昊编写、统稿和校订。本书的研究工作得到了笔者博士生导师刘池阳教授的悉心指导和帮助，一些观点和认识就是在读博士期间逐渐成熟的，在导师的指导下进行了进一步的深化提升。特别感谢默默付出、全力支持笔者教学科研工作的家人，尤其笔者的妻子王秀娟女士和女儿。十分感谢曾经一起工作十多年的长庆油田勘探开发研究院的同事们，特别是课题组的独育国高工、黄锦秀高工、邓秀芹教授、姚泾利副院长、郭正权高工、楚美娟高工、程党性高工、梁艳硕士，还有赵彦德教授、齐亚林高工、邵晓州博士、刘广林博士、杜金良高工、白嫦娥高工等，曾多次一起跑野外、看岩心、编图件、写报告，一些成果本身就包含了多人的汗水和智慧，是集体智慧的结晶。野外工作多次得到了袁效奇高工的指导。也感谢学校的领导同事对我教学科研工作的支持，特别是谭成仟教授、宋立军教授、郭艳琴教授、庞军刚副教授、张龙博士、田建峰副教授、杜贵超副教授、赵卫卫副教授等。我的硕士研究生郭鹏、王曼、马婷钰、段祎乐、王首良等，在图件美化排版等方面做了大量工作。还有大量曾经给予帮助的朋友，在此一并表示诚挚的感谢！

本书出版受西安石油大学优秀学术著作出版基金、陕西省教育厅2020年度重点科学研究计划项目（编号：20JS127）资助。

由于笔者学术水平有限，时间仓促，书中定有不当或错误之处，敬请读者予以批评指正！

目录

1 区域地质概况

鄂尔多斯盆地位于华北陆块西部，具有盆内稳定、盆缘活跃、南北隆升、西冲东抬的构造特征。现今盆地东迄吕梁山，西邻贺兰山、六盘山；南、北分别以渭河、河套新生代盆地相隔，与秦岭、阴山相望，盆地面积$25 \times 10^4 km^2$。现今鄂尔多斯地区为古生代—中生代多个世代、不同类型盆地（早古生代浅海台地、晚古生代近海平原、中生代内陆湖盆）的叠合盆地，为多重叠合盆地（刘池洋等，2007）。盆内地层平缓，倾角不足1°。除盆缘褶曲、断裂及挠曲构造等发育外，盆内构造极不发育，构成了华北克拉通上一个最稳定的块体或构造单元。北部为沙漠、草原及丘陵区，地势相对平坦，海拔1200~1350m；南部为著名的黄土塬区，地表沟壑纵横、梁峁交错，黄土层厚100~300m，海拔1100~1400m。

根据基底性质、盆地的构造演化和现今构造格局，将现今鄂尔多斯盆地划分为伊盟隆起、渭北隆起、晋西挠褶带、陕北斜坡、天环坳陷及西缘冲断构造带6个一级构造单元（图1-1）。

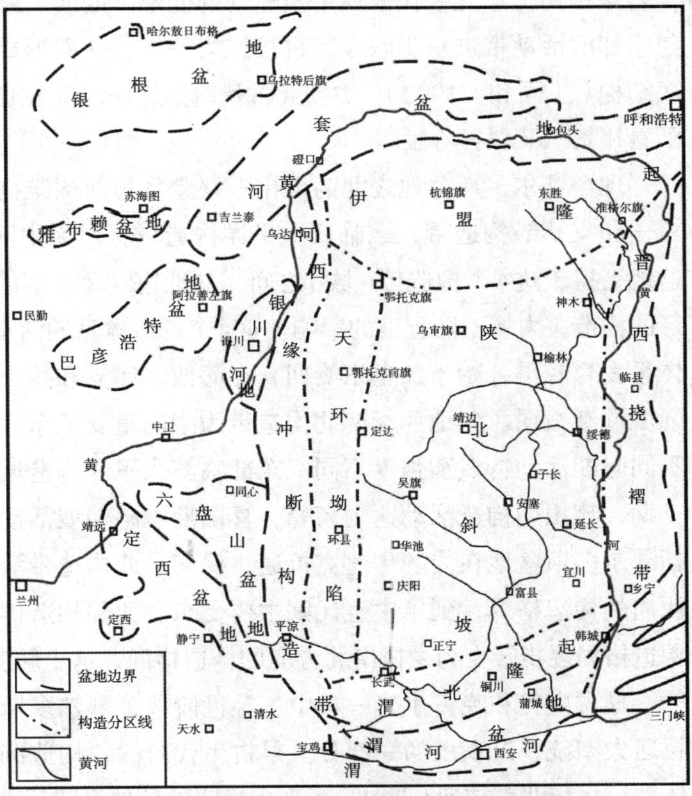

图1-1 鄂尔多斯盆地和外围盆地分布图（据李克勤等，1992）

1.1 盆地发育的构造背景及演化阶段

1.1.1 盆地发育的构造背景

在太古代—早元古代结晶基底之上，中生代鄂尔多斯盆地形成演化之前，现今盆地分布区还经历了中—晚元古代裂谷阶段、早古生代大华北克拉通陆表海和晚古生代—早中三叠世华北克拉通内陆盆地阶段。鄂尔多斯盆地所在地区，在地史上大范围接受沉积的时间长达400~500Ma；总体构成了不同时期（Mz/Pz2/Pz1）多个大型盆地的叠加、复合（表1–1）。

盆地基底由太古宙及古元古代的变质岩构成，大约经历了30亿年的发育史，是我国最古老的地区之一。太古界以集宁群、阜平群、界河口群为代表的麻粒岩相、角闪岩相高级变质岩是围绕古陆核逐步拼接、增生的产物。五台运动大量的岩浆侵入和混合岩化作用，早元古代末期中条运动的变形、变质、断升及混合岩化作用，使古陆核与相邻的活动带进一步联合、拼接连为一体，从而形成了典型的不均一镶嵌增生的基底结构（王同和，1992）。中新元古代时期，华北克拉通裂谷活动非常普遍，本区经历了秦祁贺三叉裂谷阶段。

现今鄂尔多斯盆地之北为天山—兴蒙华里西褶皱构造带，之南为祁连—秦岭加里东—印支褶皱构造带，东临滨太平洋构造域，西为中国南北构造带的北段（图1–2）。盆地夹持于这4个构造带（域）之间，盆地边缘及内部的构造作用都受到了来自周缘地区的构造应力场不同程度的影响。这4个构造体系的活动时间有先后，南、北两个构造体系发育较早，始于加里东旋回，在海西、印支和燕山构造期仍有活动，但是活动的强度逐渐减弱。盆地西缘南北构造带为中国重要的东西构造域的分界，发育较早，在不同时期活动特点和强度不同。东部临滨太平洋构造域对中国大陆的明显影响始于印支期，燕山期构造活动达到高峰，喜山期裂陷伸展活动较强。因此在古生代期间，包括鄂尔多斯盆地在内的华北克拉通，受南、北构造带活动的影响明显，主体呈现出东西向的构造格局；到了中生代则主要受东、西部构造体系的影响，由主体东西方向的构造格局逐步转变为主体南北方向的构造格局，这个转变过程发生在中生代早期。

早古生代和晚古生代—早中三叠世阶段，鄂尔多斯盆地主体分布区只为大华北克拉通大型统一沉积区的一部分。早古生代阶段，构造沉积演化主要受控于古亚洲动力体系，大华北克拉通（地块）表现为稳定的整体升降运动，受南北两侧洋盆的影响，属于陆表海盆演化阶段。在多幕快速海进和缓慢海退演化过程中，全区沉积了一套稳定可追踪和区域对比的以碳酸盐岩为主的寒武系和中、下奥陶统。

表 1–1 鄂尔多斯盆地及邻区古生代以来地层划分对比表（据杨俊杰，2002；修改）

地层			分区						
界	系	统	鄂尔多斯盆地	桌子山贺兰山	平凉—永寿	六盘山	阴山	山西	小秦岭
新生界	第四系	Q	黄土冲积层	马兰组 三门组	马兰组 三门组	全新统 更新统	河套群	马兰组 离石组 三门组	
中生界	第三系	N	三趾马红黏土	干河沟组	甘肃组	干河沟组	乌兰图克组		
				红柳沟组		红柳沟组	五原组		
		E	清水营	清水营组	清水营组	清水营组	临河组		
				寺口子组		寺口子组	乌拉特组		
	白垩系	K2							
		K1	志丹群	庙山湖组 柳沟门组	六盘山组	六盘山组	固阳组	助马堡组 左云组	
	侏罗系	J3		芬芳河组	芬芳河组	芬芳河组	大青山组		
		J2	安定组	安定组	安定组	安定组	长汉沟组	天池河组	
			直罗组	直罗组	直罗组	直罗组		云冈组	
			延安组	延安组	延安组	延安组	石拐群	大同组	
		J1	富县组					永定庄组	
	三叠系	T3	延长组	延长组	延安组	南营儿组		延长组	延长组
		T2						铜川组	
			纸坊组	纸坊组	纸坊组			二马营组	二马营组
		T1	和尚沟组	和尚沟组	和尚沟组	西大沟组	老窝铺组	和尚沟组	和尚沟组
			刘家沟组	刘家沟组	刘家沟组			刘家沟组	刘家沟组
古生界	二叠系	P3	石千峰组	石千峰组	石千峰组	窑沟组	脑包沟组	石千峰组	石千峰组
		P2	上石盒子组	上石盒子组	上石盒子组			上石盒子组	石盒子组
			下石盒子组	下石盒子组	下石盒子组	大黄沟组		下石盒子组	
		P2	山西组	山西组	山西组		石叶湾组	山西组	山西组
	石炭系	C3	太原组	太原组		太原组	拴马桩组	太原组	
		C2	本溪组	羊虎沟组		羊虎沟组 靖远组	本溪组	本溪组	
		C1				臭牛沟组 前黑山组			
	泥盆系	D3				沙流水组			
		D2				石峡沟组			
		D1							
	志留系	S3				旱峡组			
		S2				照花井组			
		S1							
	奥陶系	O3			背锅山组				
		O2		蛇山组 公乌素组 拉石冲组 乌拉力克组	龙门洞组 平凉组				平凉组
		O1	峰峰组 上马家沟组 下马家沟组	克里摩里组 桌子山组 三道坎组	三道坎组 水泉岭组	米钵山组 天景山组	峰峰组 上马家沟组 下马家沟组	峰峰组 上马家沟组 下马家沟组	三道坎组 水泉岭组
			亮甲山组				亮甲山组	亮甲山组	
			冶里组				冶里组	冶里组	
	寒武系	∈3	凤山组	凤山组			凤山组	凤山组	
			长山组	长山组			长山组	长山组	
			崮山组	崮山组	崮山组		崮山组	崮山组	
		∈2	张夏组	张夏组	张夏组	香山群	张夏组	张夏组	张夏组
			徐庄组	徐庄组	徐庄组		徐庄组	徐庄组	徐庄组
			毛庄组	毛庄组	毛庄组		毛庄组		毛庄组
		∈1	馒头组	馒头组	馒头组				馒头组
				苏峪口组	猴家山组				辛集组

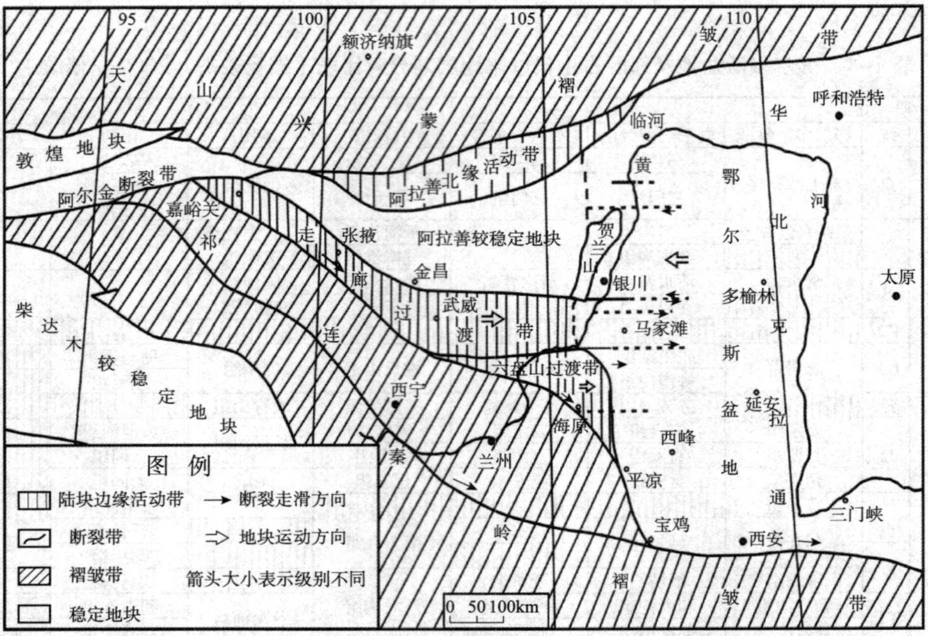

图 1–2 鄂尔多斯盆地及邻区主要构造体系分布图（据刘池洋，2003）

早古生代中晚期，整体隆升为陆，遭受长期的风化剥蚀。晚古生代—早中三叠世时期，仍处于古亚洲动力体系控制，到中石炭世华北地区又复沉降再度接受沉积。此后，华北克拉通北面的兴蒙海和南侧的秦祁海相继关闭、碰撞造山，克拉通盆地南北边界形成，海水退出，沉积环境完全转变成了大陆环境，大华北地区由内克拉通陆表海盆演变成克拉通内陆坳陷盆地。

1.1.2 中生代盆地发育及改造阶段

根据盆地及周缘地区区域构造背景、变形特征、沉积建造、环境变迁和主要地质事件，结合对盆地各地区裂变径迹测试结果和年龄分布的综合研究认为，在中生代盆地演化—沉积时期（T_2–K_1），至少发生了4次明显的构造变动，将该过程划分为4个阶段（刘池洋等，2006），即中晚三叠世、早中侏罗世富县—延安期、中侏罗世直罗—安定期和早白垩世。

盆地发育建造时期的两个鼎盛阶段为中晚三叠世和早中侏罗世富县—延安期，该期间盆地广泛接受沉积，湖盆宽阔，沉积范围为今残留盆地面积的2倍多（图1–3），沉积了重要的含油和成煤岩系。

在两个鼎盛发育期间，发生了区域抬升变动（J_1）将其分隔。三叠纪末由于盆地整体不均匀抬升，导致沉积间断，延长组顶部遭受强烈而不均匀的侵蚀下切，形成了高低起伏，沟、洼、坡、阶、塬、丘等侵蚀地貌。富县组及同时代地层以填平补齐的方式充填在这些沟谷低洼部位。

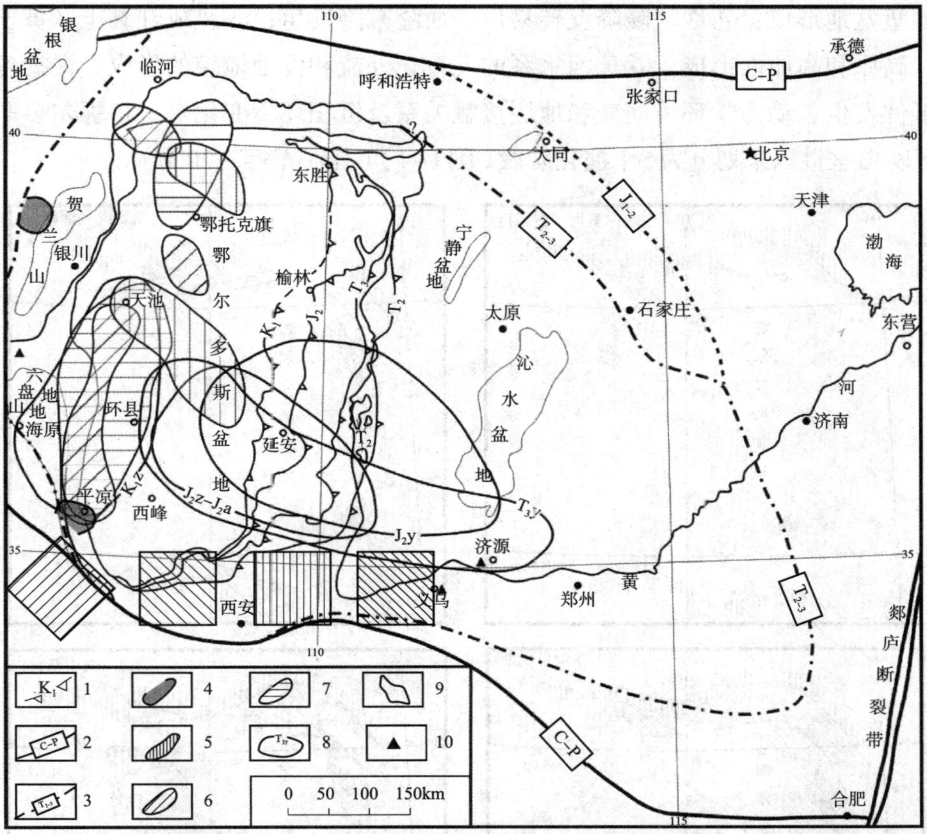

图 1–3　鄂尔多斯盆地中生代沉积边界与沉积、堆积中心变迁分布图（据刘池洋等，2006）

1—不同时代地层尖灭线；2—华北克拉通 C–P 沉积边界；3—盆地 T_{2-3}、J_{1-2} 古沉积边界；4—延长期堆积中心；5—延安期堆积中心；6—直罗—安定期堆积中心；7—早白垩世堆积中心；8—不同时期沉积中心；9—中生代残留盆地；10—侏罗纪残留含煤盆地

经中侏罗世延安期初的短暂过渡，盆地沉积范围和湖区迅速扩张，其沉积范围东北扩展到晋北大同盆地（刘池洋等，2006）。在早、中侏罗世，鄂尔多斯盆地沉积了一套厚约300m的含煤岩系，下部富县组无可采煤层，上部延安组为重要的含油、成煤建造。

延安组沉积早期由辫状河向曲流河演变，以河流相为主；中期河湖三角洲沉积发育；晚期主要为网状河—残余湖相。在盆地北部东胜西北地区发育冲积沉积体系。延安期沉积中心在米脂—靖边—吴起—宜君一线包络范围及其东（图1–3），沉积厚度大部分在200~300m，在天池—安塞一线和鄂托克旗北部较小范围沉积厚度大于300m，构成堆积中心（刘池洋等，2006）。

早白垩世末，鄂尔多斯盆地整体抬升，进入后期改造时期。晚白垩世以来，鄂尔多斯盆地主要发生了以下重要地质事件：①盆地主体长期、幕式、差异性整体抬升和强烈而不均匀的剥蚀；②在盆地本部形成了3期区域侵蚀—夷平面；③地块边部裂陷，周缘地堑盆地形成；④地块隆降反转易位，西隆东降发生；⑤风成红黏土、黄土广泛堆积，高原和高原面形成；⑥黄河水系的发育、外流和侵蚀地貌的形成。根据各主要地质事件发生、动力学环境演变和地层接触关系及沉积环境变化等，将鄂尔多斯盆地及邻区晚白垩世以来划分为5个演化阶段（图1-4）（桂小军等，2006）。

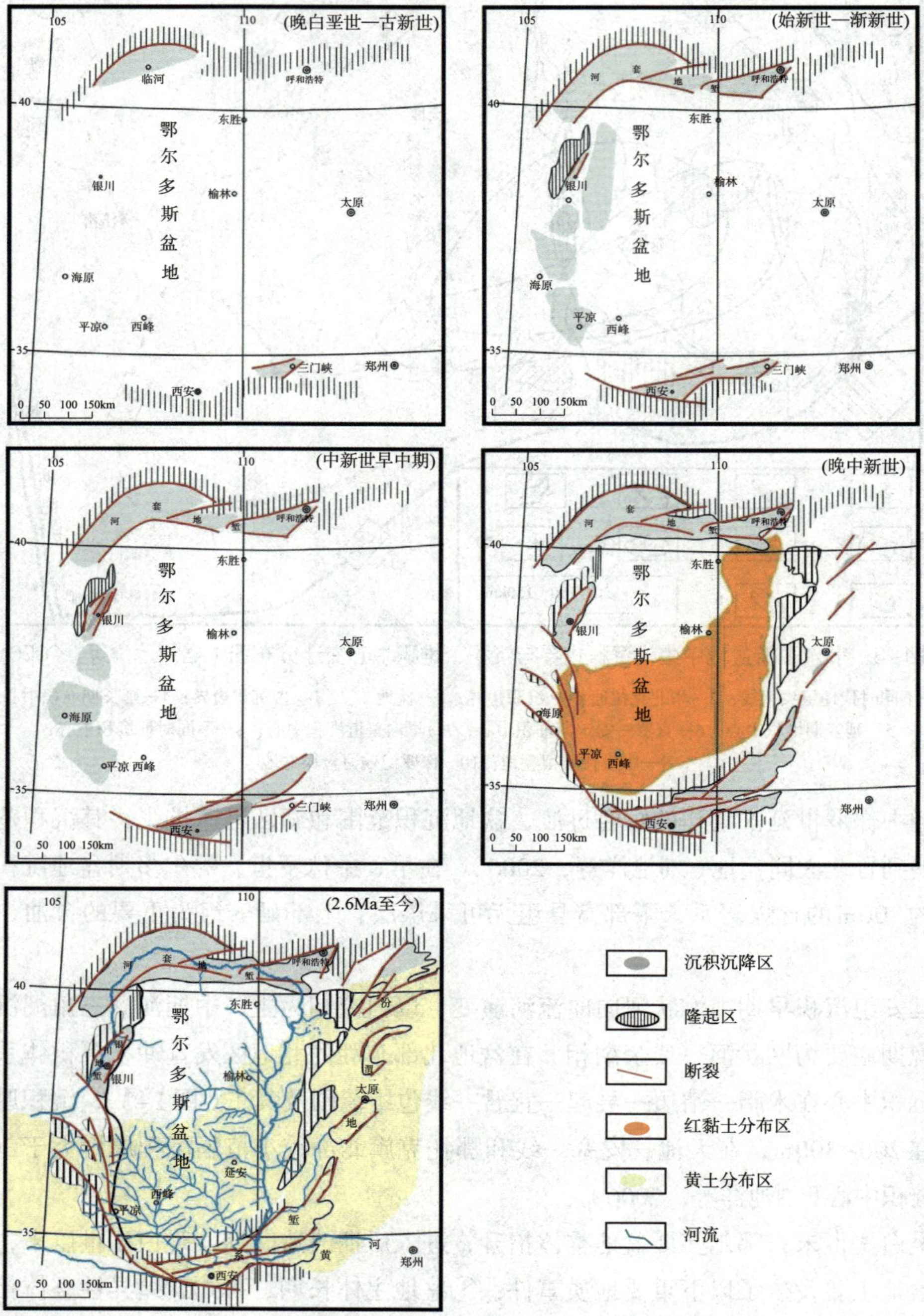

图1-4 晚白垩世以来鄂尔多斯盆地改造演变过程示意图（据桂小军等，2006）

1.2 鄂尔多斯盆地周缘古陆

三叠纪鄂尔多斯盆地为典型内陆大型坳陷盆地，盆地周边为高地剥蚀区环绕，三叠纪地层超覆于下覆不同层位上。盆地周缘古老变质岩系构成古陆的主要组成部分（图1–5）。

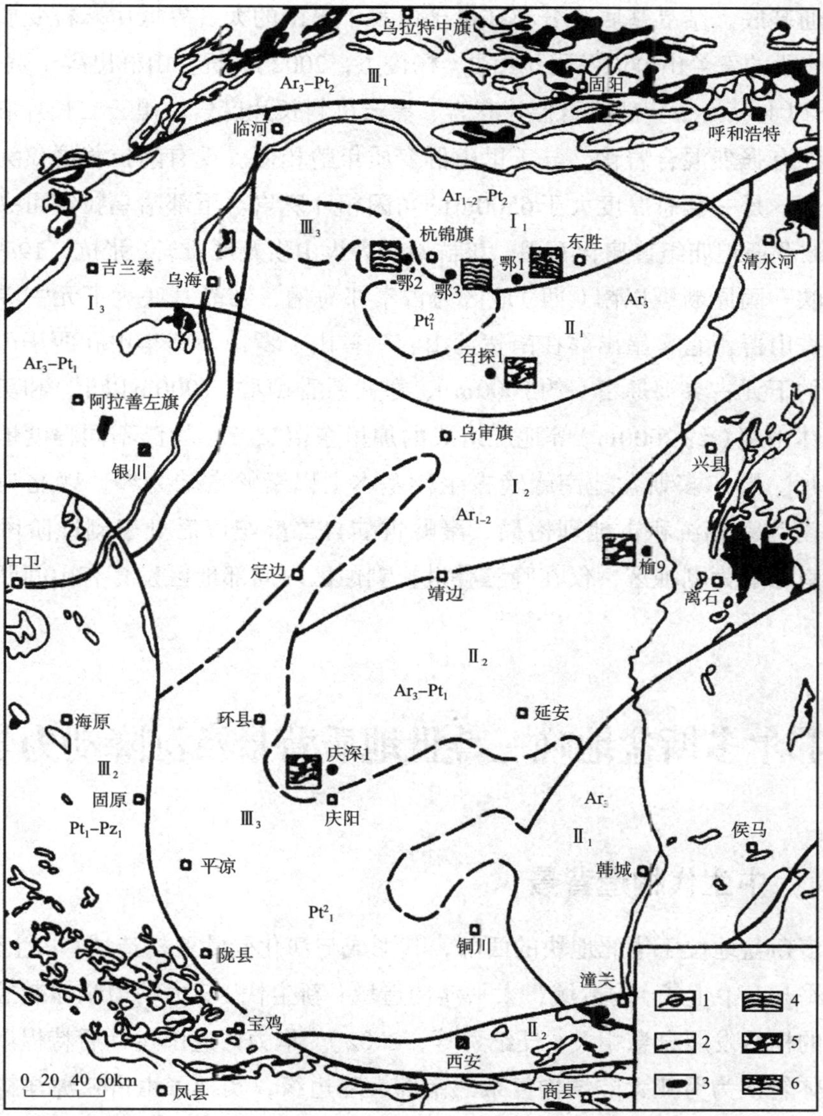

图1–5 鄂尔多斯盆地周缘结晶基地露头分布图（据汤元锡，1993）

1—结晶基底时代及岩性分区界线；2—地震解释的滹沱群边界；

3—结晶基底内的岩浆岩；4—二云母片岩；5—浅粒岩；6—片麻岩

盆地北缘地区包括狼山、乌拉山、大青山和阴山，南到集宁—呼市地区，其结晶基底由中下太古界多套变质岩系组成。西北缘为阿拉善隆起，北部伊盟隆起以北为广大的内蒙古隆起地区，它们在地史演化中隆起时间长。在隆起区的南缘，自中晚元古代以来不同时代地层向北均发生地层减薄、尖灭或岩相带的变化。在晚三叠纪沉积时，除伊盟隆起部分地区接受沉积外，绝大部分为隆起区，为晚三叠世沉积盆地提供主要物源。

盆地西缘桌子山—西华山地区，结晶基底以青铜峡—固原断裂为界，其东北属于华北克拉通基底，结晶基底为分布在桌子山和千里山的太古界低压麻粒变质岩和分布在贺兰山北段的贺兰山群以及阿拉山群（杨俊杰，2002）。贺兰山群出露于贺兰山北段，厚度15km以上，为一套硅线石榴片麻岩、黑云母斜长片麻岩、黑云二长片麻岩、黑云母粒岩，伴有强烈混合岩化，与千里山群变质年龄相似。现有阿拉善群仅为原阿拉善群的中下部，是一套总厚度大于6500m的角闪相片麻岩。下部哈乌拉组可夹厚层大理岩，上部波罗斯坦庙组普遍含石墨。该群原岩为火山岩及泥质岩（张抗，1989）。

青铜峡—固原断裂以南（西）地区为古秦祁海槽，结晶基底为下元古界海原群和下古生界香山群。它零星出露在南贺兰山、牛首山、罗山、南华山和西华山等地。其下为巨厚的下元古界海原群（约7000m）、寒武系香山群（1000m以上）和奥陶系天景山群、衣钵山组（约2000m）等地层组成的加里东褶皱带，均已不同程度地发生变质和强烈变形。鄂尔多斯盆地南缘晚古生代基本上以秦岭古陆为界，以北为大型内陆盆地，以南为海相沉积古地理格局，秦岭古陆自二叠纪以后处于剥蚀阶段，使鄂尔多斯盆地南缘成为剥蚀区，仅在晚三叠世，剥蚀区内局部地区发育有山间断陷盆地的沉积。

1.3 鄂尔多斯盆地晚三叠世地质背景及沉降动力学机制

1.3.1 中生代构造背景

鄂尔多斯盆地位于华北地块的西部，其形成与演化受欧亚构造域（古生代）、特提斯—古太平洋（中生代）构造域、太平洋构造域（新生代）三大动力学体制控制，并与华北板块的构造发展息息相关（任纪舜等，2002）。华力西造山运动后特提斯打开，中国大陆主体转换为劳亚大陆结构复杂的南部大陆边缘，实现了由古亚洲洋构造动力体系向特提斯—古太平洋构造动力体系的转变，并主要受控于古特提斯构造动力体系。印支运动阶段在中国地壳构造发展史上是一个重要转折期或构造变动期。扬子、羌塘地块的向北拼合，特提斯北支（古特提斯）最终封闭，是全球规模的联合古大陆最终形成和特提斯南支（中特提斯）进一步扩大的重要事件；新特提斯洋的扩张提供了扬子板块向北漂移的动力，最终导致晚古生代古特提斯残余洋盆的闭合消失，秦岭隆升造山。印支晚期结束了长期存在的南海北陆古地理面貌，形成了统一的大陆，并开始出现东西分异的新格局，标志着东部陆缘构造域古太平洋洋壳与东亚大陆之间相互作用和影响的增强。但在鄂尔多斯地区仍呈现为东西展布、南北分异的古地理格局。

早—中三叠世，鄂尔多斯地块逐渐开始转化为大型内陆差异沉降盆地发展阶段，盆地继承海西期构造基底，内部构造运动不明显，独立的鄂尔多斯盆地还没有形成，仍是一个大型沉积盆地。中—下三叠统自下而上分别为下统刘家沟组、和尚沟组和中统纸坊组。由沉积厚度所反映的盆地相对沉降幅度有很大的变化。早三叠世刘家沟期，沉积地层具有明显的南薄北厚特征，所反映的盆地基底南高北低。早三叠世和尚沟期和中三叠世纸坊期早期为过渡期，南北向地层厚度由变化不大到无明显变化，表明整个盆地相对沉降的幅度已无明显差异。在东西向上，在盆地西部除环县—平凉间较小范围沉积巨厚外，大部分地区的沉积地层较薄，总体显示西北高、东南低的格局。从纸坊期晚期开始，盆地南部沉积地层明显增厚。进入晚三叠世，鄂尔多斯盆地经历了从南薄北厚到南厚北薄的彻底转变，在转变时间上与秦岭造山带的最终的碰撞造山演化过程有很好的对应关系。

晚三叠世，秦岭洋最终关闭，华北与扬子克拉通拼接，秦岭地区全面碰撞造山。晚三叠世，鄂尔多斯盆地受秦岭造山带强烈碰撞和快速隆升的影响大幅度快速沉降。鄂尔多斯盆地整体表现为非均衡沉降盆地，南部沉降幅度较大，沉降中心呈带状位于盆地西部和南部，总体呈古地理北高南低、水体北浅南深、沉积北薄南厚特征，沉积中心位于华池—正宁一带，沉积中心和沉降中心发生明显偏离。

晚三叠世，鄂尔多斯盆地西南部受秦岭造山带影响显著。秦岭造山带的碰撞过程是一个漫长、复杂的地质演化过程（张国伟等，1996、2001）。秦岭真正的最后全面陆—陆碰撞造山发生在中生代初期的T_{2-3}，作为秦岭板块构造演化的最后阶段，秦岭3个板块依次沿勉略带（SF2）和商丹带（SF1）向北俯冲碰撞，最终形成板块的俯冲碰撞造山带。秦岭广泛发育印支期碰撞型花岗岩（245~211Ma），集中反映了全面碰撞作用（张成立等，2008；陈衍景，2010）。印支期花岗岩与秦岭古生代早、中期俯冲型花岗岩不同，后者仅分布在北秦岭区，而前者在南、北秦岭都普遍发育，尤以南秦岭西部最为发育，集中沿商丹带两侧及勉略带北侧分布。它们主要属俯冲碰撞型，并显示了板块斜向穿时的俯冲碰撞。沿勉略带内及北侧发育系列俯冲碰撞型花岗岩（卢欣祥，2000）。

1.3.2 盆地沉降动力学机制及演化阶段

盆地是地球动力系统演化的产物，地球表层特征的成因通常是地球内部软流圈变化的响应，脱离区域动力背景孤立地研究盆地，不可能阐明盆地的成因和性质，更难于对其深部进行预测。区域动力背景包括两个方面：一是盆地在板块构造中的位置及板块相互作用过程中的动力学关系。因此，研究盆地必须了解与其相邻造山带演化的历史，“盆山耦合”旨在揭示二者演化的成因关系，耦合与非耦合交替出现。二是盆地深部地幔动力学背景，盆地深部背景是最终认识盆地成因和演化的关键（李思田等，1997）。“盆”“山”耦合思想出现于20世纪90年代，是指造山过程与盆地演化间有统一的运动学过程和动力学机制，其核心是以活动论构造观指导盆地研究，以动态的过程分析取代静态的类型分析，是地球内部各层圈相互作用综合调整的结果。同时性和同一地质作用过程是其重要特点。构造上，盆地与山岭的耦合性主要表现在构造应力场的同一性与空间上的连续性，即挤压造山带与前陆盆地耦合，伸展造山带与裂陷盆地耦合，走滑造山带与走滑盆地耦合。沉积上，盆地与山岭的互补性主要为地球均衡性所制约。在浅层呈现为山岭隆升侵蚀或蚀顶作用盆地沉降充填；在深层则呈现为熔浆迁移和拆层作用。在空间上，地表盆山耦合主要是深部壳幔作用在浅层的响应（刘和甫，2001）。

牛树银等认为造山带与相邻盆地在地球动力学机制上是相辅相成的对立统一体系，并探讨了造山带与相邻盆地在耦合时期地表与深部物质的迁移转化机制。当软流圈受力产生波状起伏变形时，在软流圈和上地幔隆起上方，地壳减薄坳陷，地壳变厚，山脉隆升。造山带遭受风化剥蚀的产物被搬运至相邻盆地，并以逆冲推覆、拆离滑脱构造体系向盆地扩展。盆地的中下地壳物质在地幔上隆形成的地幔位势差、密度差和盆地扩张力的共同驱动下，沿向造山带缓倾的拆离滑脱变形带向山根蠕动流动，补充因地幔坳陷和山脉隆升造成的重力亏损，从而达到岩石圈四维空间物质的动态调整（牛树银等，1995）。李继亮等认为不同构造环境盆山耦合机制不同，盆山耦合是壳—幔作用在浅层的响应，岩石圈变形引起的盆地与山脉耦合的直接力源是构造应力场，而一级动力来自地幔对流（李继亮等，2003）。赵重远认为地球具有修复创伤的均衡作用能力，地球上部的均衡作用主要是在岩石圈与软流圈之间进行的，沉积盆地是在地球上部某一地段的均衡状态被破坏时，在同时开始的新的均衡调整中形成和发展的（赵重远，1981）。

孙国凡等在鄂尔多斯中生代盆地形成机制上认为，华北陆板块内部莫霍面的起伏很小，没有明显的地幔上隆与下凹现象，也几乎不存在中生代的岩浆活动或很微弱，这类盆地的发生机制是在挤压作用控制下岩石圈下凹并迫使均衡调整面下降使得盆地长期发育。挤压应力主要导源于特提斯，其次为太平洋构造作用远程效应的影响和控制（孙国凡等，1985）。

鄂尔多斯晚三叠世沉积盆地的形成演化与秦岭造山带隆升耦合作用密不可分，盆山形成具有典型的同时性、互补性。从秦巴地区莫霍界面深度图上看，鄂尔多斯盆地莫霍面深度普遍比秦岭造山带地区浅约2km，秦岭地区地幔向下坳陷、侧向迁移特征明显；从布格重力异常分布特征上看，布格重力与地形地貌的变化趋势相一致，与地壳厚度相对应；表明研究区内地壳结构总趋势符合艾里均衡补偿模式，即秦岭具有“山根”（张国伟等，2001）。西秦岭挤压造山作用导致山体隆升、山根加大并压迫软流圈在其表面形成凹形带，软流圈物质侧向迁移，鄂尔多斯地区弱拉张沉降。合理的作用过程应为：三叠世时期，在扬子板块旋转向北挤压下，秦岭洋沿商丹缝合带闭合，西秦岭造山开始大规模缓慢隆升造山，花岗岩上侵，山根加厚，挤压软流圈向下、向盆地方向流变迁移上涌。软流圈岩浆在上升过程中温度降低、密度变大，向侧下方沉降。沉降的软流圈物质牵引岩石圈向两侧拉伸减薄，地壳下降，盆地形成。同时，造山带物质剥蚀搬运在盆地内沉积充填，这也是地球重力均衡的具体体现。当秦岭造山作用强烈时，地球的均衡状态被破坏。为恢复平衡，地球通过内部均衡调整面的调整和外部侵蚀沉积作用来实现。深部表现为通过均衡调整面的变化对改变了厚度或重量的岩石圈负载予以调整，地表表现为造山带（正地形）遭受剥蚀，盆地（负地形）接受沉积。

晚三叠世延长期盆地演化大致可分为三个大的阶段，不同阶段盆地沉降幅度及沉积充填物存在明显差异。延长期早期，扬子板块继续向北旋转挤压，西秦岭造山带继续缓慢隆升，花岗岩上侵，山根继续加厚，挤压软流圈向下、向盆地方向流变迁移上涌，地壳下降，盆地持续下降。鄂尔多斯盆地属于克拉通型盆地，地壳厚度较大，软流圈上升影响范围大，导致盆地沉降范围大（图1–6A）。

同时，由于华北板块向北漂移，气候由干旱变为暖湿。以河流—三角洲相沉积为主，局部发育半深湖沉积（长9上部李家畔页岩）。

延长期中期（长7早期），扬子板块开始快速向北挤压下插，西秦岭造山带快速隆升，花岗岩大量侵入，山根快速加厚，软流圈向盆地方向快速迁移上涌，盆地快速大幅度下降，形成了现今南陡北缓的盆地格局（图1–6B）。强烈的区域构造活动对基底断裂的激活作用导致局部发育热液沉积（张文正等，2008），生物繁盛。同时，造山带周围火山地震活动频繁（李元昊等，2008），深湖—半深湖油页岩、泥岩、浊积岩沉积发育。

延长期晚期，扬子板块挤压减弱，插入软流圈岩石圈发生拆沉作用，奥长环斑花岗岩上侵（张宗清等，1995），岩石圈减薄，软流圈岩浆回流，盆地下部软流圈下降，地壳隆升，盆地逐渐抬升萎缩消亡（图1–6C）。河流—三角洲相沉积为主，长1期局部地区发育小规模半深湖沉积（张惠等，2012）。

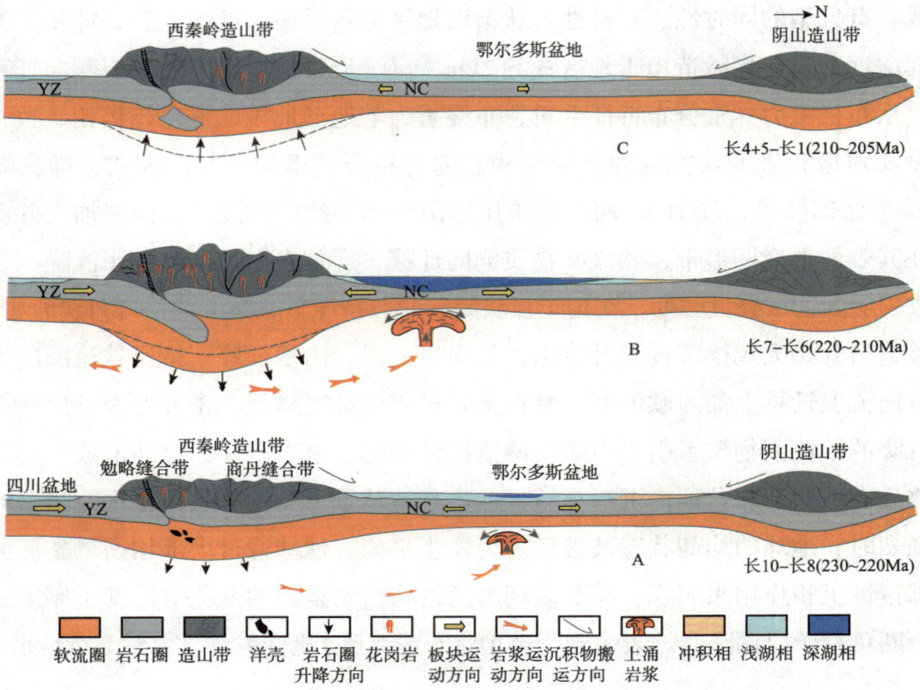

图 1–6　鄂尔多斯盆地晚三叠世盆山耦合及沉降动力学模式图

1.4　三叠系延长组地层发育特征

延长组地层，记录了湖盆由发生、发展、消亡的整个地史演化阶段，沉积了一套完整的“进积—垂向加积—退积”的沉积序列组成的砂泥岩地层。按照盆地演化的阶段，可以分为5个阶段（表1–2），自下而上分为T_3y1、T_3y2、T_3y3、T_3y4、T_3y5。结合生产需要，延长组进一步分为10个油层段，自下而上分别称为长1、长2、长3、长4+5、长6、长7、长8、长9、长10，每个油层组又划分为2~3个小层，其对应关系见表1–2。

晚三叠世为鄂尔多斯盆地石油形成史上的重要时期，气候由干燥逐渐转向湿润，盆地经历了湖盆的发生、发展、全盛、衰退乃至消亡的演化过程。长10早期湖盆开始初始沉降；长9、长8加速扩张；长7沉积时湖盆达到了全盛期，半深、深湖分布范围广，水生生物发育，沉积了盆地中生界最好的一套生油岩—暗色泥岩和油页岩；长7中后期，湖盆开始逐渐萎缩；长4+5发生一次短暂的湖侵；长3以后湖盆再次萎缩，直至最终消亡。因此造成了盆地延长组多旋回沉积特征。

晚印支运动，盆地整体抬升，三叠系上部地层遭受了不同程度的风化剥蚀。在此基础上，侏罗纪沉积了富县组和延安组延10充填式的河流沉积及延安组上部准平原化的沼泽沉积（何自新，2003）。

表 1–2 鄂尔多斯盆地三叠系延长组地层简表

系	统	组	段	油组	小层	厚度/m	岩性特征
侏罗系	下统	富县组				0~150	浅灰色厚层块状石英砂岩、细砾岩夹紫红色泥岩
三叠系	上统	延长组	五段 T_3y5	长1		70~90	浅灰色细砂岩、灰绿色泥岩、炭质页岩及煤层
			四段 T_3y4	长2	2_1	125~140	灰绿色厚层中、细砂岩，灰色泥岩，炭质泥岩煤线，砂岩呈透镜体，组成3个韵律旋回
					2_2		
					2_3		
				长3	3_1	120~135	浅灰色、灰褐色细砂岩，暗色泥岩，炭质泥岩煤线，砂岩呈透镜体，形成3个韵律层
					3_2		
					3_3		
			三段 T_3y3	长4+5	$4+5_1$	45~50	暗色泥岩、炭质泥岩煤线夹薄层粉—细砂岩。顶部为中层长石石英砂岩
					$4+5_2$	45~50	浅灰色粉、细砂岩与暗色泥岩互层
				长6	6_1	35~45	绿灰、灰绿色细砂岩夹暗色泥岩
					6_2	20~30	浅灰绿色粉—细砂岩夹暗色泥岩
					6_3	25~35	灰黑色泥岩、泥质粉砂岩、粉—细砂岩互层夹薄层凝灰岩
				长7	7_1	100~120	中上部以暗色泥岩和油页岩为主，夹薄层粉—细砂岩，下部为薄层砂岩与暗色泥岩
					7_2		
					7_3		
			二段 T_3y2	长8	8_1	170~85	厚层浅灰色粉—细砂岩、砂质泥岩夹暗色泥岩
					8_2		厚层灰色中细粒长石石英砂岩、泥质砂岩夹暗色泥岩
				长9	9_1	90~120	上部暗色泥岩、页岩夹灰色粉—细砂岩，下部长石砂岩具有典型麻斑构造
					9_2		
			一段 T_3y1	长10		280~300	肉红色、灰绿色富含氟石，长石砂岩夹粉砂质泥岩，具有典型麻斑构造
	中统	纸坊组				300~350	上部为灰绿、棕紫色泥质岩夹砂岩，下部为灰绿色砂岩、沙砾岩

1.5 晚三叠世延长期原盆边界恢复

晚三叠世的沉积边界远超出现今鄂尔多斯盆地延长组残留的范围，北缘为阴山隆起；西南缘及南缘可达祁连—秦岭隆起北侧；向东可分布到晋豫冀地区，大致界线位于大同—五台—石家庄—邯郸—济宁一线，在该线以东以北地区，地势较高，以隆升剥蚀为主；其沉积西界与六盘山地区及其西的晚三叠世沉积区相通，沉积中心大致位于铜川—三门峡—济源—郑州一带（赵文智等，2006）。因此，晚三叠世原型盆地虽不能与包括早、中三叠世内的晚古生代大华北盆地相比，但也远远超出现今鄂尔多斯盆地范围。

1.5.1 原型盆地恢复研究现状

盆地“原型”(Prototype)一词最早由Klemme于1974年提出，他认为盆地具有时代的特征，亦即不同时代的盆地具有不同的特征。此后国内学者结合研究实际，从不同角度对原型盆地含义进行了阐述：朱夏认为一个盆地，尤其是大型盆地，总是包含着若干个由不同的地球动力学机制产生的不同结构部分，可称之为“原型”，强调的是与盆地形成的地球动力学机制有关的原始类型(朱夏，1986)；刘池洋认为，原始盆地是指地史上盆地在沉积、构造、水动力、热动力、区域构造背景、地理环境和盆地类型等方面的原始状态(面貌)(刘池洋，1993)。张渝昌等认为，原型盆地是在单一动力机制作用下产生的盆地，具有特定的沉降类型和结构实体(张渝昌，1997)；赵文智等认为，原型盆地系指在原始沉积阶段，于特定的构造环境中形成，并在整个盆地发育的大部分时间或以最大的频次为汇水所占据和浸漫的负向区域，地形上包括了低洼盆地及相关沉积体系所能涉及的广大边坡区(赵文智等,2000)；何登发等认为，相应于盆地发展的某一个阶段(相当于一个构造层的形成时间)，有相对稳定的大地构造环境，有某种占主导地位的沉降机制，有一套沉积充填组合，有一个确定的盆地边界(虽然此边界常常难以恢复)，这样的盆地实体可以称作该阶段的“盆地原型”或“原型盆地”(何登发等，2004)。可见不同学者对其的理解还存在着较大的差别，但总体来说盆地原型主要是与成因机制有关的盆地原始类型及边界范围。由原始盆地的概念可以看到其涉及的内容很多。

原始盆地形成后，往往经历了多期次的后期改造。后期改造除了对盆地原始面貌、结构、保存状况发生改变外，其对沉积盆地中油气的生成、运移和聚集等也影响至深(赵重远等，2000)。原始盆地恢复，即剔去后期改造的影响，恢复盆地主要发育时期和演化阶段的原始面貌。

1.5.2 晚三叠世延长期原型沉积盆地边界恢复

鄂尔多斯盆地在长期的演化—后期改造过程中，主体以幕式、不均匀整体升降为特色；内部明显的褶皱变形和显著的差异升降相对少见，地层之间区域性不整合面不发育。在盆地边部和周缘，构造变动和改造较为强烈，盆地本部缺乏岩浆活动。盆地长期的北高南低和晚期的东高西低以及由此而引起的强烈而不均匀的剥蚀，盆地北部、东部的中生界或剥蚀殆尽，或残缺不全；致使对中生界的沉积范围和边界缺乏清晰的认识，对其原始面貌认识不一。同盆地南部发育渭河地堑一样，河套盆地的断陷使中生代盆地的西北部恢复难度加大。盆地北部是中生代盆地重要的一部分，亦是上古生界天然气田的主要分布区，对其沉积边界的恢复有助于认识整个盆地的动态演化和天然气勘探，意义重大。前人研究认为，晚三叠世鄂尔多斯盆地远大于现今盆地，并探讨了盆地范围。如孙国凡等认为，延长组分布广泛，鄂尔多斯与山西及豫西地区属同一盆地的沉积，并向东可延至商丘一带。晚三叠世盆地总体呈明显的东西向或北西西向，坳陷偏于南侧地区，为南窄北宽的大型箕状坳陷盆地（孙国凡等，1985）。由于原盆恢复涉及面广，在现有技术和资料条件下，只能对盆地的一个或几个方面进行恢复。本节重点对晚三叠世延长期古沉积边界恢复和原始盆地沉积面貌进行探讨。采用边缘相分析、地层对比、锆石U–Pb微区测年、微量和稀土元素等技术及方法，开展了原型盆地恢复，明确了晚三叠世鄂尔多斯盆地沉积边界，恢复了晚三叠世鄂尔多斯原始盆地沉积面貌。

1.5.2.1 盆地东部边界恢复

从现今残留地层来看，山西中南部广大地区内上三叠统地层虽不连片，却星罗棋布、到处都有，具有明显的后期剥蚀特征。根据盆地东部山西、豫西等同时代地层特征表明，它们与盆地本部关系密切，在山西宁武—静乐、沁水、河南义马、济源等残留盆地，现今残留的晚三叠世地层与其西部今鄂尔多斯盆地的延长组有较多的相似性和可对比性，结合山西和南华北地区中新生代构造演化与改造的特点，认为上述两地区的大部分为晚三叠世大型鄂尔多斯盆地东部重要的组成部分，盆地的东界可达冀、皖地区。

山西三叠系主要分布于宁武—静乐盆地向斜的两翼，晚三叠世地层出露于静乐西南部，沁水盆地也有零星分布。晚三叠世地层包括延长组和铜川组（山西组归为中统），零星分布于吉县、永和（>544.8m）、石楼（483.7m）、兴县（221.1m）、宁武（>275.5m）、静乐（>274.2m）、太谷（525.1m）、榆社（490.8m）、洪洞（626.6m）等地，集中于沁水、吕西等地区。

河南境内的三叠系为一套陆相碎屑岩系，上部含煤及油页岩。晚三叠世地层主要分布于济源西部、郑州北部及义马（三门峡和洛阳之间）一带。地层中普遍含有晚三叠世延长组（群）的典型密囊类单蕨化石。在南召一带，直接与前寒武系的变质岩接触，底部都发育砾岩，向北越过洛宁—嵩县—鲁山深断裂带，至豫西地区，即在义马、宜阳、伊川、济源等地，底砾岩消失，而直接于中下三叠统的二马营群呈连续沉积。

古流向是反映古沉积环境的重要参考指标，对古构造背景和物源的判定具有重要作用。在充分收集和整理前人大量资料的基础上，重新进行分析，补充了东部的部分资料，重新编绘了盆地东部晚三叠世古流向图。盆地东部整体古流向具有自南向北或东北向南西方向流动特点，部分东南部数据表现为由南东向西北流动，可能受南部秦岭造山带物源的影响。古流向特征反映了晚三叠世盆地东部缺乏自东向西的古流向，从侧面指示该时期东部不是盆地的边缘，山西的吕梁山可能并未隆起提供物源。

1.5.2.2 盆地南部边界恢复

关于晚三叠世鄂尔多斯盆地南部边界的范围，前人涉及讨论较少。由于后期构造运动的破坏，盆地南部出露地层残缺不全，特别是现今渭河地堑的发育和分隔，使得新生代沉积覆盖掩盖了华北地块与秦岭造山带之间的自然联系，增加了盆地南部原盆恢复研究工作的难度。在结合周鼎武、张国伟等前人认识的基础上（周鼎武等，1994；张国伟等，1996），从野外残存露头客观地质实际出发，对鄂尔多斯盆地晚三叠世原盆南部沉积范围进行探讨。北秦岭区残留晚三叠世地层古生物化石、厚度、岩性、岩相等特征的分析表明，其与盆地南部延长组关系密切，结合盆地南部延长组厚度变化趋势及沉积相带特征，两者明显遥相呼应；同时对渭河盆地基底时代的研究表明，可能仍有晚三叠世地层保存，更进一步连接了两者的关系。而北秦岭大规模的陆内隆升出现于晚白垩以来，尤其新近纪以来北侧断块翘倾、剥蚀强烈，推测晚三叠世发育鼎盛时期盆地南界可达北秦岭地区，位于商丹断裂以北。

综合研究认为，晚三叠世延长期的沉积范围南界应跨越渭河地堑和北秦岭地区，达商丹缝合带北侧的周至—洛南—卢氏—南召一线。

1.5.2.3 盆地西部边界恢复

关于盆地西北沉积边界的问题以往争议颇大，魏红红认为晚三叠世汝箕沟盆地是独立于鄂尔多斯盆地之外的一个小型沉积盆地（魏红红等，2001），但许多学者认为贺兰地区延长组沉积与鄂尔多斯盆地属同一沉积域（刘池洋等，2005；赵文智等，2006），贺兰山西缘断裂带及以西的查汉布鲁格断裂共同构成了晚三叠世延长期鄂尔多斯盆地的西北边界，贺兰地区的延长组应属于鄂尔多斯盆地沉积的一部分。边缘相是确定盆地沉积边界的重要判别依据。根据前文所述，贺兰山西缘断裂东侧的哈拉乌沟—水磨沟、汝箕沟、香池子沟等地发育延长组紫红色混杂堆积砾岩、含砾砂岩，较好地指示了盆地边缘沉积相带。贺兰山西缘断裂带东西两侧地层分布、构造演化存在明显差异。阿拉善古陆、巴彦浩特盆地整体缺失二叠系、三叠系；东侧贺兰山中发育中三叠统纸坊组和上三叠统延长组沉积，表明在巴彦浩特盆地印支期隆起遭受剥蚀，鄂尔多斯盆地下降接受纸坊组、延长组沉积。

汝箕沟—石沟驿—盐（池）定（边）一带延长组重矿物属同一组合，且不稳定矿物逐渐减少，而稳定矿物逐渐增加，表现为绿帘石—石榴子石组合含量较高，显示同一沉积体系的横向变化特征。表明晚三叠世延长期贺兰地区与鄂尔多斯盆地内部归属同一沉积体系，其延长组沉积环境和沉积相序与鄂尔多斯盆地延长组地层特征基本一致。

银川盆地西侧贺兰山露头区汝箕沟延长组底部发育边缘相的砾岩，而紧挨银川盆地东侧的色4井三叠系未见边缘相沉积。银川盆地东侧石嘴山—陶乐地区延长组与下伏地层多为平行不整合接触，而该地区侏罗系与白垩系多为角度不整合接触，表明银川盆地在延长组沉积期尚未隆起，而晚侏罗世的燕山运动对该区有过重大影响。陶乐01596测线地震剖面恢复后显示，银川地堑东部斜坡的延长组是在燕山运动中期才被逆冲断层推至地表遭受剥蚀的。在上覆下白垩统沉积之前，银川地堑东部现今缺失延长组的地区与整个鄂尔多斯盆地连为一体，共同接受沉积。

六盘山断裂带南北两侧构造单元发育史截然不同。该断裂带大致形成于加里东期，在海西期、印支期、燕山期乃至喜马拉雅期均有活动。断裂带南侧属秦祁加里东褶皱带，北侧为华北陆块，其完全控制着南北两侧构造单元的发展史。印支期至燕山期，秦祁褶皱带强烈隆升，形成冲断带。位于六盘山断裂带之南的西吉盆地，在构造单元上属秦祁加里东褶皱带，在早古生代—中生代早期为隆升区（陇西古陆），直至中、新生代断陷，接受沉积。而该时期鄂尔多斯地块则进入陆相盆地发育阶段。

祁连构造带内部盆地沉积特征也反映出盆地西南边界大体位于西华山—六盘山断裂带东侧。其分布于祁连构造带内的山间小盆地，形状不规则，部分以断层为界，面积几十至数百平方公里不等。晚三叠世南营儿群中、下部以紫红色砾岩、含砾砂岩为主；上部以砂、粉砂岩为主，偶有煤线，地层出露完整，厚度超过2000m，为典型的红色山麓冲积扇沉积，晚期转变为山间河湖相沉积。结合地层沉积展布、岩性、厚度、构造环境等特征的对比分析，可看出该沉积特征与盆地内部沉积及其构造环境有明显区别，这种差异亦从沉积展布角度反映出盆地晚三叠世延长期西南缘的边界大体位于西华山—六盘山断裂带东侧。

鄂尔多斯盆地本部微量元素与西南陇西古陆片麻岩特征一致。盆地西南缘汭水河、策底坡以及镇泾、西峰地区延长组REE分配模式和盆地西南陇西古陆片麻岩特征一致。表现为“右倾斜，HREE平坦型”、轻稀土元素富集、重稀土元素亏损等特点，说明陇西古陆为盆地本部沉积提供物源，盆地西南边界为陇西古陆。

从周缘山系和盆地内延长组U–Pb测年分析，在延长组沉积的早期，盆地的锆石U–Pb测年谱系特征与秦岭造山带相似，普遍发育海西期和加里东期、吕梁期的锆石年龄，但延长组沉积的中晚期，在上述几个年龄的基础上增加晋宁期的年龄，该年龄具有祁连造山带的年龄特征。因此，盆地西南延长组早期主要受秦岭造山影响，祁连山尚不构成盆地物源，但延长组沉积中晚期秦岭、祁连山构造活动强烈，隆升剥蚀成为西南部的主要物源。所以盆地西部的沉积边界位于贺兰山西缘断裂—甜水堡—平凉一带。

1.5.2.4 盆地北部边界恢复

鄂尔多斯盆地北部晚三叠世延长组残留厚度整体具有南部厚北部薄、西部厚东部薄的特征。南部在鄂托克前旗地区厚度超过900m，西部贺兰山水磨沟地区厚度超过2900m。在盆地北部地层等厚线近东西向展布，向北部伊盟隆起地层厚度减薄，说明了伊盟隆起中生代普遍接受沉积，隆起时代较晚。北部达拉特旗高头窑延长组发育边缘相沉积，厚度超150m，岩性主要为浅灰紫色含砾砂岩和姜黄色沙砾岩夹砂岩。该地区的延长组是盆地最北部的露头，向北部至大青山—阴山地区未出现对应的地层。

准格尔旗地区延长组的岩性组合以灰绿色、蓝灰色含灰绿色巨砾的砂岩为主。下部夹2~3层杂色（以紫红色为主）泥岩和砂质泥岩，含丰富的植物化石。砂岩粒度变粗则过渡为含砾粗砂岩至砂砾岩。鄂托克旗一带延长组厚78~397m。岩性为灰白、灰、灰绿、棕灰色中粗粒砂岩、含砾砂岩、砾状砂岩，夹细砾岩及灰黑、灰绿色泥岩、炭质泥岩、砂质泥岩及煤线。

桌子山地区的延长组底部出现砾岩，应该也是非常接近沉积边界的。由于在桌子山以西地区露头均未见到晚三叠世地层，同时，该地区的中三叠统、尚沟组和二马营组均有出露，岩性以紫红色砂泥岩为主，且下部均有砾岩和含砾砂岩出现。故推测晚三叠世桌子山东麓可能延续了中三叠世的面貌，为盆地的边缘相沉积的一部分。而在鄂尔多斯盆地的东北部，在达拉特旗高头窑、准格尔旗等地见到了晚三叠世的含砾砂岩，在其北部一直到大青山—阴山一带，均未见到晚三叠世地层出现。在盆地西北部的杭锦旗地区井下见到了延长组的含砾砂岩，且向北含砂率增加。同时，区域残存地层等厚图显示，向盆地北部厚度减薄，表明北部达拉特旗—杭锦旗一线以北接近盆地的边缘。

结合以往研究成果，通过地层对比、盆地动力背景、边缘相展布及盆地周围古陆研究，指出了盆地北部边界位于狼山—乌拉山—大青山南侧，盆地西部边界位于贺兰山西缘断裂—甜水堡—平凉一带，南部边界可达周至—洛南—卢氏—南召一线，东部边界位于太行山一带，吕梁山尚未隆起（图1–7）。

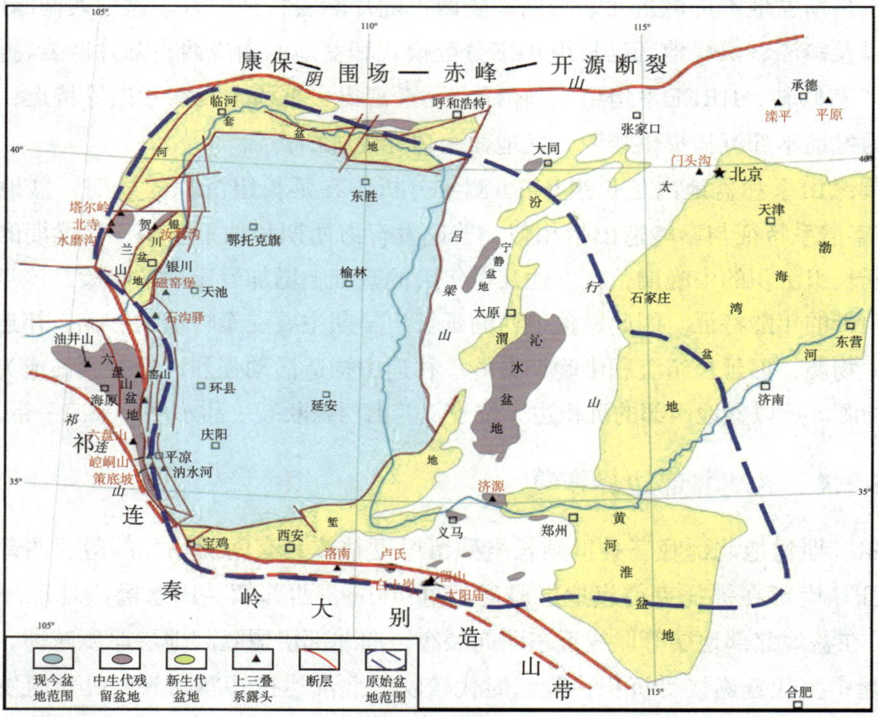

图 1–7　鄂尔多斯盆地晚三叠世原始盆地边界位置图

1.6　鄂尔多斯盆地油气勘探历程及延长组成藏组合划分

1.6.1　油气主要勘探历程及成果

鄂尔多斯盆地是我国陆上最早进行油气勘探的盆地之一，主要经历了以下几个阶段。

1.6.1.1 勘探初始阶段（1907—1949年）

自1907年钻探中国大陆第一口油井——延1井以来。先后经历了清末官办期（1907—1911年）、中美合办期（1914—1919年）、民国官办期（1923—1934年）、陕甘宁边区人民政府办矿期（1935—1949年）。这一时期按照"背斜论"找油思想，在陕北延长及渭北进行了地面地质普查，并在油苗附近钻探了少量浅井。

延1井是1907年（清光绪33年）在陕北延长城西河子沟口油苗西北70m处钻成的我国陆上第一口油井。井深69.89m，开采上三叠统延长组长6砂岩油层。最初日产原油0.2t，10年后日产油量增至1.25t。1954年该井自然产能枯竭，20世纪70年代经水力压裂改造油层后，又恢复生产，日产油0.5t，并安装抽油机。现在延长县城西石油广场，已成为石油人的教育基地。

1.6.1.2 区域勘探阶段（1950—1969年）

成立西北石油管理总局、银川石油勘探局，勘探仍然遵循"背斜论"找油模式，重点转移到宁夏地区，发现了一些构造小油藏，但仍未取得重大突破。1959年马家滩构造延长组长8获低产油流；1960年李庄子构造延安组获得第一口工业油井；1966—1969年在灵盐定地区发现李庄子、大水坑、马家滩等一批油藏。

1.6.1.3 长庆油田会战阶段（1970—1979年）

按照"古地貌控油"理论，勘探重点转移到盆地南部的侏罗系，庆1、庆3、庆16井相继获得高产油流，拉开长庆油田会战的序幕，发现了马岭、华池、元城等油田，新增探明石油地质储量0.8946×10^8t，迎来了第一个储量增长高峰。

1.6.1.4 调整稳定阶段（1980—1989年）

在三角洲成藏理论的指导下，石油勘探转入盆地东部陕北斜坡三叠系延长组，以塞1井获59.86t/d的高产油流为标志，发现了安塞亿吨级大油田。截至1989年共探明石油地质储量1.8159×10^8t，迎来了第二个储量增长高峰。

1.6.1.5 油气并举、协调发展阶段（1989—1999年）

自1989年陕参1井、榆3井奥陶系获工业气流以来，在盆地中部发现并探明了下古生界靖边气田，提交天然气探明地质储量$2384.85\times10^8m^3$；在上古生界发现并探明了榆林气田，提交天然气探明地质储量$737.2\times10^8m^3$。在陕北地区探明了靖安油田，探明石油地质储量2.49×10^8t；陇东地区延长组上部油层勘探取得新突破，发现华池、南梁、镇北等油田。

1.6.1.6 油气快速发展阶段（2000年至今）

进入21世纪以来，油气勘探获得重大突破。在三角洲成藏理论及湖盆中部重力流成藏理论指导下，以寻找大型岩性油气藏为勘探方向，先后发现了西峰、姬塬、华庆等油田。天然气勘探发现并探明了苏里格万亿方、榆林—子洲三千万亿方等大气田；同时扩大了靖边、榆林等气田的含气范围。

石油勘探逐渐形成了五个十万亿吨含油富集区。一是陇东地区十万亿吨含油富集区，以西峰、环江亿吨级储量规模整装大油田为代表；二是姬塬地区十万亿吨含油富集区，以姬塬多层系油田为代表；三是湖盆中部十万亿吨含油富集区，以华庆油田为代表；四是陕北十万亿吨含油富集区，以安塞、志靖油田为代表；五是长7深水致密油—页岩油藏，以庆城油田为代表。

1.6.2 延长组成藏组合划分

成藏组合是国际上流行的“盆地—含油气系统—成藏组合—远景圈闭”这一含油气地质单元评价序列中的一个层次，是油气勘探中至为重要的概念。国内，成藏组合被认为是一系列彼此在成因上有关联的具有相近或相似成藏条件的已发现油气藏和圈闭构成的集合体。包括以下含义：①首先它是一系列在成因上有联系、在成藏条件上有相似性的圈闭群体的集合；②在这群圈闭之中至少有一个已经获得了油气流，证明这是一个有油气聚集发生的成藏组合；③该带尚有一些未被钻探的圈闭，可在进一步研究之后，提供钻探，发现潜在的商业性油气储量（赵文智等，1999）。不同的研究者对油气成藏组合有不完全相同的定义。国外（Podnuaski，J A，1987；Shannon，P M，1989；Allen P，1990）将成藏组合定义为：可以使勘探和开发部署得以实施的具有地理与地层限制的，其岩性、沉积相、构造特征具有相关性的一套储层和圈闭。童晓光（2009）认为，成藏组合是一套具有共同成藏条件的层系。

延长组的油源主要是长7烃源岩，在异常压力作用下，石油向下、向上运移，在长10—长1各个油层组中聚集成藏，目前在各个油层组中均发现了油藏。根据成藏组合定义和油藏分布特征，延长组自下而上可划分为3个成藏组合，即延长组下部组合（长8—长10）、中部组合（长7—长6）和上部组合（长4+5—长1），也可称为源下成藏组合、源内成藏组合和源上成藏组合（图1-8）。

随着勘探的深入，中生界延安组和延长组上部的含油层系勘探开发步伐较快，目前已发现了安塞、靖安、西峰、姬塬、华庆等多个亿吨级大油田。延长组下部的长8、长9、长10油层组是石油勘探的新层系和未来的接替领域，目前已发现多个油藏和出油井点，显示出了广阔的勘探前景。

相对于鄂尔多斯盆地三叠系延长组上部（长6以上）油层组，特别是长9、长10油层组钻探程度非常低。1982年完成的《陕甘宁盆地延长统特低渗透油层资源评价》相对较为系统，由于受当时钻探控制程度的限制，长9油层组被认为是延长世湖盆形成早期的一次区域性湖侵背景下的沉积，三角洲砂体不发育，因而也不是主力储集层，勘探一直未引起足够的重视，亦未获得油气勘探方面的突破。进入21世纪以来，在油田公司“甩出去、打下去”的思想指导下，2005年在延长组长9油层组勘探取得了重大突破，盆地西北古峰庄地区峰2井试油获得23.46t/d高产纯油流，盆地东北西河口地区丹49井、新安边地区元152、胡148井试油获得工业油流，同时盆地东南部洛川地区亦获工业油流。2007年陕北高52井在长10油层组获得高产工业油流。这充分说明延长组长9、长10油层组砂体发育、含油普遍，并且具有较大的勘探潜力，有望成为长庆油田增储上产的接替层系。

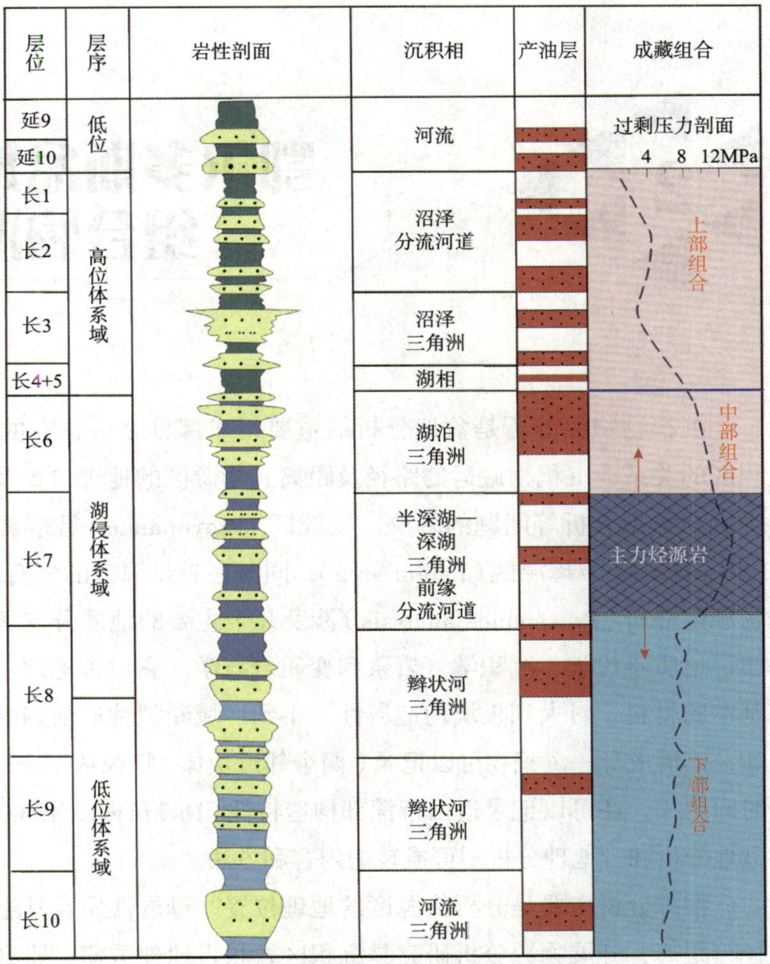

图1-8　鄂尔多斯盆地延长组成藏组合划分图

随着勘探的深入，勘探目的层系逐渐由侏罗系延安组、三叠系延长组长2、长3、长6逐渐转向长7、长8、长9、长10油层；勘探目标由源上组合向源内、源下组合转变。因此，系统开展延长组下组合石油地质及成藏机理研究十分必要。

2 鄂尔多斯盆地延长组下组合物源分析

沉积物物源分析是盆地分析的重要组成部分之一，它的研究将有助于源区与沉积区的关系、沉积物搬运的路径及距离、物源区的地理位置及大地构造背景、沉积区的沉积体系分析等问题的解决。物源区（Provenance）是指盆地中碎屑物质的来源区（Source area）/母源区（Parent area），同时还有母源区的岩石类型、气候和地形含义。物源区分析（Provenance analysis）涉及几个主要的地质分支学科，如矿物学、地球化学、地质年代学、沉积学、岩浆和变质岩石学。它对古地理、古气候重建可以提供最基本的材料，对大到板块构造属性、小到区域断裂性质的判断有重要的指示作用。例如，碎屑成分—沉积物可以记录（两个邻近块体）物源从一个块体搬运到另一个块体的时间历程，还可以记录造山带深部构造特性（Dickinson，1988）。因此，物源区分析是盆地分析和古地理分析不可或缺的内容和方法。

物源分析主要是分析物源区的地理位置、母岩性质及其组合特征、沉积物搬运路径与距离，开展物源分析研究是沉积区岩相古地理重建、原型盆地恢复、沉积盆地分析、沉积矿床预测的重要依据。物源分析是连接沉积盆地与造山带的纽带和盆山耦合研究的切入点，开展陆源沉积岩物源分析具有重要的科学意义（杨仁超等，2013）。

近年来，物源分析已发展成为多方法、多技术的一门综合研究领域。电子探针、质谱分析、阴极发光等先进技术在物源分析中应用日益广泛；同时，各种沉积、构造、地震、测井等地质方法与化学、物理、数学等学科的应用及相互结合，使物源判定更具说服力。随着现代分析手段的提高，物源分析方法日趋增多，并不断地相互补充和完善。目前应用较多的为重矿物法、碎屑岩类分析法、沉积法、裂变径迹法、地球化学法和同位素法、化石及生标化合物方法及地球物理学方法等（赵红格等，2003；刘腾等，2016）。

延长组下组合是近年来勘探的新层系，沉积区到底受何方物源控制，控制范围有多大、混源区在何处、与上组合沉积物源是否一致等基础地质问题急需回答。

2.1 长10油层组物源分析

2.1.1 岩矿特征

砂岩中的碎屑组分与其母岩有着密切的关系，不同的母岩，其崩解或分解的产物特征也不同，岩矿对比法在岩相古地理物源分析中应用较多（赵红格等,2002；宋凯等，2002；魏斌等，2003）。笔者重点做了轻重矿物组合分析，结果表明，不同物源方向由于母岩差异，其矿物组合特征不同。

2.1.1.1 重矿物组合特征

重矿物是指密度大于2.86g/cm^{3}的矿物，不同性质母岩风化后形成的重矿物组合是不同的。因此，可以通过重矿物组合来反推母岩性质（表2-1）。

表2-1 不同母岩的重矿物组合

母　岩	重矿物组合
酸性岩浆岩	磷灰石、普通角闪石、独居石、金红石、榍石、锆石、电气石（粉红）、锡石、黑云母
微晶岩	锡石、萤石、白云母、黄玉、电气石（蓝色）、黑钨矿
中—基性岩浆岩	普通辉石、紫苏辉石、普通角闪石、透辉石、磁铁矿、钛铁矿
变质岩	红柱石、石榴石、硬绿泥石、蓝晶石、矽线石、十字石、绿帘石、黝帘石、镁电气石（黄、褐色变种）、黑云母、白云母、硅灰石
改造的沉积岩	锆石（圆）、电气石（圆）、金红石、堇青石

鄂尔多斯盆地延长组中重矿物主要有锆石、金红石、电气石、石榴石、榍石、绿帘石、硬绿泥石等，以锆石、金红石、电气石最为稳定，其他属次稳定重矿物。重矿物资料统计分析结果表明，长10油层组重矿物分布整体具有高石榴子石的特征，平面上分区不明显。其中，西北体系具有高石榴子石+高绿帘石+锆石组合特征，反映了母岩类型主要为高级变质岩；西南体系具有高石榴子石+锆石组合特征，反映了母岩类型主要为高级变质岩、酸性火山岩和少量再造沉积岩；东北体系具有高石榴子石+锆石+绿帘石组合特征，反映了母岩类型主要为高级变质岩和再造沉积岩（表2-2）。

表2-2 鄂尔多斯盆地三叠系延长组长10油层组重矿物统计

区域	锆石/%	金红石/%	电气石/%	石榴石/%	榍石/%	绿帘石/%	硬绿泥石/%	样品数/个
西北	9.66	0.03	0.22	62.75	1.95	11.45	0.7	60
西南	12.3	0.07	0.29	76.64	1.57	3.5	0.57	7
东北	16.4	0.28	0.39	73.11	1.44	2.83	0.1	9

2.1.1.2 轻矿物组合特征

根据110多块分析资料统计，长10主要发育长石砂岩和岩屑长石砂岩，极少量为长石岩屑砂岩（图2-1）。

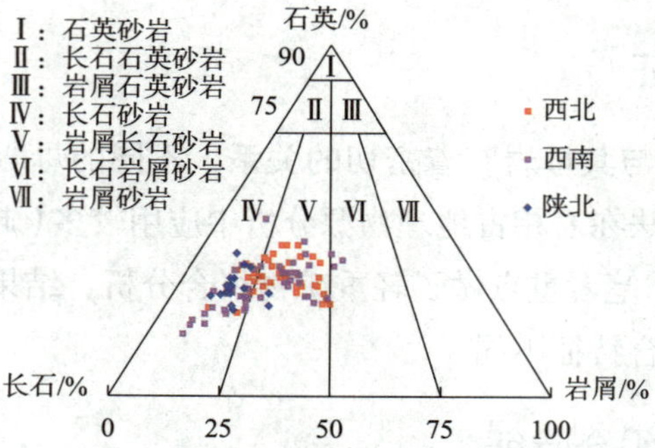

图2-1 鄂尔多斯盆地延长组长10油层组砂岩成分分类三角图

轻矿物组合整体差别不明显，变质岩屑整体含量较高，不同区块略有不同。其中，西北区域主要是岩屑长石砂岩，石英含量相对较高；岩屑中变质岩屑含量最高，其次为火山岩岩屑。西南区域长石砂岩和岩屑长石砂岩含量基本相同，石英长石含量中等，变质岩屑和火山岩屑较高。东北区域岩石类型为长石砂岩，长石含量最高，岩屑整体含量较低，变质岩屑相对较高（表2-3）。

表2-3 鄂尔多斯盆地三叠系延长组长10油层组轻矿物及岩屑统计

区块	石英类/%	长石类/%	岩屑/%					样品数/块	井数/口
			火山岩	变质岩	沉积岩	云母	绿泥石		
西北	29.64	35.41	4.97	14.21	0.06	2.57	0.19	50	17
西南	27.17	39.79	6.03	11.40	0.04	3.35	0.24	42	17
东北	25.75	43.03	3.45	7.53	0.08	2.70	0.00	20	7

2.1.2 锆石U-Pb测年分析物源

锆石是一种岩浆和变质成因的矿物，在剥蚀和搬运过程中，不易被风化而被保存下来，因此是沉积岩中最稳定的矿物组合之一。沉积物中颗粒锆石U-Pb年龄频谱中存在多个频率峰值，每个峰值代表不同性质的源区特征，可以了解某一沉积时期沉积物源区的多样性及盆地不同沉积时期物源性质的变化特征（毛光周等，2011）。前人在长10油层组尚未做过锆石测年分析，笔者共选11口井11块的样品进行测试分析，井位分布相对均匀，所有分析皆在西北大学大陆动力学国家重点实验室完成。其中，CL发光仪为加载于扫描电镜上的英国Gatan公司的Mono CL3+型阴极荧光探头，LA-ICP-MS分析采用Hewlett Packard公司最新一代带有Shield Torch的Agilient 7500a ICP-MS和德国Lambda Physik公司的ComPex102 Excimer激光器（工作物质ArF，波长193nm）以及

MicroLas公司的GeoLas 200M光学系统的联机上进行，微量元素和U–Th–Pb同位素的测定在一个点上同时完成。激光束斑直径为30μm，激光剥蚀样品的深度为20~40μm。实验中采用He为剥蚀物质的载气，用美国国家标准技术研究院研制的人工合成硅酸盐玻璃标准参考物质NIST SRM610进行仪器最佳化。锆石年龄采用国际标准锆石91500作为外标标准物质，元素含量采用NIST SRM610作为外标，采用29Si作为内标。

阴极发光图像显示，在光学显微镜下，锆石颗粒多呈无色透明到半透明状，部分锆石颗粒具有长柱状外形，多呈自形。大部分锆石的颗粒呈次棱角状到次圆状，显示其经历过较长距离的搬运，在搬运过程中受到磨蚀。部分锆石颗粒CL图像显示规则的韵律生长振荡环带，振荡环带是岩浆锆石的主要结构特征（Hoskin and Schaltegger, 2003），少数呈带状。个别颗粒整体较亮或明暗相间，少数颗粒具核边结构或核幔边结构。

研究区砂岩中的锆石可以分为2种类型，即岩浆成因的锆石和变质成因的锆石。岩浆成因锆石主要是古生代母岩，岩浆成因的锆石往往具有环带结构，内部有核或无核，而且环带多具有等间距分布和完整晶形的特点。这类锆石往往由于搬运作用而变得不完整，比较破碎，多见半块锆石颗粒保存于砂岩中［图2–2（a）］。变质成因的锆石由于受到多期变质作用的影响而显示出环带状特征，其环带与岩浆成因锆石明显不同，一般可分为3个部分，即核部、幔部和边部。核部是变质作用过程中锆石生长的支点，一般年龄均较老，可以是锆石的残余颗粒，也可能是其他岩石微粒或矿物颗粒，由于变质熔融作用而变成浑圆状。幔部是变质作用过程中形成的锆石颗粒，由于变质作用的不稳定性和阶段性，使幔部的形态、锆石生长环带的形态多种多样，有时表现为因侵蚀而呈港湾状特征或受应力作用产生裂纹甚至破损。边部一般是晚期锆石重结晶而形成的，在阴极荧光照射下，往往为浅色的镶边［图2–2（b）］。

锆石U–Pb测年分析结果表明，长10油层组可以明显地分为3个物源区，分别是西南物源区、西北物源区和东北物源区。

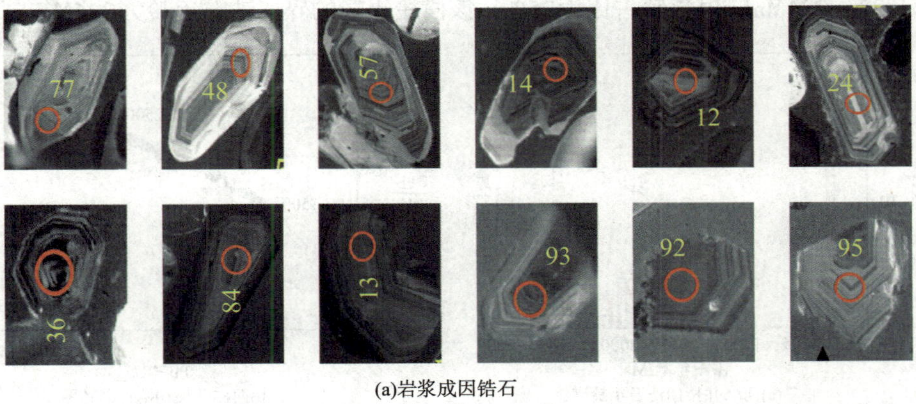

(a)岩浆成因锆石

图2–2　鄂尔多斯盆地延长组长10油层组典型锆石CL图像

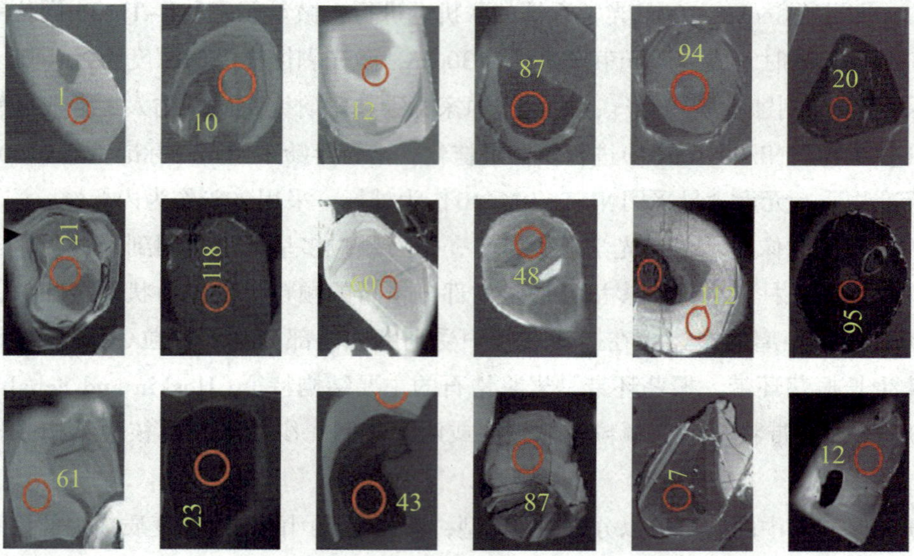

(b)变质成因锆石

图 2-2　鄂尔多斯盆地延长组长 10 油层组典型锆石 CL 图像（续）

2.1.2.1　盆地西南物源锆石测年特征

两块锆石测年年龄谱图结果显示，西南部物源母岩主要为晚太古代变质岩、早元古代变质岩和少量古生代岩浆岩，总体具有3峰值特征。西65井以早元古代2个主峰（2100~1540Ma和2700~2213Ma）和古生代1个主峰（460~272Ma）年龄值为特征［图2-3（a）］；在锆石年龄谐和曲线图中，点在曲线上或偏离不大，年龄可信度就大，几乎所有的点都分布在谐和曲线上或靠近谐和曲线，表明没有测点表现出明显的铅丢失，即没有遭受明显的后期热事件改造［图2-3（b）］。宁66井和西65井年龄谱基本相同，以早元古代2个主峰（2119~1637Ma和2664~2258Ma）和古生代1个主峰（370~224Ma）年龄值为特征。其中以2119~1637Ma峰值最多，约占46.4%；2664~2258Ma峰值年龄占比为28.6%，370~224Ma峰值年龄占比为25%；该段最年轻的碎屑锆石年龄为224Ma。

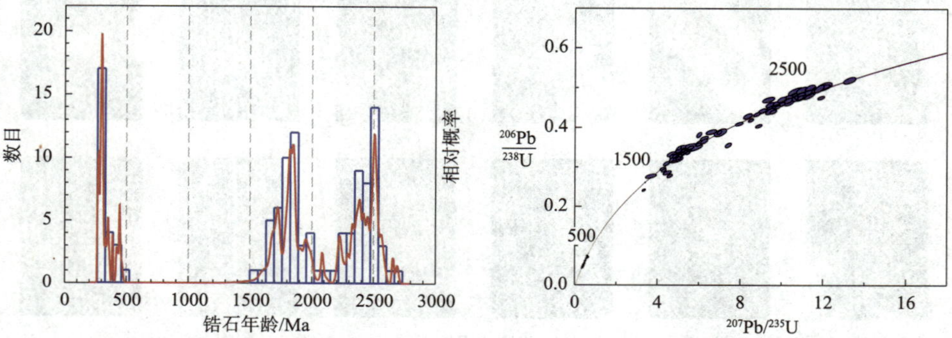

(a)西65井长10锆石年龄谱　(b)西65井长10锆石谐和图

图 2-3　鄂尔多斯盆地西南物源长 10 锆石年龄频谱特征

其中，早元古代（2100~1540Ma和2700~2213Ma）主要为变质成因锆岩，反映了母源区主要是变质岩；古生代（460~272Ma）锆石多数具明显的振荡环带结构，主要为岩浆成因锆石，反映了母岩主要为岩浆岩。

2.1.2.2　西北物源锆石测年特征

西北地区做了4块样品测试，锆石测年年龄谱图结果显示，西北物源母岩主要有典型的两峰特征，以石炭系—二叠系岩浆岩和早元古代变质岩为主。安99井以早元古代1个主峰（2537~1647Ma）年龄值为特征，锆石图像振荡环特征明显，母岩为岩浆岩；以古生代（石炭系—二叠系）1个主峰（373~234Ma）年龄值为特征，数据和谐度较高，锆石图像几乎没有振荡环，母岩为变质岩（图2-4）。

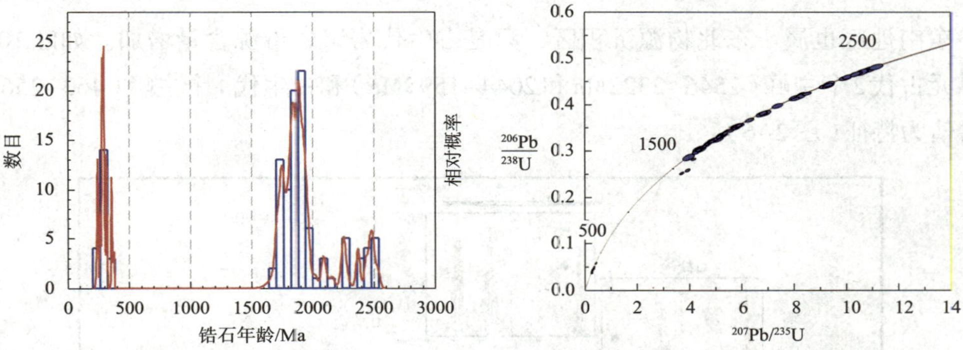

(a)安99井锆石年龄分布直方图　(b)安99井锆石谐和图

图 2-4　鄂尔多斯盆地西北物源锆石年龄特征

环78井以早元古代1个主峰（2711~1634Ma）和古生代1个主峰（361~248Ma）年龄值为特征，古生代母岩为岩浆岩，图像振荡环特征明显；早元古代母岩为变质岩，图像没有振荡环。

白286井以早元古代2个主峰（2555~2214Ma和2033~1631Ma）和古生代1个主峰（491~226Ma）年龄值为特征。3个峰值可能与东北部分混源有关。

白212井以早元古代2个主峰（2597~2269Ma和2146~1564Ma）和古生代1个主峰（526~251Ma）年龄值为特征。其中2146~1564Ma最多为65.5%；2597~2269Ma为18.9%；526~251Ma为15.6%；该段最年轻的碎屑锆石年龄为251Ma。3个峰值可能与东北部分混源有关。

2.1.2.3　东北物源锆石测年特征

5块锆石测年年龄谱图结果显示，东北物源母岩锆石年龄明显分为3个峰，以石炭系—二叠系岩浆岩和早元古代变质岩为主，少量晚太古代变质岩。如定28井以早元古代2个主峰（2623~2235Ma和2190~1420Ma）和古生代1个主峰（354~257Ma）年龄值为特征［图2-5（a）］。高18井以早元古代2个主峰（2507~2307Ma和2144~1454Ma）和古生代一个主峰（325~234Ma）年龄值为特征［图2-5（b）］。

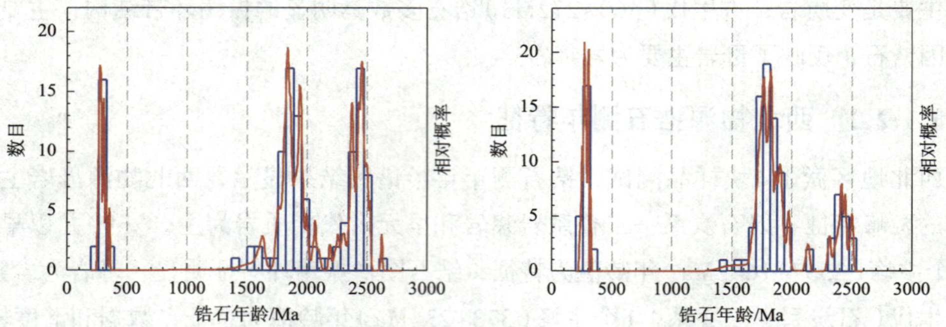

(a)定28井长10锆石年龄分布直方图　(b)高18井长10锆石年龄分布直方图

图2-5　鄂尔多斯盆地长10东北物源锆石年龄特征

东南地区也属于东北物源沉积区，只是古生代岩浆岩母源含量增加。如旺10井，以早元古代2个主峰（2546~2322Ma和2044~1595Ma）和古生代1个主峰（463~256Ma）年龄值为特征（图2-6）。

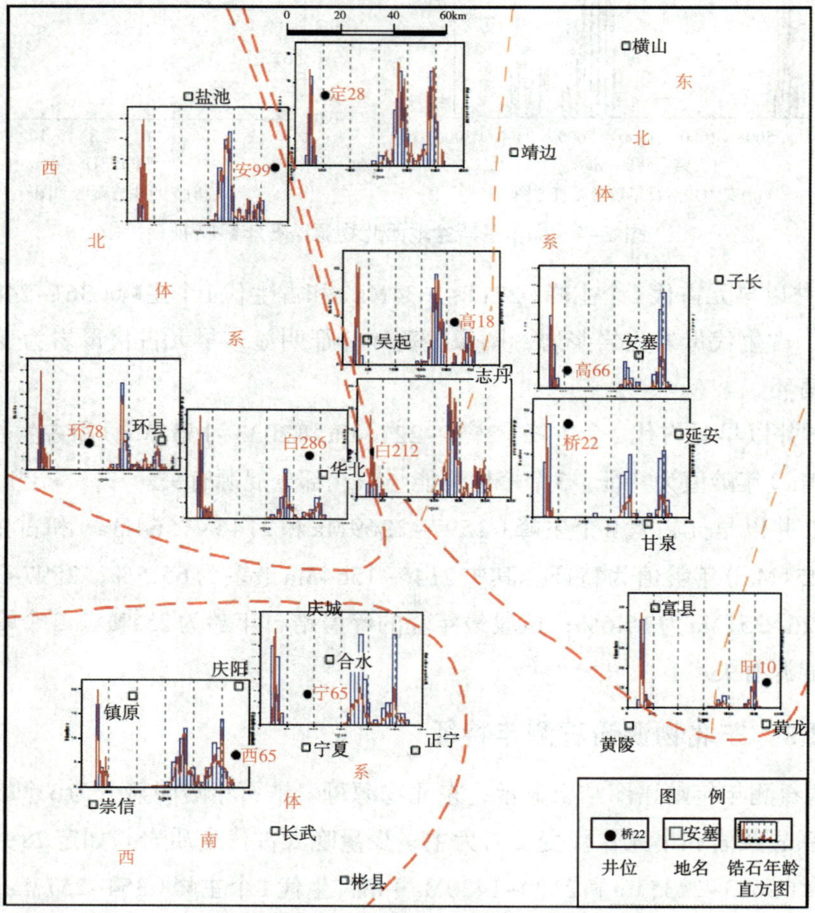

图2-6　鄂尔多斯盆地长10锆石年龄平面分区图

通过以上分析可知，东北、西北、西南3个地区锆石年龄特征明显不同，反映了3个物源区母岩不同，平面上与轻重矿物分区相互印证，反映了长10主要受3个物源区控制（图2-6）。西南物源锆石年龄具有3个峰值，母岩主要是元古代变质岩和古生代岩浆岩；西北物源锆石年龄具有两个峰值，母岩主要是元古代变质岩和古生代岩浆岩；东北物源锆石年龄具有3个峰值，母岩主要是元古代变质岩和古生代岩浆岩；根据含量差异可细分为3个亚区，西亚区位于靖边—志丹一线以西，以定28、高18井为典型，早元古代2个峰值均较高；中部区位于靖边—志丹以东和黄龙以西之间，是研究区范围最大的一个区，以早元古代峰值早期高、晚期低为特征；东部亚区位于黄龙以东地区，早元古代两个峰值明显较低（李元昊等，2018）。

2.2 长9油层组物源分析

研究结果表明，长9油层组物源和长10物源基本一致，沉积物也是来自东北、西北和西南3个方向。

2.2.1 重矿物组合特征

不同沉积体系由于母岩岩性不同、沉积物搬运距离远近差异，导致不同沉积体系具有不同类型的重矿物组合特征（图2-7）。

西北体系具有石榴石+锆石+绿帘石组合特征，标志性重矿物特征是绿帘石含量高，其含量为11.51%。西南体系石榴石+锆石组合特征，具有高锆石特征，锆石含量达20.6%。东北体系具有高石榴子石特征，石榴石含量高达78.94%（表2-4）。

表2-4 鄂尔多斯盆地长9重矿物含量统计表

区域	锆石/%	金红石/%	电气石/%	石榴石/%	榍石/%	绿帘石/%	硬绿泥石/%	样品数/个
西北	13.56	0.09	0.37	61.42	2.19	11.51	0.19	70
西南	20.6	0.08	0.5	57.48	0.3	3.05	0.4	20
东北	7.56	0.09	0.41	78.94	2.04	5	0.24	27

2.2.2 轻矿物组合特征

同时，不同沉积体系轻矿物组合特征也不同。西北体系具有高长石特征；长石含量高达37.58%。西南体系石英略低于长石；东北体系石英长石含量总体较低，长石高于石英含量（图2-8、表2-5）。

长9岩屑以变质岩屑和火山岩岩屑为主，其中：西北体系具有岩屑整体含量高，以变质岩屑为主的特征；西南体系具有火山岩屑含量较高的特征；东北体系具有整体含量较低，变质岩屑含量较高的特征（表2-5）。

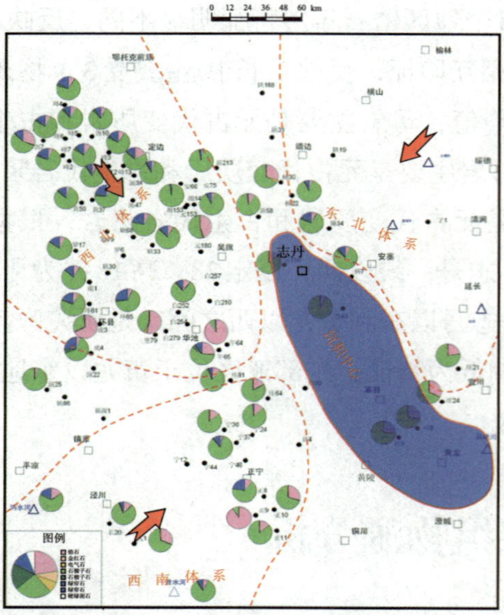

图 2-7　延长组长 9 重矿物分布图

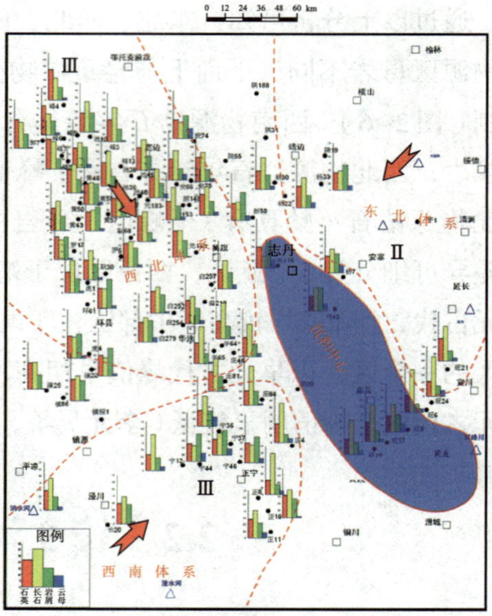

图 2-8　延长组长 9 轻矿物分布图

表 2-5　鄂尔多斯盆地长 9 轻矿物含量统计表

区块	石英类/%	长石类/%	岩屑/%					样品数/块	井数/口
			火山岩	变质岩	沉积岩	云母	绿泥石		
西北	28.68	37.58	5.55	12.4	0.17	4.2	0.18	129	50
西南	25.62	28.82	6.15	12.63	0.16	6.2	0.22	42	13
东北	19.53	24.49	3.55	12.3	0.19	4.4	0.01	20	13

2.3　长 8 油层组物源分析

多种资料综合分析表明，长8沉积与长9、长10具有较好的继承性，沉积物来源也是3个地区，及西部体系、东北体系和西南体系。由于长8层位较浅、分析资料较为丰富，西南体系可以细分为两个次级体系，即固原—环县和陇县—正宁体系。

2.3.1　重矿物组合特征

西北体系，具有石榴石+锆石+绿帘石组合特征，其中石榴石60%，绿帘石6.21%。可以看出，从长10到长8，西北体系标型矿物就是绿帘石含量较高。

东北体系，具有石榴石+锆石+榍石组合特征，石榴子石43.8%，榍石2.34%。

西南体系，具有石榴石+锆石+硬绿泥石特征。又可细分为两个次级体系，一是固原—环县一带，石榴子石平均44.8%，锆石平均40.2%；另一个是陇县—正宁一带，石榴子石平均52.6%，锆金电36.2%。

平面上，最稳定矿物锆石、金红石、电气石的含量在平面上呈环带状分布，铁边城—华池—富县一带含量较高，向外围逐渐减少（表2-6）。

表 2-6　鄂尔多斯盆地长 8 重矿物含量统计表

区域	锆石/%	金红石/%	电气石/%	石榴石/%	榍石/%	绿帘石/%	硬绿泥石/%	样品数/个
西北	18.89	0.084	0.58	61.15	0.64	6.21	0.79	112
西南	30.01	0.079	0.81	52.22	0.11	1.05	0.91	188
东北	27.03	0.083	0.77	45.86	2.34	1.75	0.21	55

2.3.2 轻矿物组合特征

从轻矿物组合统计来看，长8轻矿物组合具有以下特点（表2-7，图2-9、图2-10）。

表 2-7　鄂尔多斯盆地长 8 轻矿物含量统计表

区块	石英类/%	长石类/%	岩屑/%					样品数/块	井数/口
			火山岩	变质岩	沉积岩	云母	绿泥石		
西北	29.6	27.9	9.15	12.8	0.85	3.46	0.1	563	129
西南	28.2	30.7	8.1	12.5	0.4	3.07	0.02	262	13
东北	22.5	33.4	4.3	8.2	0.7	5.89	0.16	42	13

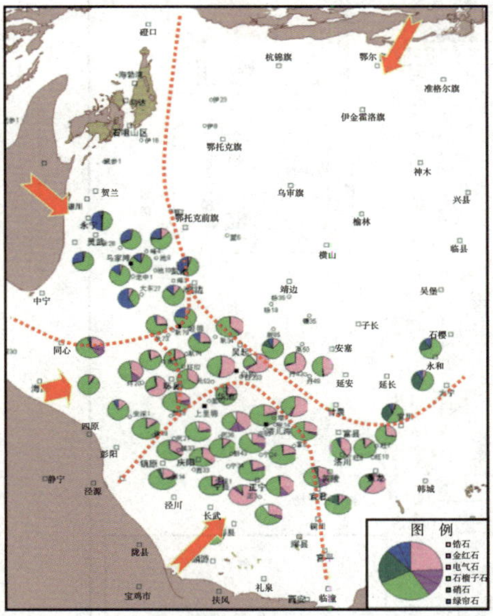

图 2-9　盆地长 8 重矿物组合平面分区图

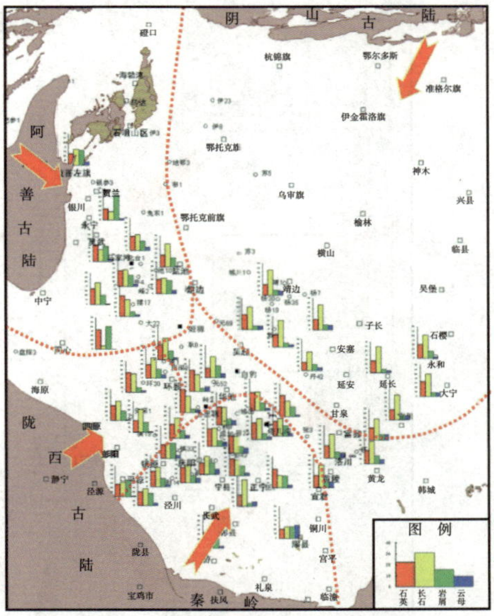

图 2-10　盆地长 8 轻矿物组合平面分区图

西南体系，主要分布在盆地西南部的陇东地区，长石含量高于石英含量，岩屑含量较高，典型的标志是白云岩屑含量较高，特别是在盆地固原—环县一带普遍发育，最高含量达9.4%，推测与母岩碳酸盐含量高近距离搬运有关。

西北体系，主要分布在盆地的姬塬—马家滩一带，石英含量略高于长石含量，变质岩屑含量较高，平均含量12.8%。

东北体系，主要分布在陕北地区，整体上具有长石含量高于石英含量、岩屑含量低的特征。

2.3.3 锆石 U–Pb 测年分析物源

通过对长 8 碎屑砂岩岩浆锆石 U–Pb 同位素年龄测定，存在早元古代早期、早元古代晚期和中生代三期年龄峰值，在不同的沉积体系，年龄谱系存在差异（图 2–11）。西北沉积体系主要发育早元古代晚期年龄峰值；东北沉积体系主要发育早元古代早期和早元古代晚期两期年龄峰值；西部沉积体系主要发育早元古代早期年龄峰值，早元古代晚期年龄峰值分布相对较小；西南沉积体系三期都相对比较发育，西部沉积体系的中生代年龄峰值相对西南沉积体系较弱。

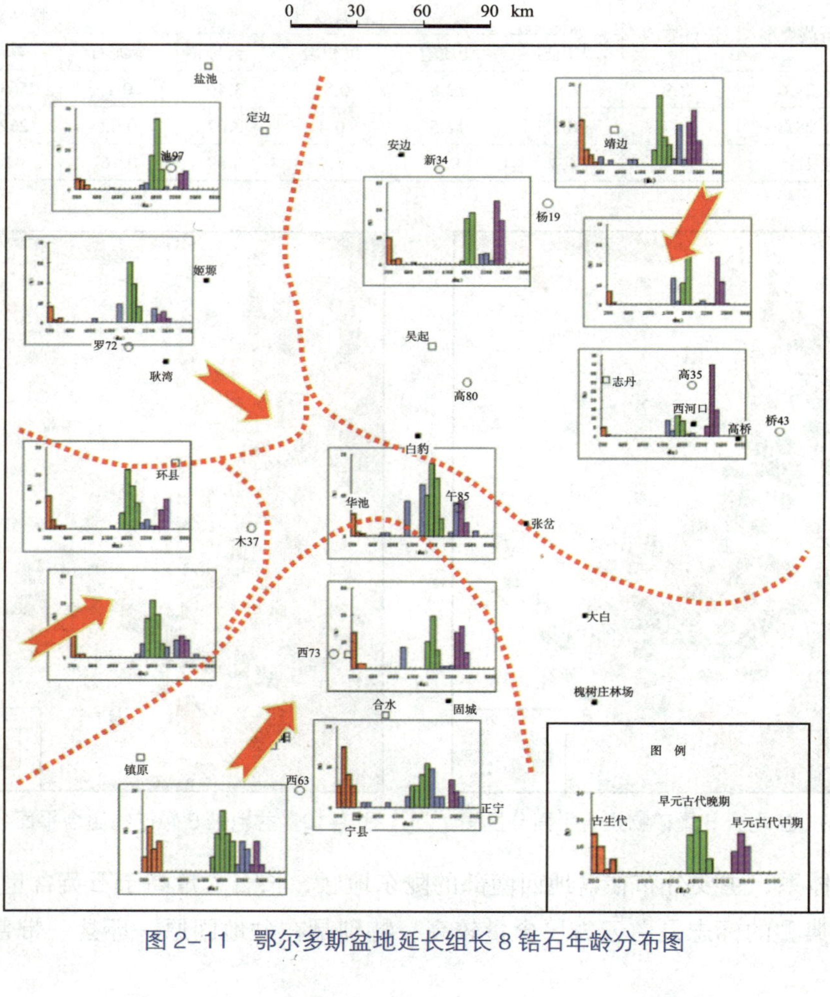

图 2–11 鄂尔多斯盆地延长组长 8 锆石年龄分布图

2.3.4 稀土元素蜘蛛图解方法

目前，稀土元素（REE）和微量元素在分析物源方面已得到了广泛的应用（宋凯等，2002）。

西北体系：母岩为阿拉善古陆的晚太古界—下元古界石英片岩、变粒岩。REE配分模式呈“右倾斜、LREE富集、HREE平坦”型（图2-12）。

东北体系：REE配分模式及微量化学元素蜘蛛图解与盆地东北缘—东缘的太古代、元古代变质岩相一致，表现为轻稀土富集，重稀土亏损，铕、铈元素亏损；母岩为阴山古陆的太古界花岗片麻岩（图2-13）。

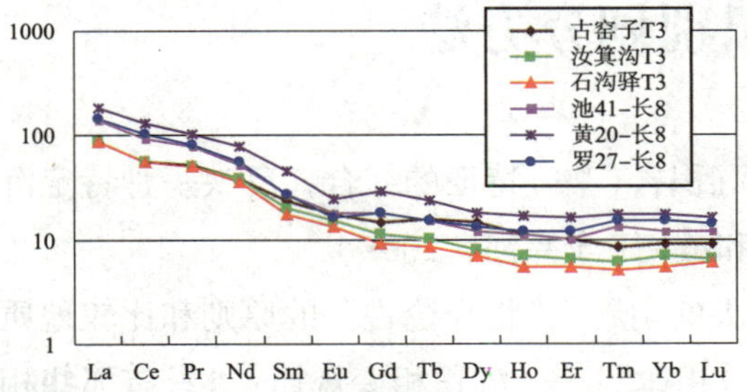

图 2-12 盆地西北部 REE 配分模式图

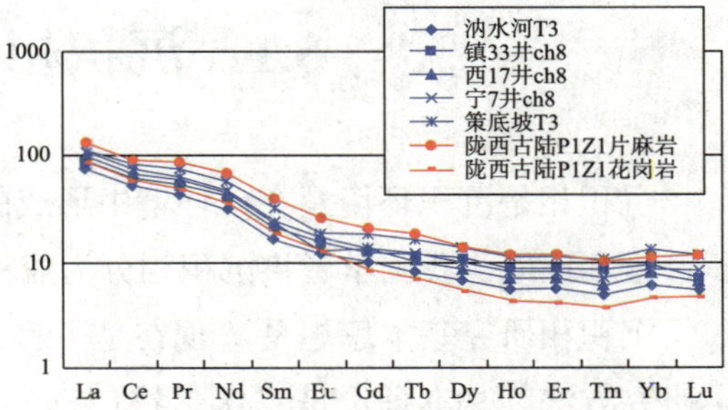

图 2-13 盆地西南部 REE 配分模式图

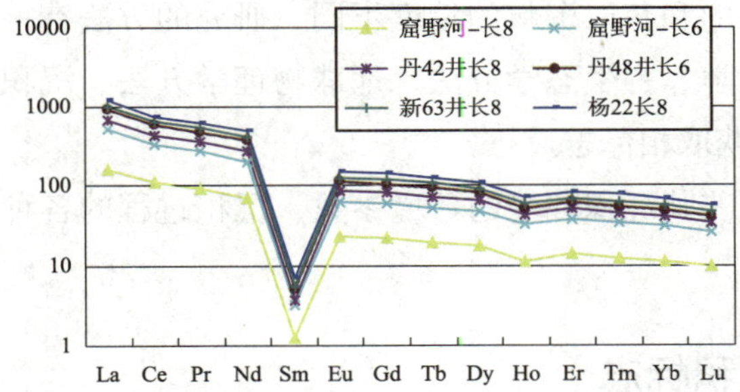

图 2-14 盆地东北部 REE 配分模式图

西南体系：母岩为陇西古陆及秦岭的元古界石英岩、古生界浅变质岩及碳酸盐岩（图2-14）。

通过对长8物源进行分析，结合周缘老山认为：西部物源主要来源于盆地西部的海原隆起，白云岩岩屑发育；西南物源来源于陇西和秦岭古陆的元古界石英片岩、中基性火山岩，变质岩屑比较发育；西北物源重矿以石榴石和绿帘石为主，轻矿以石英和变质岩屑为主，主要由阿拉善古陆前三叠纪地层的抬升剥蚀提供；东北物源重矿以石榴子石和榍石为主，轻矿物以基性斜长石为主，来源于盆地北部阴山结晶片岩和岩浆岩为主的母岩区。

3 鄂尔多斯盆地延长组沉积特征及演化

3.1 沉积相识别划分方法

沉积相是沉积环境及在该环境中形成的沉积岩（物）特征的综合，反映一种特定沉积过程和环境，我国学者将沉积相分为亚相和微相（于兴河，2008）。

沉积相研究基本思想是“现在是了解过去的钥匙”“将今论古”的原则和比较地质学研究方法。基本理论是“沃尔特（Walther）相律”——沉积相变规律：“只有那些相邻发育的相才能重叠地产出”，即只有顺序发展着的相才能上下重叠；一定的相在水平方向上必与有关的相相邻。根据研究的目的和获取资料的精度不同，研究的方法有一定的差异，包括沉积岩石学方法、古生物学、古生态学方法、地球物理学方法、沉积地球化学方法等，不论哪种方法，首先要获取相标志。

相标志是指沉积岩所具有的那些能反映其沉积环境的环境参数，沉积过程的各种特征包括以下几个方面。

3.1.1 沉积岩的岩性标志（沉积标志）

（1）沉积岩的颜色：主要反映沉积环境的古气候和氧化还原性质。继承色，碎屑物质是母岩的机械风化产物，其颜色是继承了原生母岩的颜色，所以又称继承色。原生色，沉积岩石形成时固有的（同生的）颜色，是沉积岩石的成分和环境指示标志，主要取决于碎屑和胶结物的矿物组成及所含有机质、铁等杂质的含量与价态。次生色，沉积岩形成之后，如果长期暴露在地表环境经受风化，某些成分发生变化，形成新的矿物（又称次生矿物），也会导致岩石的颜色发生改变，这种颜色称为次生色。

在对沉积岩的颜色进行观察时，尽量寻找岩石的新鲜断面来观察。

（2）沉积岩的碎屑成分和岩石类型：碎屑岩的岩屑可直接看出陆源区的母岩性质，重矿物组合和某些轻矿物特征也可指示母岩性质。岩石类型在一定程度上可指示沉积环境，还可反映陆源区或沉积盆地的大地构造状况和古气候条件等。

(3)沉积岩的结构：不同沉积环境下形成的岩石结构是有差异的，如岩石的支撑性、杂基及颗粒的含量、颗粒的分选磨圆、粒度分布特征等，均可反映沉积环境的某些特征。如粒度分布受沉积时水动力条件的控制，它能明确搬运介质性质，判断水动力强弱，确定搬运方式。

(4)沉积岩层的构造：主要是原生的层理和层面构造，是不同沉积相最重要的标志。如波痕、冲刷面等层面构造，同样是判断环境的直接标志。波痕(湖底波痕)反映湖水深浅，区别浅湖相与半深湖相；冲刷面是判断分流河道亚相及三角洲前缘的标志之一。而冲刷构造，多出现在三角洲平原及前缘环境分流(水下)河道中。

3.1.2 古生物、古生态学标志

古生物的种类和生态不仅可确定海相与非海相，而且还可指示水域的深度、盐度、温度和浊度等。实际中不仅要重视遗迹化石，还可以用遗迹化石资料来判断沉积环境。

鄂尔多斯盆地延长组中古生物化石发育，可见到水平及垂直虫孔、植物根系、植物碎屑等，它们常出现在水体较浅的河漫滩沼泽或浅湖环境中。随着水体深度的增加，垂直虫孔数量减少而水平虫孔数量增多。常见的动物化石有鱼化石、鱼鳞片化石、介形虫等，大量的动物化石的出现指示着浅水、富氧的水体环境。常见的植物化石有新芦木、羊齿蕨等，指示陆地沉积环境，藻类化石指示了水下沉积环境。这些植物化石往往由于河流的冲刷作用而保存不完整，完整的植物化石指示着水动力条件较弱的河漫滩、分流间湾等沉积环境。

3.1.3 沉积地球化学标志

应用岩石中或生物介壳中的微量元素(如B、B/Ga、Sr/Ba、Br、Br/Cl等)、同位素(O、C、S、H等)及有机地球化学资料来判断沉积环境，如水体盐度、氧化还原环境判断等，锶丰度和Sr/Ba比值可作为古盐度判别较灵敏的标志。在自然界水体中，锶和钡一般以重碳酸盐形式出现，当水体矿化度即盐度逐渐加大时，钡以$BaSO_4$的形式首先沉淀，留在水体中的锶相对钡趋于富集。当水体的盐度加大到一定程度时锶亦以$SrSO_4$的形式和递增的方式沉淀，因而记录在沉积物中的锶丰度和Sr/Ba比值与古盐度呈明显的正相关关系。

3.1.4 测井相分析

由于沉积物的粒度、杂基、垂向沉积序列等特征在测井曲线上均有较良好的响应关系(Pirson，1970；马正，1982)。其中，自然电位曲线是测井相分析中最常用的测井曲线，通过分析自然电位曲线的单层及组合形态、幅度、顶底接触关系、光滑程度等基本要素，有助于区分岩性及其垂向的变化。自然电位形态特征划相是一种在未取心情况下行之有效的方法。利用其幅度可直接反映岩石的物性(渗透性)、粒度、分选性、泥质含量等，也可根据其形态特征来判断水流能量的变化，进而判断沉积环境。

自然电位曲线按其形态可划分为钟形、漏斗形、箱形、齿形（又可细分为正向齿形、对称齿形）、漏斗形—箱形、箱形—钟形、漏斗形—箱形—钟形。曲线幅度越大、岩石越粗，表明沉积时水流能力越强。形态的变化反映沉积过程中能量及物源供给的变化。钟形曲线反映水流能量向上减弱，代表河道的侧向迁移或逐渐废弃；漏斗形曲线反映砂体向上建造时水流能量加强，颗粒变粗、分选变好，代表砂体上部受波浪改造的影响，此外也可反映砂体前积的结果；箱形曲线反映沉积时能量一致、物源充足的供给条件，是河道砂坝的曲线特征；齿形曲线比较常见（其中，正向齿形多以冲刷、充填作用为主，具有反粒序；对称齿形为充填堆积特征）；漏斗形—箱形曲线代表丰富物源供应下的水下砂体堆积，为三角洲前缘亚相河口进积的典型特征；箱形—钟形曲线代表有丰富的物源，但后期由于河道迁移或废弃导致能量衰退，具有河道的均匀沉积到后期正向粒序的特征；漏斗形—箱形—钟形曲线代表河道在迁移摆动条件下，有丰富的物源供应的水道充填堆积（表3-1）。

表 3-1　鄂尔多斯盆地延长组主要沉积微相的测井响应特征

标志	沉积环境				
	冲积扇	河流	曲流河三角洲	辫状河三角洲	浊积扇
	扇根　扇中　扇端	辫状河	分流河道　河口坝　远砂坝	席状砂　分流河道	内扇　中扇　外扇
曲线形态	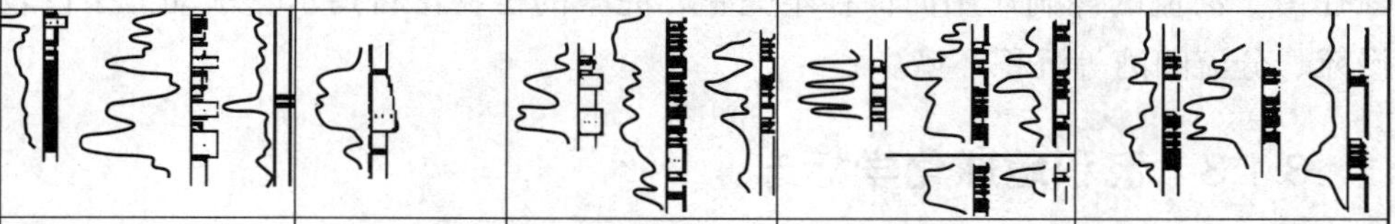				
主要发育地区	盆地西缘	盆地西南部	安边、胡尖山、吴旗、铁边城	盆地西南	固城、合水地区
剖面组合特征（幅度减小正韵律；幅度不变；幅度加大反韵律）	席状砂、辫状河、主河道、泥石流；扇端、扇中、扇端	河道砂坝、辫状河	沼泽相、分流河道、河口坝、远砂坝；三角洲平原、三角洲前缘、前三角洲；建设型三角洲	半深湖、分流河道、半深湖、远砂坝	外扇、中扇、内扇；深水相、深水浊积岩、深水相；（退积式）
地质背景	山麓—陡坡	丘陵—平原	缓坡—水下	浅水区	陡坡、深水

3.1.5　沉积岩层体的形态标志

通过地层厚度、岩体形态、接触关系及剖面结构（剖面层序）、相序相模式等方面来判断沉积相。其中，最重要的是剖面结构——它是综合研究岩性、粒度、沉积构造和厚度等在剖面上的变化层序。不同沉积相在剖面上的变化层序是不一样的，如向上变细的剖面结构见于河流相、潮坪相、河口湾相、浊积岩相、风暴岩相等；而向上变粗的剖面结构见于三角洲相、湖泊相、无障壁海岸相、海滩亚相等。

应该指出，以上几个方面的判别标志应综合考虑，不能仅据某一点下结论，因某些不同的相可出现一些相似的特征。

3.1.6　冲刷面标志

延长组下组合为湖盆发展的早期阶段，河流相和三角洲相发育，冲刷面广泛发育，目前对冲刷面横向演化模式、垂向接触面特征研究较弱。通过大量的岩心和野外露头观察，建立了陆相湖盆河流—三角洲相冲刷面结构模式图，可以分为4个区［图3-1（a）］：

（1）冲刷侵蚀区：水流能量高，下切侵蚀作用强，下伏沉积物被较强水流侵蚀后并搬运一定距离。冲刷面一般为砂岩、泥岩的凸凹不平接触［图3-1（b）］。

（2）过路区：河水继续以较强能量携带冲刷起来的泥砾等沿河床搬运，过路不沉。冲刷面一般表现为砂岩、泥岩的平行突变接触［图3-1（c）］。

（3）快速沉积区：随搬运距离的增加，如遇到决口等情况，水流能量快速降低，携带的泥砾、砂等大量沉积，冲刷面表现为砾石大小不一、分选磨圆较差，垂向上具有一定的厚度［图3-1（d）］。

（4）远端沉积区：水流能量继续减弱，所携带的小的、分选好的、磨圆度高的砾石逐渐全部顺层沉积，直至冲刷面消失［图3-1（e）］。

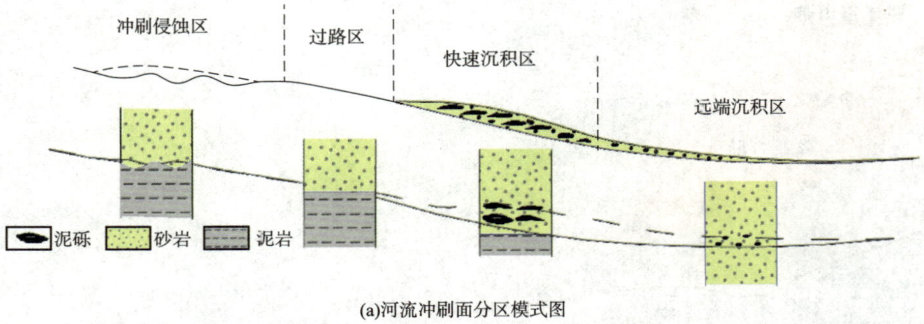

(a)河流冲刷面分区模式图

(b)西63井，长10，2024.3m，侵蚀区冲刷面　(c)宁50井，长9，1466.2m，过路区冲刷面　(d)宁65井，长10，1887.5m，快速沉积区冲刷面　(e)高66井，长10，1697.2m，远端沉积区冲刷面

图3-1　河流—三角洲相冲刷面结构示意图及岩心冲刷面特征

3.2 纸坊组沉积特征

T_2时期，西秦岭造山带已明显开始挤压隆升，在松潘—甘孜地区残存局限海槽。陇西古陆位于兰州天水一带，为西南缘的沉积提供了部分物源。西部主要是祁连造山带，西北部为阿拉善古陆，北部为稳定的兴蒙造山带。盆地内部广泛发育干旱环境下河流相沉积，东北部源远流长，沉积沉降中心位于铜川西部，发育局限的浅湖沉积（图3-2）。在平凉一带发育冲积扇沉积，纵向上反旋回沉积，砾岩发育，反映了西南部构造运动对中三叠世成盆、沉积充填等具有较强的控制作用。

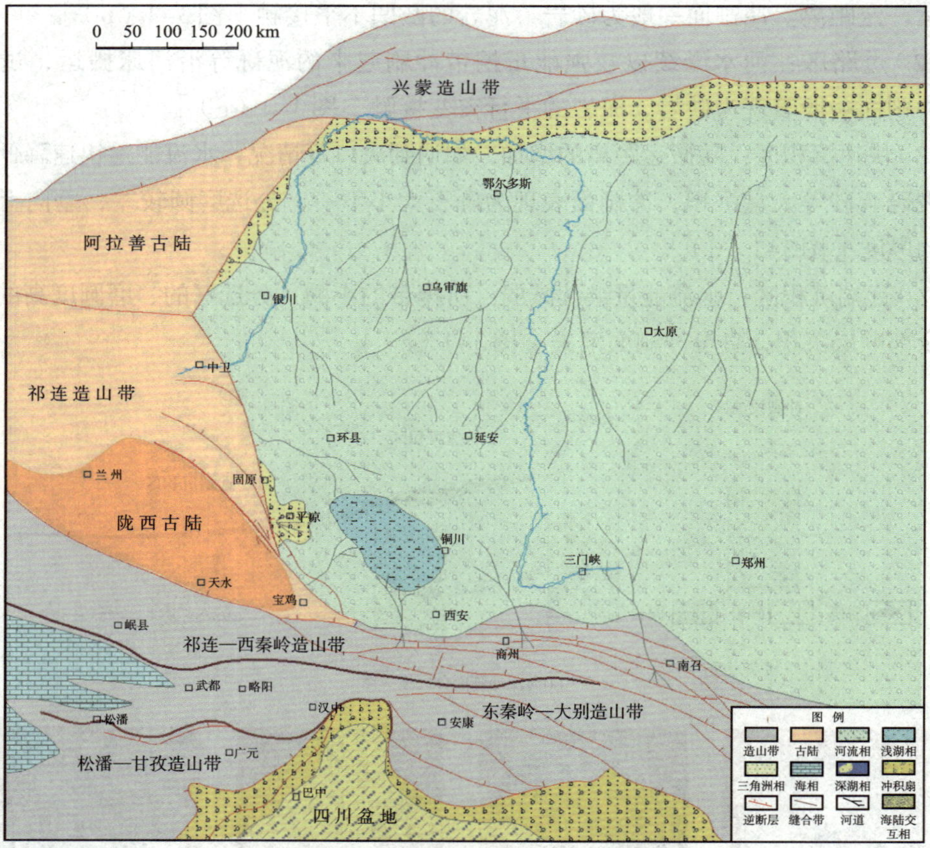

图3-2 鄂尔多斯盆地中三叠世构造格局及岩相古地理图

3.2.1 纸坊组地层发育特征

纸坊组命名于铜川市纸坊镇（甘克文，1959），出露于盆地南部的麟游、淳化、铜川纸坊、韩城薛峰川，东北部的吴堡清水村、神木窟野河、府谷河下游，以及哈拉寨等地。岩性以紫红、紫灰色为主的砂泥岩互层为特征。上细下粗，含脊椎动物、植物、介形、瓣鳃、叶肢介等化石。脊椎动物化石多产自吴堡以北。吴堡、府谷一带岩性较粗，厚度330~530m。向西南至铜川、泾河一带，岩性变细，灰绿色层增多，厚度千余米。铜川剖面顶部发现有火山碎屑岩薄层，按岩性分为两段：

第二段（T_2z_2）：为暗紫红、灰绿色泥岩、砂质泥岩、夹砂岩页岩，富含灰质结核或灰质砂岩结核。厚度变化达156~387m。

第一段（T_2z_1）：以灰绿、黄绿色砂岩为主，夹紫红、紫灰色泥岩、粉砂岩和砾岩。在府谷一带含灰质砂岩结核及铁锰质结核。厚度比较稳定，一般250m左右。

3.2.2 纸坊组地层分布特征

从鄂尔多斯盆地纸坊组地层等厚图上可以看出（图3–3），纸坊组地层整体具有西南厚、东北薄的沉积特征，反映了中三叠时期盆地沉降中心位于盆地南部，与秦岭隆升有关。南部厚度一般大于400m，最厚超过1000m，在庆阳附近；北部地层稳定，厚度一般300m左右。

3.2.3 纸坊组沉积特征

中三叠世时，纸坊组沉积发育，顶部与延长组平行不整合接触。研究表明，鄂尔多斯盆地纸坊组整体为干旱气候下的河流、湖泊沉积，其中，盆地南部发育温湿环境下的河流—湖泊沉积。

1. 盆地周缘露头特征

从薛峰川、铜川、平凉三道沟、汝箕沟野外露头观察发现，纸坊组整体主要为干旱气候下的冲积扇、河流、湖泊沉积（图3–4）。在盆地东南缘的韩城薛峰川剖面，泥岩主要为紫红色、红色杂色泥岩；砂岩主要为棕色、褐色、黄绿色砂岩［图3–4（a）］。铜川剖面，纸坊组与上覆长10油层组平行不整合接触，泥岩为砖红色和杂色泥岩，夹灰绿色薄层砂岩［图3–4（b）］。盆地西南部的平凉三道沟剖面，砾岩主要为红色的，大小混杂，石英燧石、灰岩、泥岩砾石均有，分选性比较差，砂岩为红色粗砂岩，泥岩红色，反旋回明显［图3–4（c）］。在盆地西北部的宁夏汝箕沟剖面，见红色泥岩、褐绿色砂岩［图3–4（d）］。

2. 盆地内部岩心特征

从盆地内部岩心来看，砂岩以浅灰色和红色为主，粒度一般较粗，细砾、粗砂常见。砾石以泥砾为主，反映了河流改道冲刷强烈，泥砾大小混杂，分选较差。砂岩中常见泥砾、炭化植物茎秆、波痕等，泥砾颜色较浅或红色，有时发育炭化植物茎秆和垂直虫孔等（图3–5）。

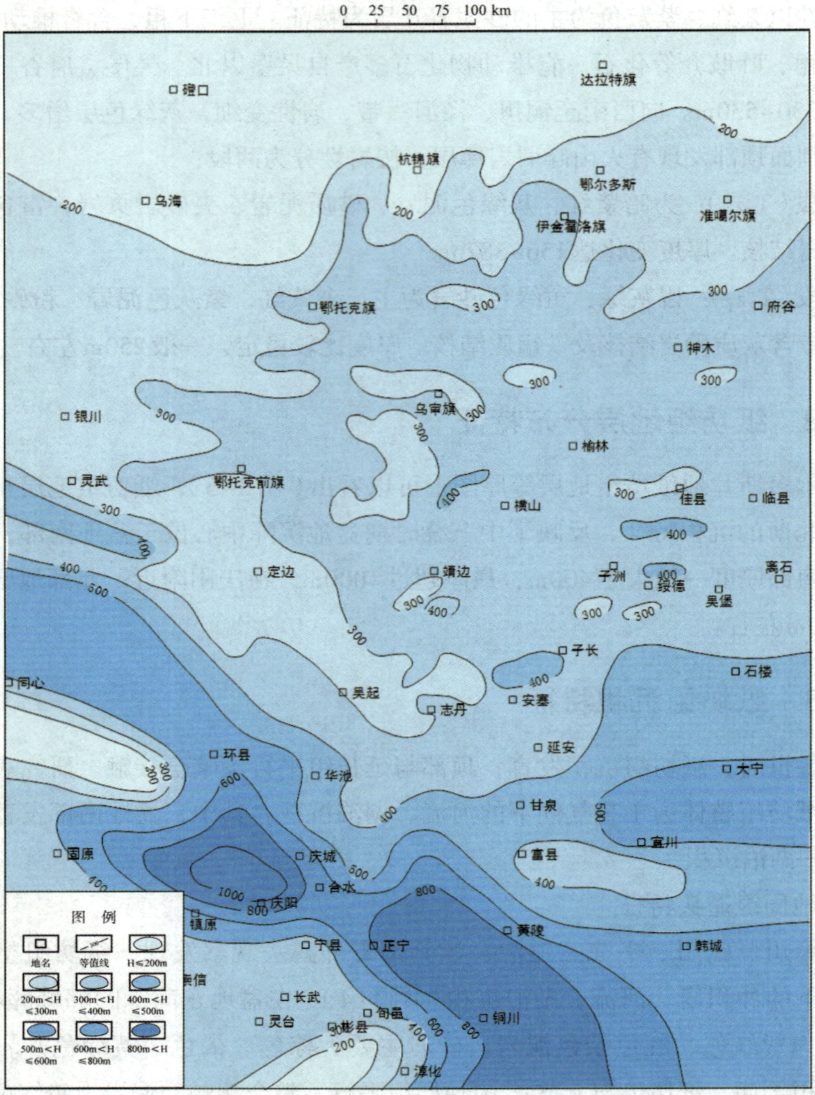

图 3-3 鄂尔多斯盆地纸坊组地层厚度等值线图

(a)薛峰川，紫红色泥岩、棕色砂岩

(b)铜川，杂色泥岩、灰色砂岩，与长10平行不整合接触

图 3-4 纸坊组野外露头特征

(c)汝箕沟，红色泥岩、褐绿色砂岩　　(d)平凉三道沟，红色泥岩、砂岩、砾岩

图 3-4　纸坊组野外露头特征（续）

(a)池142井，纸坊组，浅灰色砂岩及棕红色泥岩，2816.2~2821.3m

(b)高74井，纸坊组，2351.92m，浅灰色砂岩

(c)盐52井，纸坊组，2970.0m，红灰色粗砂岩

图 3-5　纸坊组岩心特征

3.2.4　盆地南部黑纸坊特征

纸坊组沉积物总体为红色特征，但在盆地南部局部地区纸坊组上部发育小范围的温湿环境下的河流—湖泊沉积——俗称黑纸坊。从野外露头及岩心观察发现，主要为浅湖相沉积，泥岩灰黑色，垂直虫孔发育，暗色泥岩有一定的生烃潜力，但厚度较小。砂岩厚度一般3~5m，变形层理、平行层理发育。总体表现为砂泥岩薄互层、灰色泥岩夹煤线等，泥岩中发育垂直虫孔、新芦木根化石、波痕和植物化石等。

1. 野外露头特征

对于野外露头，我们主要观察了位于盆地南部的3个点：第一个点是淳化县官庄镇—泾河剖面纸坊组黑色泥岩，主要是黑纸坊的下部；第二个点是永寿县常宁镇姜山水电站—泾河剖面纸坊组黑色泥岩，主要是黑纸坊上部；第三个点是旬邑山水河—泾河剖面纸坊组黑色泥岩，位于黑纸坊的下部。

剖面一：淳化县官庄镇—泾河剖面。

层位相当于黑纸坊的下部，剖面厚度400~500m，主要分布在泾河北岸公路边。岩性主要是灰褐色砂岩、薄层暗灰色泥岩，为典型的河流相沉积。砂岩中可见到大型河道，平行层理交错层理发育，剖面呈顶平底凸的勺形，底部见冲刷泥砾［图3-6（a）］。泥岩主要为泛滥平原泥岩，厚度一般10~60cm，煤线常见，芦木化石常见［图3-6（b）］，反映了温热环境下植物繁盛的沉积特征。薄层砂岩中偶见密集分布的垂直虫孔，反映了生物活跃。

黑纸坊沉积地层的出现反映了古气候由干旱逐渐转变为潮湿。

(a)河道与泛滥平原泥岩互层　　(b)新芦木化石

图3-6　淳化县官庄镇纸坊组野外露头特征

剖面二：永寿县常宁镇降山水电站—泾河剖面。

该剖面位于永寿县东部的降山水电站附近，厚度较大，约200m，由于河道附近山高水急，没有见到剖面底部。本剖面是黑纸坊最发育的地方，泥岩灰黑色、质纯，为浅湖相泥岩，具有一定的生烃潜力。但从剖面来看，单层厚度较薄，一般20~50cm，最厚约0.6m，多为砂泥岩薄互层分布。泥岩中植物叶片、芦木茎秆化石常见，偶见虫孔［图3-7（a）］。顶部泥岩中发育薄层泥灰岩沉积，厚度10cm左右，反映了晚期水体较浅、蒸发能力强的特征。

砂岩主要为水下分流河道沉积，厚度大，一般10~30m，发育大型的交错层理和平行层理，底部发育泥砾，为冲刷面。薄层的砂岩中底面发育波痕，多为干涉波痕，反映了水体较浅、水流和湖浪相互作用的特征［图3-7（b）］。河道砂岩与浅湖泥岩互层分布(图3-8)，泥岩含量较高。

(a)湖相暗色泥岩与粉砂岩互层

(b)水下分流河道

图 3-7　永寿县常宁镇降山水电站纸坊组野外露头特征

剖面三：旬邑山水河—泾河剖面。

该剖面出露于旬邑县山水河剖面，由于河流的限制，只看到纸坊组顶部层段，厚度约50m，纸坊组和长10平行不整合接触。

从剖面来看，主要为浅湖相沉积，泥岩灰黑色，垂直虫孔发育，暗色泥岩有一定的生烃潜力，但厚度较小。砂岩厚度一般3~5m，变形层理、平行层理发育。

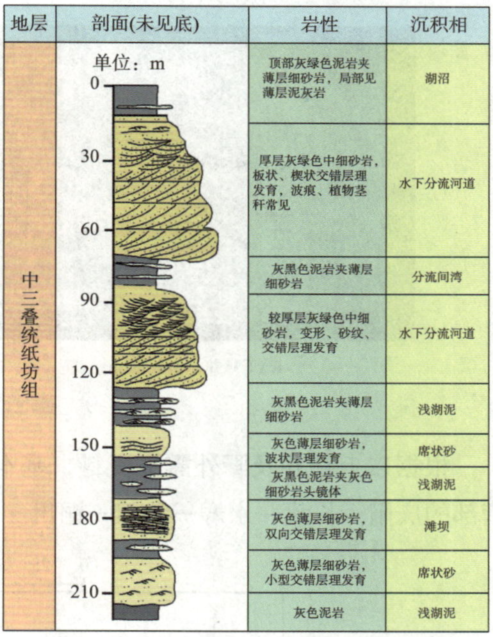

图 3-8　泾河降山水电站剖面沉积相示意图

同时，礼泉泾河纸坊组（黑纸坊）剖面，发现礼泉附近也发育少量黑纸坊。从这些野外露头也可以看出，盆地南部主要发育温湿环境下的河流—湖泊沉积——黑纸坊。发育有河道砂岩、泛滥平原沉积，泛滥平原泥岩夹决口扇薄层砂体、河道与泛滥平原泥岩互层等，主要发育暗色泥岩、砂泥岩薄互层、灰色泥岩夹煤线等，泥岩中发育垂直虫孔、新芦木根化石、波痕和植物化石等。

2. 岩心特征

在探井中也发现了黑纸坊沉积。目前打到纸坊组的井有24口，取心井有13口。为了配合黑纸坊研究，近一两年来加大了黑纸坊的钻探与取心工作。重点对盆地南部的有可能钻遇黑纸坊的探井进行了详细的观察、描述与采样工作。从城探1井等的岩心照片可以看出，盆地南部纸坊组发育暗色泥岩以及灰色、浅灰色的砂岩。砂岩为灰白色细砂岩，垂直虫孔发育，泥岩中发育煤以及炭化植物茎秆等［图3-9（a）］。沉积环境也是浅湖相沉积，与野外剖面观察基本一致。从宁93、正63、正33井等井的岩心照片也可以看出泥岩主要是暗色泥岩，局部炭化［图3-9（b）］，砂岩发育波状层理、小型交错层理等［图3-9（c）（d）］。

(a)城96井，2646.16m

(b)宁93井，2008.55m

(c)正33井，1748.82m

(d)正63井，1987.94m

图 3-9　盆地南部纸坊组岩心特征

根据以上钻井及野外露头资料，基本确定了黑纸坊的分布范围，主要分布在盆地南部的庆阳—长武—永寿—泾阳—铜川—正宁一带，面积约$2\times10^4km^2$（图3-10）。

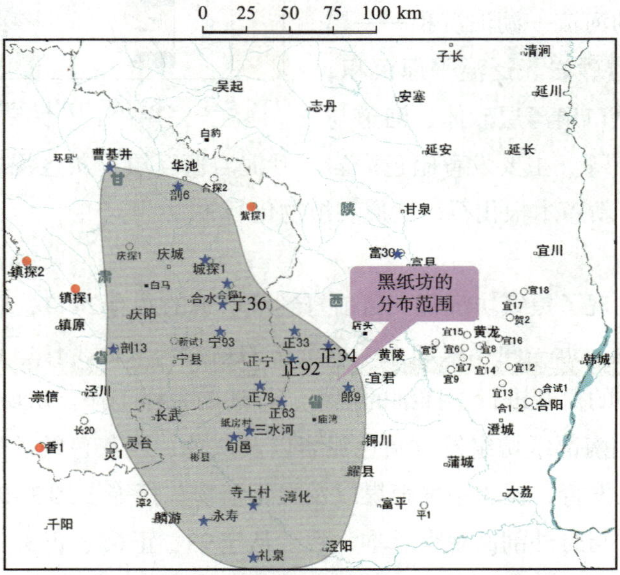

图 3-10　鄂尔多斯盆地南部黑纸坊分布范围图

3. 纸坊组沉积相分布

根据全盆地近百口钻到（钻穿）纸坊组的探井统计，纸坊组砂地比一般0.2~0.5，平均0.34，最小0.07，最大0.73，整体具有西南部砂地比较高、东北部较低、东南部最低的特征，反映了河流的流向和湖泊的分布位置（图3–11）。通过大量的野外露头、岩心观察、测井资料分析等研究纸坊组沉积特征。研究表明，鄂尔多斯盆地纸坊组整体为干旱气候下的河流、湖泊沉积，其中，盆地南部发育温湿环境下的河流—湖泊沉积（图3–12）。

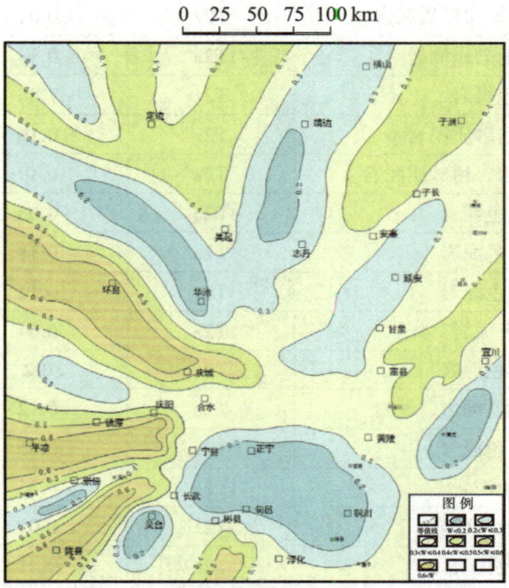

图3–11 纸坊组（上段）砂地比图

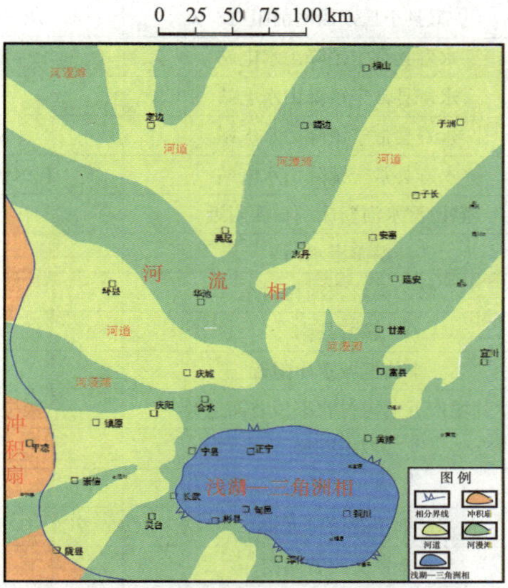

图3–12 纸坊组（上段）沉积相图

3.2.5 黑纸坊生烃潜力分析

随着黑纸坊的发现，人们对黑纸坊是否具有生烃潜力，能否成为新的烃源岩十分感兴趣，本节根据野外和室内岩心分析进行了生烃潜力初步分析。

有机质丰度是评价烃源岩好坏的重要指标，常用有机碳含量来定量评价，其下限值的确定一般是依据经验而定的。对于泥质烃源岩，国内外大多数学者的看法基本一致，有机质丰度下限为0.4%~0.5%（Tissot和Welte，1974；Hunt，1979），较为统一的标准是有机碳含量的下限值为0.5%，但有机质的热演化程度直接影响有机碳的含量，因此不同热演化阶段的有机质其有机碳丰度的下限值不同。但根据前人研究表明，由于油气运移的影响，一些公认的非烃源岩有时也具有较高的有机碳含量，因此，在评价烃源岩时要注意区分岩石中有机质的原生性，必须采用地质与地球化学相结合的方法。

本节对永寿泾河等多个剖面的泥岩露头进行了有机碳分析，并对城探1井在长10和纸坊组采集的8块样品进行有机碳、镜质体反射率、氯仿沥青“A”、岩石热解等分析。

从表3–2可以看出，盆地纸坊组泥岩的有机碳含量大部分小于0.5%，只有一个样品永寿县常宁镇降山水电站的黑色泥岩样品有机碳含量比较高，为7.86%。从露头上看，该样品层厚度约10cm，厚度较小。总体来看，据烃源岩评价标准，野外露头有机质丰度表明纸坊组泥岩为差—非烃源岩，生烃潜力小。

表3-2　鄂尔多斯盆地纸坊组泥岩样品有机碳含量数据表

采样地点	岩　性	层　位	有机碳/%
淳化车乌乡南侧泾河沿岸	棕红色粉砂质泥岩、泥岩	T2z	0.04
淳化车乌乡南侧泾河沿岸	棕红色粉砂质泥岩、泥岩	T2z	0.04
淳化车乌乡南侧泾河沿岸	灰黑色粉砂岩	T2z	0.06
耀县小丘镇西南前咀村	灰黑色泥岩、粉砂质泥岩	T2z	0.04
永寿县常宁镇降山水电站	灰绿色粉砂质泥岩	T2z	0.33
永寿县常宁镇降山水电站	黑色页岩	T2z	7.86
永寿县常宁镇降山水电站	灰黑色粉砂质泥岩	T2z	0.16
永寿县常宁镇降山水电站	灰绿色泥页岩、粉砂质泥岩	T2z	0.19
麟游澄水河新庄塬村西附近	灰黑色泥岩	T2z	0.05
麟游澄水河	灰黑色泥岩	T2z	0.18
麟游县蔡家河村村东	灰黄色泥岩	T2z	0.12
麟游县南	灰色泥岩	T2z	0.04
崇信桐城水库附近	灰黑色泥岩	T2z	0.2
韩城市五角树村农家乐北河道旁	灰黑色粉砂质泥岩、泥岩	T2z	0.12
铜川柳湾	棕红色泥岩	T2z	0.06
铜川纸坊村	黑色泥岩	T2z	0.25
铜川纸坊村大桥	灰黑色粉砂岩	T2z	0.05
金锁关收费站南	黑色泥岩	T2z	0.41
铜川金锁关收费站南	黑色泥岩	T2z	0.09
正92井岩心	黑色泥岩	T2z	0.08

表3-3为城探1井岩石热解分析数据表，可以看出，城探1井的产烃潜量大部分小于2mg/g，只有一个样品大于2mg/g，为4.24mg/g。依据岩石热解分类范围标准，城探1井纸坊组属于差烃源岩。

表3-3　城探1井岩石热解分析数据表

层　位	岩　性	深度/m	S_1/（mg/g岩石）	S_2/（mg/g岩石）	S_1+S_2/（mg/g岩石）	T_{max}/℃
长10	泥岩	2141.00	0.02	0.07	0.09	469
长10	泥岩	2143.66	0.04	0.41	0.45	468
纸坊组	泥岩	2626.35	0.03	1.16	1.19	479
纸坊组	泥岩	2640.90	0.02	0.30	0.32	489
纸坊组	泥岩	2641.53	0.01	0.05	0.06	489
纸坊组	泥岩	2642.76	0.02	0.09	0.11	489
纸坊组	泥岩	2643.10	0.08	4.16	4.24	473
纸坊组	泥岩	2644.33	0.01	0.05	0.06	489
纸坊组	泥岩	2646.16	0.02	0.07	0.09	496
纸坊组	泥岩	2648.14	0.01	0.03	0.04	489

综上所述，鄂尔多斯盆地纸坊组整体发育于旱气候下的河流、湖泊沉积，盆地南部发育小范围的温湿环境下的河流—湖泊沉积，黑纸坊暗色泥岩厚度较薄，形成时还原环境较差，有机质不易保存；纸坊组泥岩属于差—非烃源岩，生烃潜力较小。

3.3 延长组长10油层组沉积特征

晚三叠世为鄂尔多斯盆地石油形成史上的重要时期，气候由干燥逐渐转向湿润，盆地经历了湖盆的发生、发展、全盛、衰退乃至消亡的演化过程。长10早期湖盆开始初始沉降；长9、长8加速扩张；长7沉积时湖盆达到了全盛期，半深、深湖分布范围广，水生生物发育，沉积了盆地中生界最好的一套生油岩——暗色泥岩和油页岩；长7中后期，湖盆开始逐渐萎缩；长4+5发生一次短暂的湖侵；长3以后湖盆再次萎缩，直至最终消亡。因此造成了盆地延长组多旋回沉积特征。晚印支运动，盆地整体抬升，三叠系上部地层遭受了不同程度的风化剥蚀，在此基础上侏罗纪沉积了富县组和延安组延10充填式的河流沉积及延安组上部准平原化的沼泽沉积。

长10期为延长组发育的初始期，主要发育河流、三角洲平原和浅湖相沉积，河道和分流河道砂体比较发育，粒度较粗，以含粒粗砂岩为主，杂色泥岩和植物碎屑比较发育。长10大套砂岩与下伏纸坊组杂色泥岩（或夹薄层砂岩）呈平行不整合接触。从前面的物源分析可知，长10主要发育西北、西南及东北三大沉积体系。

3.3.1 盆地西北部辫状河沉积特征

3.3.1.1 野外露头沉积特征

盆地西北部露头剖面较少，主要有汝箕沟、石沟驿等剖面，以平罗汝箕沟剖面最为典型，地理位置位于宁夏回族自治区平罗县汝箕沟镇。从汝箕沟野外露头剖面分析来看，该区灰绿色灰白色长10段地层与下部灰红色纸坊组地层呈平行不整合接触，长10段为近物源沉积，沉积物总体具有粒度粗、厚度大沉积特征，分析认为其为典型的辫状河沉积特征。沉积地层以厚层粗粒沉积为主，纵向上表现为多层砾岩层、粗砂层正粒序叠置分布，层内大型板状交错层理、槽状交错层理发育［图3-13（a）］。砂砾岩层厚度一般为20~30m，主要砾石、含砾粗砂岩沉积，砾石磨圆较好，分选较差，直径一般为2~5cm，大的超过10cm，成分以石英、燧石为主［图3-13（b）］，反映了沉积时水动力较强、沉积物供屑充足的特征。顶部泥岩主要为黄绿色杂色泥岩，反映了氧化环境中河流沼泽相沉积特征。

(a)长10与纸坊组平行不整合接触，大型板状交错层理发育　　(b)层内砾石特征

图 3-13　平罗县汝箕沟剖面长 10 野外露头特征

3.3.1.2　岩心特征

通过对盆地内西北沉积体系20余口井长10段岩心观察表明，沉积物总体具有顺物源方向向盆地内部粒度逐渐变细规律。沉积物以中厚层灰色、灰绿色砂岩为主，夹薄层黑色泥岩。砂岩粒度一般较粗，以粗砂、中砂为主，局部砂岩含细砾，具有向盆地沉积中心方向变细的趋势，例如：砂岩层理主要为平行层理、交错层理为主，砂岩底部多见冲刷面及冲刷泥砾，反映了沉积时水动力较强的特征。泥砾颜色较浅，总体以灰黑色为主，局部杂色，为河道间泥岩冲刷后沉积而成；泥岩中生物化石发育，以炭化植物茎秆、碎片和垂直虫孔最为常见（图3-14）。

(a)峰4井，2325.4m，垂直虫孔　(b)峰4井，2329.9m，含砾粗砂岩　(c)定28井，2281.1m，杂色泥岩

(d)环78井，2902.8m，斜层理　(e)环78井，2906m，冲刷面　(f)白212井，2424.6m，平行层理

图 3-14　鄂尔多斯盆地西北沉积体系长 10 岩心特征

3.3.1.3 单井沉积相特征

通过定28、峰4、白212等多口单井沉积相分析，纵向上辫状河沉积具有砂体层数多、厚度大的特征，心滩微相发育，以上升半旋回为主。河道砂岩粒度一般较粗，以粗砂—中砂为主；层理以平行层理、楔状交错层理、板状交错层理为主；底部冲刷面常见泥岩砾石，其分选磨圆较差，表明形成时为突发性强水动力沉积环境。泥岩为河道间沉积，沉积物主要为黑色泥岩，常见大量的炭化植物叶片、茎秆，垂直生物虫孔常见，局部发育薄层煤线和炭质泥岩。平面上辫状河冲积平原广泛发育在华池—盐池一线的西北地区，向盆地内部逐渐演变为辫状河三角洲平原及前缘沉积。

3.3.2 盆地东北部曲河流—三角洲沉积特征

3.3.2.1 野外露头特征

东北体系剖面相对较多，典型的有窟野河、延河剖面、宜川仕望河剖面，窟野河剖面位于神木县，延河剖面位于延长县附近，宜川仕望河剖面位于宜川县一带，三个剖面长10地层发育相对完整，出露较好。神木窟野河剖面厚度42.8m，长10段整体为浅红、黄红、灰绿色砂岩夹砂质泥岩；与下部灰红色纸坊组平行不整合接触。纵向上以砂泥岩互层沉积为主，曲流河二元结构特征明显，砂岩粒度相对较细，以中细砂岩为主，局部含有粗砂及少量细砾石。延河剖面厚度149.6m，长10段为肉红、灰绿、灰紫色及杂色厚层块状中—细粒砂岩夹粉砂质泥岩及粉砂岩沉积，河道砂岩浅棕黄色，槽状交错层理、楔状交错层理发育［图3–15（a）］，河道底部常见冲刷形成的泥砾。砂岩中大型楔状层理发育，局部发育浊沸石胶结的麻斑砂岩特征（何自新等，2004）。宜川仕望河剖面厚度204.1m，为灰绿、灰褐色及棕红色厚层状中—细粒砂岩与泥岩、粉砂质泥岩不等厚互层分布，河道发育［图3–15（b）］，砂岩中偶见钙质结核。

(a)延河剖面长10，中大型楔状交错层理　　(b)宜川剖面，长10，大型河道及侵蚀面

图 3–15　鄂尔多斯盆地东北部长 10 野外露头特征

3.3.2.2 岩心特征

岩心观察表明，砂岩中常见各种交错层理、变形层理，如丹52井见砂球构造，为三角洲前缘沉积特征；岩性以细砂岩为主，镰34等井的泥岩为红色，为典型的陆上河道间沉积，泥岩中常见炭化植物茎秆、叶片和炭质泥岩等，虫孔也常见，主要是垂直虫孔（图3-16）。

(a)高66井，1700.4m，灰色砂岩夹炭化植物茎秆

(b)镰34井，1872.41m，棕红色泥岩

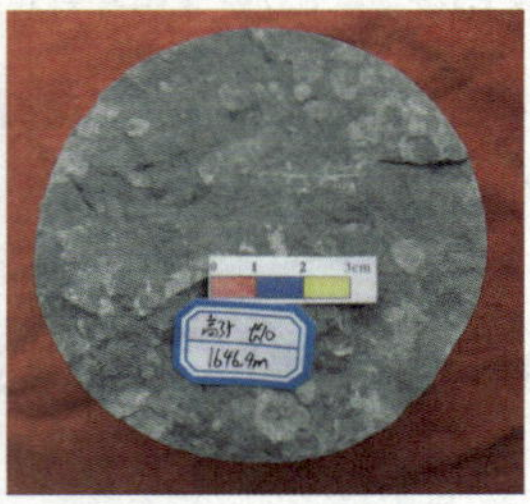
(c)高35井，1646.4m，灰色泥岩中垂直虫孔

(d)新82井，2303.8m，灰色泥岩中炭化植物叶片

(e)桥22井，1573.5m，灰色砂质泥岩中炭化植物叶片

(f)桥22井，1587m，砂纹层理及垂直虫孔

图3-16 鄂尔多斯盆地东北沉积体系长10岩心特征

3.3.2.3 单井相分析

安塞—靖边一线以北地区发育曲流河沉积。通过高35、高66、镰34井等多口井分析，纵向上沉积旋回具有典型的曲流河二元结构，河道砂体粒度较细，厚度一般为10~15m，分流河道、河漫沼泽、决口扇微相常见；沉积旋回以正旋回为主。河道砂体冲刷面常见，泥砾发育，颜色棕红色，主要是长石含量较高所致；泥岩多为杂色泥岩，垂直虫孔和炭化植物叶片常见。安塞—靖边一线以南地区主要发育三角洲平原亚相沉积，分流河道、分流间湾、决口扇微相最为发育；分流河道砂体厚度一般为10~15m，以灰绿色细砂岩为主，各种交错层理发育；分流间湾为黑色泥岩，炭化植物碎屑、炭质泥岩常见。张岔—黄陵以南地区发育三角洲前缘亚相沉积。例如：丹52井发育三角洲平原亚相和前缘亚相；水下分流河道、分流间湾微相最为发育。砂波纹层理、变形层理、斜虫孔常见，泥岩中常见炭化植物碎屑。

3.3.3　盆地西南部辫状河—三角洲沉积特征

3.3.3.1　野外露头特征

盆地西南部露头剖面很多，如崇信汭水河、麟游澄水河、铜川漆水河等。从盆地西南部汭水河等长10露头上看，厚层灰绿色长10与下部浅紫红色纸坊组泥岩平行不整合接触［图3–17（a）］。纵向上以厚层灰绿色、灰黄色中细砂岩夹薄层杂色泥岩为主，为典型砂质辫状河沉积［图3–17（b）（c）］；与西部体系相比，砂体粒度明显变细，砾石几乎没有发现。河道砂岩发育大型板状交错层理，砂体厚度大，颜色灰绿色，局部长10段肉红色浊沸石胶结的麻斑砂岩。砂岩底面局部夹炭屑、植物茎秆及泥砾；泥岩为薄层杂色泥岩［图3–17（b）］，反映浅水沉积特征。麟游澄水河主要为河流相沉积，底部黄绿色块状中—粗粒长石砂岩，河道发育大型板状交错层理［图3–17（d）］，中部暗紫红色泥岩夹黄绿色薄层细砂岩泥岩。

(a)麟游澄水河，纸坊组与长10段平行不整合接触

(b)汭水河，长10上部砂岩中发育的杂色泥岩

(c)汭水河，长10段辫状河发育大型交错层理

(d)麟游澄水河，长10叚上部大型板状交错层理

图3–17　鄂尔多斯盆地西南部长10露头特征

3.3.3.2　岩心特征

从盆地西南部多口井岩心特征上看，砂泥岩颜色较暗，砂岩以灰绿色、灰色为主，

泥岩灰黑色，反映沉积时多为浅水环境。综合观察分析认为，盆地西南部探区以三角洲沉积为主，砂岩中常见平行层理、交错层理、小型砂纹层理等［图3-18（b）（d）（f）］，底部泥砾发育［图3-18（e）］，反映了水流动力较强的特征。泥岩主要为灰黑色炭质泥岩、炭化植物叶片，垂直虫孔较为发育［图3-18（a）（c）］。

(a)演22井，长10，2867.2m，炭质泥岩、垂直虫孔

(b)西65井，长10，1974.5m，沙纹层理

(c)宁65井，长10，1887.5m，炭化植物叶片、垂直虫孔

(d)西65井，长10，1975.8m，平行层理

(e)宁65井，长10，1887.57m，冲刷面及泥砾

(f)演22井，长10，2856.89m，平行层理、波状层理

图3-18　鄂尔多斯盆地西南部长10岩心特征

3.3.3.3　单井相特征

平面上大致以庆阳—长武一线为界，该线以西南为辫状河沉积，向盆地内部演变为三角洲沉积。例如：西65井为辫状河三角洲平原亚相沉积，分流河道亚相发育，河道砂体厚度大，平行层理、交错层理发育，河流水动力较强，常多期叠加，冲刷面较为发育。河道间泥岩厚度较小，常夹薄层砂岩。宁65井区主要为辫状河三角洲前缘亚相沉积，分流河道砂体相对较薄，砂泥岩互层分布；砂岩灰绿色，常见各种小型交错层理、砂纹层理、波状层理等；分流间湾泥岩相对发育，有机质含量高，常见各种炭化植物叶片、茎秆或碎片化石，垂直及斜虫孔常见。

3.3.4　长10沉积中心特征

张岔—太白—旬邑一带是长10地层厚度最大、粒度最细的区域，为鄂尔多斯盆地长10段沉积沉降中心。砂地比较低，一般小于0.2，主要发育浅湖相沉积。岩心特征显示，砂岩颜色黑灰色，粒度以细砂岩、粉细砂岩为主，波状层理、变形层理发育，如卷曲层理、砂球等［图3-19（a）（c）］；泥岩质纯，颜色深灰色，有机质含量较高［图3-19（b）］。野外剖面也发现该区泥岩沉积发育，如耀县柳林剖面。该剖面地层出露厚度为40~50m，长10与下部纸坊组灰红色泥岩平行不整合接触，发育厚层泥岩夹薄层砂岩沉积。泥岩颜色灰黑色，含丰富的介形虫化石、虫孔构造等；砂岩为灰绿色细砂岩，砂波纹层理十分发育，局部见少量铁质结核。

(a)丹52井，1388m，砂波纹层理　(b)旺10井，788.8m，黑色泥岩　(c)丹52井，1389.8m，砂球

图 3-19　鄂尔多斯盆地东南部长 10 浅湖相岩心沉积特征

3.3.5　长 10 沉积相特征及相模式

3.3.5.1　长10沉积相展布特征

在野外露头、岩心观察描述、地层划分、测井相分析、砂地比统计等资料综合分析基础上，编制了长10沉积相平面图。结果表明，长10段主要发育河流—三角洲—浅湖沉积。其中，西北沉积体系最为发育。从沉积相平面图上可以看出，西北沉积体系主要发育辫状河、辫状河三角洲沉积。辫状河相沉积范围广、厚度大，砂地比一般在0.6以上，越靠近西北部地区砂地比越高，局部砂地比超过0.8；向湖盆中心方向逐渐变为辫状河三角洲沉积相，三角洲平原及前缘相发育，分流河道及水下分流河道规模逐渐减小。从罗17井—莲1井长10_1沉积相联井剖面来看，盆地西北部主要发育辫状河—三角洲沉积，其中辫状河主要发育河道、心滩、河漫沼泽等沉积微相；三角洲平原和前缘范围较小，主要是因为湖泊面积小、三角洲不发育（图3-20）。

从杨34井—丹52井剖面图上可以看出，东北体系主要为曲流河—三角洲沉积（图3-21）；冲积平原曲流河道延伸距离远、宽度大，砂地比一般在0.4以上，主要分布在安塞以北地区；三角洲相沉积范围明显扩大，发育多支三角洲水下分流河道砂体，砂地比一般在0.25~0.4，粒度相对较细。冲积平原河漫沉积泥岩颜色较浅，甚至是杂色红色泥岩；而三角洲河漫沉积泥岩颜色较深，植物化石发育。

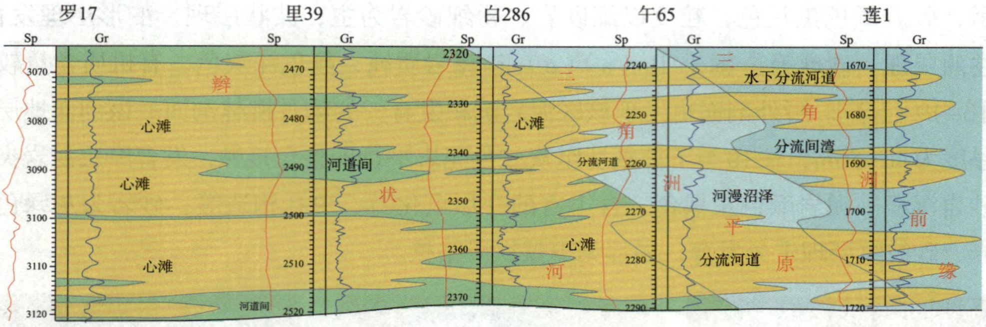

图 3-20　罗 17 井—莲 1 井长 10_1 沉积相剖面图（剖面位置见图 3-22）

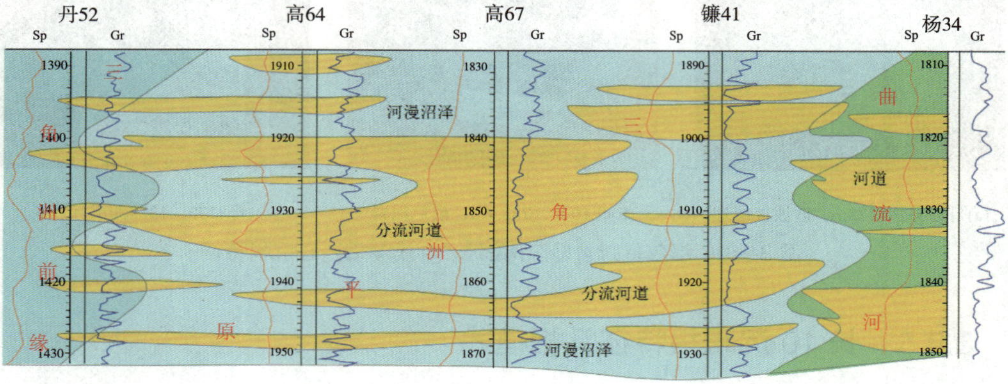

图 3-21　杨 34 井—丹 52 井长 10_1 沉积相剖面图（剖面位置见图 3-22）

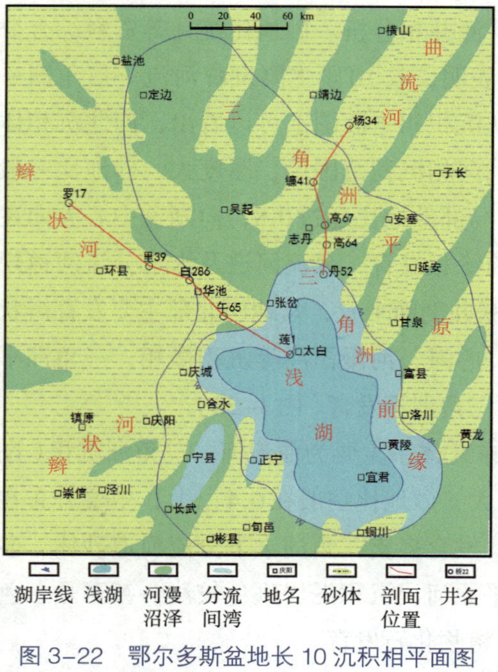

图 3-22　鄂尔多斯盆地长 10 沉积相平面图（曲线为剖面相位置）

从沉积相平面图上可以看出，西南体系为辫状河—三角洲沉积，河道延伸距离短，砂地比较高，一般在0.6以上，分布范围较小。沉积中心位于张岔—太白—宜君一带，为发育浅湖相沉积（图3-22）。

3.3.5.2　长10沉积体系沉积模式

综合以上研究认识，建立了长10沉积相立体沉积模式（图3-23），长10主要发育西北、东北和西南三大沉积体系。西北体系主要为辫状河沉积，在华池一带发育小范围三角洲沉积。沉积物来自阿拉善古陆，沉积物供给充分，粒度粗，以含砾粗砂岩、中粗砂岩为主；砂地比含量高，一般在70%~90%，反映了近物源沉积特征。

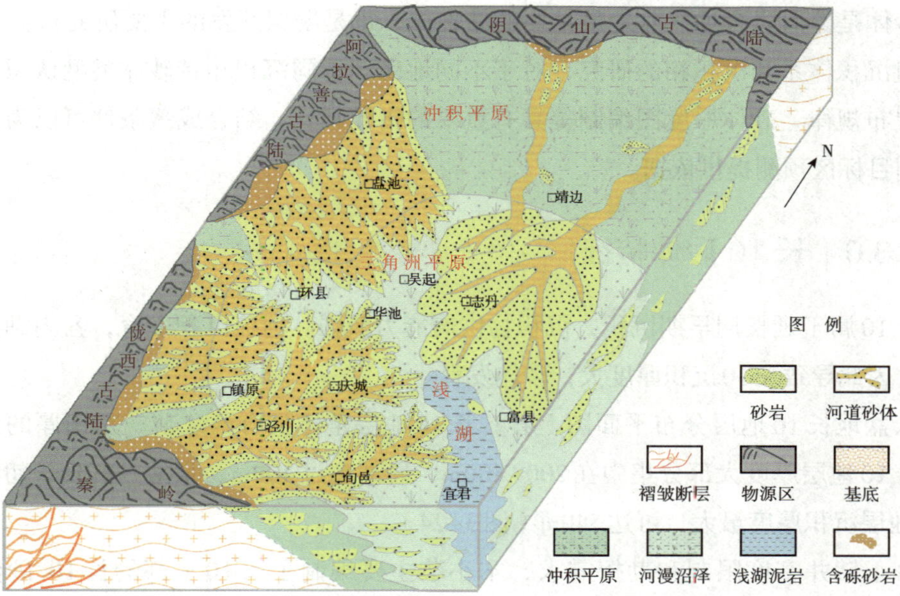

图 3-23 鄂尔多斯盆地长 10 立体沉积模式图

东北体系为曲流河—三角洲沉积，沉积物主要来自阴山造山带，源远流长，沉积物粒度较细，砂地比一般为40%~60%，以曲流河发育为特征的冲积平原相范围广；在鄂尔多斯盆地南部的靖边地区入湖形成三角洲沉积，三角洲平原亚相发育，三角洲前缘范围相对较小。

西南体系为辫状河—三角洲沉积，沉积物来自西南方向的陇西古陆和秦岭造山带；沉积物搬运距离虽然较近，但沉积粒度相对较细，以中细砂岩为主，砂地比一般在50%~70%，可能与物源区抗风化剥蚀能力较强有关。

在三大沉积体系交汇处的张岔—太白—宜君一带，发育浅湖相沉积，沉积物粒度最细，以泥岩、粉砂质泥岩为主，砂地比一般小于20%，是长10油层组的沉积中心。

3.3.5.3 沉积相研究地质意义

长10物源、沉积体系及沉积相特征的研究，对于分析鄂尔多斯盆地纸坊组末期与延长组早期古地理环境特征及演变规律，预测刻画长10储集砂体分布规律及含油有利区预测具有重要的地质意义。

中三叠统纸坊组主要发育棕红色干旱环境的河流相碎屑岩沉积，区域上与延长组平行不整合接触，与上三叠统在沉积环境及沉积物特征明显存在巨大差异，反映出地质环境的重大转变，揭示出中晚三叠世之间存在一次大的地质事件，目前对该地质事件转变的成因尚不清楚，研究较少。作为与中三叠统直接接触的长10油层组，其沉积特征的认识对进一步深化该期地质认识可以提供一些参考。

砂体是碎屑岩含油气盆地最重要的储集体，也是勘探开发的主要研究目标。长10油层组沉积体系和沉积相的研究，对于不同地区、不同沉积相带砂体类型认识、砂体组合展布规律、砂体厚度图编制等具有重要的指导意义，结合成藏条件可以为油气勘探有利目标区预测提供依据。

3.3.6 长10砂体特征

长10属于延长期早期沉积，沉积物供屑能力较强，河流沉积发育，盆内湖盆面积较小，因此导致长10沉积厚度大，砂体发育。

从盆地长10地层分布平面图上看，长10地层整体具有西北薄、东南厚的总体特征；长10地层厚度大部分集中在200~400m，局部超过400m，张岔—富县—旬邑地区长10地层沉积厚度最大，可达540m（图3-24）。

由于钻井密度限制和勘探需求，本小节主要编制了长10上部的长10_1砂体展布（图3-25）。从图上看，西北沉积体系砂体最为发育，砂体厚度大，复合连片；砂体厚度一般超过60m，最厚超过75m，延伸距离120km以上；东部沉积体系砂体也比较厚，为多支河道砂体，一般为45m，局部超过60m，延伸距离较远，一般为150km左右。

西南部砂体规模最小，只有镇原、泾川两支砂体较厚，局部超过60m，一般在45m左右，延伸距离80km左右。

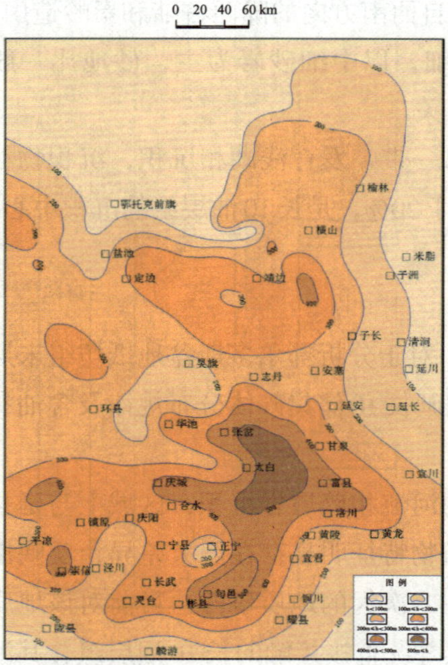

图3-24 长10地层厚度等值线图

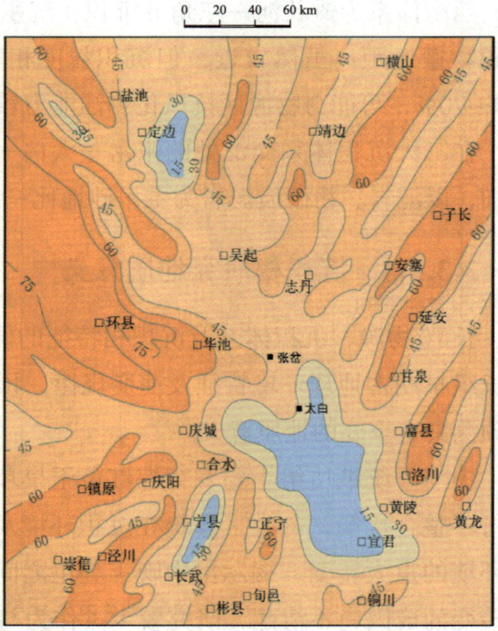

图3-25 长10_1砂体等值线图

3.4 长9油层组沉积特征

长9和长10整体具有较好的继承性，主要发育三角洲—半深湖相沉积。三角洲平原和三角洲前缘亚相最为发育，半深湖发育局限，主要在志丹—宜川地区发育小范围的半深湖沉积。

3.4.1 长9油层组沉积特征

3.4.1.1 三角洲平原亚相

三角洲平原位于古峰庄—环县以西的地区。沉积微相以分流河道沉积和河漫沼泽沉积为主。分流河道砂岩粒度较粗，一般以中粗砂岩和含砾石、泥砾中粗砂岩为主，单层厚度大，发育板状、槽状、楔状等大型交错层理及平行层理，砂岩与下伏泥岩常呈冲刷切割的关系，砂岩底部常见泥砾。砂岩和泥岩中炭屑、炭化植物茎杆发育[图3-26（d）（f）]，局部砂岩含浊沸石，具有麻斑状特征。

泛滥平原以细粒泥岩沉积为主，植物繁盛，煤线、植物根、炭质泥岩常见[图3-26（a）（b）（c）（e）]，反映了沉积水动力较弱的沉积特征，泥岩以浅灰色或灰白色为主。同时，垂直虫孔也常见。纵向上形成砂—粉砂—泥（煤线）为主的沉积序列。

(a)安26，2137.1m，煤线

(b)安26，2140.3m，杂色泥岩含植物根

(c)虎4，2532.1m，炭质泥岩

(d)虎4，2532.1m，灰白色，砂岩夹炭化植物茎杆

(e)罗50，2589.7m，煤线

(f)午57，1982.2m，炭化植物茎杆

图3-26 长9岩心三角洲平原沉积特征

3.4.1.2 三角洲前缘沉积

长9期，湖盆范围迅速扩张，滨浅湖沉积发育。河流入湖后由于坡度减缓、能量减弱，迅速卸载，在湖岸线附近的河口地区分叉、堆积，形成朵体，或水下分流河道呈鸟足状继续向前延伸。砂岩以正粒序的三角洲水下分流河道沉积为主，同时还常常发育具反旋回特征的河口坝、远砂坝沉积，形成良好的油气储层。

由于处于水下，为还原环境，颜色整体较暗。砂岩一般为深灰色，发育平行层理、波状层理、砂波纹层理以及小型交错层理、变形层理［图3-27（c）（f）］。泥岩灰黑色，含有大量的植物化石及碎片，但多顺层分布，斜虫孔、介形虫、叶质介等化石常见［图3-27（a）（b）（d）（e）］。

(a)长20，1989.6m，变形层理

(b)正10，1605.5m，介形虫化石

(c)宁50，1464.2m，砂波纹层理

(d)西62，1975.3m，斜虫孔

(e)宁66井，1732.3m，深色泥岩，鱼鳞及叶质介化石

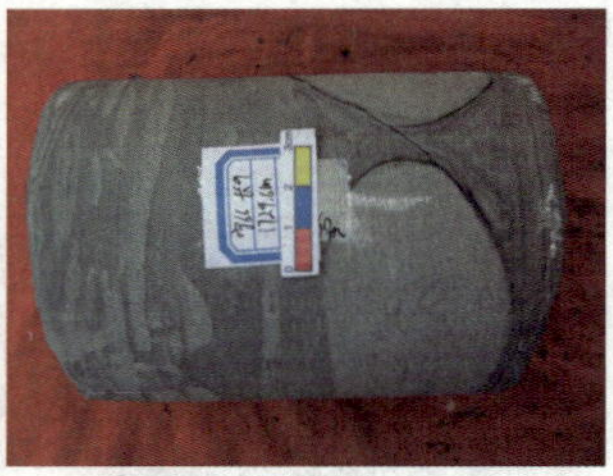

(f)宁66井，1729.6m，砂球构造

图3-27 长9岩心三角洲前缘沉积特征

3.4.1.3 半深湖沉积

长9油层组总体为三角洲—湖相沉积，半深湖沉积短暂、局限。岩心中以浊积岩及黑色油页岩最为典型，浊积岩相对长7深湖而言规模较小，主要发育多期叠加的鲍玛序列ae段，砂岩为细砂岩，向上变为粉砂岩质泥岩［图3-28（a）］。油页岩深黑色，质纯［图3-28（b）］，有时见有孔虫及介形虫化石，测井曲线表现为高伽马、高电阻、高声波时差、低密度特征，俗称“李家畔页岩”。纵向上以长9上段最为发育，平面上主要分布在志丹—富县一带，厚度一般几米至十几米。在宜川、柳林一带出露较多［图3-28（c）］。该段油页岩较纯，呈深灰色、灰黑色，页理发育，含少量植物化石碎片，富含有机质，常常可以见到鱼鳞片化石，是仅次于长7的一套区域烃源岩。

(a)桥22井，1432.2m，浊积岩　　(b)高44井，2122.1m，黑色页岩　　(c)宜川仕望河长9上部黑色页岩

图 3-28　长 9 深湖相沉积特征

3.4.1.4　剖面沉积特征

从盆地长9西北沉积体系剖面图上可以看出（图3-29），西北沉积主要发育三角洲沉积，在东部发育湖相沉积。三角洲平原砂体发育，砂地比一般为60%~70%，分流河道测井曲线以箱形、钟形为主，单砂体厚度较大，一般为8~10m，多期叠加后达到20m以上，为长9油藏提供了良好的储层。泛滥平原泥岩相对较小，炭质泥岩、煤线、植物化石常见。随着水流向盆地内部推进，砂体规模逐渐变小，砂地比一般为40%~50%，水下分流河道测井曲线主要为钟形、漏斗形，单砂体厚度一般5~8m，局部滩坝砂体厚度2~3m。分流间湾泥岩发育，颜色较深，植物碎片常见。在沉积中心附近，发育湖相沉积，浅湖区以暗色泥岩沉积为主，砂体不发育，主要发育少量席状砂。在顶部发育深湖相泥页岩，厚度十几米。

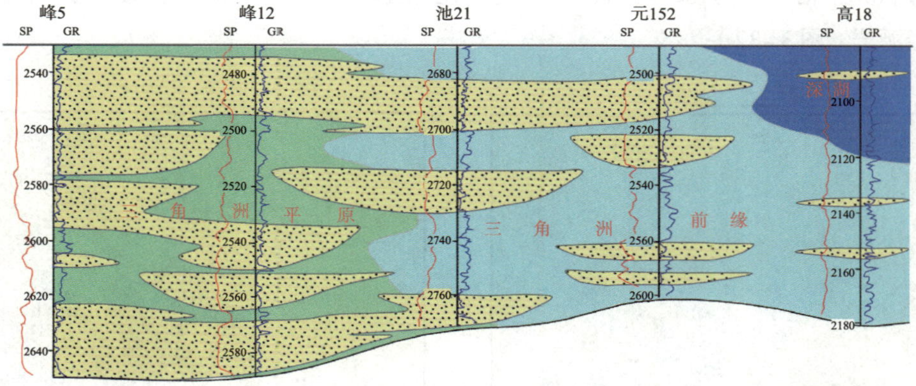

图 3-29　峰 5 井—高 18 井长 9_1 沉积相剖面图（剖面位置见图 3-32）

盆地西南沉积体系主要发育三角洲相，与西北沉积体系相比，砂体相对不发育（图3-30）。砂地比一般为20%~35%，反映了沉积时物源供屑能力不足的特征。

3.4.1.5　平面沉积特征

长9早期构造稳定，长9_2与长10相比，湖盆范围逐渐扩大，水体不断加深，主要发育三角洲—浅湖相沉积。其中西北体系最为发育，主要为三角洲平原和三角洲前缘沉积；西南和东北主要发育三角洲前缘沉积。长9_2沉积中心位于富县—黄龙一带，主要发育半深湖相沉积。沉积物为薄层油页岩，厚度一般小于10m（图3-31）。

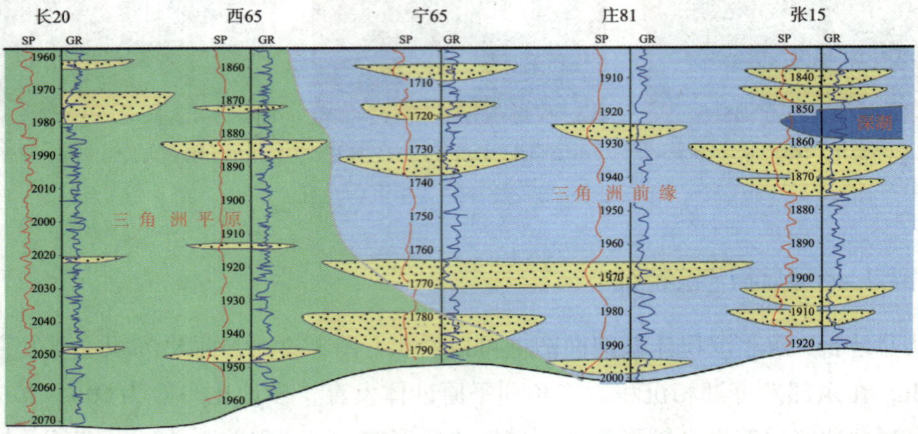

图3-30　长20井—张15井长9_1沉积相剖面图（剖面位置见图3-32）

晚期发育的长9_1与长9_2具有一定的继承性，与长9_2相比，沉积中心向西北方向迁移到志丹—甘泉一带，半深湖范围扩大，为延长期首次湖泛，主要发育三角洲—半深湖相沉积。其中西北体系最为发育，主要为三角洲平原、前缘沉积；西南、东北体系主要为三角洲前缘沉积。长9_1末沉积中心位于志丹—甘泉一带，为半深湖沉积。沉积中心沉积物为较厚的油页岩和少量的凝灰岩及浊积岩，油页岩厚度一般为4~12m，最厚超过20m，俗称“李家畔页岩”，具有一定的生烃能力，是仅次于长7的一套区域性优质烃源岩（图3-32）。

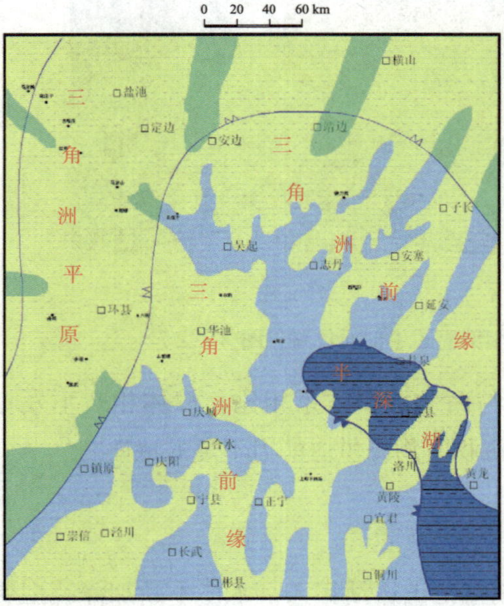

图3-31　延长组长9_2沉积相图

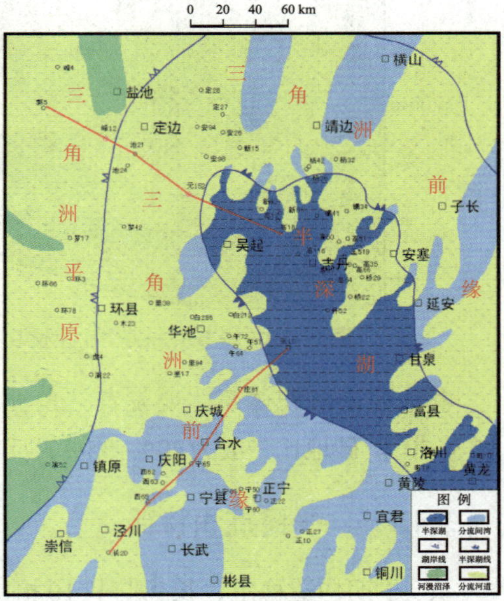

图3-32　延长组长9_1沉积相图

总之，长9沉积期气候温暖，湖水整体较浅，发育西北、西南和东北三角洲沉积体系，其在西北沉积体系规模较大，河流沉积发育，几支大的河流规模大、延伸远，在盆地东南部发育小范围深湖相沉积（图3-33）。

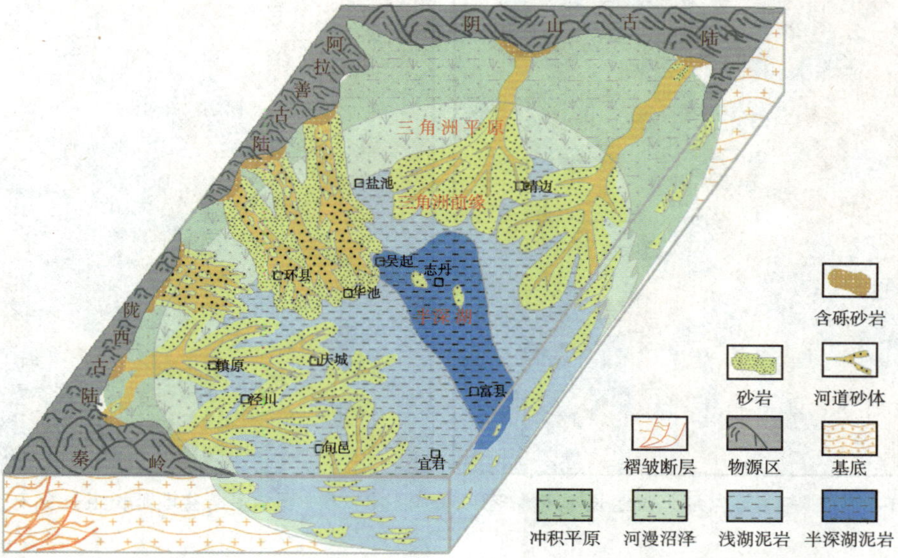

图3-33 鄂尔多斯盆地延长组长9立体沉积模式图

3.4.2 砂体特征

长9期砂体较发育，整体具有满盆含砂特征，东北、西北、西南沉积体系砂体均较发育，西北沉积体系砂体最为发育，整体特征与长10砂体分布相似。西北沉积体系发育4条主砂带，砂体长90~120km，宽20~30km，厚30~50m，是长9最主要的储集体。西南沉积体系物源供屑能力相对较弱，厚度相对较小，连片性差，局部发育厚层砂体；砂体一般长60~100km，宽15~35km，厚10~20m。东北沉积体系源远流长，含油区内砂体一般长100~170km，宽30~50km，厚10~20m（图3-34、图3-35）。

为了分析长10—长9砂体成因模式，选取西北体系砂体连井剖面9条、东北砂体连井剖面8条、西南砂体连井剖面10条进行砂体结构及迁移规律研究。研究表明，盆地西北体系具有典型的辫状砂体迁移演化特征（图3-36），砂体厚度大，连片性强，钟摆式迁移；东北体系具有典型的曲流河三角洲砂体迁移特征（图3-37），曲流河段厚度大，顺河道方向连片性好，三角洲段朵体状横向摆动迁移，横向连片性好，面积大。两类中砂体在7各方面存在差异（表3-4）。

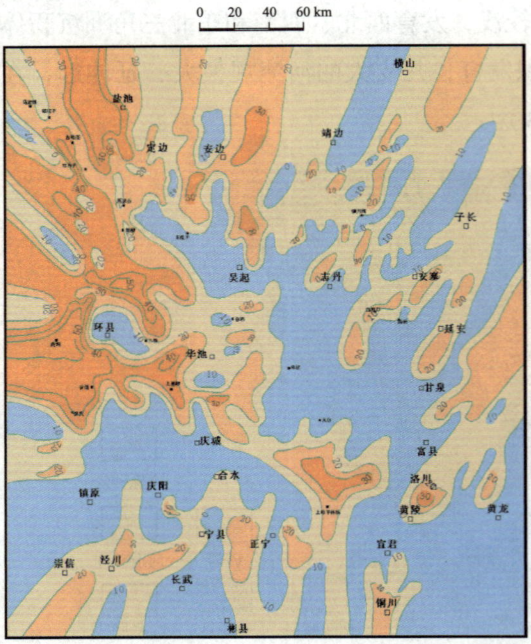

图 3-34　鄂尔多斯盆地延长组长 9_2 砂体图

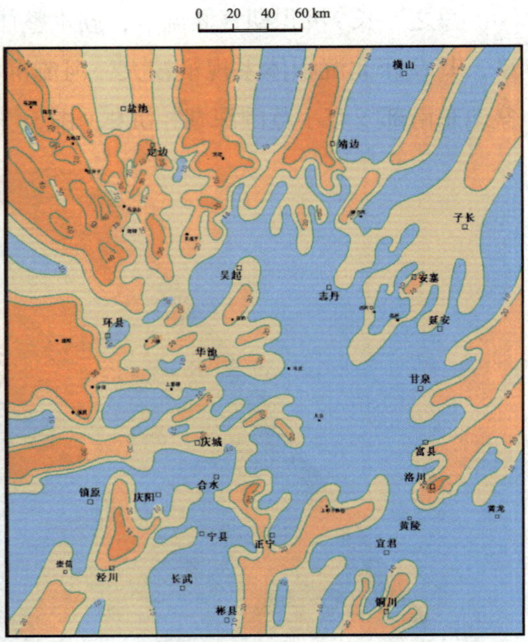

图 3-35　鄂尔多斯盆地延长组长 9_1 砂体图

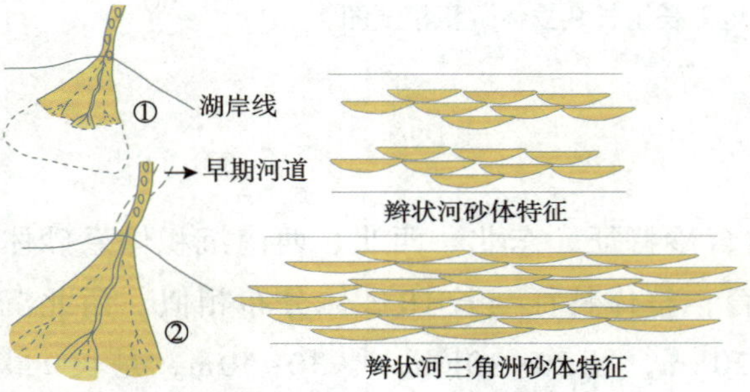

图 3-36　辫状河—三角洲砂体迁移演化模式

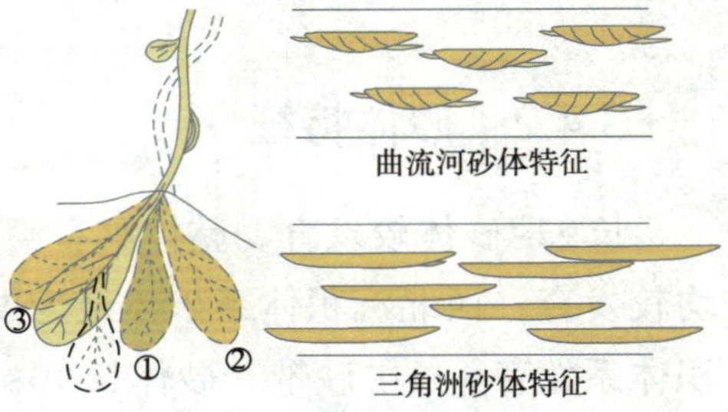

图 3-37　朵叶型砂体侧向摆动迁移型

表 3-4　延长组下组合两类河流—三角洲砂体特征对比表

类　别	辫状河—三角洲	曲流河—三角洲
物源供屑	物源充沛，供屑能力强	物源较充沛，供屑能力较强
底型坡度	相对较陡	较缓
搬运距离	较近	较远
湖岸线位置	摆动幅度相对较小	摆动幅度范围大
沉积粒度	以粗粒、中粒为主	以中、细粒为主
河流相砂体	垂向叠加能力强，砂体厚度大，砂地比高	侧向迁移能力强，厚度相对较薄，砂地比0.5左右
三角洲砂体	钟摆型迁移，横向变化快	朵叶摆动迁移，横向稳定
实例	西北沉积体系	东北沉积体系

3.5 长8油层组沉积特征

鄂尔多斯盆地晚三叠世延长期发育大型克拉通坳陷湖盆，整体具有盆大、坡缓、水浅、源多、构造稳定的特征。晚三叠世长8油层组沉积时期湖盆发育大面积具有浅水沉积特征的三角洲，在以往的工作中尚无人提出延长组发育此类三角洲。目前，人们对该三角洲沉积相平面分布、剖面组合、砂体形成及分布特征等认识不清。同时，对比湖盆长8油层组浅水三角洲与海相及断陷湖盆浅水三角洲的异同具有重要的学术价值。长8储集层上覆长7烃源岩是重要的勘探目的层。因此，分析研究区长8浅水三角洲沉积特征、形成条件及发育背景、砂体分布规律等不仅具有重要的理论意义，对勘探生产也具有重要的实际意义。

浅水三角洲是一种与经典河控三角洲沉积模式不同的沉积类型，是三角洲沉积体系的一种特殊类型，它是指在水体较浅、地形平缓环境中形成的以分流河道砂体为主体的三角洲。在平面上浅水三角洲平原与三角洲前缘、前三角洲平缓相接，无明显的转折，不存在Gilbert型三角洲模式的顶积层、前积层和底积层（姚光庆等，1995；楼章华等，1998，1999），国内外学者对其沉积特征和形成条件进行了初步探讨（Donaldson，1974；孙永传和李蕙生，1986；吕晓光等，1999；韩晓东等，2000）。

在长8期，盆地稳定，盆地底型十分平缓，东北、西北和西南沉积体系均较发育，由于坡度缓、水体浅，主要发育浅水型三角洲。平面上相带发育齐全，可分为三角洲平原亚相、三角洲前缘亚相和前三角洲亚相。

3.5.1 长8浅水沉积背景

通过多次岩心及野外露头观察，长8期全盆地没有深水沉积发现，整体为三角洲沉积环境。观察结果表明，绝大多数长8段岩心含有丰富的浅水环境的生物和沉积标志，主要有以下方面。

3.5.1.1 植物叶片、根系

在岩心观察中，长8地层中发现了大量的植物叶化石、植物根和炭质泥岩。植物叶片种类较多，常见的有银杏、蕨类、芦木等，主要分布在泥岩和粉砂质泥岩、泥质粉砂岩中，炭化成黑色，叶脉形态等保存完好［图3-38（a）（b）（c）（f）］。植物根既有水平须根又有垂直根，多发育在泥岩中［图3-38（d）（e）］。砂岩中也存在炭化植物茎秆，是植物倒地后和砂一起沉积埋藏的结果。

(a)午65井，长8_1，2081.6m，
西伯利亚似银杏叶片

(b)黄29井，长8_1，2867.0m，
拟丹尼蕨叶

(c)黄51井，长8_1，3015.57m，
蔡耶贝尔瑙蕨叶片

(d)白268，长8_1，2187.5m，
水平须根，垂直虫孔

(e)黄36井，长8_1，2744.5m，
垂直须根

(f)黄48井，长8_1，2656.2m，
蟹形新芦木叶片

图 3-38　长 8 岩心中各种植物叶片、植物根化石

古根迹在不同沉积环境中类型不同，但在岩心中显示的只是植物根迹的一部分（或极少部分）。通常依据根迹的保存形式和根迹保存部分的分叉特点，将根迹分为直根迹、须根迹、单根迹、表层（水平）根迹、根模（薛叔浩等，2002）。这些根迹类型在一定程度上也反映了根系从陆上过渡到浅水的生态特点。研究区植物根以水平根迹和须状根较为普遍，根迹主要沿层面近水平延伸，根迹细小，多次分叉。在长 8 泥岩中也发现含炭化植物碎片较高的黑色炭质泥岩和炭化植物茎秆。

3.5.1.2　煤线、炭质泥岩

煤线是三角洲平原河漫沼泽中长期植物生长后死亡堆积形成的，是浅水环境的典型标志，有机碳含量高形成煤层，泥质含量高形成泥炭，后期演化为炭质泥岩。整个盆地长 8 较为发育，反映了湖水震荡升降频繁特征。煤线厚度一般不超过 10cm，多为 3~6cm，手感较轻，污手，多和黑色泥岩伴生［图 3-39（a）（d）（e）（f）］。当沉积区水体较浅或短时间出露地表时，植物大量繁盛，埋藏成岩后，炭质含量高的形成薄煤层，泥质含量高的形成暗色泥炭层［图 3-39（b）（c）］。平面上整体具有从盆地周边向湖盆中部出现频率减少的趋势。

3.5.1.3　动物化石

砂泥岩中各种生物潜穴最为常见，俗称虫孔，一般形成于富含水的水上或浅水区，从陆上到水下虫孔一般由垂直、倾斜到近水平状发育。在粉砂和泥质粉砂岩中广泛发育各种虫孔，多呈垂直、倾斜的各种潜穴或不同程度的扰动构造，表现出滤食性生物的生活和活动特征。多为石针迹（Cylindricum）组合、沙蠋迹（Arenicolites）组合［图3-40（a）（b）］；暗色泥岩中双壳类化石和介形虫常见［图3-40（c）］。

(a)黄36井，长8_2，2786.7m，煤线

(b)白268井，长8_1，2190.9m，炭质泥岩

(c)里81井，长8_1，2229.6m，炭质泥岩

(d)罗14井，长8_2，2749.45m，煤线

(e)午65井，长8_1，2096.0m，煤线

(f)白280井，长8_2，2219.8m，煤线

图 3-39　长 8 岩心中的煤线及炭质泥岩

(a)黄39井，长8_1，2669.2m，垂直虫孔

(b)泾河68井，长8_1，1303.4m，泥岩中的水平—斜虫孔

(c)桥22井，长8_2，1414.1m，双壳类化石

图 3-40　长 8 岩心中的垂直虫孔及斜虫孔

3.5.1.4　沉积构造

砂岩中常见平行层理、各种水流交错层理和波痕，粉砂层发育砂纹交错层理、变形构造［图3-41（a）（b）］、波状层理等。波浪形成的波状层理是最典型的浅湖相判别标志，岩性主要为分选较好的细砂岩和粉砂岩，波峰波谷较圆滑，层理波痕对称分布［图3-41（c）］，与流水形成的不对称波痕易于区别。泥岩发育水平层理，反映滨浅湖沉积构造特征。砂泥薄互层发育，砂泥分异较好，成层性明显。

(a)黄36，长8_1，2602.32m，小型砂纹层理　(b)罗36井，长8_1，2562.44m，变形构造　(c)庄74井，长8_2，1790.9m，波状层理

图 3-41　长 8 岩心中砂岩沉积构造

以上各种沉积标志显示长8沉积期水体较浅，气候温暖，地形平缓，生物繁盛，湖平面升降频繁且影响范围大，发育典型的浅水三角洲沉积环境。

3.5.2　长 8 沉积相特征

鄂尔多斯盆地长8浅水三角洲，平面上相带发育齐全，可分为三角洲平原亚相、三角洲前缘亚相和前三角洲亚相。长8沉积期，盆地西部中区地形平缓，三角洲前缘亚相分布宽广，进一步细分为三角洲内前缘和三角洲外前缘相（图3-42）。

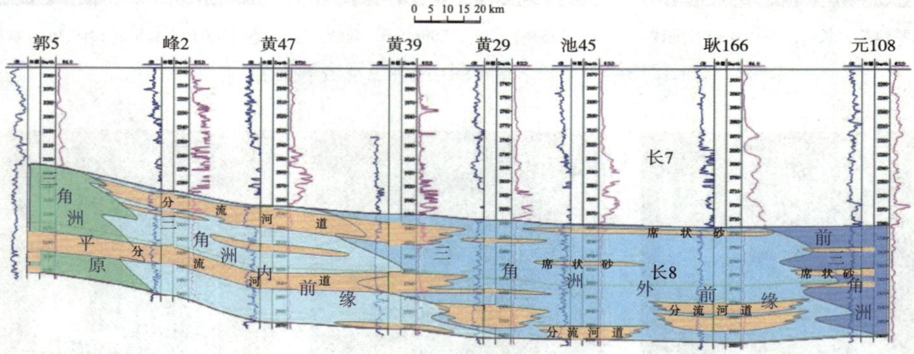

图 3-42　鄂尔多斯盆地郭 5 井—元 108 井长 8 沉积相剖面图

内前缘是指平均高水位与平均低水位之间的沉积相区，可以划分出以下几种微相（微环境）类型：水下分流河道、河口砂坝、三角洲内前缘席状砂、水下决口扇、分流间湾泥等。外前缘是指位于平均低水位线以下的三角洲前缘的前端部分，其微相（微环境）类型包括远端水下分流河口砂坝、远端水下分流河道、三角洲外前缘席状砂、三角洲外前缘间湾泥等。同时，结合盆地沉积特点，笔者将浅水三角洲内前缘与外前缘特征进行了详细的对比分析（表3-5）。

3.5.2.1　浅水三角洲平原亚相

三角洲平原为三角洲的水上沉积部分，沉积环境为广阔的低平地区，主要由分流河道组成，在分流河道之间发育河漫滩和河漫沼泽沉积微相。

1. 分流河道

分流河道是三角洲平原的主要微相。河床基底冲刷面起伏较大，由基底冲刷面向上，依次为滞留沉积、大中型槽状交错层理、板状交错层理、平行层理及小型交错层理，顶部为河漫滩沉积覆盖，砂体在剖面上呈一系列完整的旋回多次叠置。砂岩中大型植物茎秆和冲蚀泥砾常见。测井曲线为典型的下粗上细的二元结构，多为钟形、箱形。

2. 漫滩沼泽

漫滩沼泽也称河间洼地，指分流河道岸后及相邻分流河道之间的蓄水洼地，在低洼富水处，植物繁茂可以形成沼泽环境，为分流河道间的局限环境沉积。主要形成黑色泥岩、灰质泥岩，偶见纹层状粉砂岩，厚度小，缺乏明显层理，炭化大型植物茎秆、煤线常见。

表 3–5 鄂尔多斯盆地长 8 浅水三角洲内前缘与外前缘特征对比表

内　容	内前缘	外前缘
发育位置	平均高水位与平均低水位之间	平均低水位以下，浪基面以上
环境特征	时而水上，时而水下	长期处于水下
生物标志	煤线、垂直虫孔、植物根系及大型叶片	斜虫孔、水平植物须根、植物碎屑、贝壳类
分流河道特征	砂体厚度大（>10m），多期叠加，冲刷面常见，湖水改造相对较弱，多为细砂岩	砂体厚度一般2~6m，冲刷面少见，受湖水、波浪改造较强，多为粉细砂岩、细砂岩
沉积构造	水动力较强，大型交错层理、平行层理发育	水动力较弱，小型砂纹层理、波状层理发育
测井相	箱形，齿化现象弱	箱形—钟形、钟形—漏斗形，齿化现象较强

3.5.2.2 浅水三角洲内前缘

浅水三角洲前缘亚相可以划分为内前缘与外前缘。内前缘是指平均高水位与平均低水位之间的沉积相区，与国外下三角洲平原亚相划分相当（孙永传，1986），沉积区时而水上时而水下，分流河道非常发育；煤线、垂直虫孔等常见。外前缘是指位于平均低水位线以下的三角洲前缘的前端部分，长期处于水下，植物化石以碎片为主，介形虫、斜虫孔、水平虫孔发育，波痕、砂波纹层理等小型沉积构造常见。

1. 水下分流河道

分流河道入湖时，由于盆地地形十分平缓，湖泊水动力在向湖岸长距离的推进过程中与底面沉积物摩擦，能量减少，水动力相对较弱；而河流水动力显得十分突出，河道分支频繁，延伸较远。由于湖水较浅，湖平面升降导致前缘地区快速发生大面积的水进水退，河口坝极易被冲蚀。因此，在垂直沉积序列上，水下河道砂体常发育于厚度小的河口砂坝上，或直接发育于三角洲外前缘席状砂、外前缘泥坪、分流间湾泥坪之上。河道砂体厚4~15m，剖面上常多期复合，主要由粉、细砂岩组成。细砂岩中发育大型交错层理、块状层理、斜层理、砂纹层理等，常见同生变形构造和包卷层理，层面上常见浪成对称波痕。粉砂岩内含有丰富的生物遗迹化石，类型丰富，垂直、高角度斜交层面的生物钻孔常见。岩心中含有丰富的植物根系，发育脉状层理和波状复合层理。

2. 河口砂坝

水下分流河道向前延伸时能量减弱，大量河水携带物快速堆积下来，在河口处形成河口坝。河口坝一般厚1~3m，以粉细砂岩为主。由于后期河道的进积，河口坝冲刷侵蚀严重，大部分保存不完整或发育局限。在河水和波浪作用下，常形成砂纹交错层理、低角度交错层理、平行纹理，偶见羽状层理，层面上常见流水波痕和浪成波痕；在河流水动力弱时，沉积物供给较少，波浪改造加强，层面上常见对称波痕，脉状层理、波状复合层理发育。由于水体较浅，湖平面变化受气候和大气降水影响显著，生物繁盛，岩层中发育丰富的炭化植物根系、垂直层面的生物钻孔、生物遗迹化石、叶片化石等，反映了沉积时水体较浅。测井曲线呈漏斗形，上部多为水下分流河道沉积。

3. 三角洲内前缘席状砂

三角洲内前缘席状砂体主要是湖面整体快速下降，伴随季节性、周期性湖面频繁波动过程中，进入三角洲前缘的河口砂坝、水下分流河道砂和水下决口扇被回流和沿岸流强烈冲刷改造而成。砂体厚度较薄，一般为0.5~2m，片状展布。岩性主要由细、粉砂岩夹泥质粉砂岩组成，发育浪成构造层理，常见低角度槽状交错层理、微波状—平行层理和槽状交错层理，泥质粉砂岩中发育脉状层理、波状复合层理。层内含丰富的垂直与高角度斜交层面的生物钻孔、遗迹化石、植物碎片和植物根系等，测井曲线常呈指状。

4. 水下决口扇

洪水时水下分流河道发生决口，注入相对安静的分流间湾中，形成水下决口扇，厚度一般为1m左右。垂向上，从下向上粒度由细到粗再到细。顶底由泥质粉砂岩组成，发育波状、水平纹层等构造；中部由粉细砂岩组成，发育浪成砂纹层理、脉状层理，一般面积较小，呈扇形板状分布在水下分流河道砂体两侧。

5. 水下分流间湾泥

在水下分流河道之间沉积水下分流间湾泥。分流间湾内水动力环境平静，水体较浅，常暴露地表，受季节性变化大。沉积物以悬浮物为主，季节性水平纹层、干裂和植物根系常见，介形虫零星分布。

3.5.2.3 浅水三角洲外前缘

外前缘是指位于平均低水位线以下的三角洲前缘的前端部分。灰黑色泥岩发育，无煤线，植物化石以碎片为主；斜虫孔、水平虫孔发育，偶见介形虫；发育砂波纹、滑塌变形、波痕等沉积构造。其微相（微环境）类型包括远端水下分流河道、远端水下分流河口砂坝、三角洲外前缘席状砂、三角洲外前缘间湾泥。

1. 远端水下分流河道

在湖泊大规模快速收缩过程中，水下分流河道在向三角洲外前缘推进过程中不断收缩变小，在三角洲外前缘发育了顺流向的细条状远端水下分流河道砂体。砂体主要由泥质细粉砂岩、粉砂岩组成，在垂向沉积层序上发育在河口砂坝之上，底面无明显的冲刷面，通常有向上变细、沉积构造规模变小的特征。单砂体厚度为0.5~1.5m。底部发育槽状交错层理，中部发育平行纹层状层理、低角度交错层理，上部发育脉状层理、波状复合层理、透镜状层理，含植物根系。远端水下分流河道砂体在平面上呈细条带状顺流向展布。

2. 远端水下分流河口砂坝

在细条状远端水下分流河道向前推进过程中，水动力逐渐减弱，河口处形成远端水下分流河口砂坝，主要由泥质粉砂岩、粉砂质泥岩组成，厚度一般小于0.5m，整体上往上变粗，发育低角度交错层理、脉状层理、纹层状层理。生物扰动强烈，发育低角度斜交和平行层面的生物钻孔，层面上普遍发育浪成对称波痕。

3. 三角洲外前缘席状砂

在波浪作用下，远端水下分流河道和远端河口坝改造强烈，形成大面积片状展布的席状砂。砂体主要由粉砂岩和泥质粉砂岩组成，厚度较薄，一般为0.2~1m，由下往上细—粗—细构成完整的垂向沉积层序。由下往上依次发育透镜体状层理、波状复合层理、脉状层理、浪成砂纹层理、脉状层理、波状复合层理。普遍发育泄水构造，同生变形强烈，最典型的是包卷层理和砂球构造。层内含有丰富的低角度斜交和平行层面的生物钻孔、生物扰动构造。三角洲外前缘席状砂在平面上多呈土豆片状孤立分布。

4. 三角洲外前缘间湾泥

三角洲外前缘间湾泥位于水下分流河道外侧，分布于三角洲外前缘席状砂之间，沉积物为泥岩，常见季节性水平层理，偶见粉砂质条带。

3.5.2.4 长8三角洲沉积模式

在以上研究的基础上，我们建立了晚三叠世湖盆西部中区长8浅水三角洲沉积相模式图（图3-43）。沉积时底型平缓，主要发育浅水三角洲平原、三角洲内前缘、三角洲外前缘和前三角洲。三角洲内前缘主要发育水下分流河道等微相类型，外前缘主要发育席状砂等微相类型。

需要说明的是，此模式在小层及单砂体级别编图时效果较好，在多期叠加沉积相编图时由于湖岸线摆动快不易划分，用优势相方法划分效果较好。

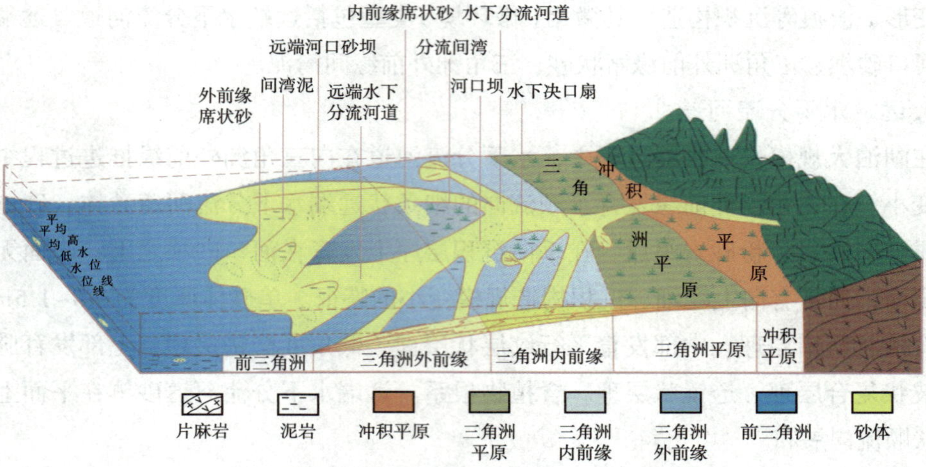

图 3-43　鄂尔多斯盆地长 8 浅水三角洲沉积相模式图

3.5.2.5　长8剖面沉积特征

长8期整体发育浅水三角洲沉积，不同地区沉积特征略有差异。其中，西南沉积发育辫状河三角洲沉积体系，西北部发育辫状河三角洲沉积体系，东北部发育曲流河沉积体系，西部发育小范围扇三角洲沉积体系。

1. 盆地西南部发育辫状河三角洲沉积体系

长8期，西南沉积体系物源发育，特别是在长8_1期，发育砂质辫状河三角洲沉积体系，砂体厚度大、延伸远，是西峰油田主力砂带。剖面上发育三角洲平原和三角洲前缘亚相，微相类型主要是分流河道、泛滥平原、水下分流河道和分流间湾，河口坝基本不发育。在三角洲前缘前端，由于水体较浅，砂体受湖浪改造强烈，席状砂及滩坝砂体较发育（图3-44）。

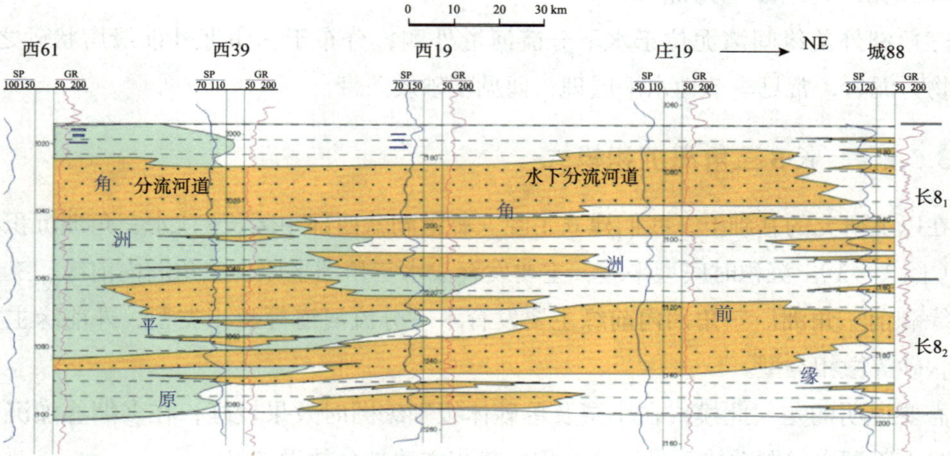

图 3-44　鄂尔多斯盆地西南沉积体系长 8 沉积相剖面图（剖面位置见图 3-50）

2. 西北部发育辫状河三角洲沉积体系

长8期西北沉积体系也较为发育，主要是砂质辫状河三角洲沉积体系。相对于西南沉积体系，物源供屑能力降低，砂体厚度略有减薄，但砂岩延伸相对较远，整体规模较大，在长8_1更为发育，是姬塬油田的主力砂体。三角洲平原和三角洲前缘较为发育。岩心中平行层理、交错层理发育，泥岩中植物根迹化石常见，向盆地中心泥岩颜色逐渐变深变暗。剖面上发育三角洲平原和三角洲前缘亚相，微相类型主要是分流河道、泛滥平原、水下分流河道和分流间湾，河口坝基本不发育。在三角洲前缘前端，由于水体较浅，砂体受湖浪改造强烈，席状砂及滩坝砂体较发育（图3-45）。

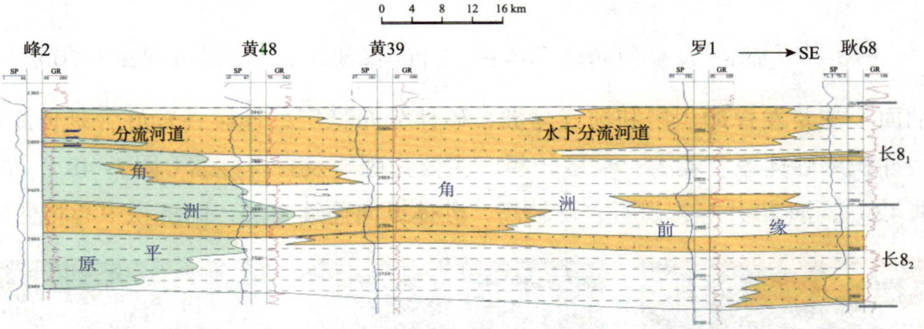

图3-45 鄂尔多斯盆地西北沉积体系长8沉积相剖面图（剖面位置见图3-50）

3. 东北部发育曲流河三角洲沉积体系

相对于西北和西南沉积体系较为发育的砂体而言，东北沉积体系砂体规模相对较小，连续性稍差，主要发育曲流河三角洲沉积体系。三角洲前缘水下分流河道砂体发育，厚度一般为5~10m，粒度为细砂岩，灰色，为还原环境特征，平行层理及波状交错层理发育。分流间湾泥岩颜色较深，水平层理（图3-46）。

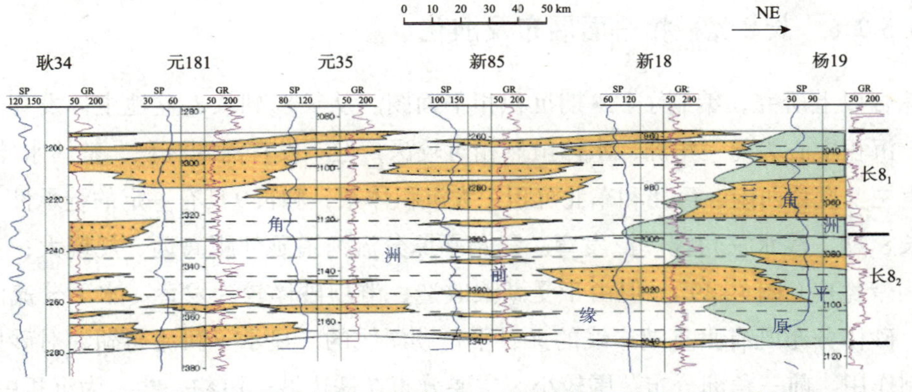

图3-46 鄂尔多斯盆地东北沉积体系长8沉积相剖面图（剖面位置见图3-50）

4. 西部沉积体系

在盆地西部的平凉北部—环县地区发育小范围的扇三角洲沉积，沉积物粒度较粗，分布局限（图3-47）。

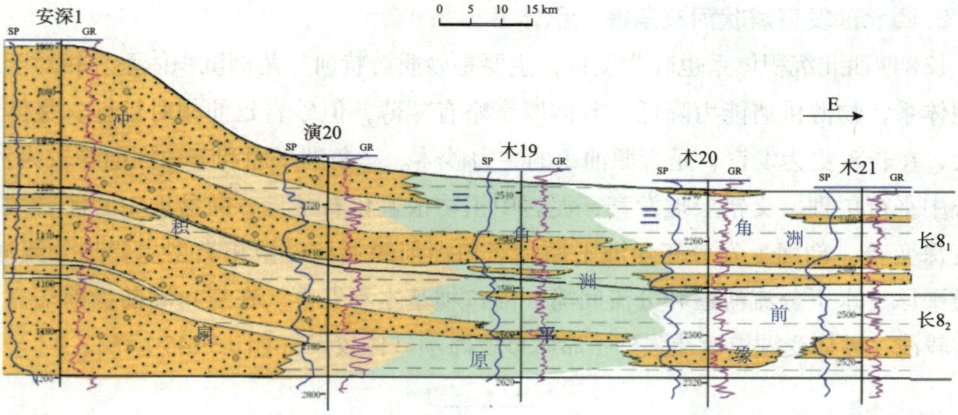

图 3-47　鄂尔多斯盆地西部沉积体系长 8 沉积相剖面图（剖面位置见图 3-50）

剖面上主要发育冲积扇和扇三角洲，砂体分布稳定，连续性较好，延伸距离相对较短。冲积扇砂体厚度较大，粒度较粗，主要为砾岩及含砾砂岩（图3-48），如安深1井、演42井、演20井等，岩石含砾较高，砂体纵向连续叠加，向沉积中心相变较快。

(a)演42，2551.3m，砾岩　　(b)安深1，1150.6m，含砾砂岩　　(c)环54，2807.2m，中砂岩

图 3-48　盆地西部长 8 岩石特征

3.5.2.6　长 8 沉积相平面展布及演化

综合以上研究，编制了长8期沉积相平面图。从长8_2到长8_1盆地主体发育三角洲沉积，沉积中心为前三角洲，水体虽然相对较深，但不发育深湖沉积，整体水体较浅。平面上主要发育西南、西北和东北沉积三大沉积体系，和长9具有一定的继承性。

长8_2期，浅水三角洲广泛发育。三角平原分流河道延伸距离远、规模大；三角洲前缘相带宽广（图3-49），但由于受湖浪改造，滩坝砂体较为发育，水下分流河道不稳定，砂体分布既有垂直湖岸线的又有平行湖岸线的，显示了河流与湖浪对砂体的共同控制作用。前三角洲分布范围较小，主要分布在铁边城—白豹一线，为沉积中心区，主要为暗色泥岩和粉砂质泥岩。

长8_1与长8_2整体具有很好的继承性，沉积格局大体相同（图3-50）。但长8_1期最主要的特征是分流河道砂体更为发育，规模大、延伸远，平面上复合连片，为延长组下组合石油最主要的聚集区，也是石油勘探开发的主要层系。前三角洲分布范围较长 8_2 小，主要分布在吴起—富县一带，为沉积中心区，主要为暗色泥岩和粉砂质泥岩。

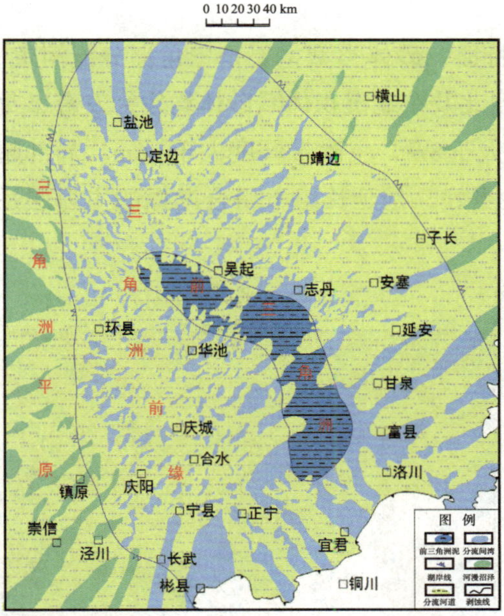

图 3-49 延长组长 8_2 沉积相平面展布图

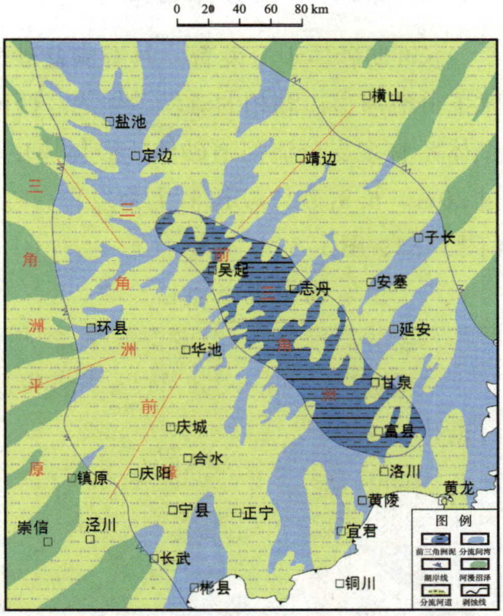

图 3-50 延长组长 8_1 沉积相平面展布图

总之，长8沉积期气候温暖，底形平缓，湖水整体较浅，发育西北、西南和东北三角洲沉积体系，其在西南和西北发育辫状河沉积体系，砂体规模较大、延伸远；东北部发育曲流河三角洲沉积体系，砂体相对不发育，规模较小。在吴起—富县一带为沉积中心区，为前三角洲沉积（图3-51）。

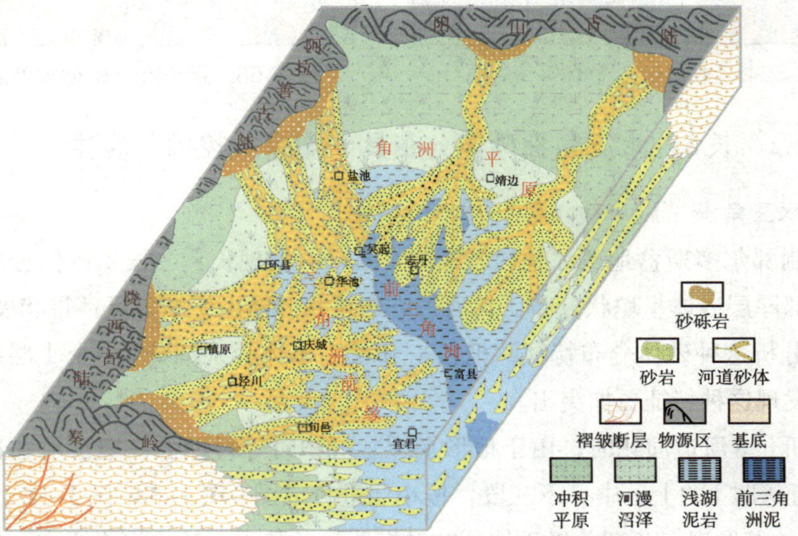

图 3-51 鄂尔多斯盆地延长组长 8 立体沉积模式图

3.5.3 长8砂体特征

3.5.3.1 平面分布特征

长8期砂体十分发育，具有满盆砂分布特征。砂体类型主要是三角洲分流河道、水下分流河道、湖相的滩坝砂体等。西南、西北及东北沉积体系砂体均较为发育，每个体系有多支分流河道砂体，砂体厚度一般大于8m，主砂带厚度大于16m，局部超过20m。长8_1砂体较长8_2更为发育，连续性更好，是延长组下组合勘探的主力层系（图3-52、图3-53）。

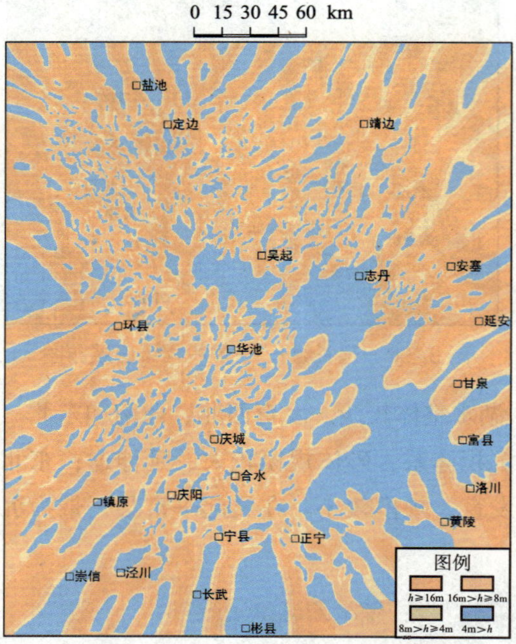

图3-52 延长组长8_2砂体等值线图

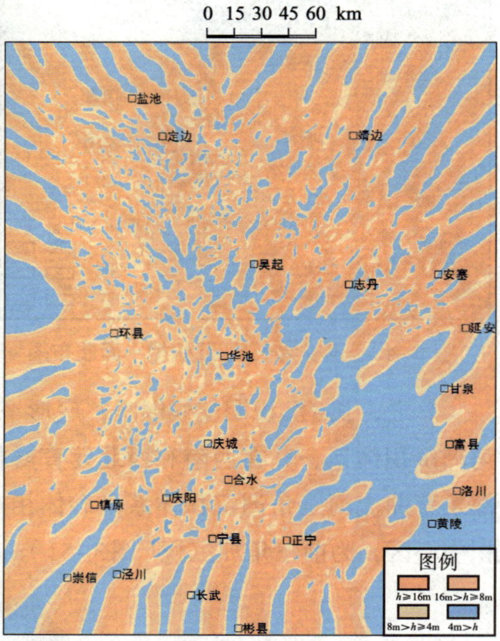

图3-53 延长组长8_1砂体等值线图

3.5.3.2 长8浅水三角洲砂体分布具“湖岸线控砂”规律

1.浅水三角洲“湖岸线控砂”提出的缘由

在编制鄂尔多斯盆地西北地区长8砂体图时，发现长8_1、长8_2砂体分布具有顺河道方向局部厚层砂体呈坨状分布、切河道方向坨状砂体围绕湖盆呈环带状展布的特征。为了详细分析这种砂体分布特征，把长8_1和长8_2砂体分别细分为3个小层进行成图分析，结果发现这种特征更加突出。

在分析长8河道演化时，由于地形平缓、沉积时等时性强，把长8_1和长8_2各分成近等厚（近等时）的上、中、下三段，按小层进行成图（图3-54~图3~56），等值线间隔为3m。结果发现三角洲前缘砂体分布具有明显的特点：顺主河道方向，厚层砂体连续性较差，呈坨状分布，与正常河控型三角洲复合连片、顺主河道砂体连续分布特征明显不同；同时，坨状砂体绕湖盆呈环带状分布。从图3-54可以看出，前缘砂体明显分为三期，湖岸线（红实线、蓝实线和蓝虚线）长期在3个线范围内波动。图3-55有两期，图3-56有三期。

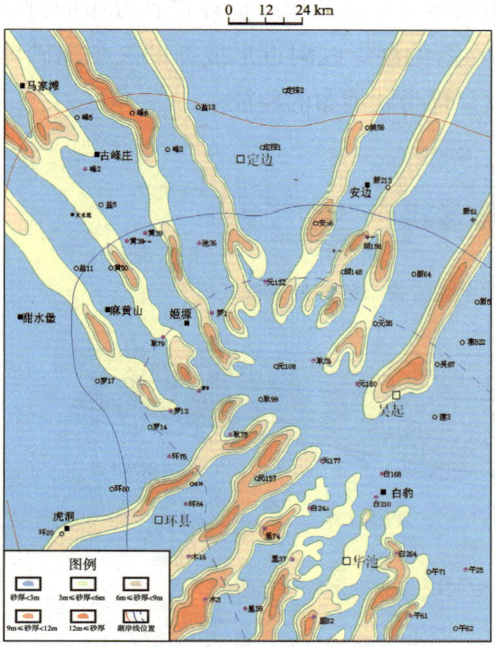

图3-54 盆地西北地区长 8_2（下）砂体展布图

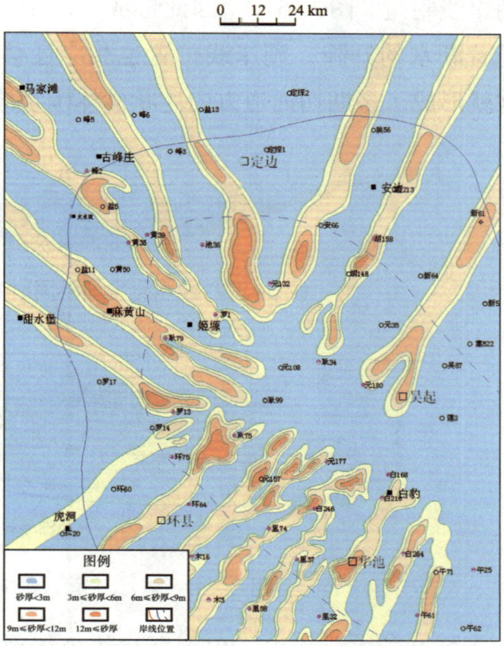

图3-55 盆地西北地区长 8_2（中）砂体展布图

结合研究区长8沉积背景和沉积特征，我们认为由于浅水三角洲沉积时底形平缓、坡度较小，当湖平面升降一个较小的高度时，往往能在平面上影响一个较大的宽度，导致湖岸线位置变化大且摆动频繁（图3-57，①②③分别代表不同时期湖岸线的位置）。在湖水短期小幅度摆动时，湖岸线波动范围较小，湖岸线附近的三角洲砂体位置相对稳定（图3-58）。当气候等外界因素发生变化时，湖岸线发生迁移。湖水快速下降（上升），湖岸线向湖心（湖岸）方向迁移，早期形成的三角洲停止发育，河道穿过早期三角洲迅速向湖中心方向延伸，然后在

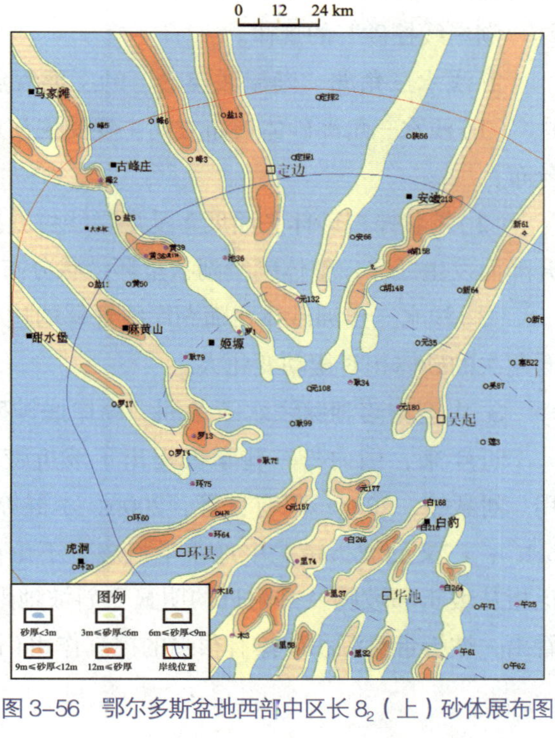

图3-56 鄂尔多斯盆地西部中区长 8_2（上）砂体展布图

新的湖岸线相对稳定的位置重新形成新的三角洲，这样就形成了浅水三角洲局部厚层砂体坨状分布的面貌（图3-57）。

研究区物源较多，当多支河流向湖盆汇聚时，由于形成的三角洲砂体主要分布于湖岸线附近（图3-57），因此形成了多个三角洲砂体环绕湖岸线呈环带状分布的特征。随着湖水的升降，湖岸线位置也相应迁移，在新的湖岸线附近形成新的三角洲砂体，这就形成了多期切河道方向坨状砂体围绕湖盆呈环带状展布的特征。

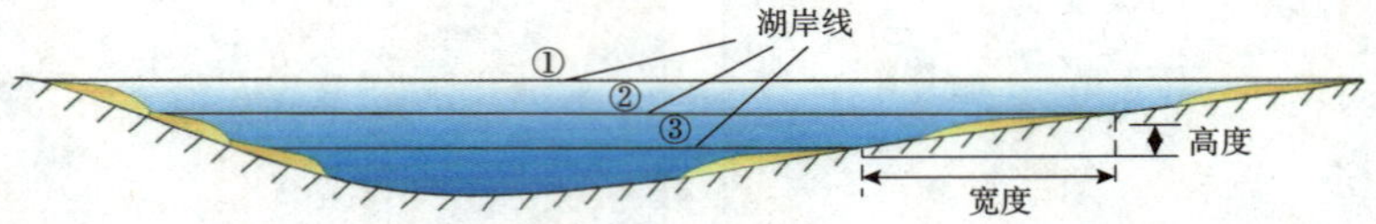

图3-57　浅水三角洲不同时期湖岸线位置与砂体分布模式图

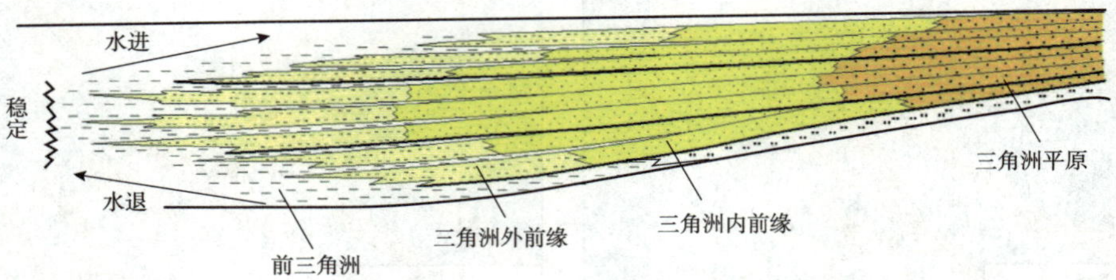

图3-58　浅水三角洲湖岸线相对稳定时期沉积模式图

综上所述，浅水三角洲湖岸线位置对浅水三角洲砂体分布具有明显的控制作用。针对湖岸线位置对浅水三角洲砂体分布特征的影响，我们提出了浅水三角洲砂体分布具“湖岸线控砂”的规律。

2. 浅水三角洲“湖岸线控砂”的主要观点

（1）浅水三角洲砂体展布方向主要受主河道方向控制，顺河道局部厚层砂体呈坨状分布；

（2）坨状厚层砂体平面展布受湖岸线位置控制，主要分布在湖岸线附近，随湖岸线升降而发生迁移，整体围绕湖盆呈环带状分布；

（3）浅水三角洲砂体在随湖岸线迁移的过程中，受坡缓的影响，河道迁移较快，不同期次的砂体相对摆动变化大。

3. 大型坳陷湖盆浅水三角洲“湖岸线控砂”与“坡折带控砂”的区别

近年来，国内外一些学者提出了坡折带理论，并研究了坡折带对砂体的控制作用（刘豪等，2004；冯有良等，2006；李群等，2003；黄薇等，2007）。坡折带（slope belt）：广义的坡折带是个地貌学概念，不论在沉积盆地中还是在剥蚀区都可能发育，泛指从坡折和坡脚及其附近的明显受斜坡地形控制的侵蚀和沉积作用活跃地带。可以看出，坡折带对沉积砂体有很强的控制作用（图3-59）。

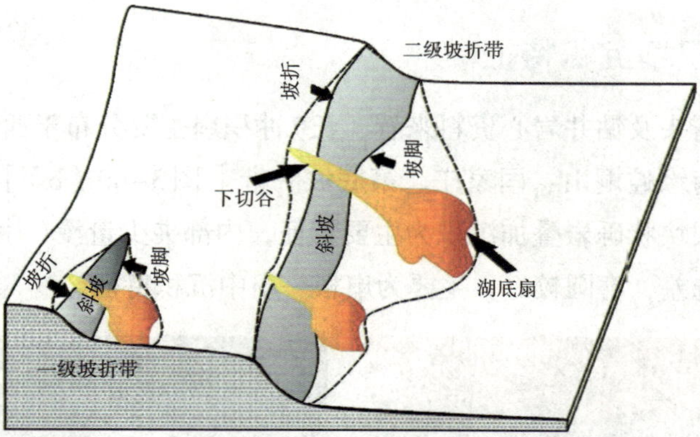

图 3-59　坡折带相关概念及砂体分布位置模式图

"湖岸线控砂"与"坡折带控砂"不同，笔者总结了二者在发育环境、砂体平面展布特征、砂体垂向分布、砂体规模、砂体改造程度等方面存在明显差异（表3-6），是一种新的观点。应该注意的是，实际工作中可能同时存在两种或多种因素共同控制砂体分布，其中以一种作用为主的情况。

表 3-6　大型坳陷湖盆湖岸线控砂理论与坡折带控砂理论特征对比

内容	湖岸线控砂	坡折带控砂
发育环境	基底平缓，湖平面升降影响范围大的浅水三角洲	基底有明显坡度变化的三角洲相、半深湖—深湖相
砂体平面展布特征	砂体多发育在湖岸线附近，随着湖岸线上下摆动，迁移特征较为明显	砂体分布受坡折带位置控制，在坡折带附近长期稳定发育，平面上没有明显的迁移性
砂体垂向分布特征	砂体常呈不连续的宅状分布	砂体常以叠置方式出现
砂体规模	受湖岸线稳定时间控制，单砂体厚度一般不太大，面积较大	受坡折带控制，单砂体厚度一般较大，向坡折带两侧往往迅速变薄
砂体改造程度	砂体易受到湖浪等作用的改造	砂体不易受湖浪等作用的改造

总之，浅水三角洲"湖岸线控砂"观点的提出，丰富了我国大型坳陷湖盆浅水三角洲砂体分布规律的认识，提供了一种新的预测砂体分布的观点，对滨浅湖发育的岩性地层油藏的勘探具有指导作用，拓宽了岩性地层油气藏的勘探领域（李元昊，2008）。

3.6　长 7 油层组沉积特征

长8末期，盆地西部、西南和南部边缘地区在特提斯构造动力体系域与古太平洋构造动力体系域的联合作用下，盆地西南缘、西缘的逆冲作用导致延长期鄂尔多斯湖盆整体快速沉降，沉积格局发生显著变革，水体急剧加深，湖盆发育达到鼎盛时期。深湖—三角洲沉积发育，平面上环带状分布，不同小层沉积范围有一定变化。

3.6.1 冲积扇沉积特征

从目前野外露头及钻井岩心资料来看，长7冲积扇主要分布于西缘的安深1井［图3-60（a）］，西南缘崆峒山、闫家庄、策底坡一带［图3-60（b）］，其他地区基本不发育。沉积以厚层块状砾岩叠加沉积为主要特征，内部夹少量漫（片）流沉积形成的薄层泥岩；砾石分选差，磨圆较好，主要为扇根—扇中沉积特征。

(a)安深1井长7砾岩，冲积扇　　(b)崆峒山延长组砾岩，冲积扇

图3-60　延长组长7冲积扇沉积特征

崆峒山地区砾岩十分发育，俗称崆峒山砾岩。崆峒山砾岩是指分布于平凉—华亭一带白垩系之下的一套红色砾岩，具有厚度大（>1000m）、粒度粗、分布局限的特征（仅见于平凉太统山—大台子间约30km^{2}范围内）。崆峒山砾岩顶部为白垩纪砾岩覆盖，其形成的地质时代争议主要是三叠纪延长组（杨华等，2011；刘华清等，2006；何自新等，2005）还是侏罗纪芬芳河组（康立权，2009）。崆峒山砾岩目前所发现的植物化石为多实拟丹尼蕨、蔡耶贝儿瑙蕨、二叉羊齿等，反映的地质时代为诺利阶—瑞替阶（大致相当长7—长1期）（杨华等，2011；袁效奇，2005），目前认为属于长7期。砾石成分以灰岩和砂岩为主。研究认为，石灰岩砾石来自平凉三道沟的中奥陶统三道沟组石灰岩，砂岩砾石则来自二叠系下石盒子组的砂岩（刘化清，2005；赵文智，2007）。

3.6.2 三角洲相沉积特征

盆地内部三角洲和湖相沉积发育，三角洲在东部沉积体系较为完整，这是由于盆地东北地区属于缓坡带，沉积物源远流长，三角洲平原及前缘在盆地北部较为完整。

三角洲平原为河流入湖形成三角洲后的水上沉积部分，沉积微相以分流河道和泛滥平原沉积为主，分流河道为灰黄色细砂岩，平行层理、交错层理发育，泛滥平原地区浅灰色泥岩发育，植物繁盛，植物茎秆及根迹、叶片化石常见［图3-61（a）（b）］，盆地东北部神木县窟野河剖面沉积较为典型，垂向表现为多期砂泥岩互层分布特征，反映了多期河道分流改道特征。

三角洲前缘为三角洲沉积的水下部分，沉积微相主要为水下分流河道、河口坝和分流间湾。水下分流河道入水后因受湖水阻挡水动力快速降低，平行层理、小型交错层理、波状层理、砂波纹层理、脉状层理、变形层理等十分发育，岩性以灰色细砂岩、粉—细砂岩为主。分流间湾为弱水动力环境，发育暗色水平层理泥岩，泥岩中植物碎屑、虫孔、双壳类等化石常见。野外露头在延河剖面张家滩镇附近较为发育，可以见到波状层理、双壳类化石、水平层理、砂球构造等浅水沉积构造［图3-62（a）（b）］。在岩心中可以见到波状层理、砂纹交错层理、脉状层理、变形层理等沉积构造［图3-62（c）（d）（e）］。

(a)绥德田家岔剖面长7变形层理及硅化木　(b)神木窟野河剖面长7砂岩中的植物根

图 3-61　延长组长 7 三角洲平原沉积特征

(a)延河剖面，长7，双壳类化石　(b)延河剖面，张家滩镇，长7，砂球构造，反旋回

(c)峰6井，长7_2，2451.2m，小型交错层理　(d)旺8井，长7_1，594.2m，透镜状、脉状层理　(e)安83井，长7_1，2133.0m，变形构造

图 3-62　延长组长 7 三角洲前缘沉积特征

3.6.3 深湖相沉积特征

长7为整个延长期最大湖泛期，深湖区面积近$5 \times 10^4 km^2$，以深湖相泥岩、油页岩、浊积岩、砂质碎屑流及滑塌沉积为主。

深湖相以泥质沉积为主，泥页岩质纯，深灰色，含丰富的湖生生物化石，如方鱼鳞片、鱼类、鱼粪、介形虫、叶肢介等化石［图3-63（a）］，有机质含量高，是中生界主力烃源岩。在盆地南部的铜川剖面、耀县瑶曲镇衣食村等剖面非常典型，油页岩厚度上百米。同时，泥岩内夹多层薄层泥灰岩及震积岩，显示了沉积时周边构造活动较强（李元昊等，2008）。

半深湖—深湖区重力流沉积发育，盆地主要有浊积岩、砂质碎屑流、滑塌沉积发育。浊积岩以发育粒序层理为特征，反映了形成时粗细混杂的悬浮物质在水动力条件逐渐减弱的情况下依次发生有序沉积所致，纵向上形成经典的、完整的鲍玛序列，火焰状构造常见［图3-63（b）］，砂岩底面上常发育重荷模、沟模、槽模等沉积构造［图3-64（c）］。浊积岩厚度一般较小，常见的单个序列往往厚几厘米至十几厘米，自下而上由5个单元组成：A段——粒序层理；B段——平行层理；C段——砂纹层理、波状层理或变形层理；D段——水平层理；E段——泥质段。在一般情况下，A~E段发育完整的鲍玛序列不多见。

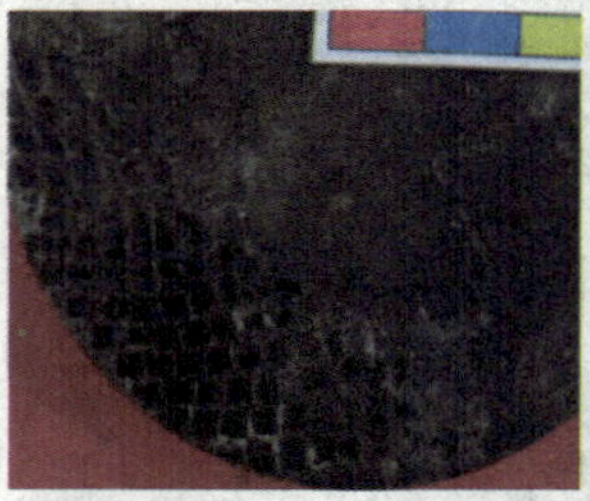

(a)岭79井，长7_1，1740.5m，油页岩层面上的鱼鳞化石

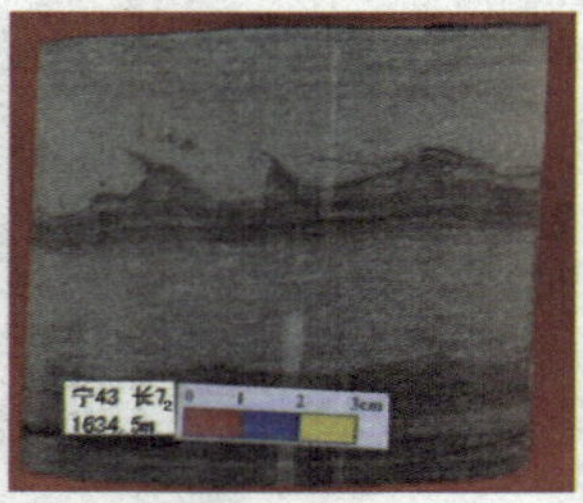

(b)宁43井，长7_2，1634.5m，鲍马序列及火焰状构造

(c)宁33井，长7_2，1671.4m，砂岩底面上的重荷模

(d)环62井，长7_1，2475.7m，泥岩撕裂屑

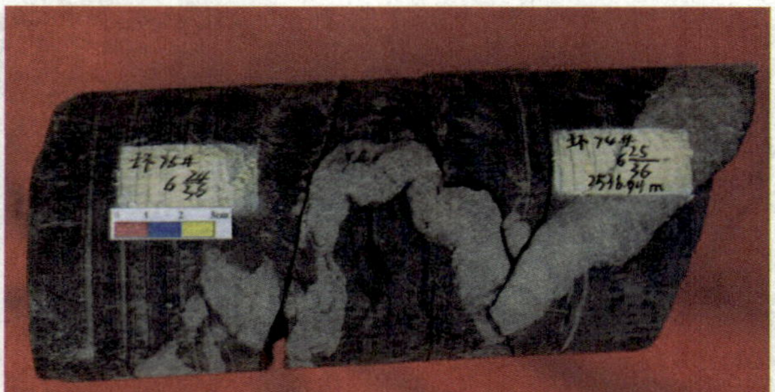

(e)环74井，长7_1，2536.94m，液化砂岩脉

图3-63 延长组长7深湖相沉积特征

此外，鄂尔多斯盆地长6、长7重力流中还发育无明显沉积构造的如块状砂岩沉积、底部或中部含大量泥岩撕裂屑的细砂岩［图3-64（d）］，这种重力流沉积一般称为砂质碎屑流沉积。砂质碎屑流是一种塑性流变、层流状态的沉积物流，沉积物通常以整体“冻结”的方式发生沉积（Shanmugam，2012），体现了一种块体搬运过程。块状砂岩和具平行层理砂岩纵向上重复叠加，叠覆冲刷，常常砂岩纵向连续1m以上，一些地区甚至砂岩的连续厚度超过了20m，成为油气赋存的主要场所。

在深湖沉积物中发育多种软沉积物变形构造，如砂岩脉、球枕构造等，主要为地震扰动成因［图3-63（e）］。

此外，滑塌沉积在长7深水区比较发育，特别是在盆地西南部陡坡带最为发育，长距离搬运滑塌沉积物会转化为浊积岩及砂质碎屑流，近距离的滑塌沉积则保存了较为完整的滑塌结构。滑塌沉积是指在受到外力的作用下，沿下凹滑移面运移，并发生旋转剪切变形而形成的砂质和泥质沉积物的总称。

(a)庄80井，长7，2014.4m，正断层

(b)里302井，长7，3(68/72)，滑塌剪切面

(c)宁57井，长7，1487.26m，混杂变形构造

(d)铜川姬家塔剖面长7滑塌褶皱变形构造

图3-64　延长组长7滑塌沉积特征

滑塌沉积需要较陡的沉积底形、一定的触发扰动机制和充沛的物质条件。盆地西南部较陡的底形及频繁的火山地震条件为滑塌沉积发育提供了条件，三角洲前缘沉积物提供了充沛的滑塌物质。滑塌体可细分为滑塌根部、滑塌剪切面、混杂堆积体、滑塌体末端4个部分，不同部分应力机制及变形特征不同，是判别滑塌沉积的识别标志。

滑塌根部为伸展环境，以发育正断层或阶梯状正断层为特征［图3-64（a）］；滑塌面为上下地层的接触面，为剪切应力环境，上下层岩性往往突变接触，面上具有明确的剪切变形特征，角度一般为40°~60°［图3-64（b）］；滑塌过程中由于内部岩体之间的挤压破裂及旋转等作用，使滑塌体内部表现为不协调褶皱变形、破碎岩块、液化变形等特征，最终在滑塌面之上形成混杂堆积体［图3-64（c）］；滑塌体末端为挤压环境，应力来自滑塌体对前部地层的挤压，往往发育褶皱等变形构造［图3-64（d）］。大量的岩心及野外露头中常看到不同部位的滑塌体，完整的滑塌体由于规模较大在野外及岩心中很少发现。

3.6.4　沉积相平面特征及演化

长7_3期，鄂尔多斯盆地湖盆面积最大，深水沉积相带发育，以深湖相和三角前缘沉积最为发育（图3-65）。深湖相沉积了一套油页岩和高阻泥岩，具有高阻、高伽马、高时差、低电位、低密度的特征。长7_3油页岩及其底部凝灰岩测井响应的特征组合成为盆地延长组地层对比的最主要的标志层，其厚度由几米到几十米，往往由厚层深灰、灰黑色泥岩或炭质泥岩与灰绿色、深灰色泥质粉砂岩、粉砂质泥岩、粉—细砂岩的薄互层、韵律层组成，反映深水沉积特征。这套以泥质为主的深水沉积俗称“张家滩页岩”，为鄂尔多斯盆地中生界主力烃源岩。浊积岩等重力流沉积零星孤立分布在泥页岩中。三角洲前缘亚相主要分布在盆地东北部和西南部地区，东北沉积体系最为发育，三角洲平原及三角洲前缘均较为发育，水下分流河道延伸到盐池—安塞一线。

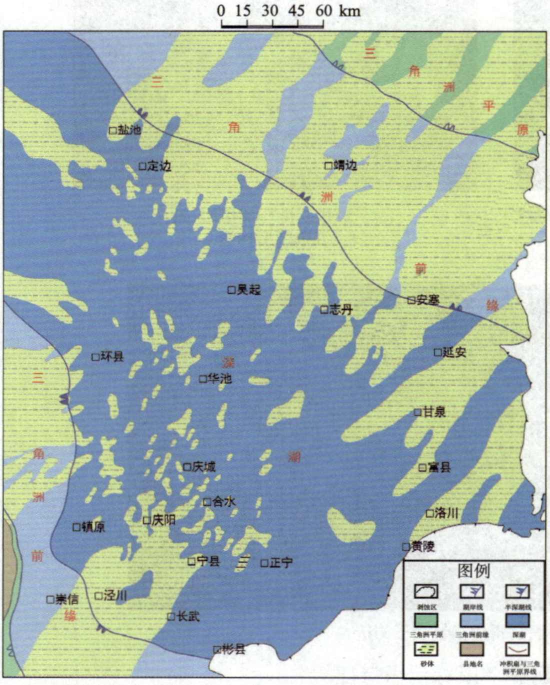

图3-65　延长组长7_3沉积相平面图

长7_2期的岩相古地理是在长7_3的基础上进一步演化而成的，分布特征基本继承了长7_3期的格局，总体上湖水面积有减少趋势，湖退作用相对增强，相应的三角洲平原相带变化不大，而前缘亚相带较长7_3向湖盆中心扩大。盆地西南部深水区重力流沉积十分发育，复合连片，主要分布在环县—庆城—正宁一带，是有利的储集体（图3-66）。

长7_1期的岩相古地理基本继承了长7_2期的格局，盆地内总体上湖水面积比长7_2明显减少，湖退作用进一步加强，相应的三角洲平原相带进一步变宽；前缘亚相带较长7_2向湖盆中心萎缩，与平原相带的界限位置明显向湖盆中心进一步迁移；盆地西南部深水区重力流沉积进一步发育，主要分布在环县—华池—庆城—正宁一带（图3-67）。总之，初始湖退背景下形成的长7_2—长7_1厚层细砂岩重力沉积体是庆城10×10^8t级致密油的主要储集体。

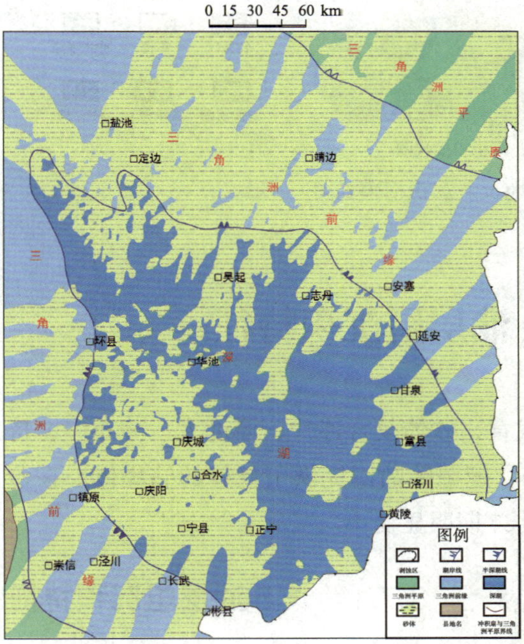

图3-66 延长组长7_2沉积相平面图

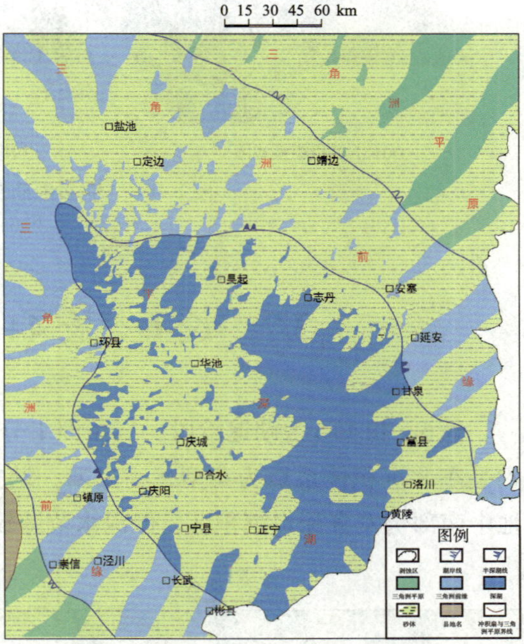

图3-67 延长组长7_1沉积相平面图

3.6.5 长7沉积相模式

在以上研究的基础上，建立了鄂尔多斯盆地长7_3、长7_{1-2}沉积相立体模式图（图3-68）。长7_3为长7沉积初期，湖盆北西—南东向展布，湖泛面积最大，水体最深，沉积中心位于华池—正宁一带。主要发育东北、西北和西南沉积体系，深湖相泥页岩大面积发育，深湖相重力流沉积零星发育，三角洲东北沉积体系最发育，西南沉积体系次之［图3-68（a）］。

长7_{1-2}为长7初始湖退期，水体仍较深，沉积体系格局与长7早期基本相同，但深湖区范围明显缩小。随着湖退，三角洲沉积体系进一步向沉积中心推进；西南沉积体系深湖区重力流沉积体系发育，浊积岩、砂质碎屑流等砂体复合连片，规模较大［图3-68（b）］。

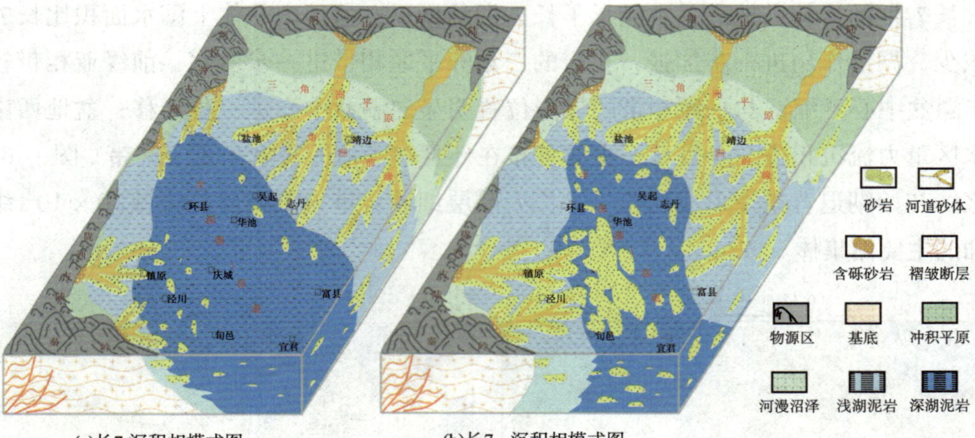

(a)长7_3沉积相模式图　　(b)长7_{1-2}沉积相模式图

图 3-68　鄂尔多斯盆地长 7 沉积相模式图

3.7　长 6—长 4+5 油层组沉积特征

长6—长4+5为湖退阶段，三角洲十分发育，砂体复合连片，厚度大、分布广，特别是东北沉积体系最为典型，为安塞、靖安、姬塬等油田提供了良好的储集体。在盆地中南部仍发育深水沉积区，但深水范围较长7期明显变小。

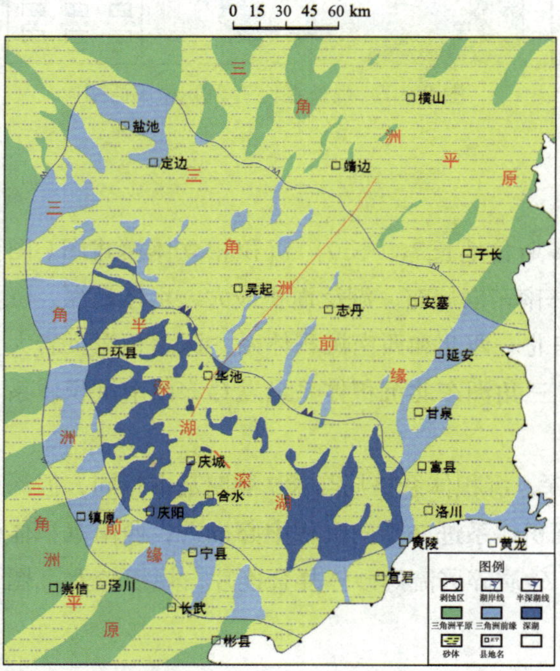

图 3-69　鄂尔多斯盆地延长组长 6 沉积相平面图

3.7.1　长 6 油层组沉积特征

长6继承了长7的沉积格局，盆地的沉降速率逐渐减小，沉积补偿量大于沉降量，物源区剥蚀量随着侵蚀基准面下降而增大，为三角洲提供了充足的物源，沉积物的供给速率大，三角洲建设作用异常活跃，湖盆逐渐填充、收缩，以东北、西北三角洲的建设作用活跃和西、西南、南部重力流砂岩发育为重要特征（图3-69）。

3.7.1.1　三角洲沉积特征

三角洲以东北沉积体系最发育。从横山一直延伸到华池一带，砂体连片展布、规模宏大，以细砂岩为主，三角洲平原及三角洲前缘分布范围广泛。

三角洲平原分流河道水动力较强，发育多种反映水动力较强的层理构造，如各种交错层理，平行层理、斜层理等较为常见，野外剖面常见到板状、槽状、楔状等大型交错层理。在河道砂体边部也能见到水流波状层理和砂波纹层理。测井曲线多为钟形、箱形特征。在砂岩底部，由于水流突然增强或改道，在砂岩底部常发育冲刷面构造，可以见到泥岩砾石顺层排列［图3-70（a）］，砂岩和下部泥岩突变接触。在侵蚀面不同位置，由于侵蚀能力及沉积物搬运距离不同，砾石的磨圆度、分选和粒度不同，一般越靠近侵蚀地区侵蚀水动力越强，泥砾分选越差，磨圆度越差，砾石粒径越大，成层性越差；随着搬运距离的增大，泥砾分选磨圆较好，粒度变小，甚至不含泥砾，表现为砂泥岩突变接触。泛滥平原泥岩沉积发育，主要是水平层理，植物繁盛，煤线、炭化植物茎秆、叶片、根迹等化石常见［图3-70（b）（c）］；虫孔化石多为垂直孔。

三角洲前缘水下分流河道微相发育，水动力较强，平行层理、砂纹层理、波状层理、脉状层理、交错层理等常见，测井曲线为中高幅度钟形。河口坝为反旋回沉积特征［图3-70（d）］，测井曲线为漏斗状，反映了水下分流河道进积发育特征。分流间湾暗色泥岩发育，垂直—斜虫孔发育，双壳类化石常见。

(a)杨22井，长6_2，1646.2m，冲刷面及泥砾

(b)镰14井，长6_3，1454.71m，浅灰色砂岩夹炭化植物茎秆

(c)杨225井，长6_3，1643.0m，煤线

(d)宜川剖面，长6，三角洲前缘河口坝

图3-70　鄂尔多斯盆地长6三角洲岩心及露头沉积特征

3.7.1.2 深湖相沉积特征

长6期尽管湖盆范围进一步萎缩，但半深湖—深湖沉积范围仍较广，并以发育的重力流沉积为特征。浅湖、半深湖—深湖亚相范围较长7期均显著缩小，半深湖—深湖亚相主要分布在黄陵—张岔—白豹—环县—庆阳—旬邑一线所围成的范围内。重力流沉积发育，特别是长6_3期最为发育，砂质碎屑流和浊积岩沉积是主要类型，常多期叠加（图3-71），是华庆油田的主要储层。

(a)白281井，长6_3，1936.6m (b)白32井，长6_3，2406.35m (c)白463井，长6，1968.7m

图3-71 华庆地区长6深湖相浊积岩特征

3.7.1.3 剖面沉积特征

长6整体属于湖退沉积背景，长6_3层为长6早期沉积，整体也具有明显的退积特征。在大量岩心观察分析基础上，总结不同沉积类型在测井曲线上的特征，进而根据测井曲线特征分析未取心段沉积相及沉积微相。测井相主要反映了不同沉积环境下测井曲线幅度、类型、组合、齿化程度等特征。

选取顺物源方向的青23井—里80井长6_3层剖面作为沉积相分析实例（图3-72），剖面横跨了不同的沉积相带。从图3-72中可以看出，不同沉积相带测井相特征差异显著。在三角洲平原地区，主要发育分流河道和河道间微相（青23井—镰44井）。分流河道砂体发育，常多期叠加，形成厚层砂体，测井曲线上为弱齿化箱形或钟形，主要是正旋回沉积。河道剖面形态为顶平底凸，水动力较强，交错层理发育；底部常发育冲刷面，冲刷面底部泥砾发育；侧向砂体尖灭较快。河道间泥岩中植物繁盛，常见植物根茎、茎秆、叶片等化石，颜色浅灰色，含碳量较高的为深灰黑色。有时见垂直的虫孔遗迹化石。

在三角洲前缘地区，水下分流河道、河口坝、滩坝、席状砂、分流间湾、远砂坝等微相发育（图3-72中的高7井—白232井）。水下分流河道是水上河道的水下延伸，水动力由于受湖水阻挡相对减弱，冲刷面相对不发育，测井曲线以钟形、箱形为主；由于河流入湖后水动力降低较快，沉积快速卸载，在水下分流河道前端发育河口坝沉积，纵向上常形成坝上河沉积组合，测井曲线为漏斗形+箱形组合，反旋回特征明显。同时，受湖浪改造，部分河道砂体再次搬运形成了滩坝、席状砂和远砂坝沉积，由于厚度较薄，测井曲线多为指状。分流间湾以泥岩沉积为主，颜色深黑色，为弱还原环境特征；泥岩中植物碎屑、斜虫孔、双壳化石等发育。

在深湖区，深水重力流和泥页岩沉积发育（图3-72）。在地震、火山等触发条件下三角洲前缘发生滑塌，经过斜坡区搬运后在深湖坡脚区沉积。重力流主要类型为砂质碎屑流、浊积岩和滑塌体等，泥岩撕裂屑、鲍玛序列等沉积构造发育。斜坡区砂体相对不发育（图3-72中的白232井—白141井之间），沉积物主要在坡脚处沉积，形成了深湖区厚层储集砂体，测井曲线为齿化箱形或指状，以正旋回为主。泥岩为深黑色泥岩或油页岩，为还原环境产物，质地较纯，有机质含量较高，介形虫、鱼鳞等化石常见，偶见植物碎屑。

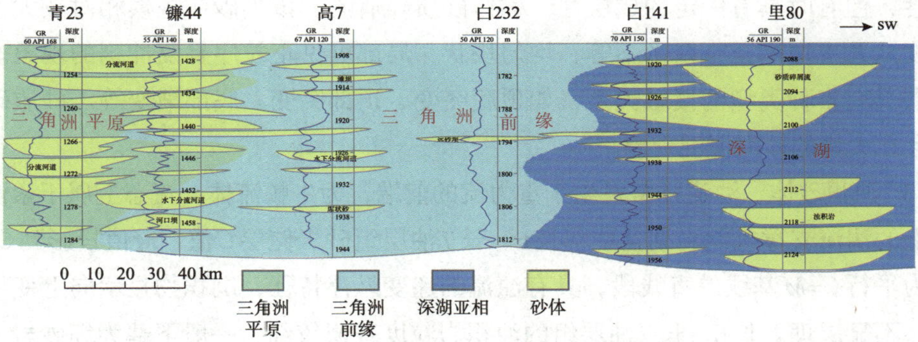

图3-72　青23井—里80井长6剖面沉积相图（剖面位置见图3-69）

3.7.1.4　湖盆中部厚层砂体类型及成因分析

经历了长7早期的最大湖泛，长7油层组沉积中晚期至长6油层组沉积期为湖盆萎缩的早期阶段。该阶段半深湖、深湖分布范围仍较广泛，厚层砂体北西—南东向展布，西起环县—庆阳，东至华池—正宁以东地区，北抵吴起，向南可达宁县以南，沉积物中记录了大量的深水信息，如在砂、泥岩岩性界面常常发育滑动或冲刷作用形成的槽模、沟模、刷模构造和不均匀负载压实形成的重荷模、泥火焰等沉积构造；沉积物中还可见丰富的变形、包卷层理；泥岩或为厚层块状，或页理发育，抑或呈砂泥岩薄互层产出。泥岩质纯，层面干净，偶见细小的植物碎片或鱼鳞、鱼粪化石。

1. 湖盆中部砂体类型

通过沉积结构、构造特征对比分析，湖盆中部的厚层砂体可划分为滑塌砂体、砂质碎屑流砂体、浊积砂体、深水三角洲砂体4种成因类型。

（1）滑塌砂体。滑塌砂体为重力驱动下原始沉积于三角洲前端沉积物顺斜坡滑动、滑塌、整体搬运的产物。滑塌沉积为突发事件沉积地层，因此它与上覆和下伏地层呈岩性突变接触，测井自然电位曲线往往为箱状，底部存在滑动面，界面上下岩性差异大。滑动面是识别滑塌的重要依据，它既可以存在于砂岩与泥岩之间，也可以存在于砂岩与砂岩之间，界面上下岩层呈较大的交角，并伴生牵引纹层。在滑动、垮塌过程中，砂泥搅混揉皱可形成各种各样的变形、包卷构造、砂岩岩脉以及砂包泥、泥包砂等现象，滑塌体中还常常携带大量的角砾状泥岩撕裂屑。滑塌沉积广泛发育在湖盆中部地区。

（2）砂质碎屑流砂体。碎屑流为重力流的一种，可发生于陆上、水下多种环境，具阵发性特征。流变学上碎屑流属于塑性流，流态上属于层流。碎屑流由基质和杂基支撑，通常具有一定的黏附强度，这个黏附力是粗碎屑物质的主要支撑力，碎屑流以凝结的方式沉积。位于鄂尔多斯盆地湖盆沉积中心的长6、长7油层组中的碎屑流沉积，常常以细砂为基质，含有数量不等的来自深湖的泥岩撕裂屑，泥屑大小混杂，无分选、定向性，但有时具有一定的成层性，称作砂质碎屑流。该类砂体规模相对较大，单旋回厚度从几十厘米至十余米不等，均匀块状，局部可见正粒序叠复冲刷的现象。与上下岩层具有多种类型的接触关系，如顶底突变、顶部突变、底部渐变等。砂质碎屑流中也存在大量的砂泥搅混现象。

（3）浊积砂体。浊流常常发生于重力流的前端，为牛顿流体，流态上属于紊流，具有向上的湍流支撑机制。湖盆中部长6、长7油层组砂岩储层C值、M值投影到C–M图上，为平行$C=M$基线的直线段，具有浊流的递变悬浮特征，沉积物显示向上变细的正粒序，不显层理。长6、长7油层组的浊积岩粒度普遍较细，一般下部为细砂岩、粉砂岩，向上渐变为泥质沉积，形成底部突变、顶部渐变的岩性接触关系。一些层段粒度差异不大，粒序性不明显。浊积岩单旋回厚度相对较小，一般几厘米至几十厘米，但叠加厚度较大。

（4）深水三角洲砂体。在陕西省吴起县白豹及其北部地区，在深水背景下发育三角洲沉积。该区厚层砂体主要发育在长6油层组中下部长6_3和长6_2小层。长6_3最发育，为灰绿色中细砂岩、粉砂岩夹薄层黑色、灰黑色泥岩、粉砂质泥岩。颗粒较细的泥质岩、粉砂质沉积常常发育沟模、槽模、刷模、刻蚀模及泥火焰构造等底模构造及丰富的液化卷曲变形构造，指示形成于半深湖—深湖亚相。但是白豹地区长6油层组中下部的砂岩中常常发育平行层理、板状交错层理等层理类型。砂体通常为水下分流河道、远砂坝、河口坝等沉积，具有牵引流水道沉积的特征，测井曲线形态多为钟形、箱形、漏斗形。

因此，从厚层砂体成因分析出发，白豹及其北部地区长6油层组中下部主要为深水区牵引流作用下的三角洲前缘和前三角洲沉积，即深水三角洲沉积，可能与洪水事件有关。厚层砂岩主要为水下分流河道叠加型、远砂坝与水下分流河道叠加型等砂体组合类型。

2. 湖盆中部砂体形成条件及控制因素

湖盆中心地区长6、长7油层组大规模稳定分布的厚层砂体是在特定的地质条件下形成的，其形成主要受湖盆底形、湖盆演化及构造活动三方面因素控制，其中构造动力是长6、长7厚层砂体大面积分布的关键因素。

（1）较陡的湖盆底形提供了重力流形成的条件。地形坡度是重力流形成的前提条件，它控制了厚层砂体的发育程度、类型和分布范围。晚三叠世湖盆底形具有东部宽缓，西部、西南陡倾的特点。重力流沉积主要发育于坡度较陡的西南辫状河三角洲和西缘扇三角洲前端的湖底地区。而东北物源影响地区坡度较缓，仅在东北体系末端的华池附近发育重力流沉积。再从盆地西南和西缘地区重力流发育的情况来分析，西南部坡度相对较缓，重力流的分布受湖平面的升降影响较大，长7油层组沉积中晚期至长6油层组沉积末期，随着湖盆的萎缩，重力流沉积砂体向东迁移了大约30km；而盆地西部地形坡度陡，湖平面的升降影响的范围较小，该阶段深水砂体仅向东略有摆动。在环县和白豹附近地形、坡度较陡的区域存在坡折，具有重力流形成的湖盆底形条件。

（2）较快的湖退背景促进沉积物供应，增加了三角洲前缘的不稳定型。长7油层组沉积中晚期至长6油层组沉积期，湖盆中部地区为湖退背景下的半深湖、深湖环境，随着湖盆萎缩，侵蚀基准面降低，源区剥蚀量不断增大，河流携带了大量碎屑，物质供给充足，沉积物卸载堆积速率加快，活跃的三角洲前缘砂体不断向湖方向进积，产生高孔隙流体压力，稳定性差，在斜坡区易于产生滑动和滑塌（尤其是当有外力作用时）形成重力流（邓秀芹等，2010、2011）。此外，快速进积的三角洲前缘砂体在前端易形成陡倾的斜坡，有利于重力流的形成，因此即使东北体系湖盆底形相对较缓，但三角洲前端仍可形成较陡的斜坡，形成广泛发育的重力流沉积体。

（3）活跃的构造背景提供了重力流触发机制。大规模重力流沉积往往是多个事件层的叠加。在长6、长7沉积物中经常可以发现火山活动、地震等构造事件的痕迹（邓秀芹等，2008）。晚三叠世碎屑沉积物中常常夹多层凝灰岩薄层，厚度一般为0.2~10cm，但分布于长6_3、长6_2、长7_3底部的凝灰岩层沉积厚度较大，测井曲线特征显著，具有低阻、高伽马、高声速等特征，反映盆地周缘地区在构造事件影响下火山活动频繁。岩心见到大量与地震活动有关的沉积现象，如已经固结的岩石在地震活动中震裂、位移产生阶梯状正断层、震碎角砾岩等，半固结、未固结泥、砂和水在振动作用下改变其原来的排列状态，形成各类卷曲变形构造和脉体，岩脉规模不等，例如：宁36井岩心中发现直径8cm的岩脉，正11井长6油层组发现的砂岩岩脉直径为2~4cm，延伸长度超过1m。因此晚三叠世长7、长6沉积期盆地周缘处于一个动荡的环境中，使得未固结的三角洲前缘砂体在构造力、重力作用下沿斜坡发生多期滑动、滑塌并引发湍流运动，堆积于坡角及湖底平原地区，纵向叠加、横向复合形成平行于湖岸线展布的大型复合重力流堆积群，具有较好的区域对比性。

总之，鄂尔多斯盆地湖盆中部长6、长7油层组碎屑岩储层发育，砂体纵向叠加横向连片形成了厚度大、分布稳定的大型复合油气储集体，局部地区砂岩连续厚度达百米以上；厚层砂体为深水重力流—牵引流沉积复合体，可划分为滑塌、砂质碎屑流、浊流、三角洲牵引流4种成因类型砂体。其中，以重力流沉积为主夹薄层深水牵引流沉积，但白豹及其北部地区厚层砂体主要为三角洲砂体；厚层砂体的形成受控于特定的地质背景条件，湖盆萎缩的早期阶段，源区剥蚀量不断增大为厚层砂体形成奠定了物质基础。湖盆底形控制了沉积组合类型，位于缓坡带的东北三角洲体系主要发育三角洲砂体，在相对陡坡带的西南部沉积体系和东北三角洲的前端主要发育重力流。此外，深水厚层砂体受多级坡折控制（图3-73），盆地周边地区构造活动是诱发大规模重力流的重要动力。

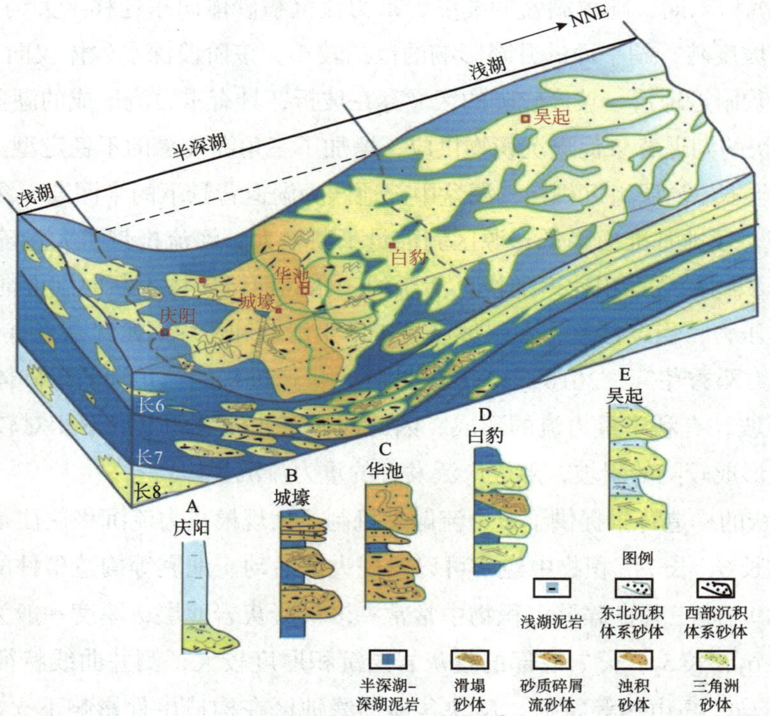

图3-73　鄂尔多斯湖盆中部长6厚层砂体成因分布模式

3.7.2　长4+5油层组沉积特征

长4+5为长6沉积的继承和发展，随着湖盆的进一步萎缩，许多大型三角洲逐渐平原化和沼泽化，但在长4+5沉积中期，湖盆再度扩张，但湖侵规模相对较小，为鄂尔多斯盆地晚三叠世又一次湖侵，之后湖水逐渐退缩。

长4+5期可以划分出三角洲平原、三角洲前缘、半深湖—深湖及浊积沉积相类型。湖岸线大致位于彬县—镇原—环县西—定边—杨米涧—宜川一线，半深湖—深湖界线位于华池—塔儿湾—黄陵—正宁—庆城一线（图3-74）。

三角洲平原及三角洲前缘范围广泛，三角洲平原分流河道水动力仍然较强，交错层理、平行层理等常见；泛滥平原植物繁盛，叶片、茎秆化石较多，煤线炭质泥岩发育，垂直虫孔也较为发育。三角洲前缘水下分流河道发育平行层理、变形层理，波状层理、砂纹层理等［图3-75（b）（d）（e）（f）］；分流间湾发育暗色泥岩、虫孔化石等［图3-75（d）］。

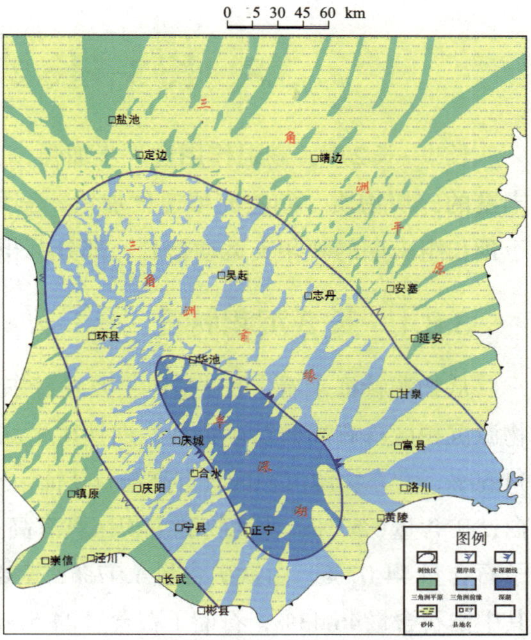

图3-74 鄂尔多斯盆地延长组长4+5沉积相平面图

半深湖—深湖区面积约$1.1\times10^4km^2$，以泥质沉积为主，水平层理、变形层理、泥火焰、压扁层理发育；浊流沉积发育，但规模较小［图3-75（a）（c）］。

(a)木10井，2373.0m，浊积岩及火焰构造

(b)杨22井，1565m，变形层理

(c)木10井，2375m，脉状及透镜状层理

(d)胡148井，2278m，垂直虫孔及冲刷面

(e)木11井，2082.63m，波状层理

(f)新213井，1777.2m，平行层理及变形构造

图3-75 鄂尔多斯盆地延长组长4+5岩心特征

3.8　长3—长2油层组沉积特征

长3—长2期，湖退作用进一步加强，三角洲均向湖盆中心推进，河流为湖区带来丰富的碎屑物质，湖盆充填速度加快，三角洲影响范围大，半深湖—深湖区消失。由于延长组末期的晚印支运动抬升，部分沉积已被剥蚀。

3.8.1　长3沉积特征

从物源特征来看，长3整体主要发育东北、西北、西南及南部沉积区。其中，西南物源沉积区具有高白钛矿特征，白钛矿平均含量22.6%，锆石含量33%，石榴子石含量14.69%；北东物源沉积区具有高锆石特征，平均锆石含量58.39%，石榴子石含量18.86%，白钛矿含量6.57%；西北物源沉积区具有高石榴子石特征，其中锆石含量34.09%，石榴子石含量44.07%，白钛矿含量4.97%；南部物源沉积区具有高锆石+高石榴子石特征，其中锆石含量46.43%，石榴子石含量24.57%，白钛矿含量8.57%（图3-76）。

从轻矿物组合分布图上看，西南物源沉积区具有高石英+低长石+高岩屑组合特征；东北物源沉积区具有低石英+高长石+低岩屑组合特征；南部物源沉积区具有高石英+低长石+高岩屑组合特征；西北物源沉积区具有高石英+低长石+低岩屑组合特征（图3-77）。

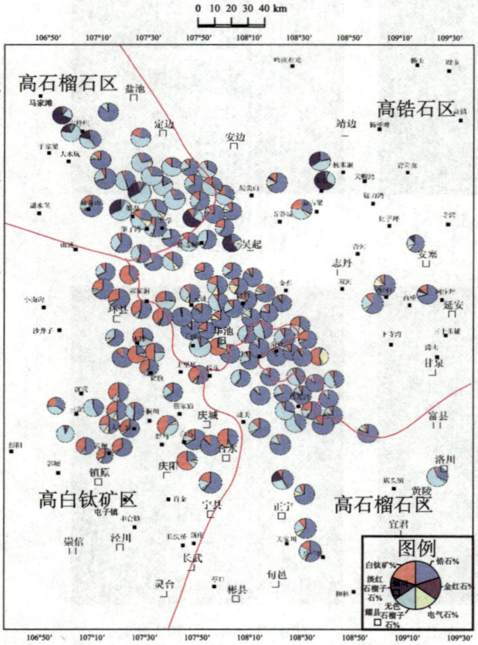

图3-76　长3期重矿物分布图

（据冯胜斌，2010，内部报告）

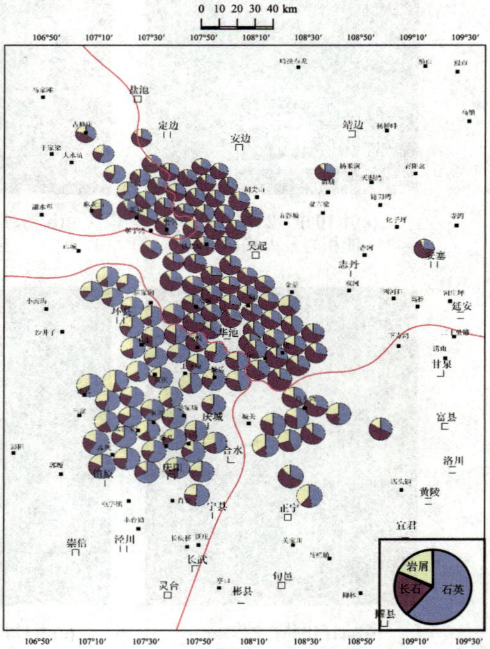

图3-77　长3期轻矿物分布图

（据冯胜斌，2010，内部报告）

长3期主要发育三角洲沉积，可以划分出三角洲平原、三角洲前缘两种沉积亚相类型。湖岸线位于庆阳—环县—姬塬—杨井—志丹—洛川一带。平面上发育东北、西南和西北三角洲沉积体系，沉积中心位于华池—正宁一带，为浅湖沉积环境（图3–79）。

三角洲平原范围宽广，以分流河流沉积和漫滩沼泽沉积为特征。分流河道为浅灰绿色细砂岩，发育平行层理、交错层理，河道底部冲刷面发育，野外露头中具有顶平底凸特征，砂岩中常含大型植物茎秆［图3–78（a）（g）］。漫滩沼泽主要发育灰色泥岩及薄层砂岩互层，薄层砂岩为分支决口小河道，泥岩中植物化石较多，植物根、煤线发育［图3–78（b）（d）（h）］。

三角洲前缘位于盆地中南部，水下分流河道和分流间湾是主要的微相类型。分流河道为深灰色细砂岩，发育平行层、交错层理、波状层理、砂纹层理、变形层理、脉状层理等，斜虫孔发育［图3–78（c）（e）（f）］。分流间湾主要发育暗色泥岩，夹薄层粉细砂岩。

(a)镇103井，长3，2284.45m，平行层理、垂直虫孔

(b)木10井，长3_1，2095.90m，碳质泥岩、植物茎秆化石

(c)白244井，长3，31843.54m，斜虫孔，粉砂岩—泥岩

(d)木184井，长3，2118.2m，煤线

(e)里79井，长3_2，1935.40m，变形层理

(f)白286井，长3，21805.5m，波状及脉状层理

图3–78 延长组长3岩心及野外露头特征

(g)延河剖面，长3，三角洲平原河道及泛滥平原　　(h)铜川剖面，长3，黄灰色砂泥岩薄互层

图 3-78　延长组长 3 岩心及野外露头特征（续）

3.8.2　长 2 沉积特征

长2整体上和长3继承性较好，沉积体系及沉积环境相似，为三角洲沉积，只是湖水范围进一步减小萎缩，三角洲平原扩大，三角洲前缘萎缩，因后期剥蚀严重，湖岸线位于华池—宜川—庆阳一带（图3-79、图3-80）。

图 3-79　延长组长 3 沉积相平面图

图 3-80　延长组长 2 沉积相平面图

三角洲平原主要分流河道微相发育，由于湖盆处于填平补齐后期，沉积底形坡度相对较缓，水动力相对于早期河道整体减弱，交错层理、前积层理常见［图3-81（f）］；河流改道频繁，冲刷面常见［图3-81（c）］，由于植物繁盛，砂岩中多夹杂植物茎秆化石或植物碎屑［图3-81（d）］；泛滥平原主要为砂泥岩薄互层分布特征，黄

绿色、浅灰色泥岩发育，局部沼泽环境中发育炭质泥岩或煤线［图3-81（e）（g）］。

三角洲前缘主要分布在盆地南部的华池—正宁—宜君一带。水下分流河道砂体颜色深灰色，随着河流入湖水动力快速减弱，波状交错层理、砂纹层理、脉状层理、变形层理、斜虫孔常见［图3-81（a）（b）］。分流间湾泥岩发育，深灰色，夹少量炭化植物碎屑。席状砂、滩坝砂体发育，厚度较小，一般不超过2m。

(a)里456井，长2，1843.6m，
灰色细砂岩及斜虫孔

(b)里456井，长2，1859.8m，
变形层理

(c)耿15井，2106.2m，
冲刷面泥砾

(d)汭水河，灰白色砂岩夹大量植物茎秆

(e)铜川剖面，灰绿色砂泥岩互层(见煤线)

(f)甘谷驿剖面，三角洲前积砂体

(g)宜川剖面，浅灰色砂泥岩互层(见煤线)

图3-81 延长组长2岩心及野外露头特征

3.9 长1油层组沉积特征

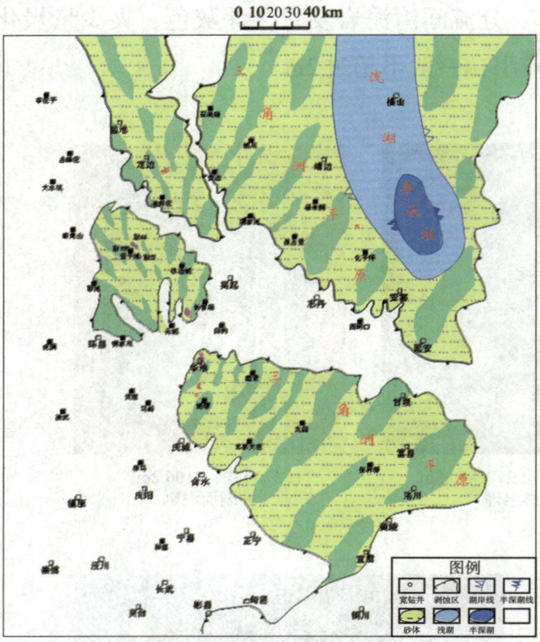

图3-82 鄂尔多斯盆地延长组长1沉积相平面图

受晚印支运动的影响，鄂尔多斯盆地三叠纪末期整体抬升，延长组顶部地层受到不同程度的风化剥蚀，其中长1剥蚀程度最剧烈，陇东地区及侏罗纪一级、二级古河发育处长1基本剥蚀殆尽，导致长1分布范围局限。

长1时盆地基本全面沼泽化，三角洲平原广泛发育，局部发育湖相沉积（图3-82）。三角洲平原地层颜色较浅，整体为黄绿色，分流河道平行层理、交错层理发育，冲刷面常见［图3-83（c）］。陕北地区、盆地南部地区碎屑岩中常见煤线、煤层、根土岩、大量的炭屑和植物化石及垂直虫孔［图3-83（b）（a）］，三角洲前缘及浅湖相变形层理发育［图3-83（a）］，浅湖泥岩中含瓣鳃类、介形虫、鱼鳞片等化石。在横山—安塞一线以东、大理河以南、蟠龙以北地区，长1中部地层中发育瓦窑堡煤，可采煤层厚度2~5m，为三角洲平原沼泽环境的标志。

(a)安72井，1868.9m，环状变形层理　(b)耿159井，2029.6m，黑色炭质泥岩，垂直虫孔　(c)安47井，1657.3m，冲刷面泥砾

图3-83 延长组长1岩心照片特征

长1末期局部发育深水沉积，主要分布在横山—子长县寺湾一带，秀延河剖面长1地层中发育大量槽模等底模构造［图3-84（c）］，鲍玛序列发育，能见到完整的鲍玛序列［图3-84（b）（d）］，指示较深水沉积环境。研究认为，深湖相泥岩具有一定的

生烃能力，是较好的烃源岩（王起琮，2005）。

(a)铜川玉华宫，长1下部沉积特征，见煤线　(b)子长秀延河，较完整鲍马序列

(c)子长秀延河，砂岩底部重荷模　(d)子长秀延河，鲍马序列

图 3-84　延长组长 1 野外露头特征

关于子长—横山地区深湖区成因解释有多种观点，如有人认为，长1油层组沉积时鄂尔多斯湖盆中心向东北迁移；有人认为是统一的大延长湖萎缩分割成多个独立的小型的湖泊；还有学者主张长1早期为鄂尔多斯盆地晚三叠世第五次湖侵期，目前尚未有定论。

3.10　中晚三叠世沉积中心迁移特征及意义

沉积、堆积与沉降中心的概念在盆地分析中常被述及，但对其内涵的理解不尽一致，称谓尚不统一，本文采用刘池洋等学者的定义和表述：沉积中心指盆地或坳陷最细沉积物分布区，为中心沉积相发育区；堆积中心指沉积物堆积最厚的地区；沉降中心指沉积过程中下伏岩层顶面在盆地内沉陷最深的地区（刘池洋，2008）。沉积、堆积与沉降中心在成因上密切相关，在位置上互有联系，但其概念、地质意义和主控因素仍有区别，不能简单替代（图3-85）。本文中沉积中心指盆地或坳陷最细沉积物分布区，有稳定水体的湖泊必定存在沉积中心。

沉积、堆积与沉降中心的分布及其变迁，是盆地演化过程中区域动力学背景、盆地构造属性、物源特征、水动力条件等因素的综合反映和具体表现。沉降中心内含盆地成因和动力学环境的诸多信息。陆相盆地的沉积中心多为生烃凹陷，沉积中心的迁移总体控制着油气的生成、运聚和分布，对分析油气藏形成和分布意义最大（赵文智等，2006）。因此，厘定和揭示盆地沉积中心的分布位置、演变规律及空间组合对分析油气藏分布和勘探潜力预测具有重要的意义。

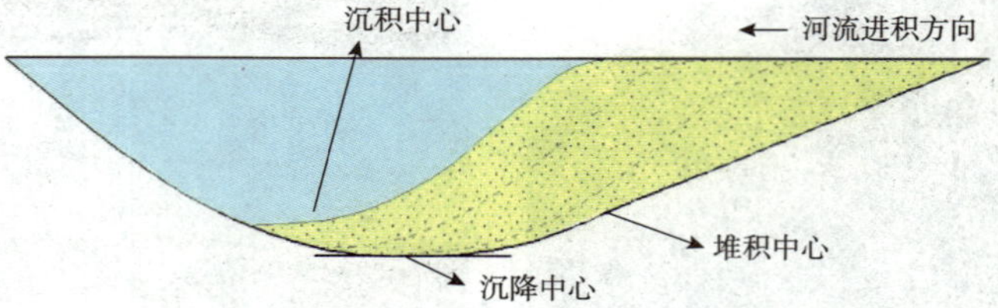

图 3-85　陆相湖盆地沉积中心、沉降中心、堆积中心示意图

陆相湖盆沉积中心迁移主要受构造和物源的控制，构造对沉积中心迁移的作用前人已研究较多（赵文智等，2006；赵俊峰等，2008；李思田，2007；屈红军等，2009）。中科院兰州地质研究所（2006）对中国西北含油气盆地沉积中心迁移特征研究后认为，各时代沉积中心不断转移主要是由盆地外围山系的不均衡上升和盆地基地的差异升降所致，并总结出平行于外围褶皱山系的迁移（准噶尔盆地从三叠纪到第三纪）、从中央向两侧迁移（民和盆地从侏罗纪到第三纪）、逆时针迁移（陕甘宁盆地从晚三叠世到侏罗纪）、“跷跷板”式迁移（柴达木盆地从侏罗纪到第三纪，塔里木盆地从三叠纪到第四纪）等4种沉积中心迁移类型。

但构造稳定时期，湖盆的沉积中心也不是固定不变的，由于湖盆不同演化时期物源区的供屑能力、入湖河水流量、入湖河流与湖盆地长轴走向、气候变化等的差异导致沉积中心也能发生一定规模的迁移。物源对沉积中心的迁移作用和特征前人研究甚少，本文主要对构造稳定时期物源对沉积中心迁移的影响特征及类型进行分析。同时，以鄂尔多斯盆地延长组不同演化时期沉积中心特征及其迁移规律为例进行分析，并对沉积中心对成藏的作用进行总结。

3.10.1　陆相湖盆物源对沉积中心迁移的作用模式

陆相湖盆往往具有多个物源供屑沉积特征，但湖盆的大部分沉积充填以一两条或几条河流为主，其他河流贡献较少。因此，本文主要从单物源、双物源、物源输入方向与湖盆走向等方面来分析物源对沉积中心迁移的规律。

3.10.1.1　单物源沉积中心迁移特征

单物源沉积中心是指在湖泊演化过程中主要受一个方向的沉积物充填。在沉积早期（构造活动后）沉积中心和沉降中心在空间位置上基本一致，随着沉积物单方向进积，沉积中心逐渐和沉降中心分离，平面上沉积中心向无物源的对岸方向迁移，同时垂向上沉积中心也向上迁移［图3-86、图3-87］。

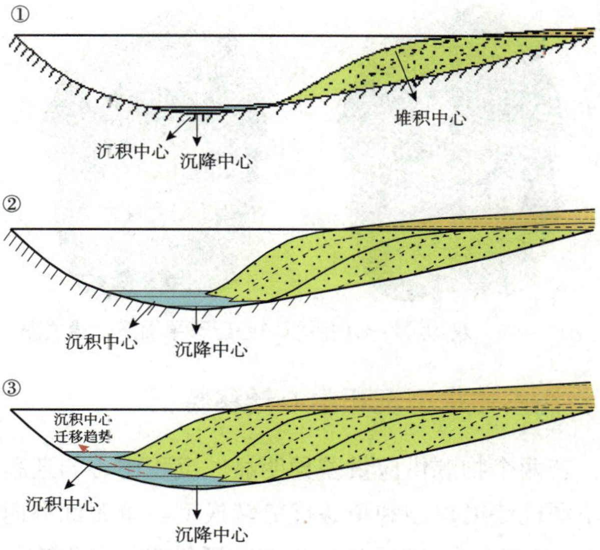

图 3-86 单物源沉积中心迁移剖面演化模式图

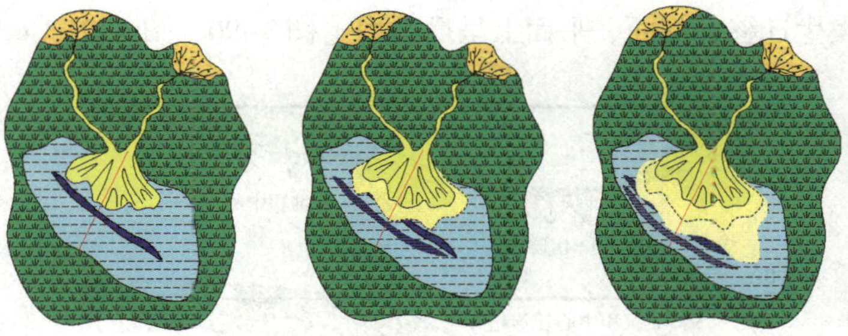

图 3-87 单物源沉积中心迁移平面演化模式图

3.10.1.2 双物源均衡型沉积中心迁移特征

在湖泊沉积时，双物源沉积较为常见。早期，沉积中心与沉降中心一致［图3-88（a）、图3-89］。随着湖盆演化的进行，两个物源供应量趋于一致，沉积中心位置基本不变，只在垂向上向上迁移［图3-88（b）］。

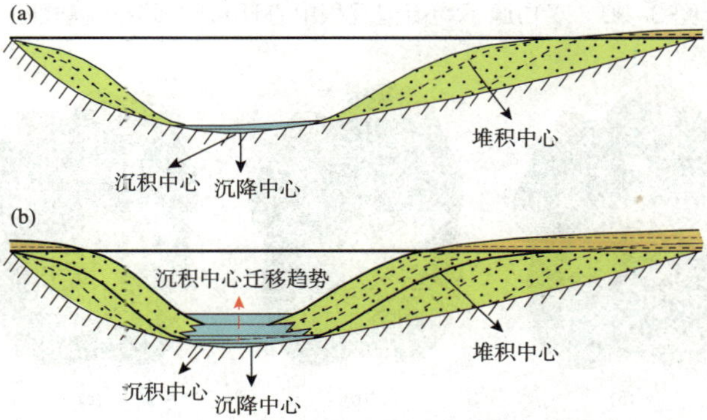

图 3-88 双物源均衡型沉积中心迁移剖面演化模式图

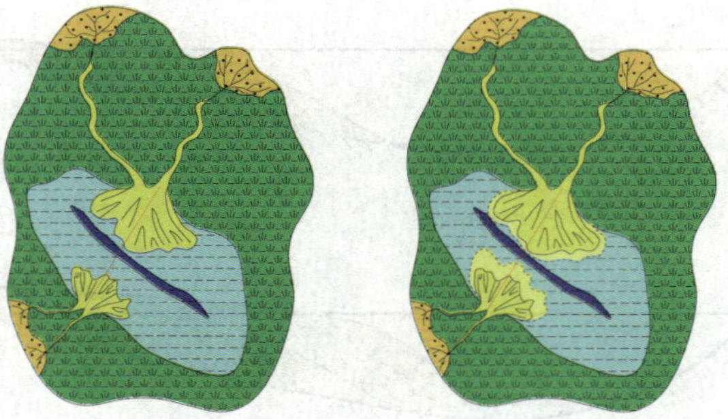

图 3-89　双物源均衡型沉积中心迁移平面演化模式图

3.10.1.3　双物源不均衡型沉积中心迁移特征

随着湖盆演化，若两个物源供应量差异明显，沉积中心的迁移主要受物源供应量大的控制。可分为单源优势简单型和单源优势转换型。单源优势简单型和单物源沉积中心迁移类似［图3-90（b）］。若演化过程中物源供应量发生变化，原来供应物少的变大，供应量大的变少，就形成了单源优势转换型。沉积中心就会受到新的物源供应量大的控制而发生迁移，剖面、平面上呈摆动型［图3-90、图3-91（c）］。

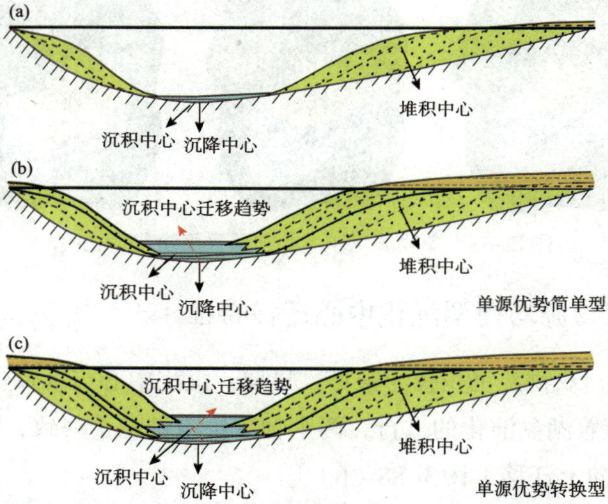

图 3-90　双物源不均衡型沉积中心迁移剖面演化模式图

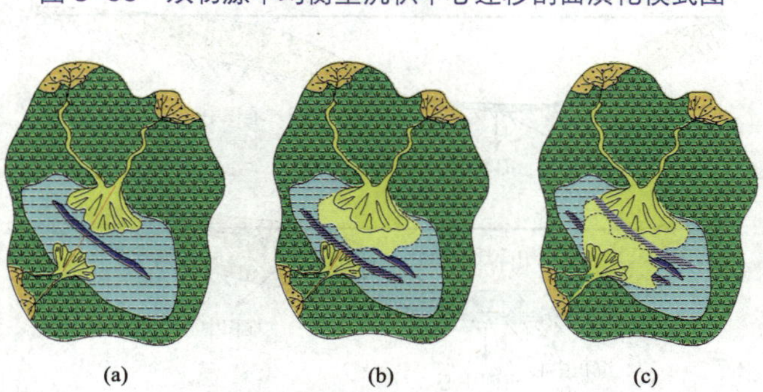

图 3-91　双物源不均衡型沉积中心迁移剖面演化模式图

3.10.1.4 物源入湖方向、湖盆形状及沉积中心迁移特征

物源入湖方向与湖盆长轴方向不同，沉积中心迁移特征也不同。以单物源方向为例，若物源方向平行于湖盆长轴方向，沉积中心主要向入湖口对岸方向向前向上迁移（图3-92）；若物源方向垂直于湖盆长轴方向，在湖盆演化早期，沉积中心迁移方向向入湖口对岸方向向前向上迁移，在中后期湖盆就会因沉积物堵塞而发生水体分割，形成两个独立的新湖盆，沉积中心也由一个逐渐分化成两个（图3-93）。

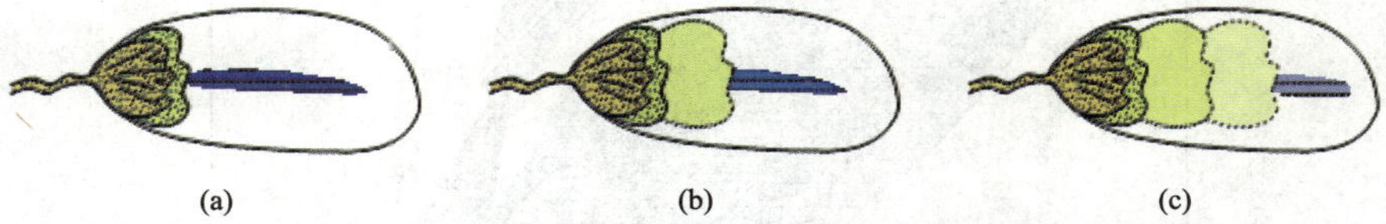

图3-92 物源方向平行于湖盆长轴方向沉积中心迁移剖面演化模式图

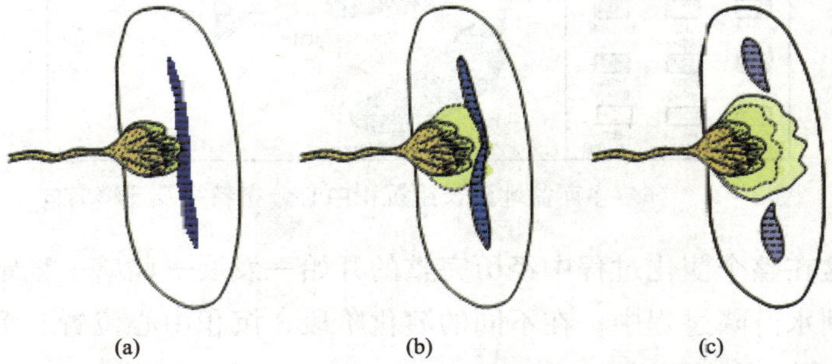

图3-93 物源入湖方向垂直于湖盆长轴方向沉积中心迁移剖面演化模式图

3.10.2 纸坊组—延长组沉积中心特征及迁移规律

鄂尔多斯三叠纪盆地是在克拉通基底上发育起来的大型坳陷盆地。中三叠世纸坊期总体为干旱环境下的河流相沉积，地层呈红色。但在后期，在宁县—旬邑—铜川一带发育上百米厚湖相暗色泥岩，俗称“黑纸坊”，大量的野外露头及岩心观察表明，黑纸坊主要是浅湖—三角洲相沉积，为纸坊组沉积中心（图3-94）。

晚三叠世延长期主要发育河流—三角洲—湖泊相沉积，根据岩性和湖盆地演化特征，自下而上划分为长10到长1十个油层组。延长组在整个沉积过程中（长10—长1）沉积中心位置并不是固定不变的，各个油层组沉积时沉积中心也发生了迁移。沉积中心在半深湖、深湖沉积期形成的泥岩为优质烃源岩，在浅水时期沉积中心形成的泥岩、粉砂质泥岩为好的区域盖层。沉积中心在不同时期的迁移导致了成藏组合在时空上的有效配置，为多层系复合油藏的形成奠定了基础，同时对油藏的宏观分布也具有重要控制作用。沉积中心的迁移除了受构造控制外还受物源（物源方向和沉积物携带量）的控制。研究认为，延长组大范围、长距离的沉积中心迁移主要受构造活动控制；在构造稳定期，沉积中心的迁移主要受物源控制。

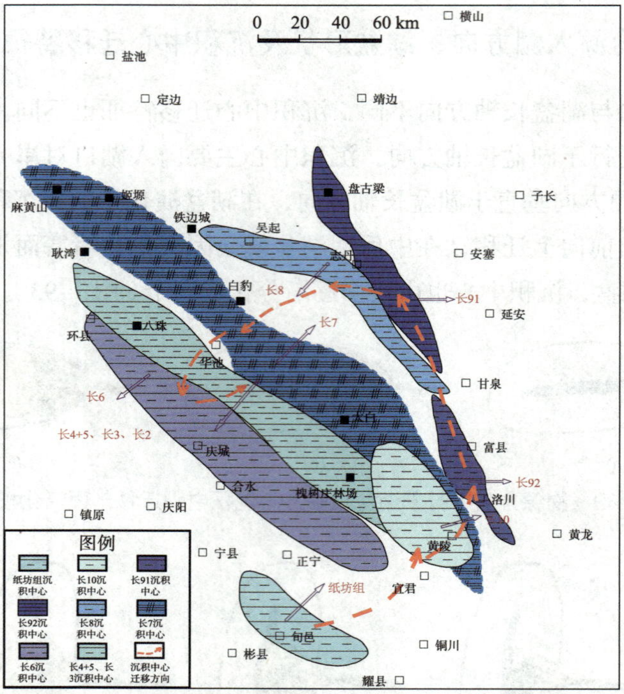

图 3–94　鄂尔多斯盆地延长组沉积中心分布特征及迁移方向

延长期湖盆在整个演化过程中经历完整的开始—发展—鼎盛—稳定—萎缩的演化过程。在多次湖水升降过程中，在不同的演化阶段，沉积中心位置、沉积物特征、有机质含量等发生了一定的变化。

3.10.2.1　长10沉积中心

长10期为延长组发育的初始期，主要发育河流和浅湖相沉积。其中，西北部主要发育辫状河沉积，东北部发育曲河流—三角洲沉积，西南部发育辫状河—三角洲沉积。沉积中心位于张岔—太白—宜君一带，主要发育浅湖相沉积（李元昊等，2018）。在野外露头黑灰色厚层泥岩（十几米），多口井岩心中见到小型砂波纹层理、砂球、包卷等变形层理沉积构造，反映了浅湖沉积特征。

3.10.2.2　长9沉积中心

长9早期构造稳定，长9_2与长10相比，湖盆范围逐渐扩大，水体不断加深，主要发育三角洲—半深湖相沉积。其中西北体系最为发育，主要为三角洲平原和三角洲前缘沉积；西南和东北主要发育三角洲前缘沉积。长9_2沉积中心位于富县—黄龙一带，主要发育半深湖相沉积。沉积物薄层油页岩，厚度一般小于10m（郭正权等，2007）。

长9_1与长9_2具有较好的继承性，与长9_2相比，半深湖范围扩大，主要发育三角洲—半深湖相沉积。其中西北体系最为发育，主要为三角洲平原、前缘沉积；西南、东北体系主要为三角洲前缘沉积。沉积中心位于志丹—甘泉一带，为半深湖沉积。沉积中心沉积物为较厚的油页岩和少量的凝灰岩及浊积岩，油页岩厚度一般为4~12m，最厚超过20m，俗称“李家畔页岩”，具有一定的生烃能力，是仅次于长7的一套区域性优质烃源岩（张文正等，2007）。

3.10.2.3 长8沉积中心

随着长9期水体的逐渐变浅和充填作用，长8期整体具有底形平缓、水体较浅、水体升降频繁、湖岸线摆动大的特征，发育浅水三角洲和浅湖相沉积。西北、西南和东北三角洲沉积体系最为发育，主要为三角洲平原和三角洲前缘沉积。煤线、炭质泥岩、植物碎屑、垂直虫孔、砂波纹层理等反映浅湖沉积环境的沉积标志（李元昊等，2007）。沉积中心为浅湖相厚层黑色泥岩沉积，主要分布在吴起—志丹—甘泉一带。

3.10.2.4 长7沉积中心

长8末期，受构造作用的影响，长7期沉积中心发生大规模迁移，湖盆演化达到鼎盛，特别是长7早期，湖水深度最深，范围广，深湖区面积可达$10\times10^4km^2$。沉积中心沉积物主要为深湖—半深湖油页岩和黑色泥岩，同时夹少量薄层凝灰岩、浊积岩和生物遗体化石，厚度一般超过50m，最厚处超过100m，俗称“张家滩页岩”。沉积中心位于麻黄山—华池—黄陵一带。

3.10.2.5 长6沉积中心

长7晚期开始湖退，长6期是全面湖退期，三角洲大规模发育，随着湖退的进行，砂体逐渐向湖盆中心推进。主要发育东北和西南沉积体系，其中东北体系曲流河三角洲物源供给量最为发育，西南三角洲相对不发育。沉积中心主要是半深湖泥岩沉积，分布在庆城—合水一带。

3.10.2.6 长4+5沉积中心

长4+5期整体特征和长6基本相同，主要发育湖退背景下的河流—三角洲沉积，只是在湖退背景下发育过一次短暂的湖进，俗称“长4+5细脖子”。沉积中心沉积物主要为半深湖泥岩和粉砂质泥岩，由于西南沉积体系物源供应相对变大，沉积中心向东北方向发生了短距离的迁移，主要位于八珠—华池—槐树庄林场一带。

3.10.2.7 长3—长2沉积中心

长3、长2期是湖盆萎缩发育期，湖盆地范围变小，沉积物供应稳定，主要为河流—三角洲和浅湖沉积，沉积中心沉积物为浅湖泥岩，沉积中心和长4+5基本相同，主要位于八珠—华池—槐树庄林场一带。

3.10.2.8 长1沉积中心

长1期是湖盆全面消亡时期，全面沼泽化，统一的大湖盆被分割成多个小湖盆，出现了多沉积中心现象，主要发育河流和三角洲平原相，局部发育湖泊相和半深湖沉积，如子长半深湖等（王起琮等，2006）。

3.10.3 沉积中心迁移规律及机制

将沉积中心分布放在同一张图上可以看出不同时期沉积中心位置。从图3-94中可以看出，纸坊晚期—延长组发育早期，沉积中心呈“逆时针迁移”，迁移幅度大，比如长9晚期沉积中心与长7早期沉积中心距离一般在60~75km。沉积中心迁移主要受早印支构造作用的控制（邓秀芹等，2008），与T2~T3时期地壳缩短和陆内相对旋转运动的构造背景密切相关。扬子板块在特提斯洋扩张力的作用下和华北板块剪刀式碰撞，由于板块边缘不完全吻合，形似齿轮，不同时期板块挤压应力作用点不同，主应力方向和大小也不同，导致盆地在不同挤压阶段沉降（沉降中心和沉积中心在同一位置）的位置、范围、规模均不相同，最终表现为纸坊组—延长组早期沉积中心逆时针迁移的特征（图3-95）。沉积中心范围大小、充填沉积物岩性等与挤压应力的大小、作用时间息息相关。

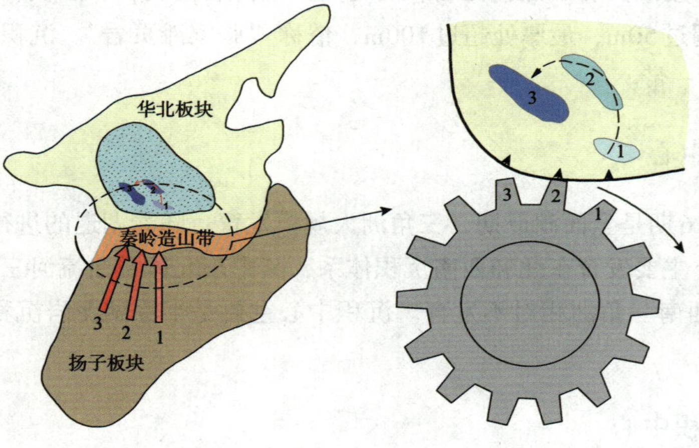

图3-95 鄂尔多斯盆地中晚三叠世沉积中心逆时针迁移机制示意图

长7以后沉积中心迁移主要受物源控制。长6期东北沉积体系供屑能力增强，而盆地西南沉积体系供屑能力减弱，沉积物大规模向西南方向推进，沉积中心越过湖盆中部的白豹地区，在华池等地区沉积。长4+5期东北沉积体系供屑能力减弱，而盆地西南沉积体系供屑能力开始增强，沉积中心向东北方向短距离迁移，沉积中心呈“拉锯式摆动迁移”特征，迁移幅度小，一般为10~15km。长4+5到长2沉积中心平面位置相对稳定。从物源控制沉积中心迁移模式图上可以看出，不同物源不同时期供屑能力不同，供屑能力强的河流三角洲进积快，沉积中心向河流三角洲前缘方向延伸。

总之，陆相湖盆沉积中心迁移主要受构造和物源控制。在构造稳定时期，物源对沉积中心的迁移具有一定的控制作用，沉积中心主要受供屑能力强、进积快方向的物源控制，迁移方向与沉积物进积方向一致，并根据物源特征与湖盆关系分为单源型、双源型、垂直湖盆型等多种类型，探讨了不同物源进积情况下沉积中心迁移规律和模式。延长组早期（长10—长7）沉积中心迁移主要受构造运动控制，具有逆时针迁移特征；中晚期（长6—长2）沉积中心迁移主要受物源控制，沉积中心呈“拉锯式迁移”，迁移幅度小。沉积中心空间分布对鄂尔多斯盆地延长组油藏的空间分布具有重要的控制作用（李元昊等，2010）。

3.10.4 沉积中心迁移与油藏关系

沉积中心位置、沉积物类型对油气藏的形成和分布具有重要的控制作用。沉积中心为半深湖—深湖沉积物（如油页岩、泥岩）时主要是烃源岩和盖层，如长9_1和长7烃源岩；沉积中心沉积物为浅湖相泥岩沉积时主要是盖层。沉积中心不同演化时期，空间位置和沉积物的差异性宏观上控制了延长组油藏的平面和空间分布。研究表明，延长组沉积中心迁移主要形成了陕北、陇东及西北3种成藏模式。

3.10.4.1 陕北地区成藏模式

陕北地区先后发现了安塞、志靖等三级储量达10×10^8t级以上大油田，主要储层为长6油层组，为曲流河三角洲沉积。盆地陕北地区长9、长8均位于湖盆沉积中心，发育的泥页岩主要起向下运移遮挡作用（遮挡层）；长7为沉积中心，发育烃源岩（生油层）；长6主要发育东北三角洲前缘砂体（储层）。纵向上形成了长7主要向上排烃、聚集、成藏的陕北成藏模式（图3-96）。

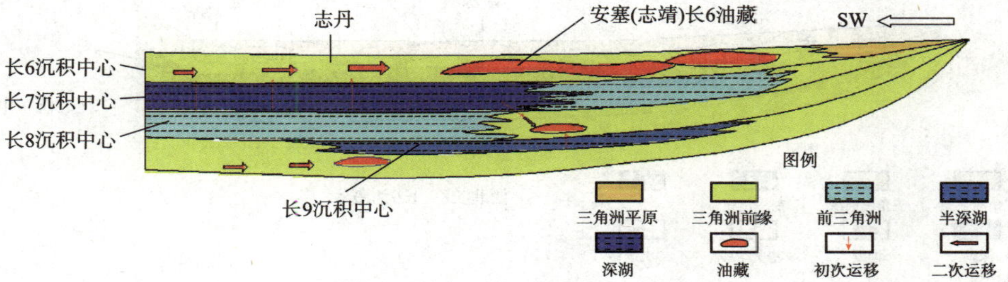

图 3-96 陕北地区成藏模式图

同时，由于长9_1具有一定的生烃能力，上部长8、长7物性差，石油在异常压力作用下向下运移成藏，形成如高桥地区的长10等零星油藏。

3.10.4.2 陇东地区成藏模式

陇东地区位于鄂尔多斯盆地的西南部，近年来，通过对西南辫状河三角洲成藏地质条件的深化研究，发现了三级储量达6×10^8t的西峰油田，储层为长8油层组。盆地陇东地区长8主要发育西南沉积体系的三角洲前缘砂体（储层）；长7为沉积中心，发育烃源岩（生油层和盖层）；该区为长6、长4+5沉积中心，泥岩、泥质粉砂岩（盖层）发育。这种纵向成藏组合形成了长7主要向下排烃、聚集、成藏的陇东成藏模式（图3-97）。

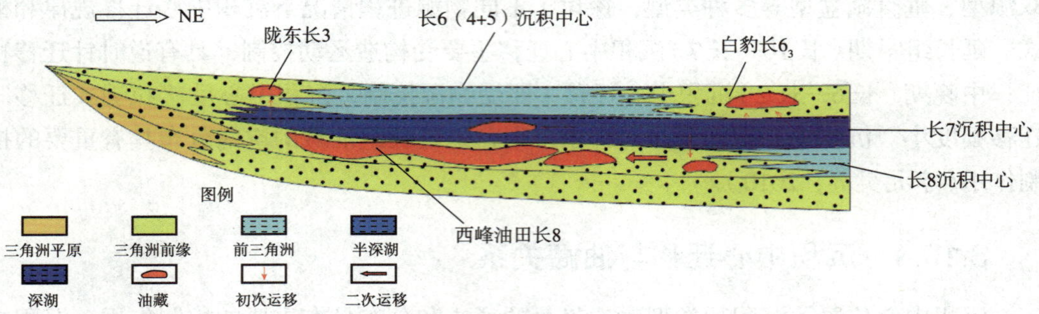

图 3-97　陇东地区成藏模式图

3.10.4.3　盆地西北部成藏模式

姬塬地区位于鄂尔多斯盆地西北部，近年来在该区的长4+5、长6、长8、长9油层组均发现了规模油藏，三级储量超10×10^8t，目前仍在勘探，形成了纵向上多层系复合成藏的特征。前已述及，盆地长8、长9沉积中心位于铁边城—吴起—志丹—富县一线，盆地西北地区长8、长9主要发育西北三角洲前缘砂体（储层）；长7为沉积中心，发育烃源岩（生油层）；长6、长4+5主要发育东北三角洲前缘砂体（储层）。垂向上形成了长7向下、上排烃、运移、聚集成藏的多层系复合成藏的西北成藏模式（图3-98）。湖盆中部的华庆地区也具有类似的成藏特征。

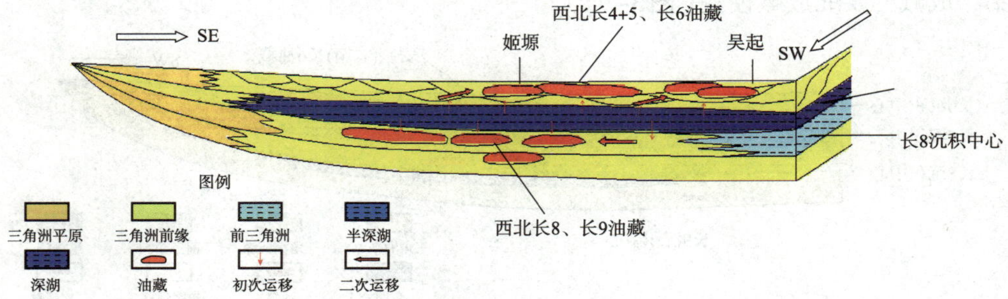

图 3-98　西北地区成藏模式图

总之，陆相湖盆沉积中心迁移主要受构造和物源控制，在构造稳定时期物源对沉积中心的迁移具有一定的控制作用，沉积中心主要受供屑能力强、进积快方向的物源控制，迁移方向与沉积物进积方向一致。沉积中心空间分布对油藏的空间分布具有重要的控制作用。延长组早期（长10—长7）沉积中心迁移主要受构造运动控制，具有逆时针迁移特征；中晚期（长6—长2）沉积中心迁移主要受物源控制，沉积中心呈“拉锯式迁移”，迁移幅度小。沉积迁移导致延长组主要发育3种成藏模式——陕北向上排烃聚集，陇东向下排烃聚集，西北既向上又向下排烃聚集的成藏模式，较好地反映了沉积中心迁移对延长组油藏的宏观分布控制作用。

延长组下组合储层特征及主控因素

4

储层是形成油藏的重要条件之一，受地质历史中的沉积、成岩和构造作用的共同影响。沉积时控制储层的基础，后期成岩作用对储层的改造具有重要的影响，既有降低储层物性的成岩作用，又有改善储层物性的成岩作用，因此可以通过成岩作用的研究来预测或评价碎屑岩储集层。根据成岩作用特征可以划分成岩阶段，进而预测储集层的储集性、孔隙的主要成因类型、新探区的石油勘探前景（裘亦楠等，1997）。

鄂尔多斯盆地延长组长10—长7储层特征差异比较明显，其碎屑组分、填隙物类型以及孔喉类型等均较为复杂，以往在其差异及成因方面研究较为薄弱。因此，通过对其基本特征以及控制因素的分析，搞清相对高渗区分布规律及原因，对后期勘探选区和储层改造方案的制订具有指导作用。

4.1 储层岩石学特征

储层岩石学特征主要分析描述储层的岩石类型、组构特征、颗粒支撑形式等。延长组岩石类型主要是细砂岩，相对简单。重点是组构特征分析，包括碎屑组成与砂岩分类、填隙物、结构等（于兴河等，2015）。

4.1.1 碎屑组分特征

碎屑成分主要为石英、长石、岩屑。石英抗磨蚀能力强，是稳定成分，长石和岩屑为不稳定组分，通常用石英相对含量来表示岩石的成分成熟度。目前，国内外碎屑岩的分类主要采用三角形图解和图表形式。

薄片分析表明，延长组长10砂岩岩石类型主要为岩屑长石砂岩和长石砂岩，见极少量长石岩屑砂岩；长9储层岩石类型与长10期略有差异，为岩屑长石砂岩、长石砂岩以及长石岩屑砂岩；长8砂岩岩石类型主要为岩屑长石砂岩和长石岩屑砂岩；长7砂岩岩石类型主要为岩屑长石砂岩、长石岩屑砂岩和长石砂岩，含有少量岩屑砂岩（图4-1）。

碎屑组分中，长10、长9均表现为低石英、高长石的特点，其中长10石英含量

27.52%，长石含量39.41%；长9石英含量27.67%，长石含量37.72%。长8石英、长石含量接近，分别为29.52%，29.02%；长7与长10、长9相反，为较高石英、低长石特点，其中石英含量33.00%，长石含量25.40%。长9—长7岩屑含量相对较高，长10岩屑含量相对较低（表4-1）。

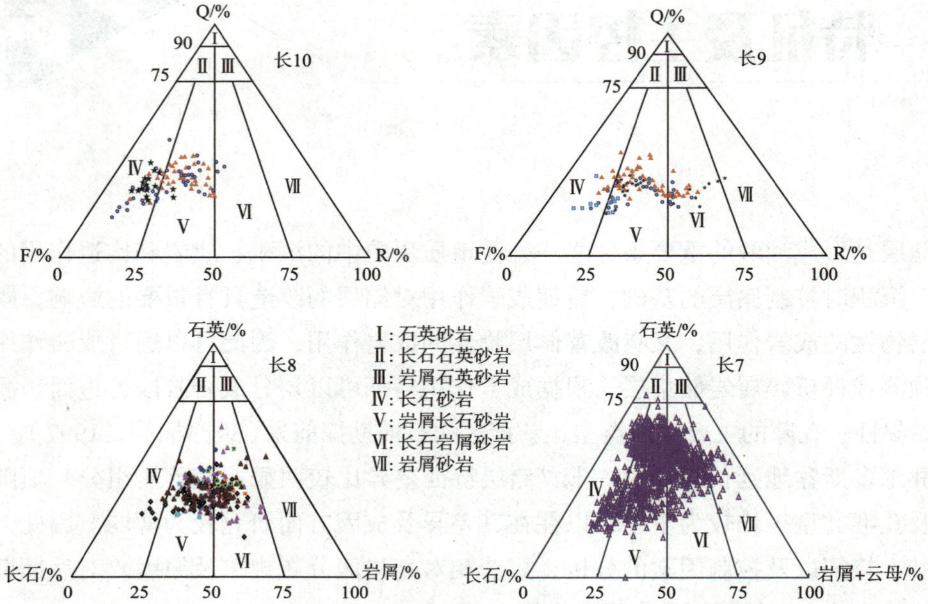

图 4-1　鄂尔多斯盆地延长组长10—长7储层岩石类型图

表 4-1　鄂尔多斯盆地延长组下组合碎屑组分统计表

油层组	石英/%	长石/%	岩屑/%					合计/%	样品数/个
			山岩	变质岩	沉积岩	云母	小计		
长10	27.52	39.41	4.82	11.04	0.06	3.02	18.94	85.87	120
长9	27.67	37.72	5.37	9.39	0.27	5.94	20.97	86.35	509
长8	29.52	29.02	7.36	12.91	0.52	5.49	26.27	84.81	553
长7	33.00	25.40	4.10	9.20	4.60	6.48	24.38	82.78	1212

4.1.2　填隙物特征

填隙物包括杂基和胶结物，杂基是碎屑岩中细小的机械成因组分，一般由粒度小于0.0315mm(Φ值大于5)的泥质黏土组成，常见的成分是高岭石、水云母等黏土矿物。杂基含量的高低是指示沉积环境的分选作用或水动力弱强的指标。胶结物是指直接从粒间溶液中沉淀出来的化学沉淀物，是成岩作用过程的主要产物类型。

从统计结果来看，填隙物总量长10、长9相对较低，分别为12.13%、10.70%；长8、长7填隙物总量相对较高，分别为14.97%、15.69%。从长10到长7，填隙物含量逐渐增加（图4-2）。

其中长10储层填隙物中浊沸石含量最高，占4.90%；其次为绿泥石与硅质，分别占2.48%、2.15%；并含少量的高岭石、伊利石、方解石、铁方解石等。长9储层中绿泥石、浊沸石以及硅质含量相对较高，其中绿泥石占2.76%，浊沸石占1.96%，硅质最高，占3.36%，同时含少量的高岭石、伊利石、方解石等填隙物；长8储层中铁方解石含量最高，占5.27%，其次为伊利石，占4.19%，再次为高岭石、绿泥石和硅质，并含少量方解石、铁白云石等填隙物；长7储层中伊利石含量异常高，占10.24%，其次为铁方解石和铁白云石等晚期胶结矿物，分别占1.27%与2.32%，硅质含量1.30%，除此之外，还含少量的高岭石、绿泥石、方解石以及长石质等（图4-2）。

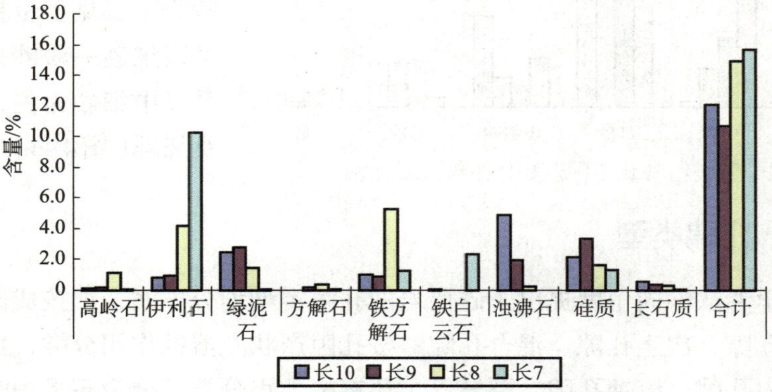

图 4-2　盆地延长组长 10—长 7 填隙物统计直方图

4.1.3　粒度特征

4.1.3.1　长10粒度特征

长10属于延长组发育早期，统计结果表明储层沉积物颗粒较粗，中砂岩含量44%，细砂岩含量51%，粗砂岩含量9%，反映了沉积物源供屑能力充足、水动力较强沉积特征（图4-3）。

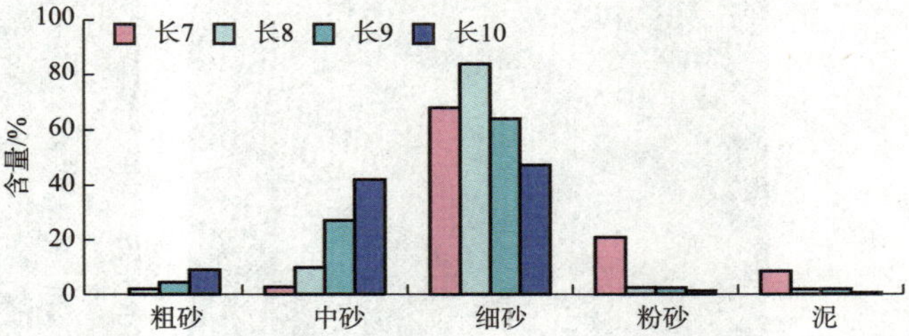

图 4-3　延长组长 10—长 7 碎屑岩储层粒度对比图

4.1.3.2　长9粒度特征

长9相对长10来说水动力进一步减弱，细粒含量增加，中砂岩含量31%，细砂岩含量64%，粗砂岩含量4%左右（图4-3）。

4.1.3.3　长8粒度特征

长8期水动力进一步减弱，储层沉积物粒度以细粒沉积为主，其中细砂岩含量约68%，中砂岩含量约29%（图4-3）。

4.1.3.4 长7粒度特征

长7主要发育深水沉积，整体粒度最细，粒度以细砂岩、粉砂岩及泥为主（图4-3）。以上统计是整体特征，实际上，不同沉积体系由于搬远距离不同，粒度统计结果也有一定的差异。如长8整体为细砂岩沉积，但不同沉积体系略有差异。西南体系主要为细砂岩；西北体系以中砂—细砂为主，见少量粗砂；东北体系以细砂—粉砂为主；西部体系以中细砂为主，见少量粗砂及细砾（图4-4）。

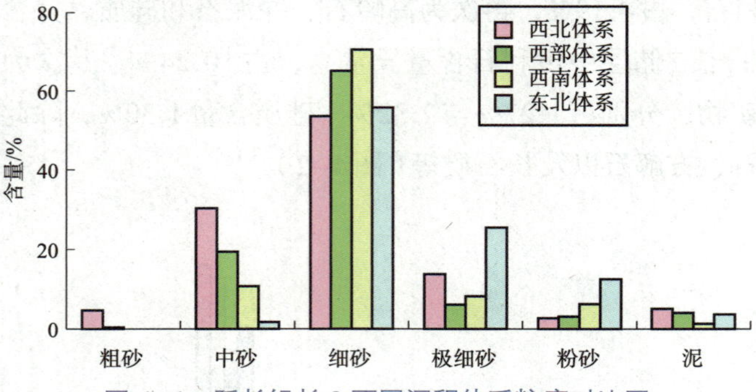

图4-4 延长组长8不同沉积体系粒度对比图

4.1.4 孔隙类型

不同的学者从不同角度提出了碎屑岩的孔隙类型划分方案，如按成因分类，把孔隙分为原生孔隙、次生孔隙、混合孔隙；按孔隙产状及溶蚀作用分类，把孔隙分为粒间孔隙、粒内孔隙、溶蚀孔隙、裂缝等。还有按大小分类，分为超毛细管孔隙、毛细管孔隙、微毛细管孔隙等等。本次主要采用按孔隙产状分类进行描述。

长10以粒间孔为主，长石、浊沸石溶孔次之（图4-5）；面孔率为4.91%~6.58%，不同地区略有不同，其中陕北地区面孔率最高（表4-2），达6.58%，也是物性最好的地区之一。

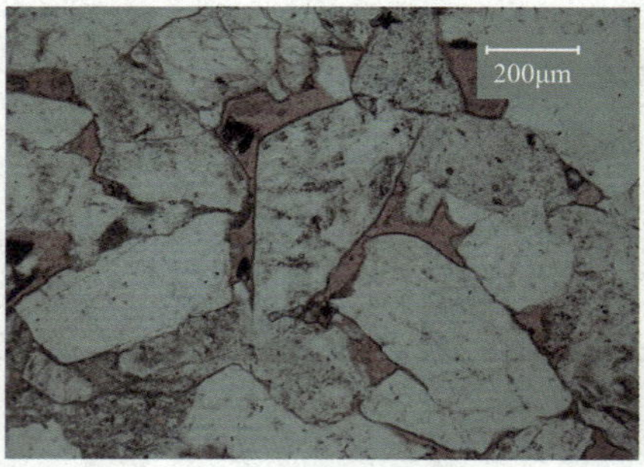

(a)高44井，长10，2250.26m，粒间孔

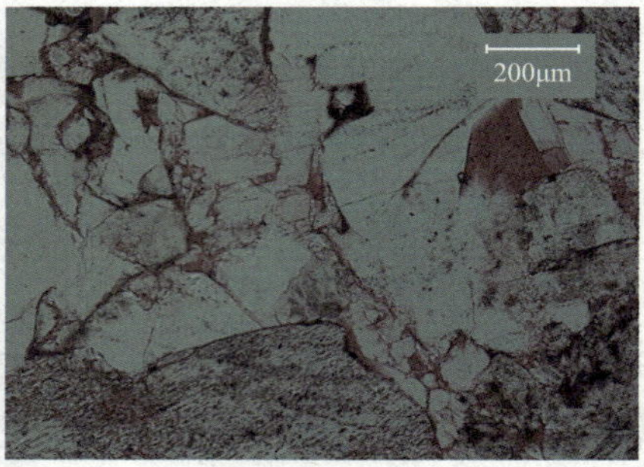

(b)高51井，长10，1634.16m，长石溶孔

图4-5 长10铸体薄片孔隙类型特征

表4-2 鄂尔多斯盆地延长组长10孔隙类型对比表

地区	粒间孔/%	长石溶孔/%	岩屑溶孔/%	浊沸石溶孔/%	晶间孔/%	微裂隙/%	面孔率/%
西北	3.27	0.97	0.22	0.58	0.01	0.08	5.25
西南	3.51	0.51	0.18	0.59	0	0.02	4.91
陕北	3.95	0.56	0.02	1.08	0.04	0.26	6.58

长9以粒间孔为主，长石溶孔次之，面孔率为3.21%~5.93%，西北地区最高，面

孔率达5.93%（图4-6、表4-3）。

(a)罗33井，长9_1，2922.57m，粒间孔及溶孔　　(b)峰7井，长9，2494.71m，粒间孔及溶孔

图4-6　长9铸体薄片及扫描电镜孔隙类型特征

表4-3　鄂尔多斯盆地延长组长9孔隙类型对比表

地区	粒间孔/%	长石溶孔/%	岩屑溶孔/%	浊沸石溶孔/%	晶间孔/%	微裂隙/%	面孔率/%
西北	4.67	0.55	0.2	0.49	0.01	0.01	5.93
西南	2.66	0.44	0.14	0.03	0	0.02	3.28
陕北	1.85	0.7	0.27	0.09	0.04	0.26	3.21

长8孔隙类型以粒间孔及长石溶蚀孔为主，少量岩屑溶孔（图4-7、表4-4）。

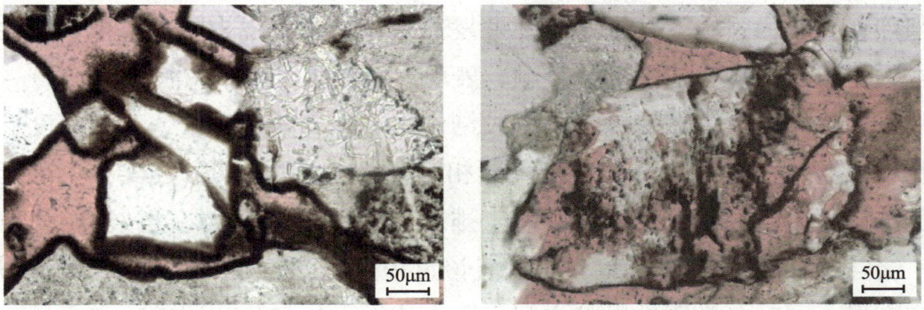

(a)新266井，长8，2205.83m，粒间孔　　(b)罗24井，长8，2740.20m，长石溶蚀孔

图4-7　长8铸体薄片孔隙类型特征

表4-4　鄂尔多斯盆地延长组长8孔隙类型对比表

地区	层位	粒间孔/%	长石溶孔/%	岩屑溶孔/%	沸石溶孔/%	晶间孔/%	微裂隙/%	面孔率/%
姬塬	长8	2.05	1.39	0.17	0.03	0.06	0.01	3.71
西峰	长8	2.88	0.97	0.15	—	0.01	0.01	4.02
华庆	长8	2.21	0.77	0.07	—	0.01	—	3.06

储层孔隙类型从最初的粒间孔逐渐演变成现今的多种孔隙类型，与后期的成岩改造密不可分，有必要系统分析储层主要成岩作用特征及对储层的作用。

4.2　成岩作用类型及机理

成岩作用是沉积物沉积之后转变为沉积岩直至变质作用之前，或因构造运动重新抬升至地表遭受风化以前所发生的物理、化学、物理化学和生物的作用，以及这些作用所引起的沉积物或沉积岩的结构、构造和成分的变化（郑浚茂，1989）。多种分析化验资料表明，下组合储层成岩作用主要类型有压实作用、胶结作用和溶蚀作用。

4.2.1　压实作用

压实作用指沉积物沉积后在其上覆水体或沉积层的重荷下，或在构造变形应力的作用下，发生水分排出、孔隙度降低、体积缩小的作用。沉积物内部可发生颗粒的滑动、转动、位移、变形、破裂，从而导致颗粒的重新排列和某些结构的改变。压实作用在沉积物埋藏早期表现较为明显。随着埋藏的加深，碎屑颗粒常常会表现出定向排列、接触关系紧密、刚性多破裂、塑性多变形等现象，同时造成大量孔隙减少，此时主要为成岩早期的机械压实作用。随着埋深的进一步增加以及古地温等周围环境条件的变化，压实作用逐渐由物理方式向化学方式转变，即压溶作用。压实作用对于储层储集空间、渗流能力都会造成极大的破坏，是导致储层质量降低的重要原因。

鄂尔多斯盆地长10—长8发育多种成岩作用，其中压实作用是在成岩作用不断进行的过程中，随着时间与上覆压力的增加，碎屑颗粒由较松散、游离状态逐步过渡到点对点、线对线的紧密接触状态。从薄片中可看到，储层压实作用强烈，各类碎屑颗粒发生强烈变形。通过镜下薄片观察能够发现颗粒主要表现为颗粒重排、塑性颗粒变形及刚性颗粒破裂，多为线—凹凸接触，表现为较强压实特征［图4–8（a）~（c）］。影响压实作用的因素有埋藏速度、早期胶结作用、砂岩杂基含量、埋藏深度、碎屑颗粒分选性和可塑性程度。如长10粒度虽然相对较粗，但埋深大，压实作用也挺强。压实作用的结果是，沉积物体积缩小并发生排水、脱水作用，最终导致原始孔隙度的绝对减少，储层致密化［图4–8（d）］，并且该过程是不可逆的。例如塑性的泥岩屑、云母片压实变形，同时各类刚性颗粒之间也紧密接触，长条状碎屑矿物定向排列。在一般情况下，接触状态调整为线接触，就会极大地增强岩石的抗压能力，从而使保存下来的粒间孔再很难为单纯的机械压实作用所破坏。

(a)高19–16井，长10，1702.02m，颗粒线—凸凹接触　　(b)池57井，长9，2718.13m，云母强烈变形，颗粒凸凹接触

图4–8　延长组下组合砂岩压实作用典型薄片照片

(c)白272井，长8_1，2142.98m，凸凹接触

(d)罗32井，长8_1，2857.8m，压实致密

图 4-8　延长组下组合砂岩压实作用典型薄片照片（续）

4.2.2　胶结作用

胶结作用是碎屑岩主要成岩作用之一，指从孔隙溶液中沉淀出矿物质（胶结物），将松散的沉积物固结起来的作用。与压实作用不同的是，胶结作用对岩石总体积没有影响，而只减小了岩石中孔隙的体积，是储层中孔隙度和渗透率降低的主要原因之一，属于一种破坏性的成岩作用。胶结作用可以发生在成岩作用的各个阶段，不同时期的成岩环境中孔隙水的物理化学性质（如盐度、温度、pH值、氧化—还原电位、微量元素种类和含量等）不同，形成的胶结物世代和特征也不同。后期形成的胶结物可以交代早期的胶结物，也可以发生胶结物的溶解即去胶结作用，形成次生孔隙。鄂尔多斯盆地长10—长7胶结作用主要表现在硅质、碳酸盐、黏土矿物等多个方面的胶结作用。

4.2.2.1　硅质胶结

当孔隙流体中SiO_2含量达到过饱和而在孔隙中发生沉淀，称之为硅质胶结作用，它是化学成岩作用的主要类型之一。硅质胶结作用在研究区砂岩中普遍发育，从长10到长8，硅质含量呈现递减趋势，尤其是延长组长10、长9油层组，硅质含量分别达到2.15%和3.36%，而长8含量分别为1.66%，说明硅质胶结对长10、长9储层影响较大，而对长8储层影响相对较小。从硅质发育期次来看，其主要可分为早、中、晚三期（图4-9），且不同期次的硅质胶结有不同的发育特征、成因类型以及不同的成岩意义。

早期硅质胶结主要形成于成岩早期，以早期石英加大边形式出现，主要的物质来源为：①压实过程中，周边泥岩中含有SiO_2的孔隙水不断供给砂岩，在埋藏较浅的酸性环境中沉淀；②不稳定硅酸盐矿物早期风化释放的硅。这类硅质胶结因其形成于低温低压的开放体系中，产生量少，对储层物性没有影响。

中期硅质胶结主要形成于中成岩A期，以自生石英微粒形式出现，主要的物质来源为：①长石等易溶硅酸盐组分在有机酸的溶解下释放的硅；②火山物质蚀变产生的硅质。这种硅质胶结伴随有机酸对易溶矿物的溶蚀而产生，成岩环境处于相对半开放程度，不易形成大规模胶结，对储层没有明显影响，但可作为酸性成岩环境与油气注入前的标志。

形成时期	胶结形式	成因分析	成岩意义
早期胶结	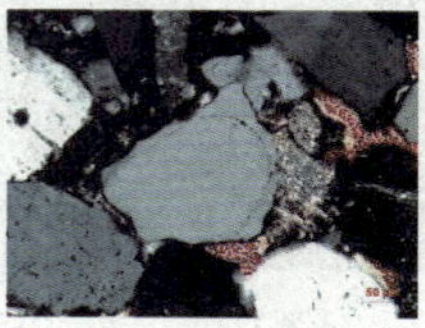 桥24井，长8_1，1172.15m	以早期石英加大边形式出现 ①压实过程中周边泥岩中含有SiO_2孔隙水不断供给砂岩，在埋藏较浅的酸性环境中沉淀 ②不稳定硅酸盐矿物早期风化释放的硅	因其形成于低温低压的开放体系中，产生量少，对储层物性没有影响
中期胶结	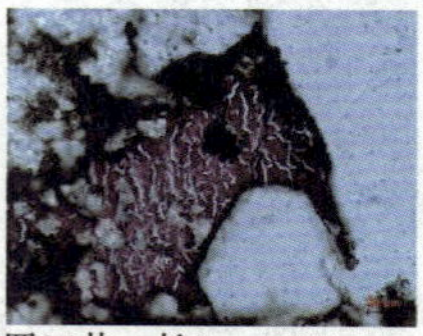 罗24井，长8_1，2732.57m	以自生石英微粒形式出现 ①长石等易溶硅酸盐组分在有机酸的溶解下释放的硅 ②火山物质蚀变产生的硅质	伴随有机酸对易溶矿物的溶蚀产生，成岩环境处于相对半开放程度，不易形成大规模胶结，对储层没有明显影响，酸性成岩环境与油气注入前的标志
晚期胶结	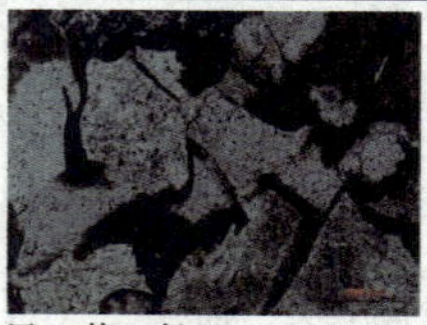 里59井，长8_2，2316.90m	以孔隙充填或加大边的形式出现 SiO_2主要来源于黏土矿物转化析出的硅	形成于高温高压条件相对封闭的成岩环境中，成岩流体流通不畅，容易形成大规模的胶结而堵塞孔隙，降低储层物性

图 4–9　各期次硅质胶结综合特征图

$$2KAlSi_3O_8+2H^++H_2O \longrightarrow Al_2Si_2O_5(OH)_4+4SiO_2+H_2O$$

（钾长石）　　　　　　　　（高岭石）

晚期硅质胶结主要形成于中成岩B期到成岩晚期，以孔隙充填或加大边的形式出现，SiO_2主要来源于黏土矿物转化所析出的硅，该期硅质胶结形成于高温高压条件相对封闭的成岩环境中，成岩流体流通不畅，容易形成大规模的胶结而堵塞孔隙，降低储层物性。硅质胶结主要呈晶形完美的六方双锥晶体赋存在粒间孔中［图4–10（a）（b）］；以锥晶状分布在颗粒表面（Ⅰ级加大），或在颗粒表面连接成较大晶面（Ⅱ级加大），甚至包裹颗粒表面，形成完整晶面（Ⅲ级加大）等形式出现。常与自生绿泥石集合体共生，显示其成因可能主要是中—晚期成因。

长9、长10薄片观察中，石英次生加大表现为具有一个与原石英颗粒光性一致的加大边，两者的界限一般可借助于原石英颗粒边缘的杂质条带来确定［图4–10（c）（d）］；若这种杂质条带不发育，在薄片中很难识别次生加大边，可以借助阴极发光测试进行识别［图4–10（e）（f）］，如徐28井，长10层，阴极发光下石英加大现象普遍，加大部分与核部发光特征明显不同［图4–10（e）］；新22井，长9层，视域右下部的石英次生加大十分发育，但加大部分在阴极发光下不发光［图4–10（f）］。

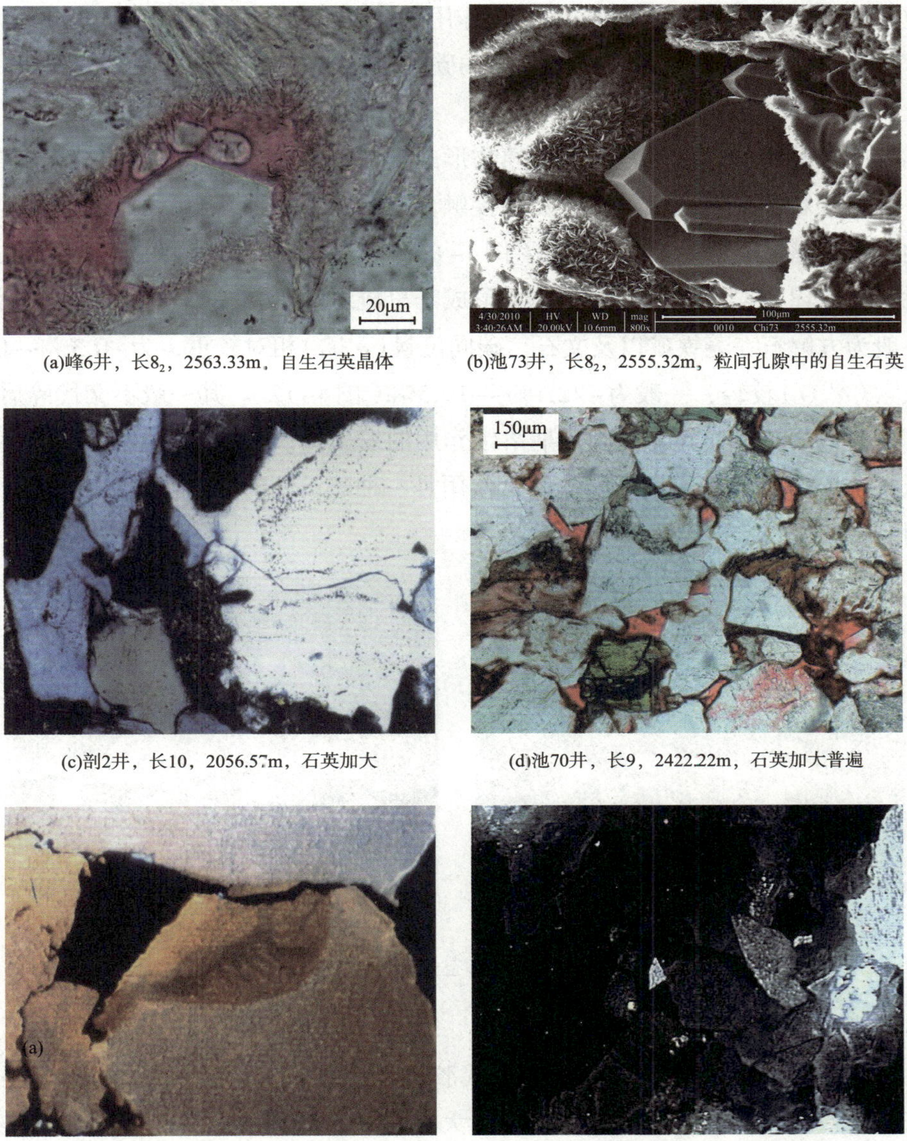

(a)峰6井，长8_2，2563.33m，自生石英晶体

(b)池73井，长8_2，2555.32m，粒间孔隙中的自生石英

(c)剖2井，长10，2056.57m，石英加大

(d)池70井，长9，2422.22m，石英加大普遍

(e)徐28井，长10，1681.33m，阴极发光下的石英加大，加大部分与核部发光特征明显不同

(f)新22井，长9，2129.83m，阴极发光下的蓝色石英次生加大，加大部分不发光

图 4–10　延长组下组合硅质胶结作用显微特征

4.2.2.2　碳酸盐胶结

碳酸盐胶结是盆地延长组下组合另一种重要的胶结方式，方解石、铁方解石以及铁白云石在长10—长7填隙物中异常发育，尤其对长8、长7储层影响明显，铁方解石含量分别为5.27%、1.27%，另外铁白云石对长7也具有很大的影响。

碳酸盐胶结在研究区砂岩中主要以粒间胶结物、交代物或溶蚀孔隙内填充物形式出现，见微晶状、晶粒状或连晶状产出。不同成岩阶段，晶形和成分上有较大差异，这主要受控于不同成岩阶段中流体—岩石相互作用的效应和成岩流体酸碱度、氧化还原电位等成岩环境参数控制（田亚铭，2011）。区内碳酸盐胶结可划分为早、中、晚三期。

1. 早期碳酸盐胶结物

早期的泥晶碳酸盐主要呈孔隙充填物形式沉积下来，多呈基底式胶结充填在颗粒之间，碎屑颗粒漂浮在胶结物中，点线接触，粒间体积大，未遭受压实改造，说明形成时期较早，晶形通常为泥晶、微晶（图4-11），当孔隙水中溶解的碳酸盐物质达到过饱和时，就可以直接沉淀出来。其主要形成于早成岩阶段，一般发生在主要压实期以前，一般为方解石、菱铁矿以及文石。碳同位素（$\delta^{13}C$）相对较重，为-0.3‰~-0.1‰；氧同位素（$\delta^{18}O$）较轻，一般为-22.1‰~-19.5‰（图4-12）。其一般不交代碎屑颗粒，而且可提高砂岩抗压实能力，为后期溶蚀作用的发生提供溶蚀物质，并产生次生孔隙（王琪，2007）。因此，早期碳酸盐胶结作用是一种建设性的成岩作用。在研究区，这种早期的碳酸盐胶结物含量相对较低。

(a)黄31井，长8_2，2817.50m，早期泥晶方解石

(b)黄31井，长8_2，2817.50m，早期泥晶方解石

图4-11　早期碳酸盐胶结作用显微特征

2. 中期碳酸盐胶结物

中期碳酸盐胶结物多呈分散状孔隙式胶结物出现，充填在颗粒之间，成分多为方解石以及（含铁）方解石，多呈洁净、大晶粒状；碳同位素（$\delta^{13}C$）相对较轻，为-8.02‰~-3.23‰，氧同位素（$\delta^{18}O$）较轻，一般为-22.9‰~-19.7‰（图4-12）。中期碳酸盐胶结一般形成于早成岩阶段B期，与该阶段的有机质脱羧有关，一般充填在剩余粒间孔中，碎屑颗粒之间多呈线接触（图4-13），表明砂岩已经遭受压实改造。

3. 晚期碳酸盐胶结物

晚期碳酸盐胶结物形成于中成岩阶段B期的高温高压深埋还原环境，由于地层埋藏深度大，温度和压力高，在相对高温、高压、缺氧还原条件下，孔隙水中含大量的由黏土矿物或黑云母转化而产生的Fe^{2+}和Mg^{2+}。当CO_2分压降低时，这些离子很容易结合到方解石或白云石的晶格中去，形成含铁的晚期碳酸盐矿物，染色后铁方解石为紫红色，铁白云石为蓝色（图4-13、图4-14）。晚期碳酸盐碳同位素（$\delta^{13}C$）相对较重，为-1.92‰~-0.834‰，氧同位素（$\delta^{18}O$）变化较大，一般为-26.5‰~-12.6‰（图4-13）。在研究区长8铁方解石含量较高，达到了5.27%，而铁白云石在长7、长6中也较为发育。

形成期次	矿物类型	微观特征	地化特征	形成环境
早期胶结	方解石($CaCO_3$) 菱铁矿($FeCO_3$) 文石($CaCO_3$)	 黄31，2817.50m，长8_2	碳同位素($\delta^{13}C$)相对较重：-0.3‰~-0.1‰；氧同位素($\delta^{18}O$)较轻：-22.1‰~19.5‰	与碱性湖水中硫酸钙发生过饱和沉淀有关
中期胶结	方解石($CaCO_3$) 含铁方解石[$Ca(Fe)CO_3$]	 新85，1960.18m，长8_2	碳同位素($\delta^{13}C$)较轻-8.02‰~-3.23‰；氧同位素($\delta^{18}O$)较轻：-22.9‰~19.7‰	与早成岩B期到中成岩A期成岩阶段的有机质脱羧有关
晚期胶结	铁方解石[$Ca(Fe)CO_3$] 白云石[$Ca(Mg)CO_3]_2$ 铁白云石[$Ca(Mg,Fe)CO_3]_2$	 高44，2048.72m，长8_1	碳同位素($\delta^{13}C$)较重-1.92‰~-0.84‰；氧同位素($\delta^{18}O$)变化较大：-26.5‰~-12.6‰	形成于中成岩B期的高温高压深埋还原环境

图4-12　不同期次碳酸盐胶结物综合特征图

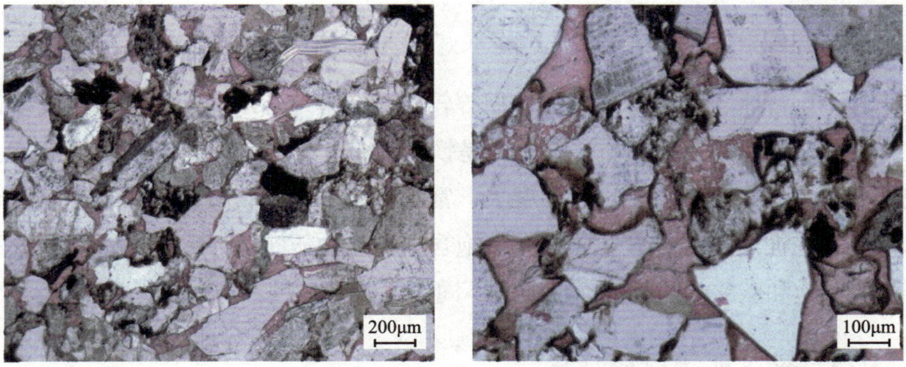

(a)黄160井，长8_1，2673.36m，中期碳酸盐胶结　　(b)新85井，长8_2，1906.18m，中期碳酸盐胶结

图4-13　中期碳酸盐胶结作用显微特征

(a)高34井，长8_2，1671.63m，晚期碳酸盐胶结物　　(b)高44井，长8_1，2048.72m，晚期铁白云石胶结

图4-14　晚期碳酸盐胶结作用显微特征

来源于不同成因机理的碳酸盐胶结物往往具有不同的$\delta^{13}C$值分布范围，通过对长8碳氧同位数值投点分区后（图4-15），发现基本都落入Ⅲ区，即与有机酸脱羧作用有关的碳酸盐沉积，地温在80℃以前，有机质在演化过程中形成的有机酸大都被细菌破坏，形成CH_4和CO_2。CO_2分压增高，含有大量HCO^{3-}、CO_3^{2-}、Ca^{2+}及Fe^{2+}的地层水由于泥岩的压实作用而被排出，进入附近砂岩层中，形成$CaCO_3$沉淀。另外，有部分Fe^{2+}参与晶格，形成含铁方解石大量沉淀，再经历后期的重结晶作用而使结晶程度更高，即表现为镜下亮晶的特征，阴极发光特征为暗黄色与橙红色。

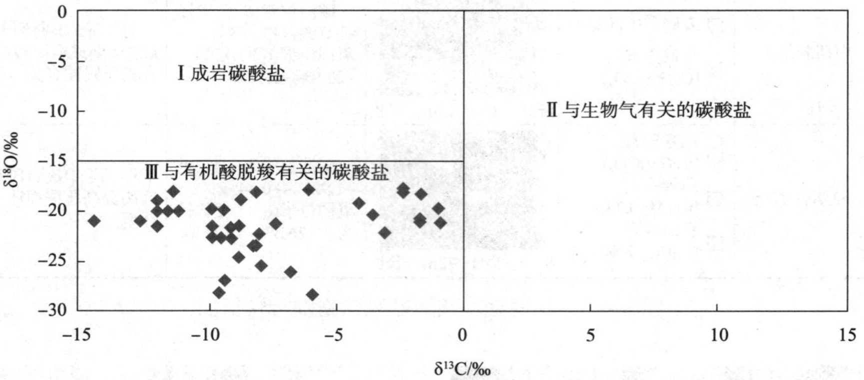

图4-15 鄂尔多斯盆地陕北地区长8储层碳酸盐胶结物物质来源判识图

在三角洲前缘水下分流河道或河口坝等较厚砂体中，其顶底部常被钙质胶结，形成"顶钙""中钙""底钙"等钙质层，主要是铁方解石。岩心灰白色，胶结致密，滴稀盐酸起泡强烈。测井曲线峰值尖锐、幅度大，常解释为干层。碳酸盐胶结物常沿砂岩边缘分布，主要是在泥岩压实过程中释放大量饱含碳酸盐的压实流体，它们进入邻近的砂体内时，由于过饱和碳酸盐的沉淀，形成了不同形式的"顶钙"与"底钙"现象。

4.2.2.3 黏土矿物胶结作用

黏土矿物是在成岩过程中，由于温度、压力的变化，由物源中化学性质不稳定的暗色矿物蚀变而来，包括绿泥石、伊利石以及高岭石黏土等。鄂尔多斯盆地长10—长8储层绿泥石较发育，长7储层黏土矿物以伊利石为主，达到10.24%。

1. 绿泥石胶结

盆地砂岩中绿泥石赋存状态主要分为两种。一种为绿泥石环边或孔隙衬里（图4-16），叶片状绿泥石胶结往往成环边状薄膜，有部分占据了原始孔隙，对储层的孔隙具有一定的破坏作用。然而这种早期绿泥石环边胶结作用却能增强砂岩抗压实与抗压溶能力，对储层孔隙具有一定的保护作用，因而又属于建设性成岩作用。再加上绿泥石沉淀后会继续生长到自生石英的沉淀，能不断增强岩石的抗压实与抗压溶能力，并平衡逐渐加大的上覆载荷，从而使砂岩的原生孔隙得以大量保存［图4-17（a）（b）］。

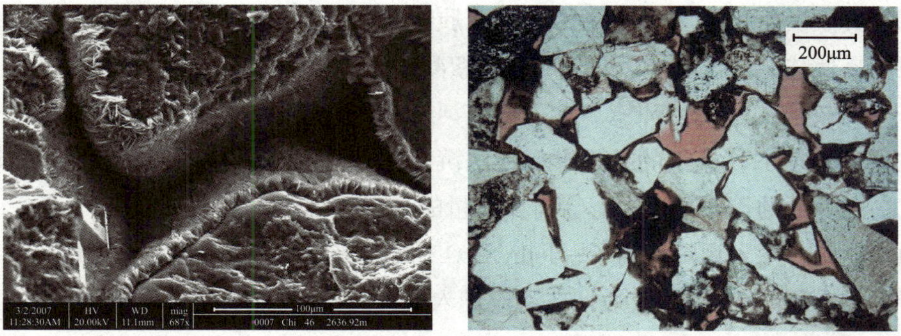

(a)池46井，长9，2636.92m，绿泥石膜　(b)罗3井，长8_1，2690.75m，绿泥石膜(含油)及粒间孔

图 4-16　延长组下组合储层中绿泥石镜下特征

另一种形式主要是绿泥石呈叶片状、玫瑰花状充填孔隙空间，绿泥石以叶片状大量蚕食与充填已有的原始孔隙，降低了原始孔［图4-17（c）（d）］。一般认为，绿泥石环边胶结物为早成岩阶段伴随着压实作用而形成的，在一定程度上遏制了压实、压溶作用的进行。而孔隙充填型绿泥石则是随着成岩作用的增强，由蒙脱石等其他黏土矿物在有Mg^{2+}、Fe^{2+}（Fe^{3+}）情况下通过I/C混层向绿泥石转化形成，对原生孔隙具有破坏性作用（黄思静，2004）。

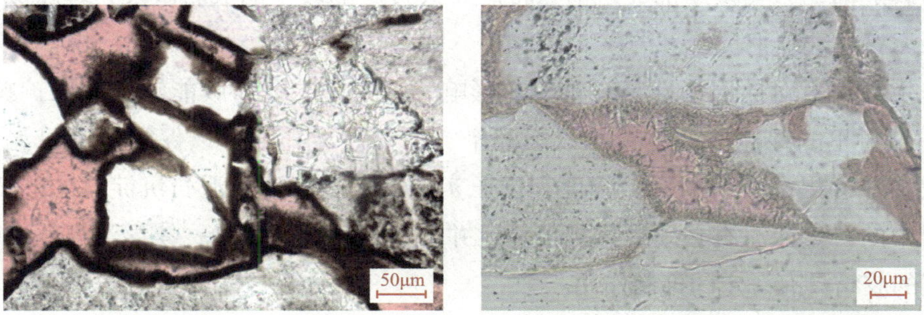

(a)新266井，长8_2，2205.83m，绿泥石膜发育　(b)桥24井，长8_1，1172.15m，绿泥石膜发育

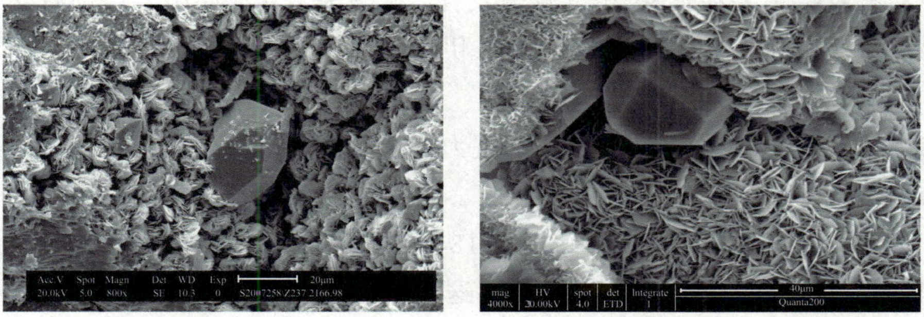

(c)镇237井，长7_3，2166.98m，玫瑰花状绿泥石　(d)环54井，长7_1，2647.83m，针叶片状绿泥石黏土

图 4-17　绿泥石充填原生孔隙

自生绿泥石的形成条件较为严格。①两种不同性质水体交汇区：三角洲前缘是河

水和湖水介质交汇的地方，由于两种水介质中电解质、胶体性质和载荷物质组成的差异，很容易使陆源黏土物质以化学方式（絮凝作用）吸附在颗粒表面，形成初期的黏土质膜。②需较强的水动力环境。水下分流河道是三角洲前缘地区水动力条件最强的地方，在这种环境下，极细的黏土颗粒无法沉淀下来，但可以在颗粒表面发生吸附，慢慢形成一层薄薄的等厚环边层。③需要大量的Fe离子来源。曾伟（1996）认为，火山岩岩屑蚀变能够产生大量的铁离子；Jefhy D G（2001）认为，黑云母水解作用可生成大量铁离子；Sruoga P（2004）认为，在河流进入海洋的交界处，由于水体的盐度改变，并显弱碱性和弱还原性，河水中溶解的铁离子会在该条件下产生絮凝沉淀，这将为绿泥石环边胶结物的形成提供丰富的铁来源。

根据自生绿泥石的赋存方式、分布特征及形成条件，延长组砂岩中自生绿泥石具有如下形成机制。①物质来源——绿泥石的形成需要同沉积阶段提供的富铁沉积物，砂岩的埋藏前组成中存在较多的中基性火山物质、云母等为其提供富铁沉积物。②铁的卸载载铁溶液需要在有一定盐度的湖泊或海洋环境中絮凝卸载。延长期湖水的古盐度为0.940%~1.016%，属富钠的微咸—半咸水环境（黄思静，2010）。③三角洲快速发育推进——三角洲前缘，水下分流河道。④绿泥石的形成时间，颗粒点接触——线接长石溶解之前、石英次生加大之前点接触—线接触的较早的成岩阶段，埋藏成岩过程存在绿泥石的继续生长。

自生绿泥石对储层物性具有重要的影响，特别是绿泥石膜能够有效保护粒间孔。作为孔隙衬里的绿泥石，主要从以下几个方面使砂岩孔隙得以保护：①绿泥石环边的形成会显著提高岩石的机械强度和抗压实能力；②自生绿泥石沉淀后的继续生长；③砂岩中的自生绿泥石必须是早成岩的，并要达到一定的数量；④绿泥石环边的形成对石英的胶结具有一定的抑制作用。

2. 伊利石胶结

伊利石胶结主要在长8、长7较为发育，尤其是长7油层组，伊利石含量达到10.24%，几乎占到总填隙物含量的60%。伊利石的产状在长7、长8油层组主要分为3类（图4-18）。

第一类呈片状形态产出，在镜下表现为紧密堆积的集合体［图4-18（a）（b）］，常分布于碎屑颗粒之间，晶间孔隙不发育，成分纯度较低，分析认为是原生沉积的伊利石；第二类以蜂巢状形态产出［图4-18（c）（d）］，在一定程度上具有伊蒙混层的结构特征，判断其为蒙皂石转换而来，这种伊利石多见于粒间孔隙之中，晶间孔隙发育；第三类以丝缕状形态产出于溶蚀粒内孔中，其中大部分丝缕状伊利石都产于全部或部分被溶解的碎屑长石中，在孔隙狭窄处，丝缕状伊利石互相搭接呈搭桥状存在［图4-18（e）（f）］，这些伊利石很可能是交代高岭石形成的。第二类和第三类伊利石大部分都具有较好的晶形，是自生伊利石而非原生伊利石。

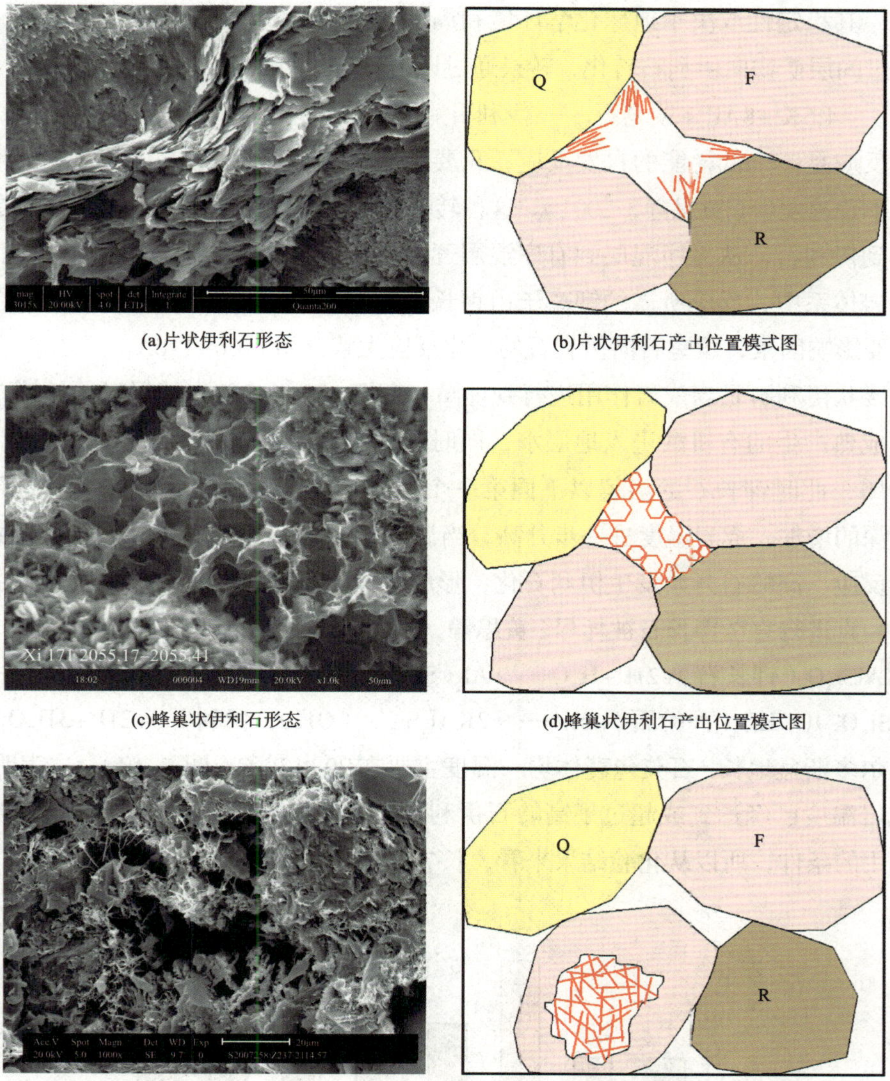

(a)片状伊利石形态　(b)片状伊利石产出位置模式图

(c)蜂巢状伊利石形态　(d)蜂巢状伊利石产出位置模式图

(e)丝缕状伊利石形态　(f)丝缕状伊利石产出位置模式图

图 4–18　伊利石产出形态及其成因模式

通过分析认为，原生伊利石与沉积环境具有密切的联系，一般三角洲前缘砂体中伊利石相对含量较低，而深水重力流沉积中伊利石含量相对较高。这主要是随着水体深度的增加，沉积物粒度变细，杂基含量增多，而伊利石是泥质杂基中最主要的组成矿物，所以在半深湖—深湖的沉积环境中伊利石的含量会明显增高。运用薄片鉴定资料对盆地延长组的伊利石含量进行统计，结果显示，只有盆地长7和长6的伊利石含量非常高，分别达到10.24%和6.0%。

自生伊利石中蜂巢状伊利石不会在早成岩阶段的环境中生成，它们是中成岩阶段的主要成岩黏土矿物。在中成岩阶段早期，伊利石可通过蒙皂石蚀变而成（张立飞，1992）。碎屑岩中的蒙皂石黏土矿物既可以是早成岩阶段自生的也可以是碎屑黏土沉积而成的，其稳定性取决于地球化学环境和周围的温度。随着埋深增加、温度升高，蒙皂石通过间层矿物向伊利石转化，转换通过以下反应进行：

$$4.5K^{+}+8Al^{3+}+\text{蒙皂石}\longrightarrow\text{伊利石}+Na^{+}+2Ca^{2+}+2Mg^{2+}+2.5Fe^{3+}+3Si^{4+}$$

该反应是一个低耗能的自发反应，只要地层中有蒙皂石存在，该反应就会在碎屑岩地层中普遍发生（黄思静，2001）。这种转化过程是通过蒙伊混层先向伊蒙混层转化，进而再到伊利石，从无序混层到有序混层逐步进行的，并需要有钾离子的供应。在封闭的成岩体系中，反应所需的钾离子由钾长石的溶解提供。温度是自生伊利石形成的一个重要影响因素，蒙皂石向伊利石的转化反应大致开始于60~110℃。

丝缕状伊利石是当成岩作用进行到埋藏初期至120~140℃古地温以前的第二阶段，有机质成熟产生的有机酸进入地层水，同时受压实作用影响原生孔隙减少，成岩环境逐渐封闭，此时钾长石的溶解以下面第一个反应形成高岭石，并沉淀于粒内溶孔中。随着埋深的增加，成岩温度进一步升高，当温度超过120~140℃这一阈值后，触发下面第二个反应，高岭石开始发生伊利石化，形成充填于碎屑颗粒间的片状或丝状伊利石，该反应一直进行直至钾长石被耗尽（黄思静，2009）。

$$4KAlSi_3O_8(\text{钾长石})+2H^{+}+H_2O\longrightarrow Al_2(Si_2O_5)(OH)_4(\text{高岭石})+4SiO_2(\text{硅质})+2K^{+}$$

$$3Al_2(Si_2O_5)(OH)_4(\text{高岭石})+2K^{+}\longrightarrow 2KAl_3Si_3O_{10}(OH)_2(\text{伊利石})+2H^{+}+3H_2O$$

鄂尔多斯盆地长7石英包裹体均一温度主要在90~130℃（图4-19），这表明长7砂岩的成岩温度已经达到或超过了高岭石伊利石化的温度界线，具备了高岭石发生伊利石化作用的条件，所以从化验结果来看，长7几乎不存在高岭石。

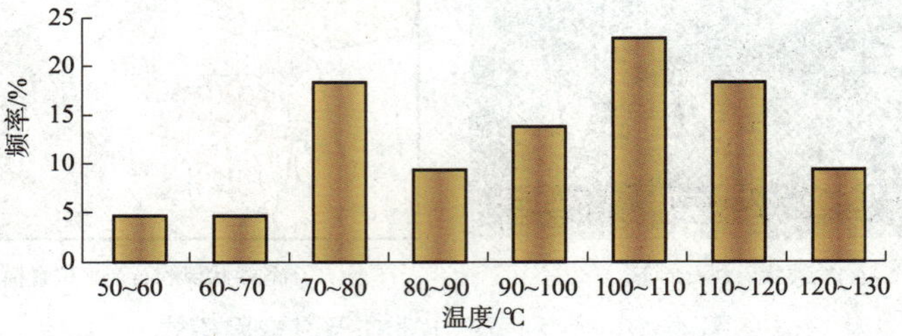

图 4-19　长 7 包裹体均一温度分布图

流体的pH值对伊利石的形成也有影响。一般来说，钾长石的溶解需要酸性条件，而高岭石的伊利石化作用需要相对碱性的介质条件。然而，在同一成岩体系中，高岭石的伊利石化反应过程中向流体输出的氢离子可以供给钾长石溶解所需要的氢离子。上面第一个与第二个反应为成岩系统彼此依赖的伴生反应，而以下反应为它们的加和反应，即钾长石溶解伴随高岭石伊利石化作用的反应可以在流体pH值受到缓冲、缺乏足够氢离子浓度的条件下发生。

$$KAlSi_3O_8(\text{钾长石})+Al_2(Si_2O_5)(OH)_4(\text{高岭石})\longrightarrow KAl_3Si_3O_{10}(OH)_2(\text{伊利石})+2SiO_2(\text{硅质})+H_2O$$

伊利石胶结物的存在对储层物性影响较大，通过伊利石与渗透率的关系可以看出，伊利石含量越增加，渗透率呈逐渐减小的趋势。因此，从储层的渗透性角度来说，伊利石对砂岩储层的影响无疑是负面的。扫描电镜分析显示出，砂岩储层中普遍发育的呈毛发状、丝状、搭桥状充填于喉道中的自生伊利石，它们堵塞喉道，大大降低了孔喉的连通性。

3. 高岭石胶结

在长10、长9以及长7相对不太发育，而在长8油层组相对发育，其含量为1.14%。由于长8段砂岩的成分成熟度较低，骨架颗粒中含有大量的长石和含长石的火山岩屑。这些颗粒中的长石成分，在酸性环境下极易发生溶蚀，并产生自生高岭石矿物，与石英次生加大和各类溶蚀孔隙密切共生。自生高岭石形成机理主要与长石等铝硅酸盐的溶解有关，无论是钾长石、钠长石还是钙长石，其溶解的主要产物均有高岭石，基本反应方程是：

$$2KAlSi_3O_8(\text{钾长石})+2H^++H_2O = Al_2Si_2O_5(OH)_4(\text{高岭石})+4SiO_2(\text{硅质})+2K^+$$

$$2NaAlSi_3O_8(\text{钠长石})+2H^++H_2O = Al_2Si_2O_5(OH)_4(\text{高岭石})+4SiO_2(\text{硅质})+2Na^+$$

$$CaAl_2Si_2O_8(\text{钙长石})+2H^++H_2O = Al_2Si_2O_5(OH)_4(\text{高岭石})+Ca^{2+}$$

$$NaCa_2Fe_4Al_3Si_6O_{22}(OH)_2(\text{铁角闪石})+Ca_2Mg_5Si_8O_{22}(OH)_2(\text{透闪石})+26H^+ = 4Ca^{2+}+4Fe^{2+}+5Mg^{2+}+13H_2O+9SiO_2+NaAlSiO_8(\text{钠长石})+Al_2Si_2O_5(OH)_4(\text{高岭石})$$

$$CaFe(SiO_3)_2(\text{钙铁辉石})+CaMg(SiO_3)_2(\text{透辉石})+CaAl_2SiO_6(\text{Ca–Al辉石})+10H^+ = 3Ca^{2+}+Fe^{2+}+Mg^{2+}+Al_2Si_2O_5(OH)_4(\text{高岭石})+3SiO_2(\text{硅质})+3H_2O$$

自生高岭石在长8油层组有两种存在形式：第一，分布于长石溶解后的次生孔隙（溶蚀扩大粒间孔）中，说明自生高岭石被流体搬运的距离较短；第二，长石溶解后的自生高岭石多呈书页状［图4-20（a）］、蠕虫状［图4-20（b）］集合体赋存在粒间孔隙中，自生高岭石被流体搬运距离相对较远。

(a)镇237井，长8_1，2169.23m，书页状蚀变高岭石　(b)演47井，长8_1，2014.8m，蠕虫状蚀变高岭石

图 4-20　蚀变高岭石扫描电镜特征

高岭石转化消失的深度区间可从数百米至数千米，温度区间也较大，其稳定性并非严格地受温度和压力的控制，更重要的是与介质的地球化学环境即pH值及离子浓度

有关。在酸性介质中，高岭石保持稳定，即使温度升高、压力增大，也不会向蒙脱石、伊利石转化。若pH值增大，从酸性介质到碱性介质，高岭石的稳定性减小，若有K^+存在，则转化为伊利石；若有Ca^{2+}、Mg^{2+}、Na^+存在，则转化为蒙脱石或绿泥石。因此，高岭石、伊利石和绿泥石含量的相对变化可以为判断储层所处的成岩环境特征。

4.2.2.4 浊沸石胶结作用

浊沸石是盆地长9、长10普遍发育的自生矿物，在砂岩中呈斑块状分布，或呈自形粒状生长于粒间孔的孔壁，在一些长石溶孔中也有浊沸石充填。研究区浊沸石的胶结多发生在富含长石的砂岩中，而且除充填孔隙之外，浊沸石常交代长石或富含长石的岩屑，还和方解石密切共生（图4-21），因此浊沸石可能是斜长石在成岩作用期间发生钠长石化而引起的沉淀。在长9及长10砂岩中，含浊沸石的砂岩常伴生有少量自生绿帘石。根据绿帘石的成因分析，这些浊沸石及自生绿帘石的生成，可能均是火成岩岩屑等颗粒蚀变的产物。

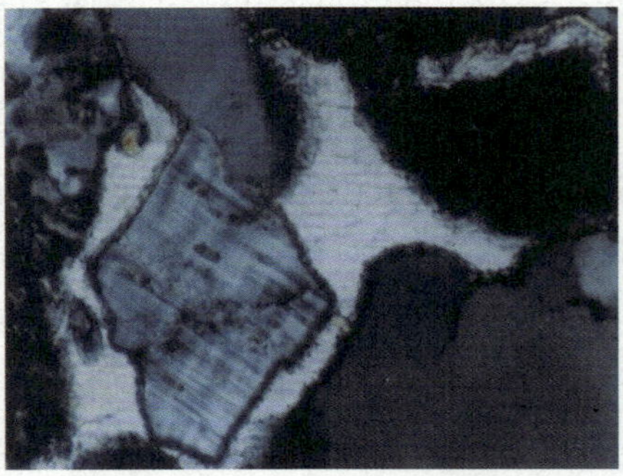

(a)盐13井，长10，2366.2m，连晶状全充填的自生浊沸石

(b)西77井，长10，2115.16m，近于自形的自生浊沸石及剩余粒间孔隙

(c)郭6井，长10_1，1399.55m，浊沸石胶结充填

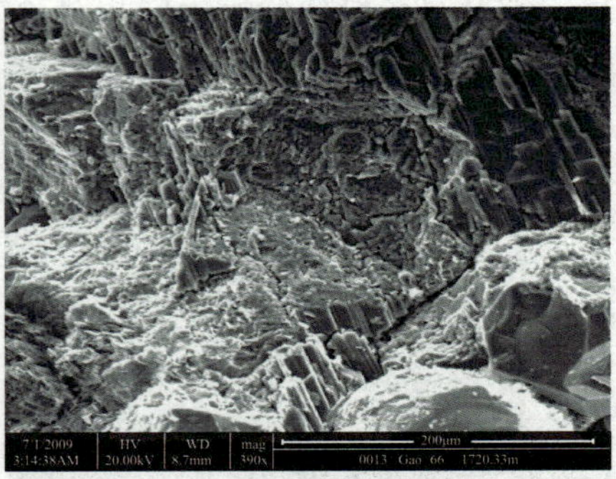

(d)高66井，长10，1720.33m，浊沸石胶结

图4-21 长10储层浊沸石胶结作用特征

4.2.3 溶蚀作用

鄂尔多斯盆地长10—长7，溶蚀作用异常发育，包括长石、岩屑等不稳定碎屑颗粒

以及浊沸石溶蚀等。长9、长8长石溶孔最为发育，分别为1.04%、1.01%；其次为长10、长7长石溶孔为0.91%、0.77%（表4-5）。

长石类矿物的溶蚀，一般认为被溶蚀的组分为长石类骨架颗粒，同时含少量的长石火山岩屑，其发生溶解的条件包括酸性流体的存在、流体流动通畅，被溶解物质搬运出溶解区，其中K^+随流体流走，SiO_2形成石英次生加大或自生石英晶体，产物为自生高岭石沉淀。溶蚀孔形态往往不规则［图4-22（a）~（c）］。

另一种溶蚀矿物就是浊沸石，浊沸石往往在长10、长9发育，它在溶蚀孔隙中所占比例长10平均为44%，长9为19%［图4-22（d）］。

溶蚀作用是一种建设性的成岩作用类型，除直接增孔外，还能间接改善储层的孔隙结构。在溶解作用发育区域，粒间孔较大，其原因就是剩余粒间孔也受到不同程度的溶蚀，孔径增大。

表4-5　鄂尔多斯盆地延长组长10—长7孔隙类型统计表

油层组	粒间孔/%	长石溶孔/%	岩屑溶孔/%	浊沸石溶孔/%	晶间孔/%	微裂隙/%	面孔率/%
长10	4.37	0.91	0.18	0.86	0.01	0.05	6.43
长9	4.22	1.04	0.26	0.29	0.03	0.11	5.96
长8	1.58	1.01	0.20	0.06	0.03	0.01	2.90
长7	0.62	0.77	0.20	0.00	0.03	0.01	1.63

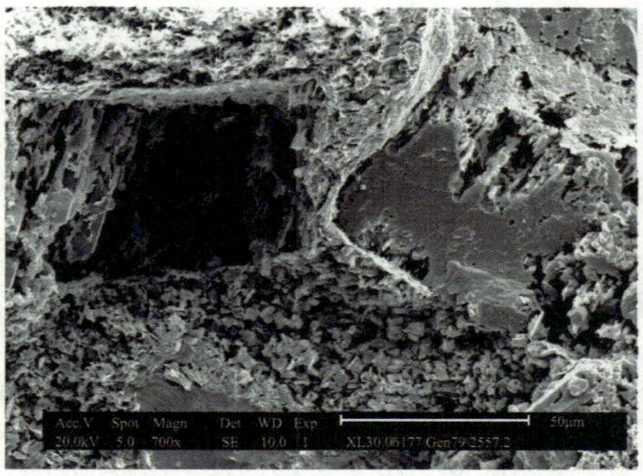

(a)耿79井，长8_1，2557.2m，长石粒内溶孔

(b)耿166井，长8_2，2798.96m，长石粒内溶孔

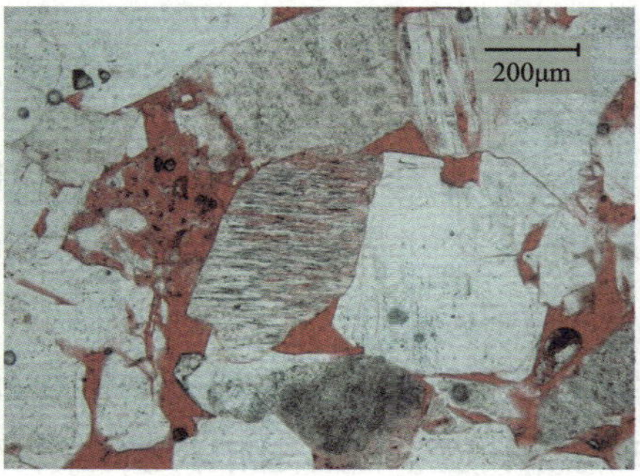

(c)峰10井，长9_1，2515.25m，长石粒间孔溶孔

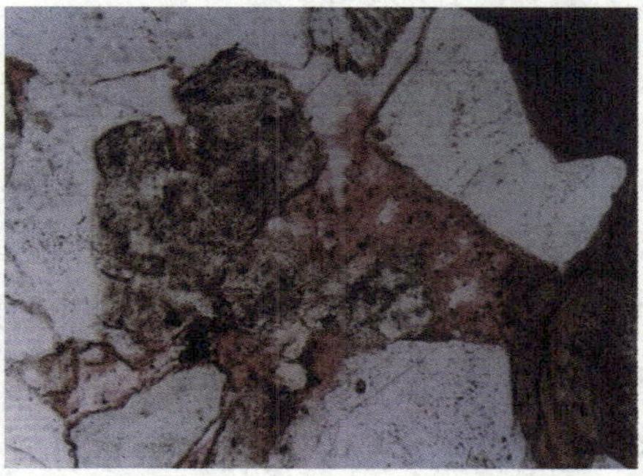

(d)剖2井，长10，2058.57m，浊沸石溶蚀孔隙

图4-22　长石、浊沸石溶蚀作用铸体薄片、扫描电镜特征

4.2.4 成岩阶段的划分

本文采用国内普遍应用的国内陆相盆地成岩阶段行业划分标准（SY/T 5477—2003），根据该标准，本小节划分成岩阶段依据镜质体反射率、各种成岩作用、自生矿物形成先后叠置、充填切割关系等多种指标综合分析。按照划分标准将成岩阶段划分为早成岩、中成岩、晚成岩3个阶段，其中早成岩划分为早成岩A期和早成岩B期，中成岩划分为中成岩A期和B期。

4.2.4.1 早成岩阶段

早成岩阶段A期：古温度范围为0~65℃；有机质未成熟，其镜质体反射率（R_o）<0.35%，最大热解峰温（T_{max}）<430℃，孢粉颜色为淡黄色，热变指数（TAI）<2.0；岩石弱固结—半固结，原生粒间孔发育；泥岩中富含蒙皂石，及蒙皂石层占70%以上的伊利石/蒙皂石（I/S）无序混层黏土矿物（有序度R=0），统称蒙皂石带；砂岩中一般未见石英加大，长石溶解较少，可见早期碳酸盐胶结（呈纤维状、栉壳状、微粒状）及绿泥石环边，黏土矿物可见蒙皂石、无序混层矿物及少量自生高岭石。

早成岩阶段B期：古温度范围为65~85℃；有机质半成熟，镜质体反射率（R_o）为0.35%~0.5%，最大热解峰温（T_{max}）430~435℃，孢粉颜色为深黄色，热变指数（TAI）2.0~2.5；由于压实作用及碳酸盐类等矿物的胶结作用，岩石由半固结到固结，孔隙类型以原生孔隙为主，并可见少量次生孔隙；泥岩中蒙皂石明显向伊利石/蒙皂石（I/S）混层黏土矿物转化，蒙皂石层占70%~50%，属无序混层（有序度R=0），称无序混层带；砂岩中可见Ⅰ级石英次生加大，加大边窄或有自形晶面，扫描电子显微镜下可见石英小雏晶，呈零星或相连成不完整晶面，书页状自生高岭石较普遍，有的砂岩受火山碎屑颗粒的影响，仍可见蒙皂石；在有的砂岩基质中有云雾状燧石；可见一些矿物交代和转化现象。

4.2.4.2 中成岩阶段

中成岩阶段A期：古温度范围为85~140℃；有机质低成熟—成熟，镜质体反射率（R_o）0.5%~1.3%，最大热解峰温（T_{max}）435~460℃，孢粉颜色为橘黄—棕色，热变指数（TAI）2.5~3.7；泥岩中的伊利石/蒙皂石（I/S）混层黏土矿物，蒙皂石层占50%~15%，其中50%~35%属部分有序混层（R=0/R=1），35%~15%属有序混层（R=1），在某些有火成岩侵入的地层中或富含火山碎屑物质的岩石中，蒙皂石和伊利石/蒙皂石（I/S）混层黏土矿物的转化和分布有时出现异常，应综合其他指标进行成岩阶段划分；砂岩中可见晚期含铁碳酸盐类胶结物，特别是铁白云石，常呈粉晶—细晶，以交代、加大或胶结形式出现，还可见其他自生矿物如钠长石、浊沸石、片沸石、方沸石等；石英次生加大属Ⅱ级，大部分石英颗粒和部分长石颗粒具次生加大，自形晶面发育，有的见石英小晶体，在扫描电子显微镜下，多数石英颗粒表面被较完整的自形晶面包裹，有的石英自生晶体向孔隙空间生长，交错相接，堵塞孔隙；砂岩中黏土矿物，可见自生高岭石、伊利石/蒙皂石（I/S）混层黏土矿物、丝发状自生伊利石、叶片状或绒球状自生绿泥石、绿泥石/蒙皂石（C/S）混层黏土矿物等，蒙皂石基本上消失；长石、岩屑等碎屑颗粒及碳酸盐胶结物常被溶解，孔隙类型除部分保留的原生孔隙外，以次生孔隙为主。

中成岩阶段B期：古温度范围为140~175℃；有机质处于高成熟阶段，镜质体反射率（R_o）在1.3%~2.0%，最大热解峰温（T_{max}）460~490℃，孢粉颜色为棕黑色，热变指数（TAI）为3.7~4.0；泥岩中有伊利石及伊利石/蒙皂石（I/S）混层黏土矿物，蒙皂石层<15%，属超点阵或称卡尔克博格有序混层（有序度$R \geqslant 3$），称超点阵有序混层带；砂岩中石英次生加大为Ⅲ级，特别是富含石英的岩石几乎所有石英和长石具有加大且边宽，多呈镶嵌状，高岭石明显减少或缺失，有的可见含铁碳酸盐类矿物、浊沸石和钠长石化；在扫描电子显微镜下，颗粒间石英自形晶体相互连接，岩石致密，有裂缝发育。

4.2.4.3 晚成岩阶段

古温度范围175~200℃；有机质处于过成熟阶段，镜质体反射率（R_o）2.0%~4.0%，最大热解峰温（T_{max}）>490℃，孢粉颜色为黑色，热变指数（TAI）>4.0；岩石已极致密，颗粒呈缝合接触及有缝合线出现，孔隙极少而有裂缝发育；砂岩中可见晚期碳酸盐类矿物以及钠长石、榍石等自生矿物，石英加大属Ⅳ级，颗粒间呈缝合状接触，自形晶面消失；砂岩和泥岩中代表性黏土矿物为伊利石和绿泥石，并有绢云母、黑云母，混层已基本消失，称伊利石带或伊利石—绿泥石带。

根据伊利石的结晶度，其Kubler指数（K.I）为0.25°（$\Delta 2\theta$）<K.I<0.42°（$\Delta 2\theta$）属于晚成岩期。

依据2003年颁布的中国石油天然气碎屑岩成岩阶段划分标准，从自生矿物的分布及形成顺序、黏土矿物组合及伊利石/蒙皂石（I/S）混层黏土矿物转化的伊利石结晶程度、岩石结构及构造特点、有机质成熟度和古地温等方面来划分储层成岩阶段。通过镜下观察发现，储层自生矿物常见有石英加大边，方解石及含铁碳酸盐胶结；黏土矿物以高岭石为主，颗粒间压实紧密，接触方式以线—凹凸接触。结合前人对研究区埋藏史研究成果，盆地镜质体反射率在0.6%~1.1%，可以判断成岩阶段主要处在中成岩A期（表4-6）。

表 4-6　鄂尔多斯盆地下组合储层成岩阶段划分表

成岩阶段		有机质					砂岩固结程度	自生矿物组合									溶蚀作用			颗粒接触关系	成岩环境	孔隙类型
阶段	期	古地温/℃	R_o/%	T_{max}/℃	成熟阶段	烃类演化		高岭石	伊利石	绿泥石黏土膜	石英加大级别	方解石	铁白云石	长石加大	浊沸石	钠长石化	长石	岩屑	碳酸盐			
早成岩	A	<65	<0.35	<430	未成熟	生物气	弱固结—半固结					泥晶								点状	弱碱性	原生孔为主
	B	65~85	0.35~0.5	430~435	半成熟		半固结C固结	呈书页状或蠕虫状			Ⅰ	亮晶	泥晶									原生孔及少量次生孔
中成岩	A	85~140	0.5~1.3	435~460	低成熟-成熟	原油为主			呈针状、丝发状	呈绒球状、叶片状	Ⅱ									点—线状	酸性	可保留原生孔隙，次生孔隙发育
	B	140~175	1.3~2.0	460~490	高成熟	凝析油—湿气	固结				Ⅲ	含铁	亮晶							线—缝合状	碱性	孔隙减少，并出现裂缝
晚成岩		175~200	2.0~4.0	>490	过成熟	干气					Ⅳ											裂缝发育

4.2.5　成岩划分序列

按照自生矿物或成岩事件出现的先后顺序，总结出延长组下组合成岩演化序列大致如下：早期绿泥石黏土膜→早期方解石胶结→弱压实作用→有机酸流体进入→长石、岩屑中等溶蚀→次生孔隙形成→少量自生石英与高岭石、伊利石沉淀→烃类侵位→中晚期含铁碳酸盐胶结。

早期有机质未成熟，压实作用相对较弱，颗粒接触关系点—线接触，绿泥石膜絮凝状沉淀。成岩流体在地层温度和压力的条件下，形成了早期的泥晶/微晶方解石胶结物，使部分颗粒呈基底式胶结。随着上覆地层厚度的进一步增加，砂岩所受压实作用逐渐增强，埋深和温度增加；伴随有机质进入热演化阶段，干酪根热演化排出大量的有机酸，使孔隙水变为酸性，从而对碳酸盐矿物和长石产生溶蚀作用。在钾长石溶蚀的过程中，有机酸络合长石中的Al^{3+}，使长石释放出大量的K^+、Ca^{2+}及SiO_2，为石英的次生加大提供物质来源。在长石溶蚀可见高岭石，表明高岭石形成晚于长石溶蚀。长石等铝硅酸盐经酸性水化学淋滤蚀变作用而形成自生高岭石沉淀。随着埋藏深度的增加，有机质热演化进一步进行，部分有机酸发生脱羧作用，生成大量的CO_2，从而改造区域流体，使pH值下降。这些酸性孔隙流体随着侵入砂体的增加，酸性逐渐减弱。碳酸盐充填在剩余粒间孔中，并交代石英颗粒，多呈分散状孔隙式胶结物出现。随着埋深温度的增加，干酪根降解产生烃类，成岩温度继续升高碳酸盐的溶解和羧酸脱酸对有机酸的消耗，使孔隙流体酸性减弱，晚期碳酸盐开始大量沉淀，形成晚期铁方解石充填在残余粒间孔中，并交代早期、中期碳酸盐胶结物。

4.3 成 岩 相

4.3.1 成岩相概念及命名

“成岩相”一词引入碎屑岩储层研究以来，不同研究者对其定义的理解不尽一致，命名方式各有特色。

陈彦华等认为，成岩相是反映成岩环境的物质表现，即反映成岩环境的岩石学特征、地球化学特征和岩石物理特征的总和（陈彦华等，1985，1994）。成岩相区指某类成岩相时空分布的范围。在命名时，认为由于目前的岩石都经历了极其复杂的成岩史，构造的多旋回性控制了成岩作用的多旋回性，使其经受了多种成岩环境下多种作用的叠加与改造，它不可能是某种单一成岩环境的产物。然而，其中必定有一种或两种主要的作用控制着孔隙的演化并决定其目前的总貌，并以控制孔缝演化的主要作用作为划分和命名成岩相的依据。成岩相的命名采用岩性加主要作用（或作用环境）联合命名的原则，例如砂岩—深埋压嵌胶结相。当出现两种以上作用同时控制岩石成岩特征时，则采用复合命名，例如白云岩—重结晶—深溶相等。在成岩作用环境一时难以确定的情况下，成岩相可用成岩作用来命名。如当差异压实微裂缝、流体超压微裂缝与构造微裂缝难以区分时，可统称为微裂缝相（陈彦华等，1994）。

刘孟慧等在研究东濮凹陷储层特征时认为，成岩相是沉积物和成岩环境及成岩矿物的综合，是沉积岩目前的基本面貌。这一面貌是其在成岩过程中所经历的一系列成岩变化的结果，是储层评价的主要依据。确定成岩相及建立成岩相模式对于恢复储层孔隙演化史、追踪次生孔隙发育带和正确评价研究储层都有十分重要的意义。采用R–型因子分析方法，其中变量取石英、长石、岩屑、黏土矿物和碳酸盐岩胶结物、二氧化硅胶结物等陆源组分及成岩沉淀组分进行命名，4个因子是：①碳酸盐胶结物含量高，并具高陆源石英含量；②石英及二氧化硅胶结物含量高；③黏土杂基含量高，长石常见；④不稳定组分含量高。共有碳酸盐胶结物成岩相、石英次生加大成岩相、黏土杂基支撑成岩相、不稳定碎屑溶蚀成岩相4种成岩相类型（刘孟慧等，1993）。

赵澄林把东濮凹陷下第三系沙三砂岩储层划分出10种成岩相：①压实固结成岩相；②弱压实成岩相；③弱压实弱胶结成岩相；④强压实压溶成岩相；⑤早期碳酸盐胶结成岩相；⑥晚期碳酸盐胶结成岩相；⑦二氧化硅胶结成岩相；⑧硬石膏胶结成岩相；⑨沥青充填成岩相；⑩不稳定组分溶蚀成岩相（赵澄林等，1992）。

钟广发等认为“成岩岩相”是对沉积岩相的引申与扩展，强调的是岩石目前所具有的可观测成岩特征的面貌，以岩石在次生成岩特征(包括胶结物成分与胶结类型、压实和溶蚀组构、孔隙类型及分布等)方面的差异为依据，来划分并定义成岩岩相。因此，它与沉积岩相一样，是描述性的而非成因性(或解释性)的，这正是它与以成岩环境或作用过程命名的“成岩相”概念的区别所在(钟广法等，1997)。

杨晓萍等在研究陕北斜坡长6成岩相时，认为成岩相是分析各种成岩事件的相对强度、沉积成岩环境与成岩产物在纵向与平面的分布特征，并划分出8种成岩相类型：①绿泥石—浊沸石胶结成岩相；②绿泥石—方解石胶结成岩相；③硅质加大与充填胶结相；④泥质胶结相；⑤浊沸石溶蚀相；⑥方解石溶蚀相；⑦黑云母—铁方解石胶结致密相；⑧沥青充填相(杨晓萍等，2001)。

杜业波等在研究川西前陆盆地上三叠统的成岩相时采用了单因素成岩相分析方法。在单因素成岩相分析研究时提出了研究方法和思路：一是从单井成岩作用分析入手，分析建设性成岩作用和破坏性成岩作用中影响本区储层物性的主要成岩作用类型，并按各种成岩作用划分出本区的主要单因素成岩相类型；二是分析各类单因素成岩相的形成机理和影响因素，结合区域构造特征和沉积背景，搞清单因素成岩相在平面上的展布，并在此基础上进行多因素叠加，指出有利区域(杜业波等，2006)。

郑荣才等将“碎屑岩储层岩相”定义为：在特定沉积和成岩物理化学环境的物质表现和成岩作用组合与演化的总体特征。包括碎屑物沉积时物理化学环境、碎屑沉积物固结岩方式和成岩过程孔隙水演化历史三方面内容，可反演储层形成过程中各成岩阶段孔隙水的性质与层发育关系。因此，不同成岩相组合控制了不同储层孔隙发育特征和储集物性，所以成岩相的划分有助于储层的区域评价和预测。如将白豹地区长6砂岩划分为压实—胶结成岩相组合、压实成岩相组合、胶结—溶蚀成岩相组合3个成岩相组合。每个成岩相组合根据填隙物和孔隙发育特征再细分成不同类型(郑荣才，2007)。

季汉成等认为，成岩相是沉积物和成岩环境及成岩矿物的综合，是反映各种成岩事件的相对强度、成岩环境与成岩产物的综合表现，是沉积岩目前的基本面貌，是储集层评价的主要依据，并在沉积相研究的基础上，根据储集体岩石的次生成岩特征(包括胶结物成分与胶结类型、压实和溶蚀组构、孔隙类型及分布等)的差异采用单因素成岩相分析法划分并定义了7种不同的成岩相(季汉成等，2008)。

可以看出，不同学者对成岩相概念的理解不尽相同，划分依据差别明显，导致命名差异较大。根据研究的对象不同，不同学者划分出来的成岩相类型也具有明显的差异。这便表明，成岩相研究目前处于发展初期阶段，还需要一段长时期的发展、完善过程。

综上所述，成岩相是沉积物和成岩环境及成岩矿物的综合，是反映各种成岩事件的相对强度、成岩环境和成岩产物的综合表现，是沉积岩目前的基本面貌，是构造、流体、温压条件对沉积物综合改造的结果，其核心是现今的矿物成分和组构面貌。成岩相是现今储层特征的直接反映，是表征储层性质、类型和优劣的成因性标志，预测和寻找高孔渗成岩相是储层研究和勘探的直接目的及归宿（李斌等，2004）。

4.3.2 成岩相研究现状

国外学者在划分依据和命名上突出成岩事件和成岩环境，反映了在成岩相研究时在成岩特征研究的基础上，突出主要影响储层物性的成岩作用。同时，一些学者也结合地震、测井等方法在横向上预测储层发育带及分布规律（表4-7）。国内学者也在成岩相研究上做了大量的工作，但理解不尽相同（表4-8）。

在铸体薄片、扫描电镜、阴极发光等大量分析的基础上，确定延长组下组合主要建设性和破坏性成岩事件，明确成岩演化序列。结合沉积相研究成果和流体场、温度场演化特征，划分成岩相类型和成岩演化模式，分析成岩相单井、剖面和平面分布规律，为最终预测油藏分布提供理论依据。

表 4-7 国外成岩相研究现状

划分依据	作 者	时间/年	实 例
岩石矿物成分	Aleta A等	2000	富钙蒙脱石相、富方英石蒙脱石相
	Liu Jian；Han等	1998	文石和高Mg方解石相、低Mg方解石和白云石相
	Peters D	1985	石灰岩相、白云岩相
成岩事件	Grigsby J D等	1989	石英胶结相、绿泥石胶结相、方解石胶结相
	JENNINGS R H等	1985	机械压实相、化学压实相、胶结物抑制相
	Parcerisa D	1999	硅化成岩相、无硅化成岩相
	Elfigih O B	1999	硅质胶结、碳酸盐胶结、黏土胶结
成岩环境	Abercrombie H J等	1994	高活性氧化硅成岩相、低活性氧化硅成岩相
	Lee M K等	1994	灰色成岩相、红色成岩相
	Taban O	1986	海相地下水、白云石化、大气水成岩相
结合地震、测井	Turner James R	1997	在东得克萨斯地区用伽马曲线识别黏土膜胶结的砂岩
	Mathisen M E	1999	在OKLAHOMA的SIMPSON群，建立了成岩相的地震—地层模型，区分多孔带及致密成岩相带
	WANG L et al.	1998	在阿南油田利用定量地质（沉积岩相、成岩相）、神经网络、统计地质学预测孔隙度

表 4-8 国内成岩相研究现状

作 者	概 念	划分依据	分类或命名
季汉成（2008）	成岩相是沉积物和成岩环境及成岩矿物的综合，是沉积岩目前的基本面貌	根据储集体岩石的次生成岩特征的差异采用单因素成岩相分析法	强压实、压溶—石英次生加大、沉淀高岭石、碳酸盐胶结交代等
郑荣才（2007）	特定沉积和成岩物理化学环境的物质表现和成岩作用组合与演化的总体特征	成岩环境和成岩作用组合	压实—胶结成岩相组合、压实成岩相组合、胶结—溶蚀成岩相组合

续表

作　者	概　念	划分依据	分类或命名
杨晓萍（2001）	分析各种成岩事件的相对强度、沉积成岩环境与成岩产物在纵向与平面的分布特征	成岩事件、成岩环境	绿泥石—浊沸石胶结成岩相；绿泥石—方解石胶结成岩相；硅质加大与充填胶结相；泥质胶结相；浊沸石溶蚀相
钟广发（1997）	强调它是岩石目前所具有的可观测成岩特征的面貌	岩石在次生成岩特征方面的差异	致密碳酸盐胶结相，斑状胶结相，粒间溶孔发育相，致密压嵌式胶结相
赵澄林（1996）	成岩相是成岩环境和成岩矿物的综合，它反映沉积岩目前的面貌	采用R-型因子分析方法，变量取石英、长石、岩屑等组分	碳酸盐胶结成岩相、石英次生加大成岩相、黏土杂基支撑成岩相等
应凤祥（1995）	在不同成岩阶段形成的岩石矿物和结构类型组合	成岩环境和成岩类型	同生—浅埋早期压实胶结成岩相、深埋溶解作用成岩相等5种
熊琦华等（1994）	指沉积作用、成岩作用和后期构造作用的综合效应及其孔隙几何学特征	沉积微相、成岩—储集相及孔喉大小	如分支水道细砾岩—C相—中细喉发育岩石物理相
陈彦华等（1994）	成岩相反映成岩环境的物质表现	反映成岩环境的岩石学特征、地球化学特征和岩石物理特征的总和	岩性加主要作用（或作用环境）联合命名

4.3.3 成岩相研究思路

单因素分析多因素综合作图法是冯增昭教授提出并倡导的研究岩相古地理重建的方法（冯增昭，2004）。成岩相也可以采用这种作图方法：进行单因素成岩相分析研究时从单井成岩作用分析入手，分析建设性成岩作用和破坏性成岩作用中影响本区储层物性的主要成岩作用类型、特征，并按各种成岩作用划分出本区的主要单因素成岩相类型；分析各类单因素成岩相的形成机理和影响因素，结合区域构造特征和沉积背景，搞清单因素成岩相在平面上的展布，并在此基础上进行多因素叠加，指出有利区域（杜业波等，2006；季汉成等，2008）。

单井成岩相分析目前尚没有成熟的方法和流程，结合延长组下组合实际和单因素成岩相分析，本次研究的思路是：在沉积相研究的基础上，结合铸体薄片、扫描电镜、阴极发光等分析资料，自然电位、自然伽马、电阻率、密度等测井资料，填隙物、孔隙度、渗透率等实测值，进行单井剖面成岩相分析。

由于剖面上某一段储层的成岩作用主要受一到两类相成岩作用控制，因此命名方法与单因素成岩相分析基本相同；几种成岩作用相当时，用并列斜杠连接。

4.3.4 长 8、长 9 储层成岩相特征——以姬塬地区为例

通过对本区53口井445块薄片观察，并在分析了94口井1650张薄片鉴定资料的基础上，结合岩心观察，综合分析认为主要成岩作用类型有压实、硅质胶结、碳酸盐胶

结交代、绿泥石胶结、长石溶蚀等。作者将本区的主要成岩作用归纳为6类单因素成岩相（图4-23），并对其时空展布规律及对储集层的影响进行了研究。

(a)罗32井，长8_1，2857.8m，压实致密相

(b)元153井，长8_1，2386.85m，钙质胶结相

(c)罗3井，长8_1，2690.75m，绿泥石膜胶结相

(d)峰2井，长8_1，2393.7m，长石溶蚀相

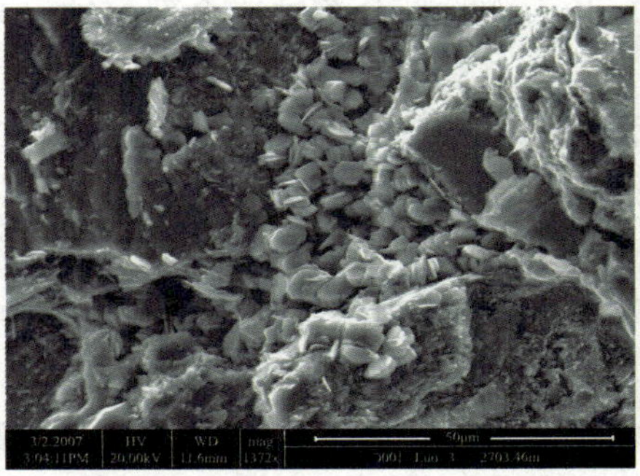

(e)罗3井，长8，2703.46m，高岭石充填相

(f)罗28井，长8_1，2569.4m，砂岩垂直裂缝相

图4-23　姬塬地区长8典型成岩相薄片、扫描电镜及岩心特征

4.3.4.1　成岩相类型

1. 压实致密成岩相

发育微相：三角洲前缘的分流间湾、席状砂等相带。

主要岩性：泥岩、粉砂质泥岩、泥质粉砂岩等。黑云母、千枚岩、板岩等塑性岩屑含量较高，石英颗粒含量相对比较低。

成岩特征：在强压实作用下，砂岩中颗粒接触关系主要为线状和凹凸状，颗粒排列紧密。在强压实作用下，塑性岩屑弯曲变形强烈，局部发育少量溶蚀孔隙。由于杂基含量高，压实作用强烈，颗粒以点线接触，压溶现象少见或较弱，储层物性较差或不具备储层性能。

物性特征：孔隙度<1%，面孔率<1%，密度2.45~2.65g/cm^3。

2. 碳酸盐胶结成岩相

碳酸盐胶结成岩相根据胶结物岩性又可细分为铁方解石胶结成岩相和铁白云石胶结成岩相，研究区主要发育铁方解石胶结成岩相，铁白云石胶结成岩相发育局限。

发育微相：分流河道、河口坝等较厚砂体顶部和底部，厚度1~2m，与砂岩顶底接触处泥岩较发育。

成岩特征：碳酸盐连晶胶结、交代，主要是铁方解石、铁白云石，含量8%以上，最高超过20%，呈充填孔隙式胶结或嵌晶式胶结。胶结物主要为方解石和含铁方解石，代表早期胶结而晚期未发生明显溶蚀的储层类型。其孔渗性很差，属于致密储层。这种成岩相局部出现于三角洲分流河道和河口坝砂体中，无一定分布规律。

物性特征：孔隙极不发育，密度较高，2.6~2.8g/cm^3。

3. 绿泥石衬边弱溶蚀相

发育微相：三角洲前缘水下分流河道、河口坝微相等砂体的中间部位。

主要岩性：细砂岩、粉细砂岩等，砂岩分选中—好。

成岩特征：石英颗粒边缘绿泥石膜发育，长石颗粒部分溶蚀或全部溶蚀。孔隙类型以原生粒间孔为主，少量溶蚀孔。

物性特征：孔隙度8%~14%，物性一般较好，是研究区最有利的成岩相。

4. 不稳定组分溶蚀成岩相

发育微相：三角洲前缘三角洲平原分流河道、水下分流河道等微相。

主要岩性：细砂岩、粉细砂岩等，砂岩分选中—好。

成岩特征：在强压实作用下，砂岩中颗粒接触关系主要为线状和凹凸状，颗粒排列紧密。局部发育溶蚀孔隙，长石和岩屑发生较强的溶蚀作用，形成次生溶孔，是研究区较好的储层。

物性特征：孔隙度8%~12%，物性较好。

5. 高岭石充填成岩相

发育微相；三角洲平原分流河道和水下分流河道，为长石溶蚀成因。

主要岩性：细粒长石砂岩和岩屑长石砂岩。

成岩特征：高岭石的产生、沉淀高岭石的产生多与砂岩中不稳定组分的溶蚀密切相关，不稳定组分溶蚀后，若砂岩孔隙结构较好，孔隙水流动性强，杂基中溶出的

Al^{3+}、Ca^{2+}等多被带走，形成沉淀高岭石。在姬塬地区储集层中，高岭石的沉淀作用会减少一部分孔隙，使储集层的物性变差。

物性特征：孔隙度>8%，1%<面孔率<6%，物性较好。

6. 构造裂缝成岩相

发育微相：各种微相均可发育。

主要岩性：各种岩性都有裂缝，但砂岩常见。

成岩特征：以垂直构造缝为主，裂缝密度较低，常成组发育。

物性特征：物性好。

在这6种单因素成岩相中，压实致密、碳酸盐胶结、高岭石充填成岩相属于破坏成岩相，对储集层发育不利，沉淀高岭石成岩相对储集层影响不大，它们的出现与砂岩中孔隙水流动情况密切相关（表4–9）。不稳定组分溶蚀成岩相、绿泥石衬边弱溶蚀、裂缝成岩相为建设性成岩相，对改善该地区储集层物性起了很大的作用。

表 4–9 姬塬地区长 8 成岩相分类表

类　别	成岩相	孔隙度/%	主要成岩特征
建设性	绿泥石衬边弱溶蚀	8~14	绿泥石环颗粒膜状分布；岩屑、长石少量溶解
	不稳定组分溶蚀	8~12	强压实，颗粒凹凸、线状接触；长石大量溶解
	裂缝	—	裂缝发育，多后期充填
破坏性	压实致密	<1	塑性岩屑变形，极少数残余原生孔和溶蚀孔
	碳酸盐胶结	—	碳酸盐连晶胶结状、斑状充填孔隙、交代颗粒
	高岭石充填	8~12	高岭石蠕虫状、书页状充填孔隙；长石颗粒溶蚀

4.3.4.2 长8储层成岩相特征

1. 成岩相测井特征

在取心段成岩相特征分析的基础上，总结了各类成岩相的测井曲线特征，用以指导未取心层段的成岩相研究。通过对研究区几十口井有样品的成岩相分析，主要成岩相电性特征如表4–10所示。

表 4–10 姬塬地区长 8 各类成岩相测井响应特征

成岩相曲线	声波时差/（μs/m）	电阻率/（Ω·m）	自然伽马/API	电位/mV
压实致密相	220~245	15~35	80~140	60~110
绿泥石衬边溶蚀相	210~230	18~35	60~90	48~70
碳酸盐胶结相	200~220	35~95	70~110	45~68
不稳定矿物溶蚀相	205~225	18~80	72~105	30~45

压实致相：高声速，低电阻，高伽马，高电位。

绿泥石衬边溶蚀相：低声速，低电阻，低伽马，低电位。

碳酸盐胶结相：低声速，高电阻，低伽马，低电位。

不稳定矿物溶蚀相：低声速，低电阻，低伽马，低电位。

2. 长 8 单井成岩相

选取多口不同沉积相位置典型井进行单井成岩相分析，探索不同类型成岩相纵向组合规律及分布特征，为剖面成岩相分析奠定基础。峰2井位于长8三角洲平原亚相，从峰2单井成岩相剖面图上看（图4-24），分流河道微相主要为浅灰色中细粒长石砂岩，砂体一般厚度在10m以上，常为多期河道叠加所致；发育绿泥石衬边弱溶蚀成岩相，绿泥石膜含量约1%，保护了部分原生孔隙，长石等部分不稳定矿物溶蚀形成次生孔隙；河漫沼泽主要是暗色泥岩和黑色炭质泥岩，主要成岩作用是压实作用，因此成岩相是压实致密成岩（杂基充填）相；天然堤相对不发育，主要为细砂岩，为致密胶结成岩相。纵向上形成了河漫沼泽与分流河道相间分布的成岩相分布特征，在分流河道中部物性最好，平均孔隙度7.01%，渗透率$0.52\times10^{-3}\mu m^2$。

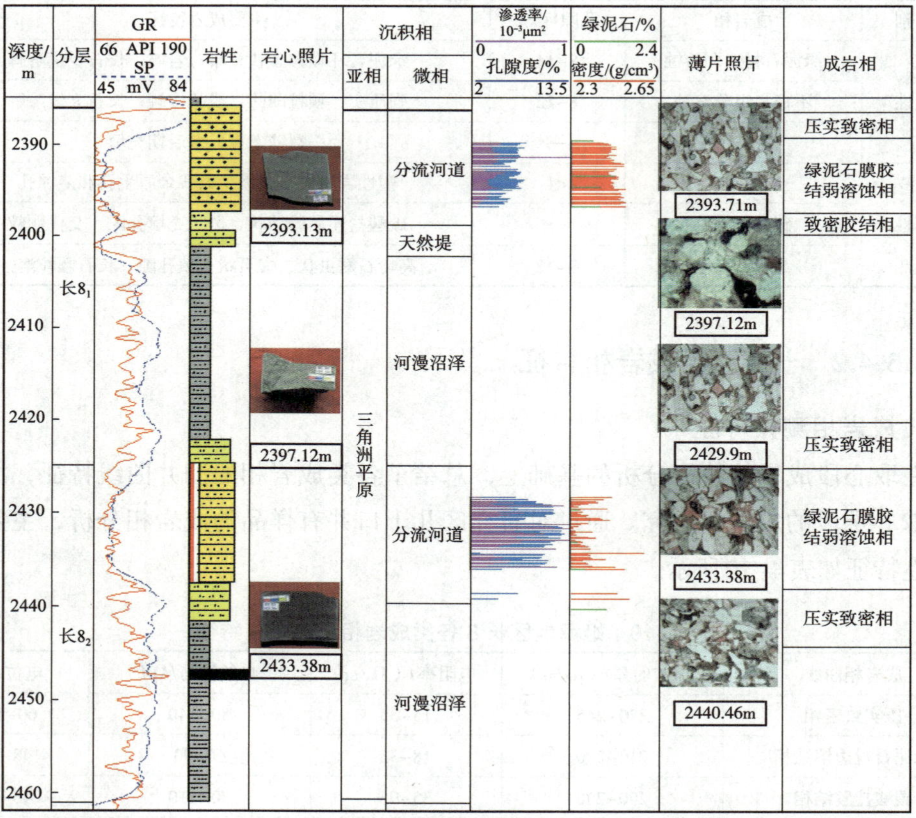

图 4-24 峰 2 井三角洲平原亚相长 8 单井成岩相剖面

从黄36（图4-25）等单井成岩相剖面来看，三角洲内前缘沉积特征和三角洲平原大致相同，水下分流河道微相和分流间湾微相都非常发育。单个水下分流河道一般厚

10m左右，叠加分流河道一般厚15~25m，沉积时水动力较强，冲刷面、平行层理、大中型交错层理常见。成岩相主要为强压实弱溶蚀成岩相和绿泥石衬边弱溶蚀成岩相，冲刷面附近多发于碳酸盐胶结成岩相，多为铁方解石胶结，岩性致密，为层内非均质性较强的主要原因之一。分流间湾主要是压实致密成岩相。外前缘远端水下分流河道一般为细砂岩、粉细砂岩，常含有较多的黏土矿物沉积，黏土矿物如黑云母等目前多绿泥石、高岭石、伊利石化。远端水下分流河道成岩相主要为绿泥石衬边溶蚀成岩相和强压实弱溶蚀成岩相，冲刷面常为铁方解石胶结。席状砂主要是强压实弱溶蚀成岩相、压实致密成岩相、铁方解石胶结成岩相。

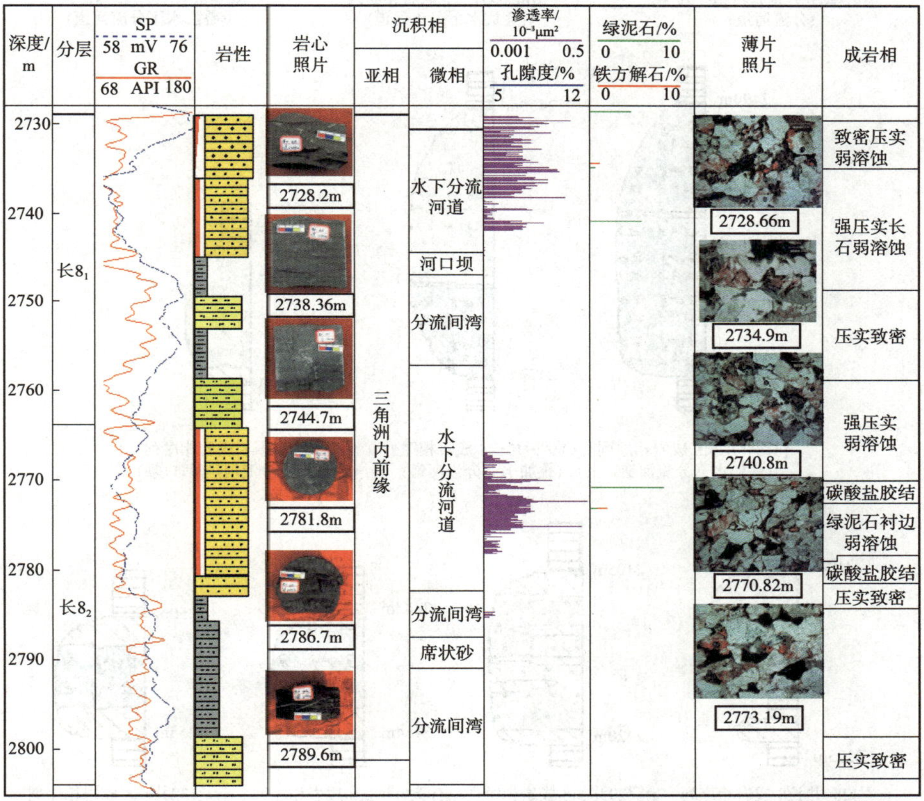

图 4-25　黄 36 井长 8 单井成岩相剖面图

前三角洲主要分布在铁边城—白豹一线，为沉积中心区，主要为暗色泥岩和粉砂质泥岩。成岩相为压实致密成岩相，密度大于2.6g/km^3，非储层。前三角洲边部的远端水下分流河道和河口坝可以形成质量稍差的储层，其成岩相为绿泥石衬边弱溶蚀成岩相。

3. 长 8 成岩相模式及剖面成岩相

在多口单井成岩相分析基础上，总结了姬塬地区长8成岩相主要发育以下几种分布模式（图4-26），可以看出，不同微相，甚至同一微相不同位置发育的成岩相不一定相同，反映了成岩作用影响因素较多和空间分布的复杂性。

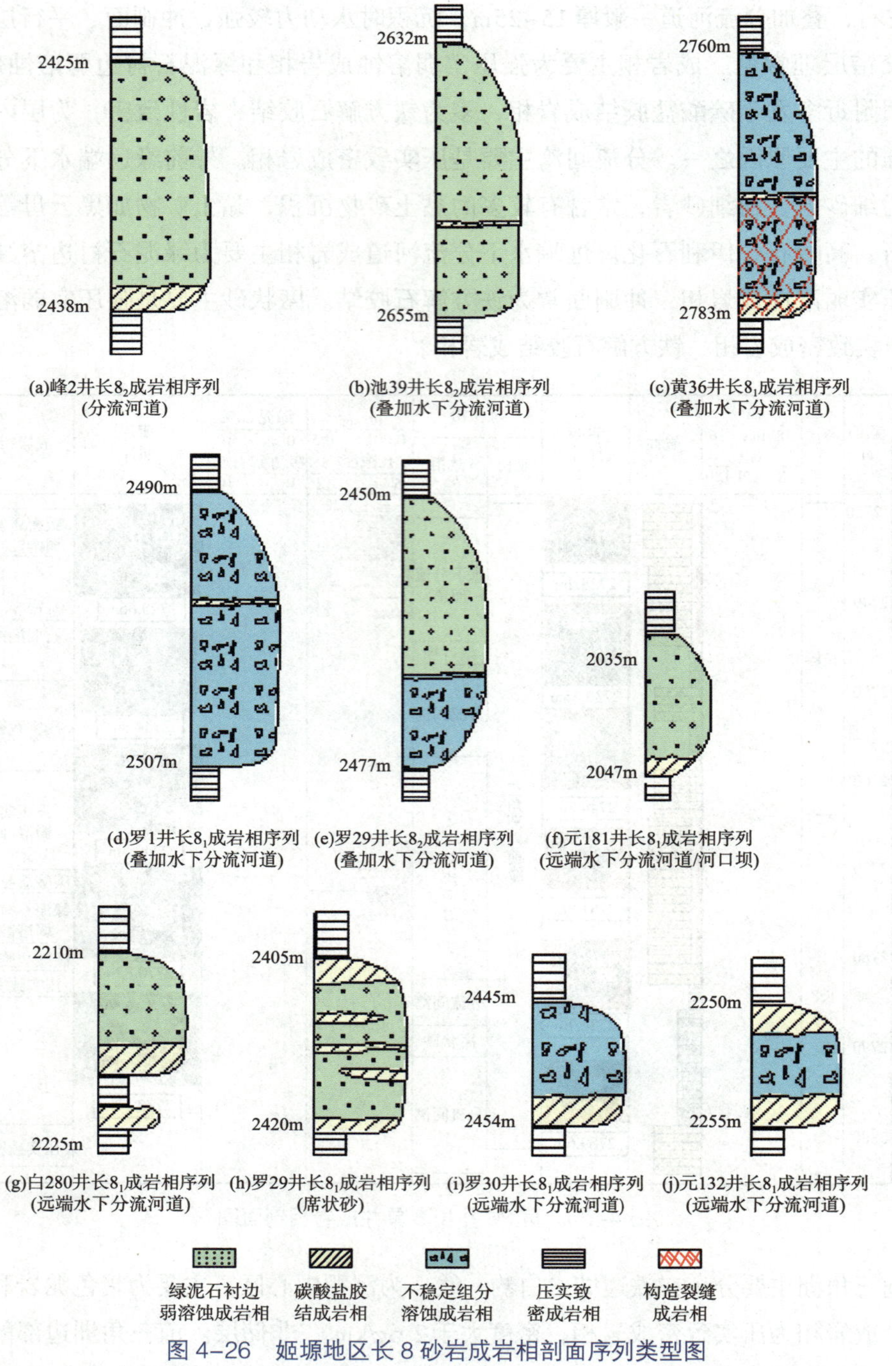

图 4-26　姬塬地区长 8 砂岩成岩相剖面序列类型图

在单井成岩相分析基础上，可以进一步分析剖面成岩相分布特征（图4-27）。可以看出，不同沉积环境成岩相类型具有一定的分布规律，有利的绿泥石衬边弱溶蚀和不稳定组分溶蚀成岩相主要发育在水下分流河道和叠加水下分流河道。薄层砂体和分流河道的边部多为较差的成岩相分布区。

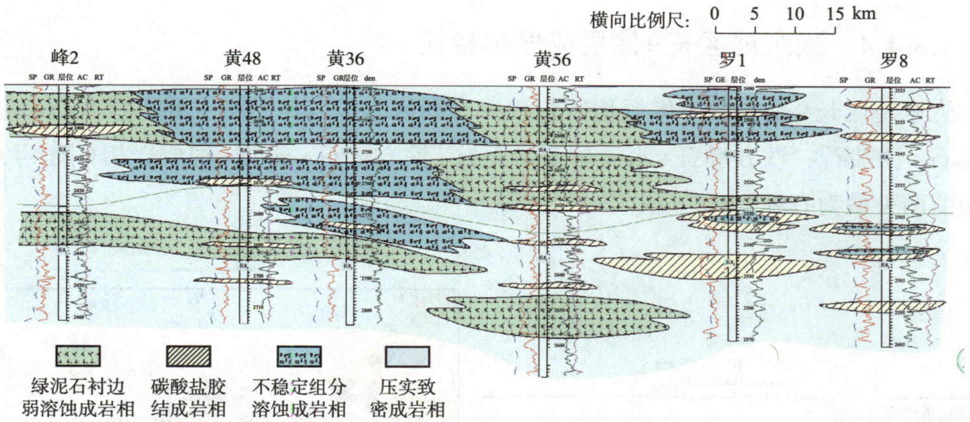

图 4-27 峰 2—罗 8 井长 8 成岩相连井剖面图

4. 长 8 成岩相平面分布特征

在以上思路研究基础上，系统分析了全盆地主要成岩相特征，编制了全盆地长 8 成岩相分布图（图 4-28）。可以看出，不同沉积体系，同一沉积体系不同沉积相带成岩相类型不同。

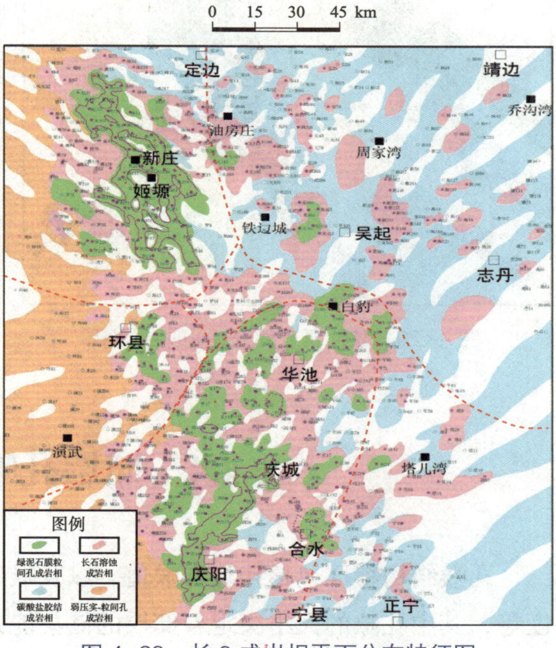

图 4-28 长 8 成岩相平面分布特征图

西部体系：以弱压实—弱胶结、溶蚀成岩相为主，平均孔隙度 11.9%，渗透率 $1.8 \times 10^{-3} \mu m^2$，面孔率 4.58%。

西南体系：以绿泥石膜—粒间孔成岩相和溶蚀成岩相为主，平均孔隙度 10.8%，渗透率 $1.06 \times 10^{-3} \mu m^2$，面孔率 3.65%。

西北体系：以长石溶蚀、绿泥石膜—粒间孔成岩相为主，平均孔隙度 9.5%，渗透率 $0.66 \times 10^{-3} \mu m^2$，面孔率 2.86%。

东北体系：以碳酸盐胶结为主，平均孔隙度 7.8%，渗透率 $0.17 \times 10^{-3} \mu m^2$，面孔率 1.69%。

4.3.4.3 陕北地区长 10 储层成岩相特征

陕北地区是长 10 主要的勘探发现区，也是目前最主要的潜力区。成岩相相对简单，主要发育绿泥石 + 浊沸石、浊沸石 + 绿泥石、浊沸石 + 铁方解石成岩相（图 4-29），其中前两种成岩相最为有利，原因是绿泥石膜保护的粒间孔、浊沸石易溶蚀形成溶蚀孔。

4.3.4.4 陇东地区长9储层成岩相特征

陇东地区长9是仅次于姬塬地区的勘探有利区，成岩相类型主要有绿泥石+硅质、绿泥石+浊沸石、铁方解石+水云母、绿泥石+铁方解石+硅质4种成岩相（图4-30），其中前两种最为有利。

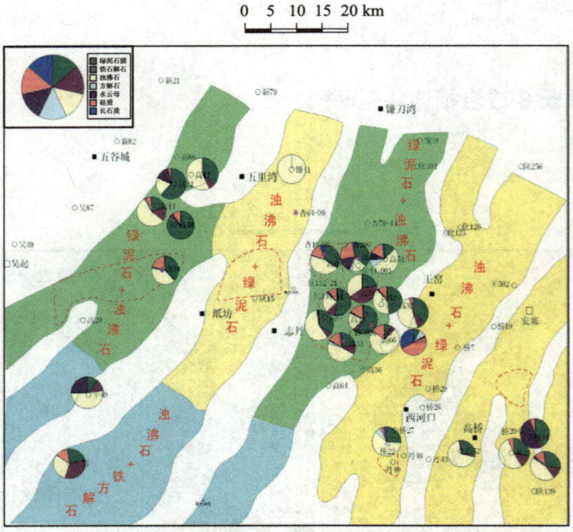

图4-29 陕北延长组长10成岩相图

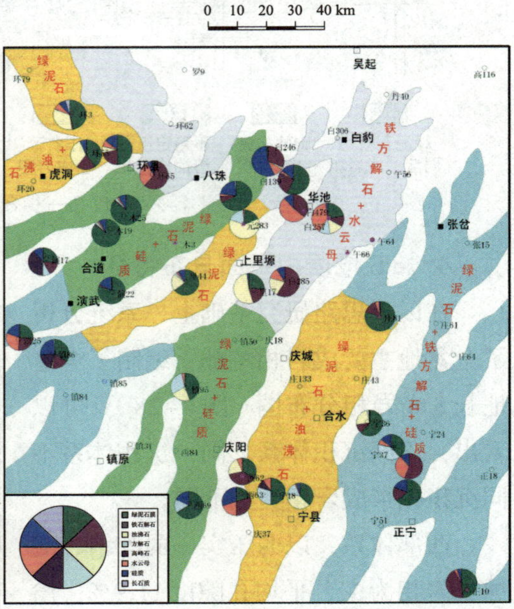

图4-30 陇东地区延长组长9成岩相图

4.4 储层孔喉结构特征

孔喉结构特征包括孔隙与喉道，以及喉道与喉道、孔隙与喉道之间的相互连通程度等，其中孔隙的大小决定着储层的储集能力，而孔隙与喉道、喉道与喉道之间的连通程度决定储层的产能。

4.4.1 孔隙组合及发育特征

4.4.1.1 孔隙组合

鄂尔多斯盆地延长组长10—长7孔隙类型多样，包括粒间孔、溶孔、微裂隙等。图4-31显示，长10、长9面孔率较高，分别可达6.43%、5.96%；其次为长8，为2.90%；长7层最致密，面孔率仅1.63%。

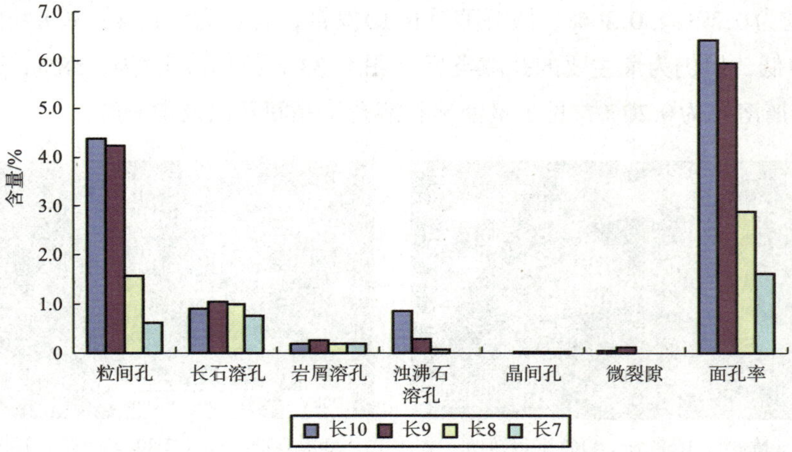

图 4-31 盆地延长组长 10—长 7 孔隙类型统计直方图

长10粒间孔最为发育，平均为4.37%，溶孔包括长石溶孔、岩屑溶孔以及浊沸石溶孔［图4-32（a）（b）］，分别为0.91%、0.18%、0.86%，其中长石溶孔与浊沸石溶孔是最主要的溶孔类型，其次还有少量的晶间孔以及微裂隙；长9粒间孔也非常发育［图4-32（c）］，含量为4.22%，长石溶孔［图4-32（d）］为1.04%，浊沸石与岩

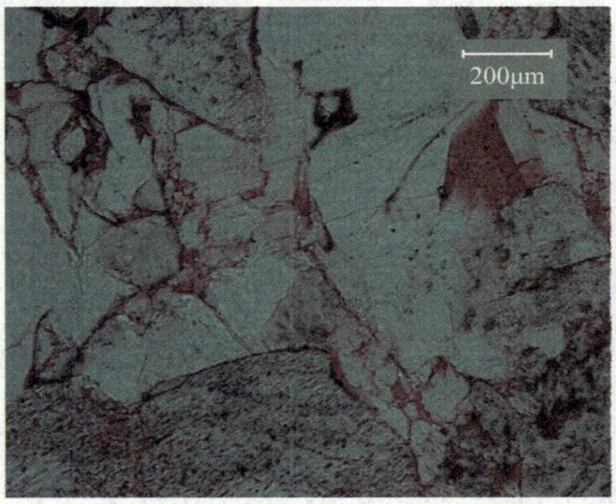

(a)高51井，长10，1634.16m，长石溶孔

(b)王519井，长10，728.78m，浊沸石溶孔

(c)罗33井，长9_1，2922.57m，粒间孔及溶孔

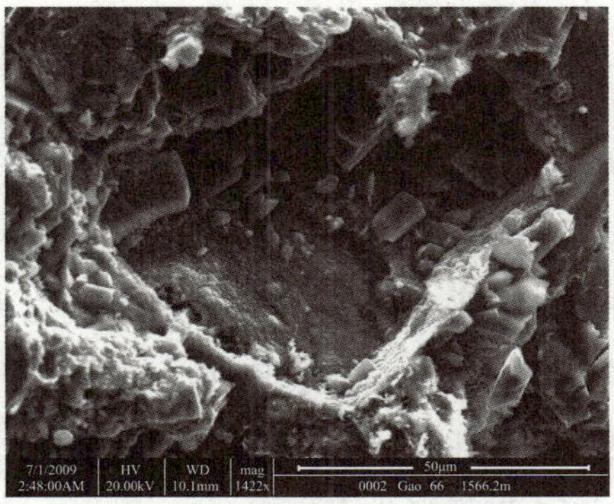

(d)高66井，长9，1566.2m，溶蚀孔隙

图 4-32 长 10—长 9 孔隙类型铸体薄片和扫描电镜特征

屑溶孔分别为0.29%、0.26%，微裂隙较长10发育，含量为0.11%；长8粒间孔明显较长10、长9低，但仍为最主要的孔隙类型［图4-33（a）（b）］，为1.58%，长石溶孔为1.01%，岩屑溶孔为0.20%，见少量浊沸石溶孔、晶间孔以及微裂隙。

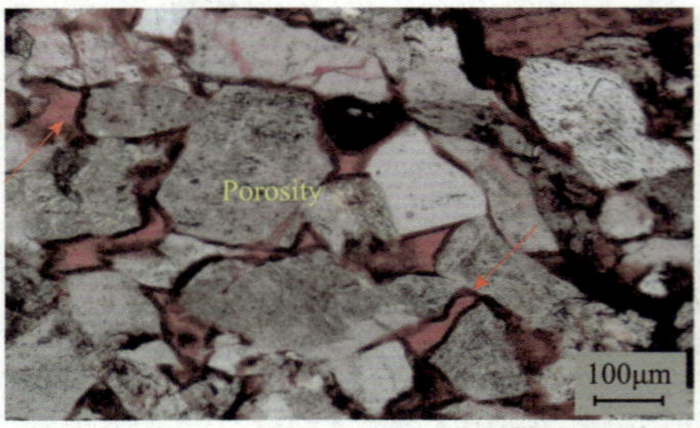

(a)杨36井，1858.22m，×100 原生粒间孔

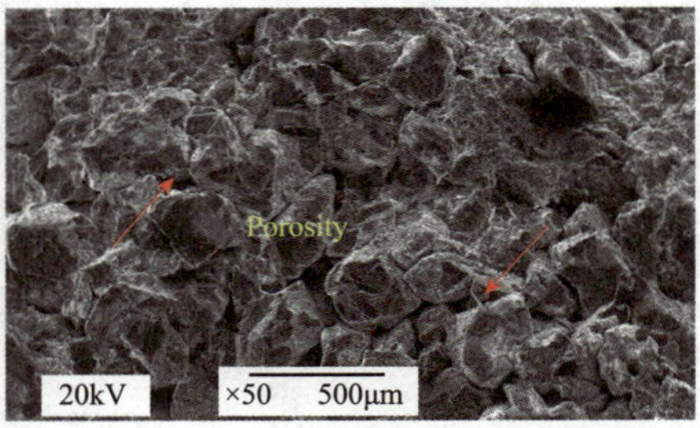

(b)池119井，长8_2，2510.13m，原生粒间孔

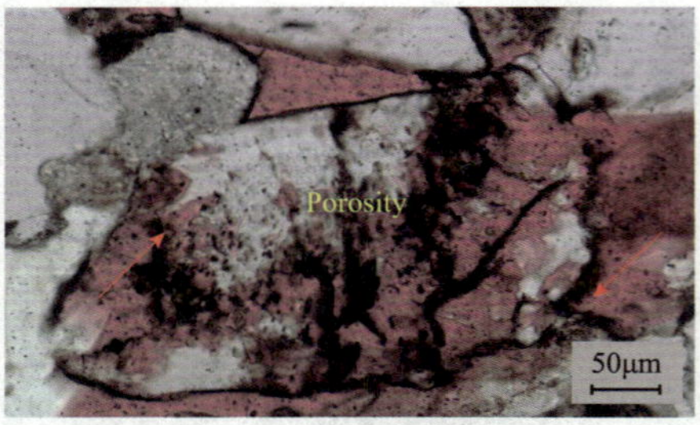

(c)罗24井，2740.20m，×200长石溶蚀孔

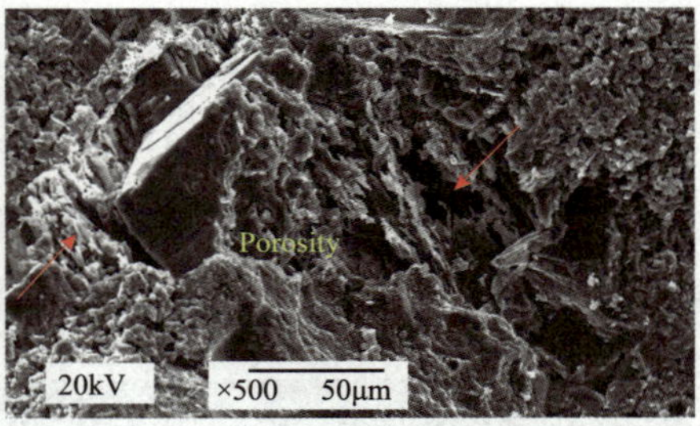

(d)池108井，长8_1，2827.40m，长石溶蚀孔

图4-33　长8孔隙类型铸体薄片和扫描电镜特征

4.4.1.2　孔隙大小

长10—长7，孔隙大小呈递减趋势，其中以长10、长9孔径较大，长10孔径大小一般分布为50~300μm，平均为107μm，长9孔径大小一般分布为40~200μm，平均为64μm；长8孔径大小一般分布在10~140μm，平均为55μm，长7孔径更小，一般为10~50μm，平均只有26μm。

4.4.2　喉道发育特征

从压汞曲线来看，长10储层排驱压力为0.19MPa左右，曲线呈现粗歪度；中值压力大小一般为4.65MPa，中值半径也较小，为0.16μm，最大进汞饱和度达到67.06%；从渗流性贡献来看，1.48~7.35μm区间之内的喉道对储层起主要作用（图4-34）。

长9储层曲线呈现粗歪度，排驱压力也较小，为0.21MPa；其中值压力大小为3.51MPa，中值半径为0.21μm，最大进汞饱和度达到73.88%（图4-35），对储层渗透性起主要作用的喉道半径在1.55~7.14μm区间。

长8储层压汞曲线排驱压力较长10、长9高，为0.704MPa，曲线也呈现粗的歪度

（图4-36）；中值压力较大，为5.78MPa，中值半径相对较小，为0.13μm，最大进汞饱和度达到73.57%，对储层渗透性起主要作用的喉道半径在0.37~1.93μm区间。

长7储层物性整体较差，压汞曲线排驱压力最高，为2.3MPa；中值压力较大，为12.8MPa，中值半径相对较小，为0.03μm，最大进汞饱和度达到88.5%（图4-37）。

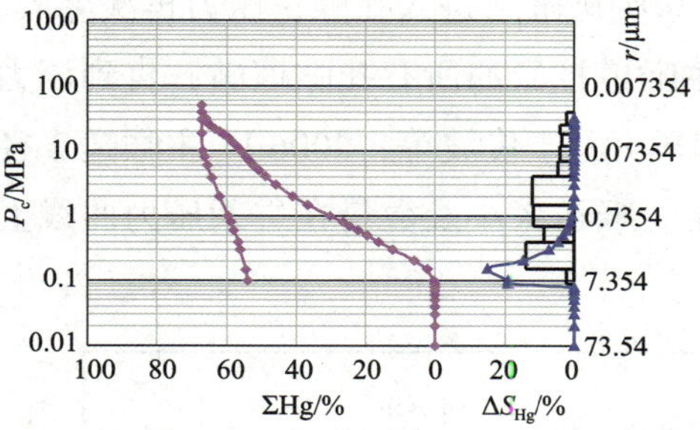

图4-34　陕北地区长10压汞曲线图

（桥50井，1504.44m）

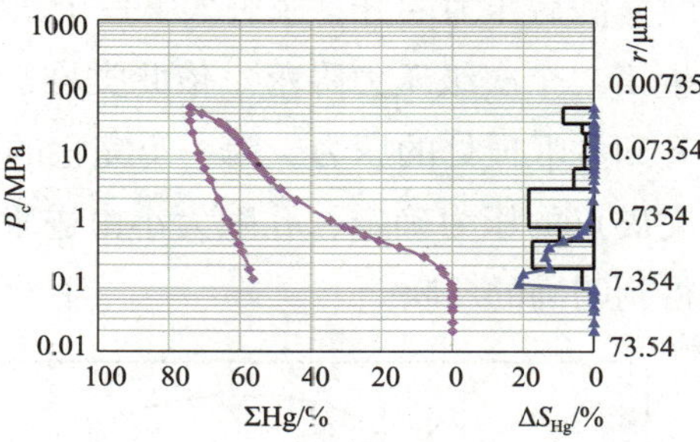

图4-35　姬塬地区长9压汞曲线图

（定50井，311m）

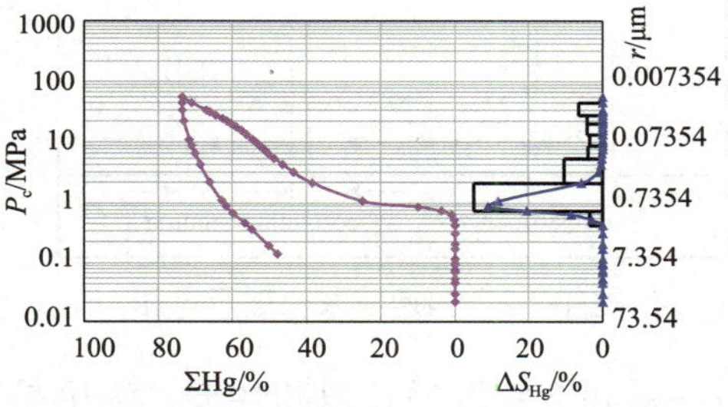

图4-36　陇东地区长8压汞曲线图

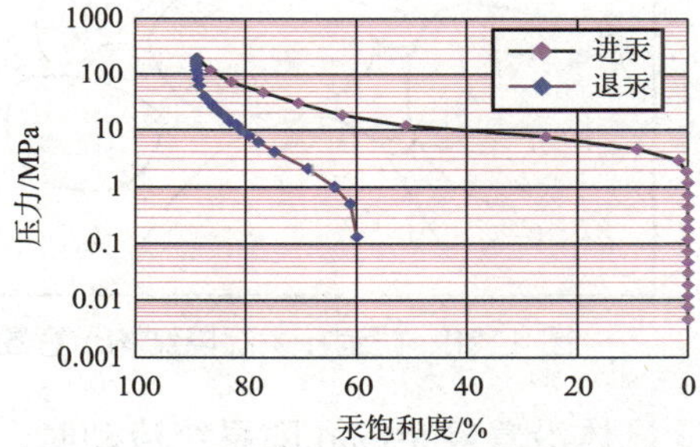

图4-37　陇东地区长7压汞曲线

4.4.3　利用恒速压汞技术研究长8储层微观孔喉特征

下组合中长8粒度最细，储层物性最差，为了进一步分析长8孔喉结构，采用了恒速压汞技术进一步深入研究。

恒速压汞技术原理：压汞实验仍是获取微观孔隙结构定量资料的最重要途径。常规压汞是通过某一恒定进汞压力下的进汞量来计算喉道半径及该进汞压力对应的喉道所控制的体积。常规压汞只是给出了某一级别的喉道所控制的孔隙体积，并没有直接测量喉道数量。恒速压汞在实验过程中实现了对喉道数量的测量，克服了常规压汞的不足。

恒速压汞通过检测汞注入过程中的压力涨落将岩石内部的喉道和孔隙分开，给出喉道和孔隙各自的发育情况，而且能够给出孔喉比的大小及其分布特征，对于孔喉性质差别很大的低渗透储层尤其适用。

与常规压汞不同，恒速压汞是以极低的恒定速度向岩样喉道及孔隙内进汞，实现对喉道数量的测量。因进汞速度低，可近似保持准静态进汞过程，根据进汞的压力涨落来获取孔隙结构方面的信息。

图4-38为孔喉群及汞液突破孔隙、喉道的过程示意图，图4-39为汞注入过程中所记录的压力涨落对进汞体积的曲线。当汞首先进入主喉道时，压力逐渐上升到一定值后，汞突破该喉道进入孔隙，压力降低，见图4-39中的第一个压力降落。汞逐渐将孔隙充满后压力回升，汞进入下一个次级喉道，汞突破喉道进入孔隙，压力再次降低，产生第二个次级压力降落。依此类推，逐渐将主喉道控制的所有孔隙填满，直到压力上升到主喉道处的压力，为一个完整的孔隙喉道单元（于俊波等，2006）。主喉道半径由突破点的压力确定，孔隙大小由进汞体积确定。喉道大小及数量在进汞压力曲线上可得到明确的反映。

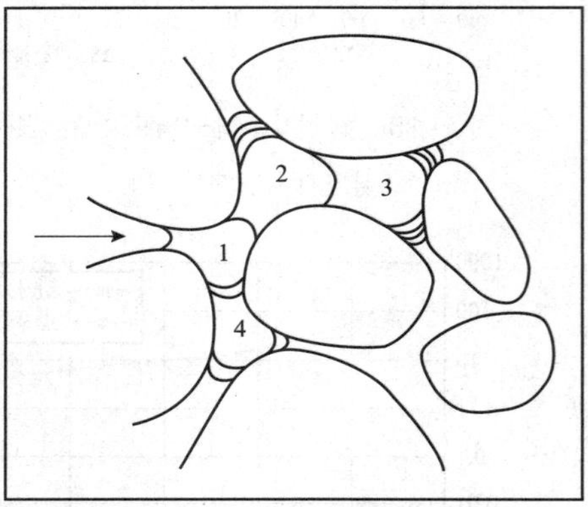

图4-38　恒速压汞孔隙结构示意图

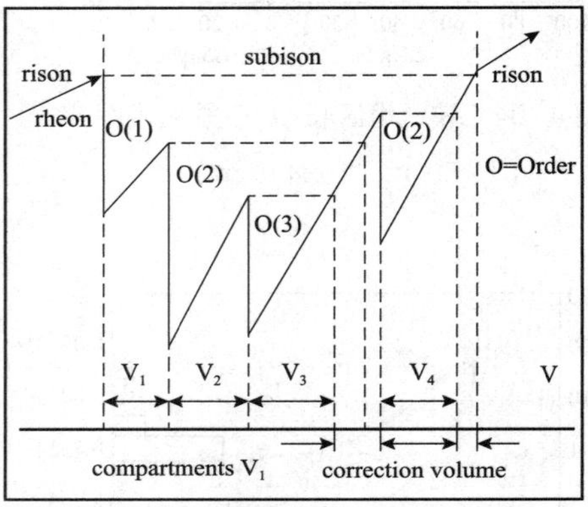

图4-39　恒速压汞原理示意图

流体沿着复杂的孔隙系统流动时，要经历一系列交替着的孔隙和喉道。无论是石油向孔隙介质的二次运移（驱替沉积期所充满的水），还是在开采过程中石油从孔隙介质中被驱替出来，都受流体流动通道中最小断面（喉道）的控制。因此，喉道的大小、分布及其几何形状是影响储集岩储集能力和渗滤特性的主要因素。所有的孔隙都受与其连通的喉道所控制。恒速压汞的喉道发育特征可以从三个方面进行分析：一是有效喉道半径及其分布特征；二是有效喉道个数；三是有效喉道体积。喉道半径越大表示渗流的通道越宽，喉道个数越多表示渗流的通道个数越多，喉道体积是喉道半径大小、喉道个数等的综合反映。岩样的喉道半径越大、喉道个数越多、喉道体积越大，喉道发育程度就越高，流体在岩样内越容易流动。

4.4.4　储层孔喉结构参数分析

本次共分析了6口井的6个样品，分析结果表明，孔隙大小一般都在90~160μm；喉道半径差别较大，渗透率也差别较大。低渗透储层性质主要有喉道控制，正是喉道决定了储层性质的好坏。物性（尤其是渗透率参数）较好岩样的有效喉道半径、喉道个数及其分布范围较多、较大，孔、渗参数较高岩样的喉道发育程度较好。对于不同渗透率级别的岩心，其孔道大小及分布性质差别不大，其差别主要体现在喉道大小及分布上（表4-11）。孔隙体积是孔隙大小、孔隙个数的综合反映。通常，岩样的孔隙半径越大、孔隙个数越多，孔隙体积越大，孔隙发育程度越高。有效孔隙半径、有效孔隙体积与孔隙度、渗透率的高低呈正相关关系，与渗透率的相关关系明显好于与孔隙度的相关关系。

表 4-11 陕北地区长 8 恒速压汞储层孔喉结构参数分析表

样品	层位（深度 /m）	孔隙分布范围 /μm	孔隙峰值 /μm	孔隙峰值数量 / 个	喉道分布范围 / μm	喉道峰值 / μm	喉道峰值数量 / 个	孔隙度 / %	渗透率 / $10^{-3}\mu m^2$
吴 500	长 8（2017.51m）	90~160	110	265	0.7~1.5	1.1	215	9	0.15
午 233	长 8（2002.45m）	100~160	110	515	0.7~2.5	1.5	271	9.1	0.2
新 267	长 8（2149.01m）	90~160	110	32	0.5~0.7	0.6	58	6.8	0.07
安 222	长 8（2288.9m）	90~130	110	1058	0.2~2.0	0.2	375	6	0.04
高 126	长 8（1961.42m）	110~130	120	11048	1.0~2.0	1.0	18622	9.1	0.35
丹 40	长 8（1898.1m）	110~200	140	406	0.4~1.2	0.5	581	2.1	0.0031

4.4.4.1 吴500井，长8，2017.51m

实验参数见表4-12，样品参数及测试参数见表4-13。

孔隙大小一般为90~160μm，峰值110μm，峰值孔隙数量265个［图4-40（b）］，分布相对集中；喉道半径一般为0.7~1.5μm，峰值1.1μm，峰值喉道数量215个［图4-40（a）］；孔隙度9%，渗透率$0.15\times10^{-3}\mu m^2$。

表 4-12 ASPE 实验参数

接触角 /（°）	140	进汞速度 /（nL/s）	平均	最大值	预过滤门槛压力 /psi	0.01
汞表面张力 /（dyn/cm）	485		1.50	2.79	Start Rheon	1
过滤门槛压力 /psi	0.005	实验温度 /℃	24.40	24.80	Start Date/ Time	—

表 4-13 样品参数及测试参数

井 号	吴 500	样品编号	7（5/119）	样品深度 /m	2017.51	层 位	长 8
孔隙度 /%	9.0	气测渗透率 / $10^{-3}\mu m^2$	0.15	岩样密度 /（g/cm^3）	—	总体积 /cm^3	4.69
总孔隙体积 / cm^3	0.42	总进汞饱和度 /%	38.00	喉道进汞饱和度 /%	10.29	孔隙进汞饱和度 /%	27.71
平均喉道半径 / μm	0.95	中值压力 /atm	0.00	中值半径 /μm	—	主流喉道半径 / μm	1.07
阈压 /psi	2.27	阈压喉道半径 /μm	48.21	微观均质系数	0.64	相对分选系数	0.26
平均孔隙半径	146.83	单位体积岩样有效喉道体积 /（mL/cm^3）	0.0093	单位体积岩样有效孔隙体积 /（mL/cm^3）	0.0250	平均孔喉比	151.74

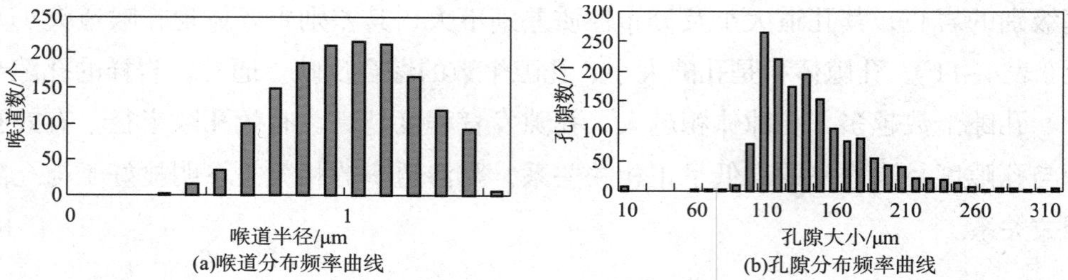

图 4-40　吴 500 井长 8（2017.51m）恒速压汞孔隙、喉道分布频率图

4.4.4.2　午 233 井，长 8，2002.45m

样品参数及测试参数见表4-14，孔隙大小一般为100~160μm，峰值110μm，峰值孔隙数量515个［图4-41（b）］；喉道半径一般为0.7~2.5μm，峰值1.5μm，峰值喉道数量271个［图4-41（a）］；孔隙度9.1%，渗透率$0.2 \times 10^{-3}\mu m^2$。

表 4-14　样品参数及测试参数

井　号	午 233	样品编号	6（56/99）	样品深度 /m	2002.45	层　位	长 8
孔隙度 /%	9.1	气测渗透率 / $10^{-3}\mu m^2$	0.20	岩样密度 /（g/cm^3）	—	总体积 /cm^3	5.44
总孔隙体积 / cm^3	0.49	总进汞饱和度 /%	67.48	喉道进汞饱和度 / %	34.85	孔隙进汞饱和度 /%	32.63
平均喉道半径 / μm	1.53	中值压力 /atm	18.80	中值半径 /μm	0.41	主流喉道半径 /μm	2.05
阈压 /psi	5.68	阈压喉道半径 / μm	19.24	微观均质系数	0.37	相对分选系数	0.46
平均孔隙半径	163.42	单位体积岩样有效喉道体积 /（mL/cm^3）	0.0317	单位体积岩样有效孔隙体积 /（mL/cm^3）	0.0297	平均孔喉比	140.71

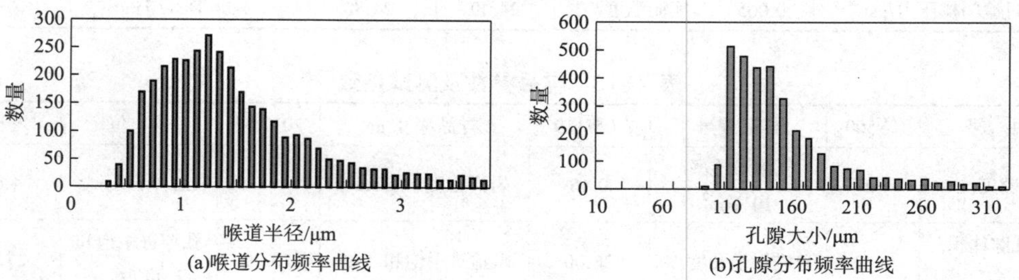

图 4-41　午 233 井长 8（2002.45m）恒速压汞孔隙、喉道分布频率图

4.4.4.3　新 267 井，长 8，2149.01m

样品参数及测试参数见表4-15。孔隙大小一般为90~160μm，峰值110μm，峰值孔隙数量32个［图4-42（b）］；喉道半径一般为0.5~0.7μm，峰值0.6μm，峰值孔隙

数量58个［图4-42（a）］；孔隙度6.8%，渗透率$0.07 \times 10^{-3}\mu m^2$。

表4-15　样品参数及测试参数

井　号	新267	样品编号	—	样品深度/m	2149.01	层　位	长8
孔隙度/%	6.8	气测渗透率/$10^{-3}\mu m^2$	0.07	岩样密度/（g/cm^3）	—	总体积/cm^3	5.72
总孔隙体积/cm^3	0.39	总进汞饱和度/%	21.34	喉道进汞饱和度/%	0.48	孔隙进汞饱和度/%	20.86
平均喉道半径/μm	0.56	中值压力/atm	0.00	中值半径/μm	—	主流喉道半径/μm	0.59
阈压/psi	18.80	阈压喉道半径/μm	5.81	微观均质系数	0.85	相对分选系数	0.16
平均孔隙半径	127.72	单位体积岩样有效喉道体积/（mL/cm^3）	0.0003	单位体积岩样有效孔隙体积/（mL/cm^3）	0.0141	平均孔喉比	232.90

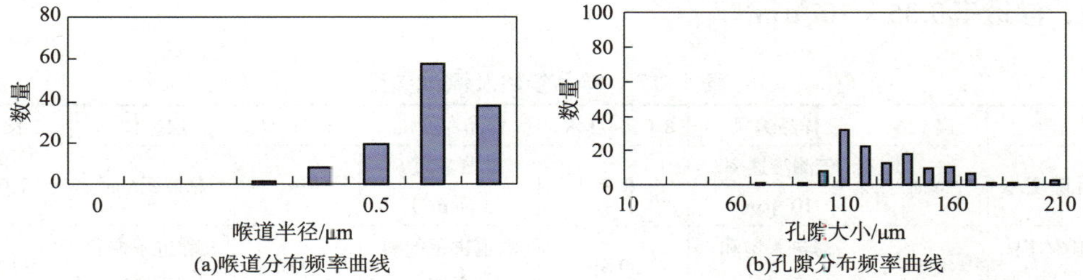

图4-42　新267井长8（2149.01m）恒速压汞孔隙、喉道分布频率图

4.4.4.4　安222井，长8，2288.9m

样品参数及测试参数见表4-16。孔隙大小一般为90~130μm；峰值110μm，峰值数量1058个，非常集中［图4-43（b）］；喉道半径一般为0.2~2.0μm，范围较大，峰值0.2μm，峰值数量375个［图4-42（a）］；孔隙度6%，渗透率$0.04 \times 10^{-3}\mu m^2$。

表4-16　样品参数及测试参数

井　号	安222	样品编号	—	样品深度/m	2288.9	层　位	长8
孔隙度/%	6.0	气测渗透率/$10^{-3}\mu m^2$	0.04	岩样密度/（g/cm^3）	—	总体积/cm^3	5.12
总孔隙体积/cm^3	0.31	总进汞饱和度/%	39.78	喉道进汞饱和度/%	8.01	孔隙进汞饱和度/%	31.77
平均喉道半径/μm	1.16	中值压力/atm	0.00	中值半径/μm	—	主流喉道半径/μm	1.72
阈压/psi	43.73	阈压喉道半径/μm	2.50	微观均质系数	0.40	相对分选系数	0.57
平均孔隙半径	110.89	单位体积岩样有效喉道体积/（mL/cm^3）	0.0048	单位体积岩样有效孔隙体积/（mL/cm^3）	0.0191	平均孔喉比	209.80

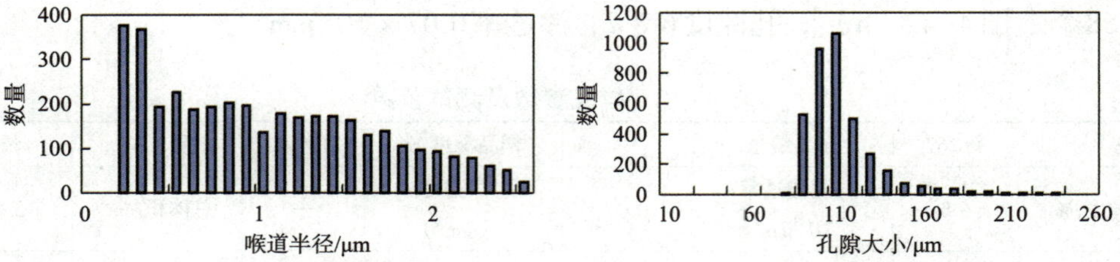

(a)喉道分布频率曲线　(b)孔隙分布频率曲线

图 4-43　安 222 井长 8（2288.9m）恒速压汞孔隙、喉道分布频率图

4.4.4.5　高 126 井，长 8，1961.42m

样品参数及测试参数见表 4-17。孔隙大小一般为 110~130μm，峰值 120μm，峰值数量 11048 个，分布集中，表明孔隙一致性高［图 4-44（b）］；喉道半径一般为 1~2μm，峰值 1μm，峰值数量个 18622 个，分布非常集中［图 4-44（a）］；孔隙度 9.1%，渗透率 $0.35\times10^{-3}\mu m^2$。

表 4-17　样品参数及测试参数

井　号	高 126	样品编号	8（104/148）	样品深度/m	1961.42	层　位	长 8
气测孔隙度/%	9.1	气测渗透率/ $10^{-3}\mu m^2$	0.35	岩样密度/（g/cm^3）	—	总体积/cm^3	7.08
总孔隙体积/cm^3	0.64	总进汞饱和度/%	39.99	喉道进汞饱和度/%	10.67	孔隙进汞饱和度/%	29.33
平均喉道半径/μm	0.58	中值压力/atm	0.00	中值半径/μm	—	主流喉道半径/μm	1.50
阈压/psi	84.12	阈压喉道半径/μm	1.30	微观均质系数	0.15	相对分选系数	0.91
平均孔隙半径	114.71	单位体积岩样有效喉道体积/（mL/cm^3）	0.0097	单位体积岩样有效孔隙体积/（mL/cm^3）	0.0265	平均孔喉比	398.67

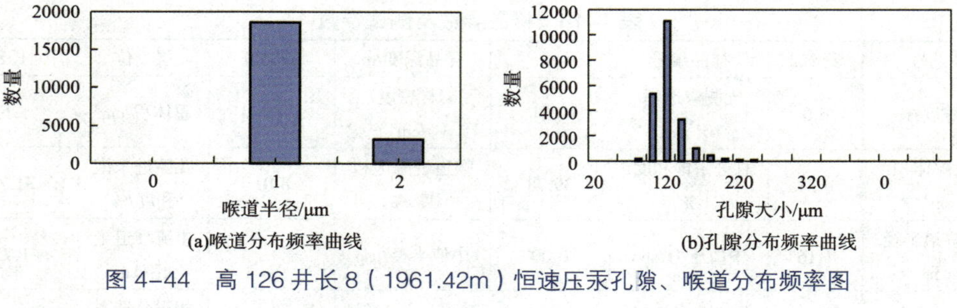

(a)喉道分布频率曲线　(b)孔隙分布频率曲线

图 4-44　高 126 井长 8（1961.42m）恒速压汞孔隙、喉道分布频率图

4.4.4.6　丹 40 井，长 8，1898.1m

样品参数及测试参数见表 4-18。孔隙大小一般为 110~200μm，峰值 140μm，峰值数量个 406 个［图 4-45（b）］；喉道半径一般为 0.4~1.2μm，峰值 0.5μm，峰值数量个

581个［图4-45（a）］；孔隙度2.1%，渗透率0.0031 × $10^{-3}\mu m^2$。

表 4-18 样品参数及测试参数

井　号	丹40	样品编号	—	样品深度/m	1898.1	层　位	长8
孔隙度/%	2.1	气测渗透率/ $10^{-3}\mu m^2$	0.00	岩样密度/（g/cm^3）	—	总体积/cm^3	11.99
总孔隙体积/cm^3	0.25	总进汞饱和度/%	60.36	喉道进汞饱和度/%	18.71	孔隙进汞饱和度/%	41.65
平均喉道半径/μm	0.67	中值压力/atm	41.34	中值半径/μm	0.19	主流喉道半径/μm	0.86
阈压/psi	0.90	阈压喉道半径/μm	122.00	微观均质系数	0.54	相对分选系数	0.37
平均孔隙半径	152.29	单位体积岩样有效喉道体积/（mL/cm^3）	0.0039	单位体积岩样有效孔隙体积/（mL/cm^3）	0.0087	平均孔喉比	275.60

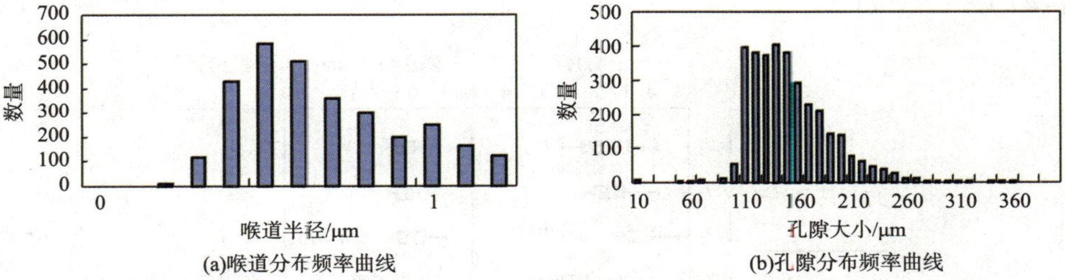

图 4-45 丹 40 井长 8（1898.1m）恒速压汞孔隙、喉道分布频率图

总之，恒速压汞是确定储层微观孔喉特征的一种实验手段，能够将喉道和孔隙分开，分别得到喉道的毛管压力曲线和孔隙的毛管压力曲线，能够获得比常规压汞更丰富和更有价值的岩石微观孔隙结构特征信息，同时也能够获得常规压汞的各项实验结果。恒速压汞技术可以从有效喉道半径、喉道个数、有效喉道体积等方面对岩石孔隙结构中的喉道发育程度进行定量分析。有效喉道半径越大，其渗流通道越宽；喉道个数越多，其渗流通道越多。有效喉道体积是喉道半径、喉道个数及喉道长度等的综合反映，反映喉道发育程度。

低渗透储层，不同渗透率级别的岩心，其孔隙大小及分布特征差异不大，其差异主要体现在喉道大小及分布上。物性（尤其是渗透率）较好岩样的有效喉道半径、喉道个数、喉道体积大小及其分布范围较宽、较多、较大，孔、渗参数较高岩样的喉道发育程度较好。渗透率参数与喉道的相关性较强，渗透率小于1 × $10^{-3}\mu m^2$时，渗透率参数严格受喉道所控制。渗透率越低，喉道半径与渗透率的相关性越好，表明低渗储层性质主要受喉道控制，喉道特征是决定储层物性好差的关键因素，不同渗透率级别的储层岩石，由不同半径的喉道所控制，喉道半径分类特征明显。喉道控制着储层的储集性和渗透性，进而决定开发难度和开发效果。

4.5 储层物性特征及其控制因素分析

储层物性是油气储集层的物理性质，狭义上一般指储层岩石的孔隙度和渗透率，广义上还包括储集层岩石的骨架性质，孔隙性、渗透性、含流体性、热学性质、导电性、声学性质、放射性及各种敏感性。结合生产，此处指狭义物性，即孔隙度和渗透率。

4.5.1 物性特征

鄂尔多斯盆地长10—长7储层中，长10—长8总体储层为特低渗透储层，而长7属于致密储层。从长10到长7，其孔隙度相差不大（图4-46）。其中，长10—长8孔隙度分别为10.7%、11.7%以及11.9%，而长7油层组平均孔隙度相对较低，仅为9.5%（图4-47）。

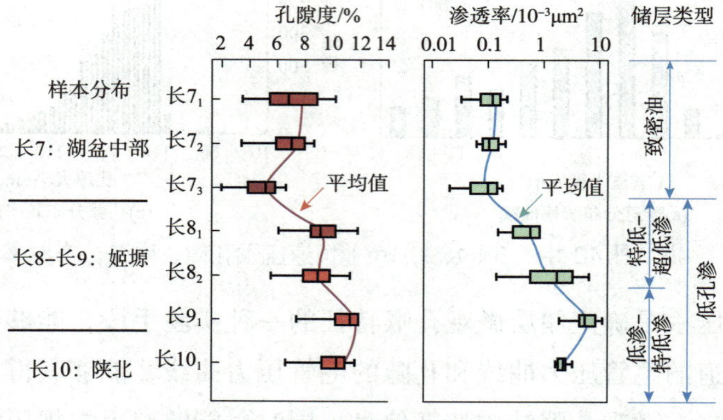

图4-46 延长组下组合孔渗对比图

从渗透性来看，长10油层组渗透率为$1.77 \times 10^{-3}\mu m^2$，长9渗透率可达$2.90 \times 10^{-3}\mu m^2$，长8为$0.75 \times 10^{-3}\mu m^2$，长7最差，平均仅$0.18 \times 10^{-3}\mu m^2$（图4-48）。

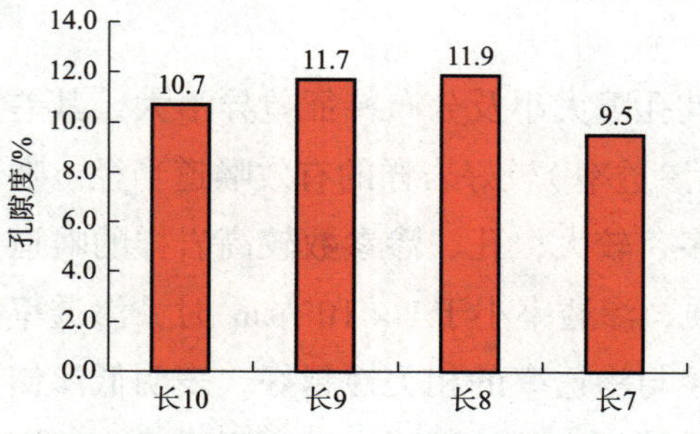

图4-47 长10—长7孔隙度统计直方图

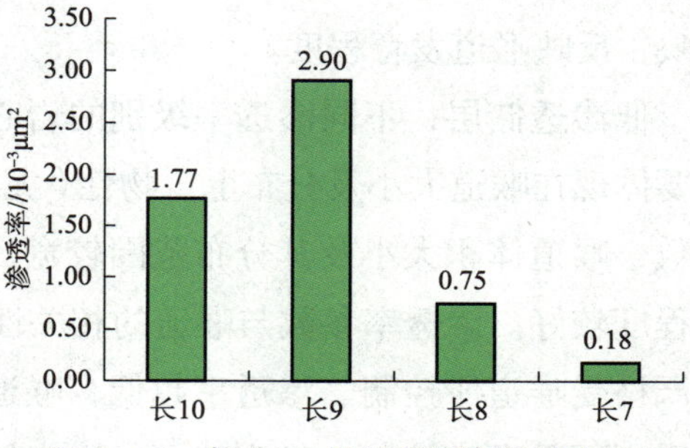

图4-48 长10—长7渗透率统计直方图

从平面分布情况来看，长10渗透率总体表现为西北地区相对较好，分别为（1~12）×

$10^{-3}\mu m^2$、(1~8)×$10^{-3}\mu m^2$，东北以及西南相对较差，分别为(0.1~1)×$10^{-3}\mu m^2$和(0.5~3)×$10^{-3}\mu m^2$。

长9总体西北、西南较好，分别为(2~8)×$10^{-3}\mu m^2$、(2~10)×$10^{-3}\mu m^2$，而东北渗透率区间较大，最小0.5×$10^{-3}\mu m^2$，最大可达12×$10^{-3}\mu m^2$。长8平面上渗透率差别较大，其中以姬塬、镇北物性较好，分别为(0.2~1.2)×$10^{-3}\mu m^2$、(0.6~3.6)×$10^{-3}\mu m^2$；陕北、合水物性相对较差，分别为(0.1~0.5)×$10^{-3}\mu m^2$、(0.3~2.0)×$10^{-3}\mu m^2$。长7储层渗透率大于0.3×$10^{-3}\mu m^2$的高值区分布范围很小，湖盆中部致密油产区主要集中在(0.2~0.3)×$10^{-3}\mu m^2$。

4.5.2 储层物性控制因素分析

沉积作用和成岩作用是造成整体低渗和储层物性纵横向分布差异的主要因素。

4.5.2.1 沉积作用控制了储层原始特征

1. 粒度差异导致储层原始粒间孔发育程度不同

从长10—长7粒度分析资料来看，虽均以细砂为主，但粗粒和细粒的组成有显著差异，其中长10、长9细砂分别占45%、63%，但发育较多的中砂含量分别占41%、24%，粗砂含量占9%、4%；而长8粒度相对较细，细砂占85%左右，中砂占3%；长7粒度更细，其粉砂、泥含量较高，粉砂可占20%左右，泥含量达8%左右(图4-49)。长10、长9粒度粗，抗压能力强，有利于粒间孔的保存，因此残余粒间孔发育。

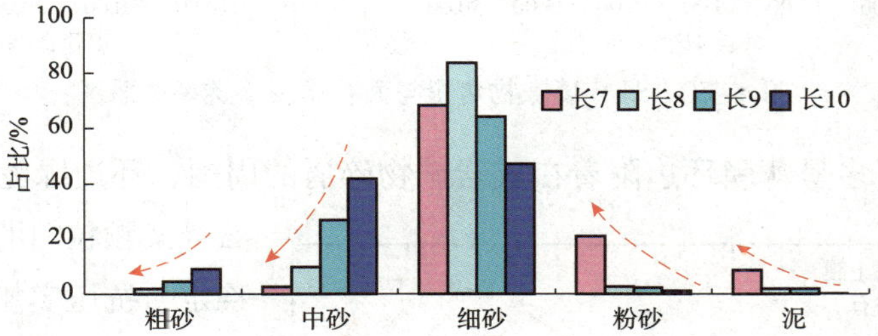

图4-49 延长组下组合沉积粒度对比图

2. 母源地质体造岩矿物决定了储层中杂基含量较高

阴山和秦岭母源区地质体含有丰富的角闪石、辉石以及黑云母，如太华群的片麻岩、秦岭群的黑云母片岩、大面积的中酸性和中基性的岩浆侵入体。这些岩体中富含化学性质不稳定的暗色矿物质，在热化学动力下，易蚀变为绿泥石、高岭石和伊利石等黏土矿物，从而造成盆地延长组下组合储层中杂基含量普遍较高。

4.5.2.2 成岩作用是改变储层物性的主要因素

其中，铁方解石胶结导致储层物性变差，绿泥石膜发育形成局部高渗储层。

1. 压实、压溶作用大大降低了储层孔隙度

随着沉积物埋深的加大，压实、压溶作用增强，颗粒支撑方式发生变化，颗粒间

由点接触转为线接触，孔隙损失更大。

鄂尔多斯盆地西部中区长8、长9砂岩沉积后曾经历了较长的埋藏过程，加之砂岩中抗压实能力较弱的长石、岩屑含量相对较高，导致砂岩经历了充分的、较强的压实作用，因此常见塑性岩屑定向排列、弯曲变形、颗粒压裂等明显的压实成岩现象，局部见到压溶现象。

不同成熟度的碎屑物质，经受改造的程度不同。塑性组分含量越高，改造压实越强烈，孔隙度衰减越快。盆地西部姬塬、白豹、西峰地区长8储层砂岩抗压刚性颗粒（石英类、长石类）含量相差不多，但塑性填隙物西峰地区明显低于白豹和姬塬地区，这可能是造成姬塬、白豹地区物性差于西峰地区的一个重要因素。

2. 自生黏土矿物对储层的影响

在成岩因素中，填隙物对储层有着重要的影响，从填隙物和面孔率之间的相关性可以看出，填隙物含量与面孔率、渗透率成反比关系（图4-50）。

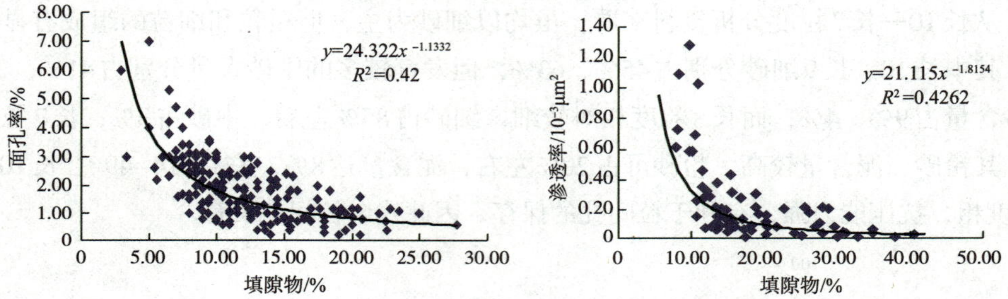

图4-50 长8填隙物含量与面孔率及渗透率关系图

自生绿泥石多呈薄膜环边附着在成岩矿物碎屑的周围，环边绿泥石形成之后，岩石骨架颗粒间的相对位置便基本稳定，抗压实能力增强，从而使各种类型的孔隙不再因压实作用而显著减少。同时，绿泥石环边的形成阻止了矿物的生长，使粒间孔隙得到了较好的保存。综合这两方面的因素认为，绿泥石在储层演化中的作用是积极的，自生高岭石往往与长石溶蚀有关，碳酸盐尤其是铁方解石、铁白云石、白云石矿物是储层孔隙重要的封堵物（图4-51）。

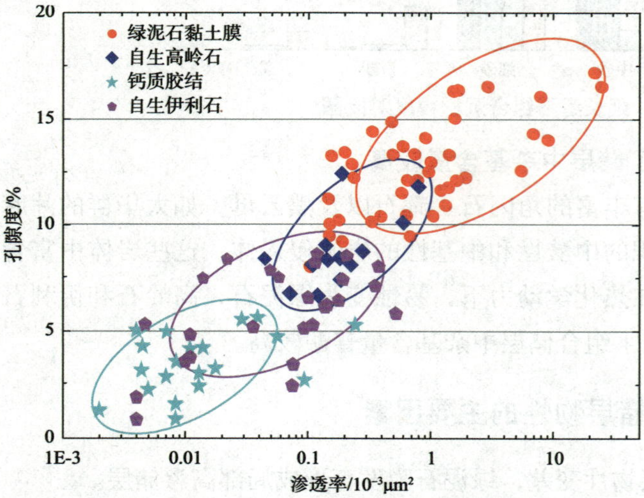

图4-51 长8不同黏土矿物含量与物性的关系图

5 延长组烃源岩特征

在低渗透或致密砂岩油气藏中，连续分布的低渗透储层与烃源岩组成紧密接触或相邻的共生层系，即大面积源储共生，烃源岩生成的油气直接充注进入低渗透储层（贾承造，2007）。油气向下运移时，则需要更强大的过剩压力才能使得相对致密与相对优质储层均能发生充注。烃源岩发育程度、输导体系、成藏动力等成藏要素对延长组低渗储层成藏具有重要作用。

晚三叠世受印支运动的影响，鄂尔多斯盆地遭受了有史以来的重大变革。在沉积上实现了由海相、过渡相向陆相的根本性转变，使盆地自晚三叠世以来发育了完整和典型的陆相碎屑岩沉积体系，进入了大型内陆差异沉积盆地的形成和发展时期。鄂尔多斯盆地中生界丰富的石油资源与上三叠统长7湖相富有机质烃源层的大规模发育有着密切的关系。晚三叠世的区域构造活动，使湖盆北西和北东向断裂活动明显加强，基底整体下沉剧烈，湖盆发育达鼎盛期，分割性减弱，湖盆范围扩大，水体加深，最大水深可达60m，形成了晚三叠世湖盆演化过程中的最大湖泛期，湖盆的快速扩张形成了大范围的半深湖—深湖相沉积环境。湖盆水域的扩张和变深为浮游藻类、底栖藻类以及水生动物的大量繁殖提供了重要的条件。三叠系延长组烃源岩主要由深灰—灰黑色炭质泥岩、灰黑色泥（页）岩组成，长7最大湖泛形成的黑色页岩、暗色泥岩是主力烃源岩，首次湖泛形成的长9黑色泥岩为区带性烃源岩。此外，长4+5、长6、长8油层组的湖相泥岩也具有一定的生烃能力，它们为大油田的形成奠定了油源基础。

5.1 长7烃源岩特征及分布

中、晚三叠世鄂尔多斯盆地气候温暖潮湿，长8末期受构造事件影响，湖盆迅速沉降，导致长7油层组沉积期水深加大，湖盆迅速扩张，浅湖、深湖区面积超过了$10 \times 10^4 km^2$。沉积了一套有机质丰富的暗色泥岩、油页岩，厚度大，烃源岩类型好，有机质丰度高，成熟度高，为鄂尔多斯盆地中生界油藏的主力烃源岩。

5.1.1 长 7 烃源岩野外、岩心及微观特征

盆地延长组长7沉积期是晚三叠世陆相湖泊发育的鼎盛时期，在半深湖—深湖相带中大面积发育了长7段富有机质优质烃源岩。后期因构造抬升，盆地周边露头较多，测井曲线上具有高伽马、高电阻、高声波时差、低密度特征，是盆地地层对比划分的标志层。

野外长7烃源岩出露广泛，也称张家滩页岩，在盆地的东南部及东部最为集中，典型的油页岩露头剖面有铜川霸王庄、姬家塔、何家坊，宜君淌泥河，耀县的衣食村和聂家河，延长县的张家滩等剖面。典型剖面中长7油页岩为深黑色、灰色，因风化页理十分发育，有机质含量较高，可以点燃，厚度一般为10~30m，内部夹多层浅黄色、棕色等凝灰岩，有时见透镜状砂体和液化变形砂岩脉，局部变形较强（图5-1）。

(a)延长县张家滩页岩剖面，水平状分布

(b)宜君淌泥河剖面，挤压后变形倾斜较强

(c)耀县衣食村剖面长7底部油页岩

(d)耀县聂家河剖面长7底部油页岩

图 5-1　长 7 张家滩页岩露头特征

岩心中页岩深黑色，页理肉眼不易观察，以水平层理分布为主，常夹薄层凝灰岩和砂岩（图5-2）。

长7优质烃源岩呈纹层状有机质十分发育，莓状黄铁矿和胶磷矿丰富，常见晶屑、凝灰质纹层（张文正，2008）。在微观视域下，黑色有机质和浅色矿物互层分布，黄铁矿顺纹层面分布，反映了较强的还原沉积环境［图5-3（a）］；干酪根层状网络状分布，构成优质油源岩排烃的立体网络［图5-3（b）］。黑色页岩和纹层状泥岩母质类型单一，以低等水生生物为主。泥岩岩相和页岩岩相干酪根$\delta^{13}C<-27‰$，母质类

型单一，以藻类为主的低等水生生物[图5-3（c）（d）]；含砂泥岩和砂质泥岩干酪根$-29.76‰<\delta^{13}C<-26.06‰$，除低等水生生物外有陆源高等植物的影响。

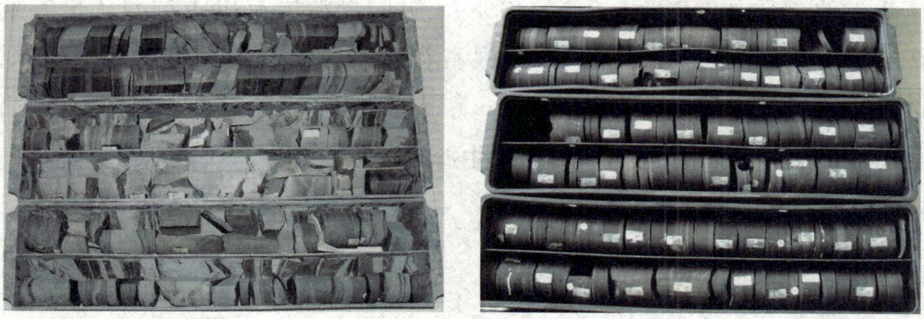

(a)里57井，长7，2348.35~2354m，夹薄层砂岩　(b)正8井，长7，1279.8~1285.4m，夹薄层凝灰岩

图5-2　长7油页岩岩心照片（照片据张文正内部报告）

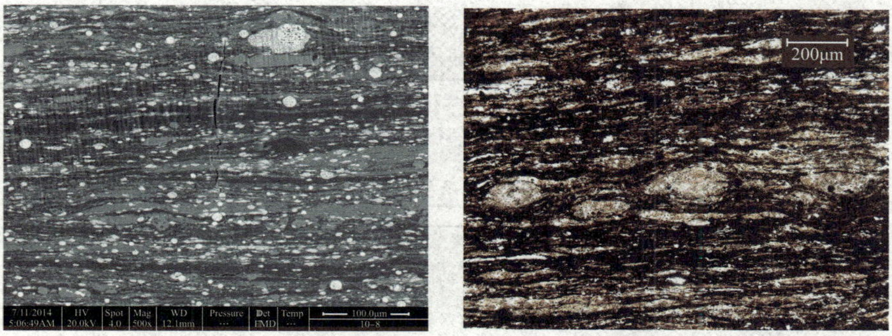

(a)城96井，长7_3，2062.96m，页岩(CT扫描)　(b)镇37井，长7_3，2236.3m，油页岩(偏光显微镜)

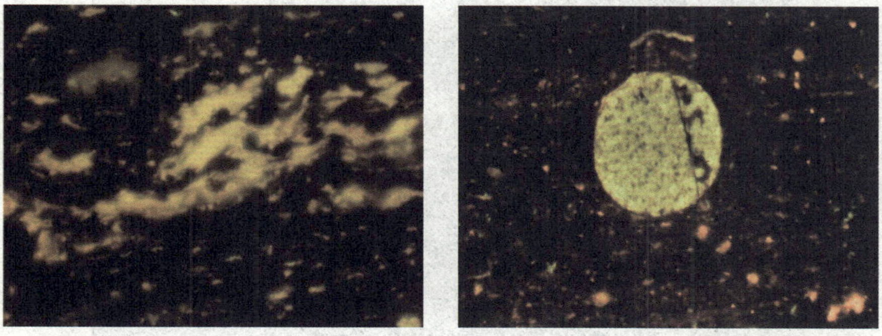

(c)耿252井，长7_3，2557.51m，油页岩，团状藻类体　(d)木13井，长7，2121m，泥岩，球形藻类体

图5-3　长7油页岩有机质（深色）和矿物层（浅色）分布特征

5.1.2　长7烃源岩地化特征

地球化学分析表明，长7优质烃源岩有机质丰度高，成熟度适中，生烃强度大。长7干酪根类型以腐泥型、腐殖腐泥型为主。长7黑色页岩、暗色泥岩是主力烃源岩，长7黑色页岩TOC分布在为2.77%~29.3%，平均值为13.8%，暗色泥岩平均TOC为3.75%。

油页岩有机质类型主要为II_1型和Ⅰ型，显微组分中壳质组含量高，全盆地分布（图5-4）；黑色泥岩有机质类型主要为II_1型和II_2型，分布在姬塬等地区（图5-6），目前均处于生油高峰阶段（R_o为0.9%~1.3%）。纵向烃源岩有机质类型从长7_3到长7_1逐渐由Ⅰ型向Ⅱ型转变（表5-1），有干酪根富类脂组分（一般>90%）；干酪根富同位素^{12}C（$\delta^{13}C$值主要分布于-28.5‰~-30‰）；较高的热解氢指数、较低—低的氧指数。金藻门生物是优质烃源岩有机母质的重要生源之一。

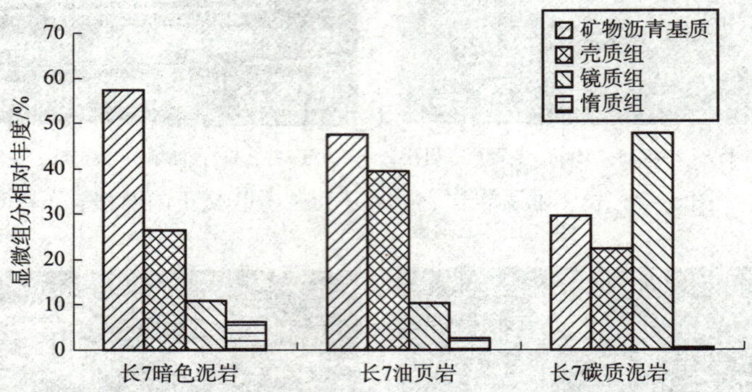

图5-4 长7烃源岩显微组分相对丰度直方图

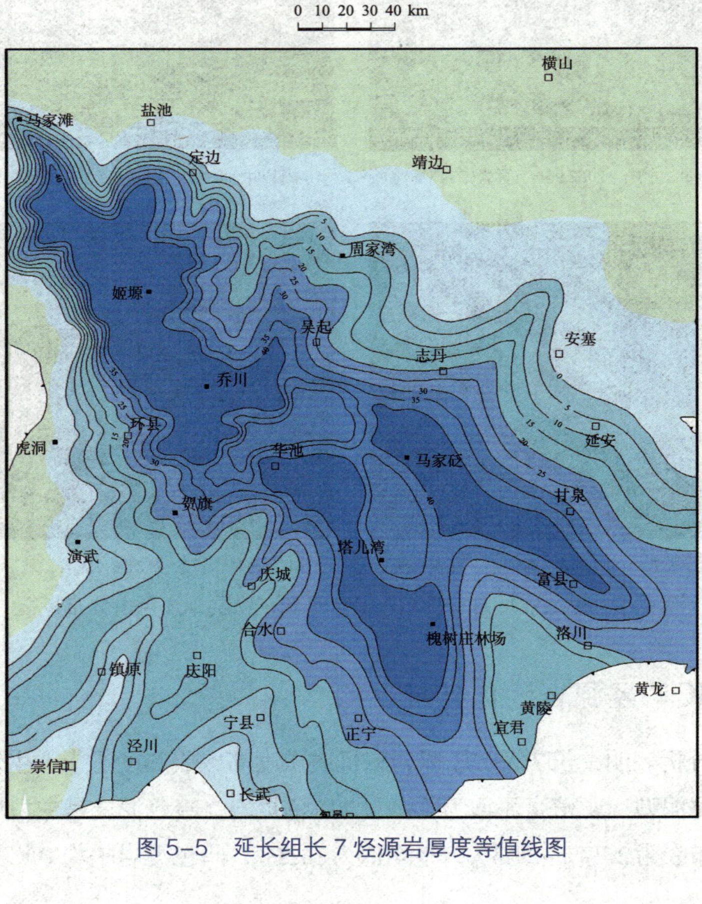

图5-5 延长组长7烃源岩厚度等值线图

表 5-1 城 96 井长 7 有机质镜检干酪根分析数据表

层 位	岩 性	井深/m	组分/%				Δ值	干酪根类型
			腐泥组	壳质组	镜质组	惰质组		
长7_1	泥岩	1997.39	0.0	6.2	93.6	0.2	-67.3	Ⅲ
长7_2	泥岩	2002.10	0.0	16.7	82.3	1.0	-54.4	Ⅲ
长6_3	泥岩	1955.10	1.0	1.0	96.0	2.0	-72.5	Ⅲ
长7_1	泥岩	1970.56	1.9	1.5	95.2	1.4	-70.2	Ⅲ
长7_1	泥岩	1982.53	7.5	0.0	86.3	6.3	-63.4	Ⅲ
长7_1	泥岩	1991.15	14.9	6.0	76.0	3.1	-42.2	Ⅲ
长7_1	泥岩	1979.58	15.5	0.0	82.8	1.7	-48.3	Ⅲ
长7_2	泥岩	2030.32	57.9	0.0	37.7	4.4	25.2	Ⅱ2
长7_2	泥岩	2038.35	54.7	0.0	45.3	0.0	20.7	Ⅱ2
长7_3	泥岩	2053.29	46.0	0.0	51.0	3.0	4.8	Ⅱ2
长7_1	页岩	1964.82	86.1	0.0	13.8	0.1	75.7	Ⅱ1
长7_3	页岩	2068.43	81.6	0.0	18.4	0.0	67.8	Ⅱ1
长7_3	页岩	2058.43	94.0	0.0	5.0	1.0	89.3	Ⅰ
长7_3	页岩	2061.27	96.0	0.0	3.6	0.4	92.9	Ⅰ
长7_3	页岩	2071.90	98.1	0.0	1.9	0.0	96.7	Ⅰ
长7_3	页岩	2076.22	96.7	0.0	3.3	0.0	94.2	Ⅰ
长7_3	页岩	2079.83	93.9	0.0	5.1	1.0	89.1	Ⅰ
长7_3	页岩	2043.05	93.3	0.0	4.2	2.5	87.7	Ⅰ
长7_3	页岩	2047.20	97.5	0.0	1.6	0.9	95.4	Ⅰ

S_1+S_2为6.75~28mg/g，平均值19.3mg/g；HI为192.33~341.57mg/g，平均值242.62%；无定形组分含量大于80%，主峰碳为C19，P_r/P_h小于1，反映母质主要来源于低等水生生物及其降解产物。氯仿沥青“A”含量为0.4%~1.0%，最高可达2.0%。据泥质烃源岩评价标准，长7烃源岩达到好烃源岩级别。该烃源岩生烃强度一般为(200~700)×10^4t/km^2，湖盆中部生烃强度一般大于500×10^4t/km^2，产烃率高，排烃效率可达72%(张文正，2006)，为一套优质烃源岩。

5.1.3 长 7 烃源岩分布特征

该套烃源岩主要发育在长7底部，呈北西—南东向展布，分布范围较广，东北可达延安—安塞以西，西北可延伸到惠安堡，西南可延伸至崇信—汭水河一带，东南可覆盖宜君、铜川地区(图5-5)，有效分布面积约10×10^4km^2。烃源岩厚度一般为20~60m，最厚可达130m，生烃中心位于姬塬—华池—正宁一带，优质烃源岩分布范围近3.5×10^4km^2。

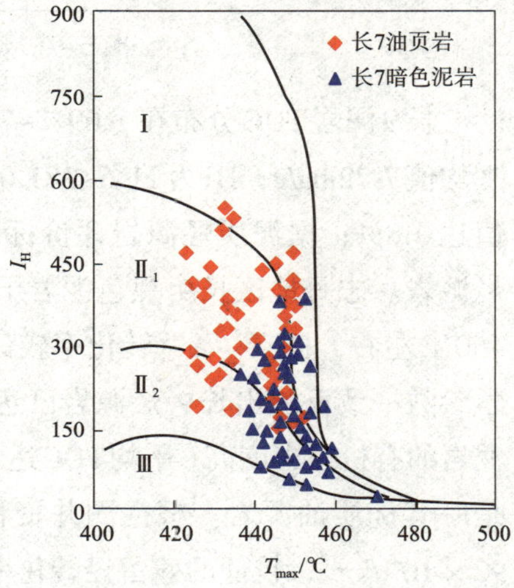

图 5-6 长 7 烃源岩有机质类型划分图

5.2 长9烃源岩特征及分布

长9黑色泥页岩烃源岩是晚三叠世湖盆首次湖泛作用的沉积产物。由于湖泛的规模较小，仅在英旺地区（长9早期）和志丹地区（长9晚期）的局部凹陷中形成了半深湖相环境，并发育了黑色泥页岩烃源层（张文正，2008；图5-7）。

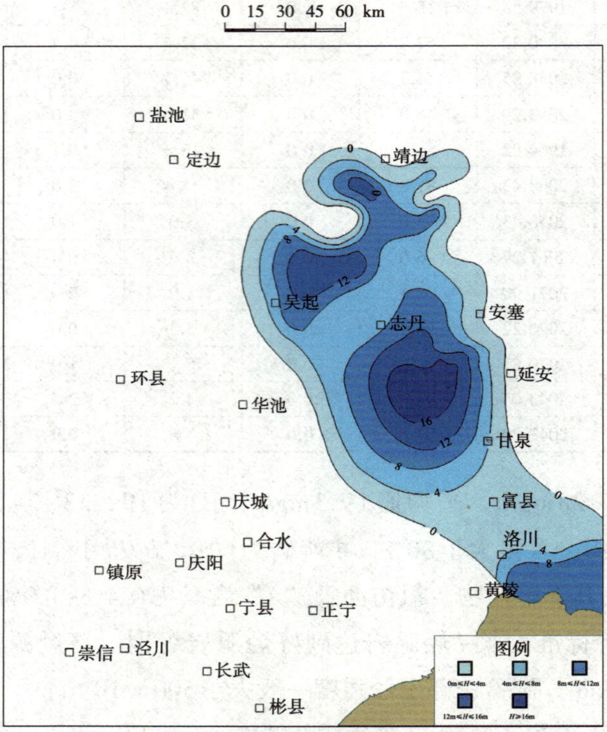

图5-7 延长组长9烃源岩厚度等值线图

长9泥岩TOC分布在1.09%~7.72%，平均值为5.03%，S_1+S_2为0.76~18.41mg/g，平均值7.72mg/g；HI为21.6~281.02mg/g，平均值157.1mg/g；氯仿沥青“A”含量平均值达0.8%；据泥质烃源岩评价标准，长9大多达到好烃源岩级别，部分为中等类型烃源岩。志丹地区长9_1黑色泥岩干酪根的实测R_o值为0.92%~1.05%，岩石热解T_{max}为450℃左右，沥青“A”转化率较高，饱和烃色谱参数OEP为1.03~1.06，各项地球化学参数一致反映出长9_1烃源岩已达到生油高峰演化阶段。例如，丹42井长9上段黑色泥岩的有机质丰度高（平均TOC达7.02%），母质类型为腐泥型，已达到生油高峰阶段，是一套优质油源岩。根据测井资料读取的暗色泥岩厚度达12m，估算的生油强度为92×10^4t/km^2，较低的残留烃转化率、较低的氢指数表明已发生了强烈的排烃作用，无疑是一套重要的油源岩。

英旺地区长9_2黑色泥岩干酪根的实测R_o值为1.01%~1.04%，其成熟度与志丹地区的长9_1黑色泥岩十分接近。

5.3 延长组下组合石油来源

5.3.1 下组合部分油藏具有混源特征

延长组下组合油藏受到长7和长9烃源岩排烃运移成藏，不同地区油藏到底受哪个烃源岩控制尚有不同的看法。正构烷烃色谱特征蕴含了丰富的沉积环境、生源构成、保存条件和热演化的信息（Martin等，1999）。原油中P_r/nC17和P_h/nC18比值，常用来研究母质类型、形成环境和成熟度（Hanson等，2000）。有机地球化学研究中常用P_r/nC17和P_h/nC18作直角坐标图，可将不同程度降解因素影响的样品分布于不同的区间，从而进行油源对比、岩/岩、油/油对比研究。鄂尔多斯盆地长7、长8和9原油的分析数据在P_r/nC17和P_h/nC18分布趋势图上基本落在混合型区间内，指示了原油母质为混合型（图5-8）。

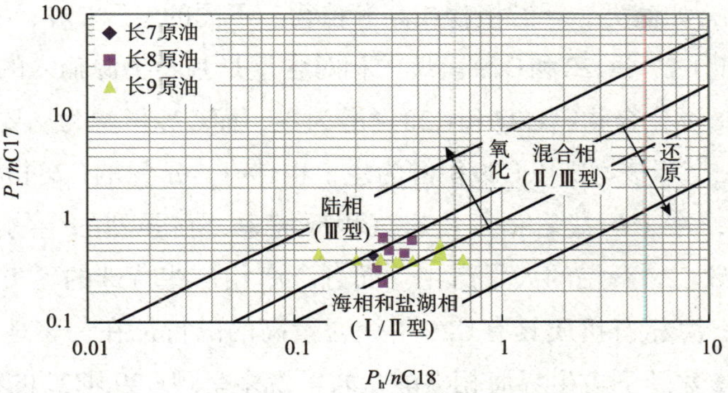

图5-8 鄂尔多斯盆地长7—长9原油P_r/nC17和P_h/nC18直角坐标图

5.3.2 油源对比

综合应用有机地化技术，明确了盆地东部下组合混源供烃，而盆地中西部油源来自长7烃源岩，具有较好的油源条件。

5.3.2.1 生物标志化合物

生物标志化合物是由碳、氢和其他元素组成的复杂有机化合物，称为“指纹化合物”，又叫“地球化学化石”或“分子化石”；是指沉积物或岩石中来源于活的生物体，在有机质演化过程中具有一定稳定性，没有或较少发生变化，基本保存了原始生化组分的碳骨架，记载了原始生物母质的特殊分子结构信息的有机化合物。

三环萜广泛地分布于地质体中，研究认为其来源于C30类异戊二烯醇，前身物主要为细菌和藻类细胞膜。在成熟度较低的情况下，含量低，往往形成于大量生油阶段。同时在热演化过程中具有较高的热稳定性和较强的抗生物降解能力。

五环三萜烷主要属于17α（H）、21β（H）藿烷系列化合物，碳数分布在C27~C34，其中C30一般为主峰，C31~C34藿烷立体异构体成对出现，且呈阶梯状逐渐降低分布。Ts为藿烷的热降解产物，成熟度的增加使其含量也相应增大，但最新研究也可能存在其他来源而不受温度控制；Tm可能存在其他来源，受热演化影响不大，Ts/Tm常被当作成熟度指标。伽马蜡烷曾被认为是蕨类和非海相原生动物成因（J R Hjlls等，1966），并一度认为是陆相标志。但是，经W f Seifert（1981）等人研究不同沉积环境下的生油岩和原油后，发现伽马蜡烷与沉积环境之间并无明显关系。目前，已有不少资料表明，伽马蜡烷的生物先驱可能是一种嗜盐的生物，多在盐湖环境中发育，而在淡水沼泽和淡水湖相原油中伽马蜡烷的含量都不高。例如我国江汉含油气盆地盐湖环境，伽马蜡烷的含量非常高。同时人们注意到伽马蜡烷与成熟度存在一定的关系，即在一定的演化阶段含量特别高，而成熟度较高含量趋于降低。

甾醇类是甾烷化合物的前身物，而甾醇主要是真核生物衍生而来的（Demel和Dekuruyff，1976），如藻类、浮游植物或高等植物。不同的生源C27、C28和C29甾醇相对组成不同，因此C27、C28和C29甾烷的相对含量是判断物源输入的常用参数。一般地，浮游植物的甾类化合物以C27和C28甾醇为主，而C29甾醇为次要成分；浮游动物主要成分为C27；高等植物则以C29甾醇为主，也伴有一定量的C28甾醇。

但也有例外，在碳酸盐岩—蒸发岩沉积环境中，在强烈的生物降解及高防腐的盐水中，都可导致C29甾烷的大量产生。而且，海相一些特殊的藻类也具有高含量的C29甾醇化合物。海相有机质具有C29甾烷含量高的的特征在许多地区均有发现，如我国南方和塔里木盆地下古生界海相碳酸盐岩甾烷多呈现C29>C27的特征（张水昌等，1993；黄第藩等，1994；王培荣等，1994）。

应用生物标志化合物进行油源对比，选择合理的对比参数非常重要，所选参数应有明确的地球化学意义，能有效反映不同生油层的特征，同时受原油后生物理化学变化（如运移、水洗、细菌降解等）的影响较小。下面从饱和烃色谱、饱和烃色质甾萜烷等方面进行长9、长10油源的综合对比分析。

从长7、长9源岩与长9含油砂岩抽提物正构烷烃分布对比图（图5-9）中可以看到，丹48井长9油砂与丹48井长7泥岩、正8井长7泥岩特征比较相似，但是与丹42井、丹49井长9泥岩特征更加吻合，不仅其主峰碳都为C15，且在C15~C17间均具有右倾肩型特点（图5-9右）。图5-10的丹42井、丹49井长8油砂与丹48井长9泥岩吻合性更好，主峰碳为C19，曲线平滑。说明志丹地区的长9原油与长9源岩的亲缘关系较近，来自长9源岩的可能性较大。

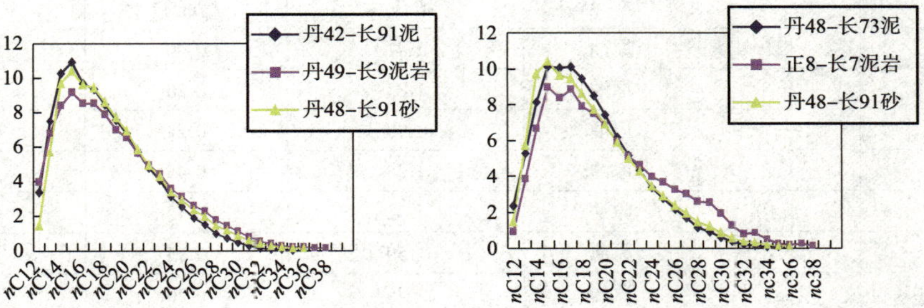

图5-9 油砂与烃源岩抽提物正构烷烃分布对比图

左为丹48井长9油砂抽提物与丹48井和正8井长7烃源岩正构烷烃分布对比图，
右为丹48井长9油砂抽提物与邻井长9烃源岩正构烷烃分布对比图

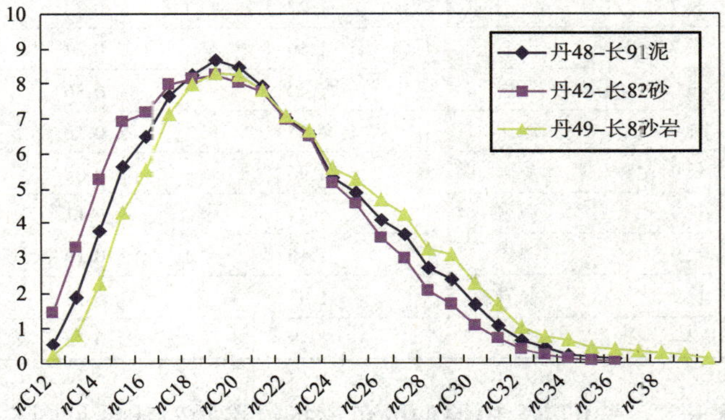

图5-10 研究区丹42、49井长8含油砂岩抽提物与丹48井长9烃源岩正构烷烃分布对比图

5.3.2.2 油—油、油—岩色谱参数对比

盆地内长8、长9原油都具有姥植均势的特征，但P_r/P_h比值较大，主要分布在1.3~1.9（表5-2），志丹地区原油的P_r/nC17、P_h/nC18比值较低，其他地区原油的P_r/nC17、P_h/nC18比值要相对高一些，但仍然偏低，反映出原油属淡水—微咸水湖相成因。

从表5-2可以看出，长7、长9源岩也具有姥植均势的特征，长7源岩的P_r/nC17、P_h/nC18比值要相对高一些，而长9源岩的P_r/nC17、P_h/nC18比值较低。

表5-2 盆地原油及源岩正构烷烃相关参数表

井 号	层 位	样 品	P_r/P_h	P_r/nC17	P_h/nC18
峰2	长9	原油	1.58	0.38	0.24
元152	长9	原油	1.50	0.40	0.27
白165	长9	原油	1.35	0.38	0.29
长20	长9	原油	1.47	0.50	0.34
池38	长9	原油	1.53	0.46	0.31
黄39	长9	原油	1.60	0.39	0.26

续表

井　号	层　位	样　品	P_r/P_h	P_r/nC17	P_h/nC18
正6	长9	原油	1.41	0.40	0.32
丹44-18	长8	原油	1.83	0.20	0.20
丹49	长8—长9	原油	1.90	0.24	0.13
旺9	长8	原油	1.28	0.45	0.37
旺21	长10	原油	1.32	0.42	0.37
元153	长8	原油	1.59	0.35	0.24
丹44-20	长8	原油	1.75	0.20	0.11
丹42	长8	原油	1.55	0.22	0.22
高52	长10	原油	1.13	0.18	0.15
高31	长10	原油	1.41	0.21	0.16
白210	长7	源岩	1.27	0.33	0.28
新63	长7	源岩	1.56	0.34	0.23
元153	长7	源岩	1.42	0.36	0.27
丹42	长9	源岩	1.24	0.12	0.11
旺9	长9	源岩	1.96	0.08	0.05
丹49	长9	源岩	1.74	0.11	0.07
旺19	长9	源岩	1.46	0.19	0.15
桥14	长9	源岩	1.83	0.12	0.07
峰2	长4+5	原油	1.49	0.32	0.22

盆地不同地区长8、长9、长10原油的色谱指纹参数对比图见图5-11，从图中可以看出志丹地区的长8、长9、长10原油与姬塬、华庆以及英旺地区的长8、长9、长10原油处在两个不同的区域，前者的P_r/nC17的比值较小，后者较大，说明两者的原油来自不同的源岩。从图5-12盆地不同地区长8、长9、长10原油的P_r/P_h–P_h/nC18对比图也可以看出这一特征。

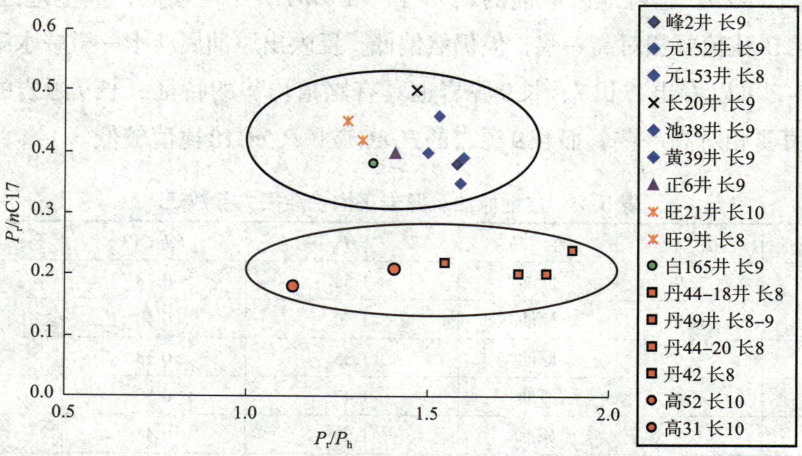

图5-11　盆地不同地区长8、长9、长10原油的P_r/P_h–P_r/nC17对比图

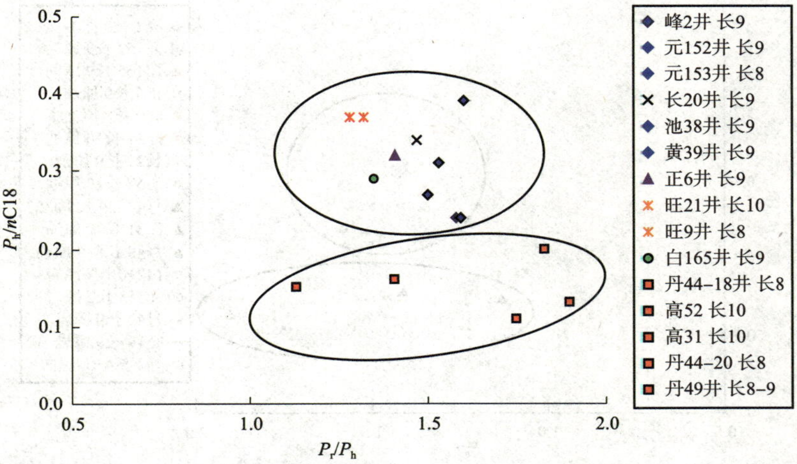

图 5-12 盆地不司地区长 8、长 9、长 10 原油的 P_r/P_h–P_h/nC18 对比图

盆地内长7、长9源岩与长8、长9、长10原油的P_r/P_h–P_h/nC17对比图（图5-13），从图中可以看出，长7、长9源岩与各地区长8、长9、长10原油的P_r/P_h比值比较接近，但P_r/nC17比值差别较大，长7源岩的P_r/nC17大于长9源岩；姬塬、华庆以及英旺地区的长8、长9、长10原油的P_r/nC17与长7源岩十分接近，反映出两者之间存在亲缘关系；志丹地区的长8、长9、长10原油的P_r/nC17明显小于长7源岩，两者的对比关系较差，而与长9源岩较接近，反映出两者的亲缘关系较近。此外，从图中也可以看出，姬塬、华庆以及英旺地区的长8、长9、长10原油与峰2井的长4+5原油处在同一个区域，P_r/nC17的值比较接近。从P_r/P_h–P_h/nC18对比图也可以看出上述特征（图5-14）。综上所述，志丹地区的长8、长9、长10原油的主要烃源岩是长9黑色泥岩的可能性较大，而其他地区的长8、长9、长10原油来自长7优质烃源岩的可能性较大。

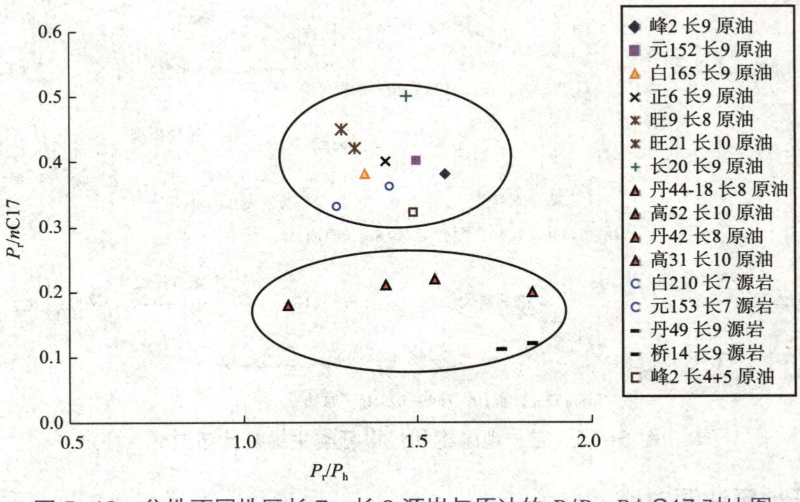

图 5-13 盆地不同地区长 7、长 9 源岩与原油的 P_r/P_h–P_r/nC17 对比图

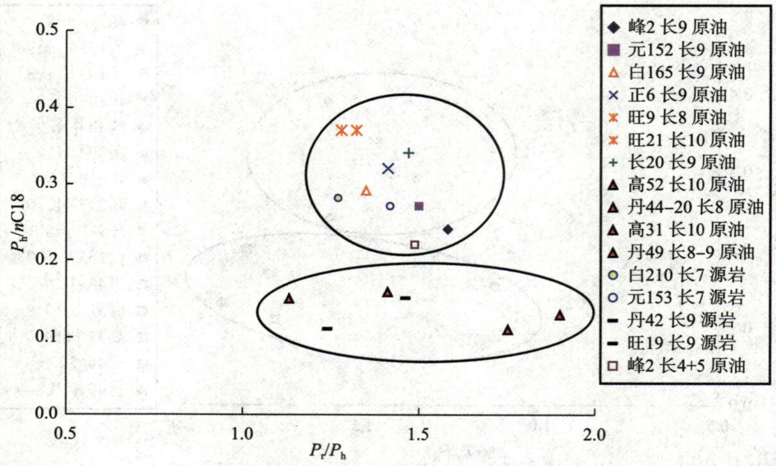

图 5-14　盆地不同地区长 7、长 9 源岩与原油的 P_r/P_h–P_h/nC18 对比图

5.3.2.3　甾、萜类生物标志化合物分布对比

1. 志丹地区油源对比

图5-15为志丹地区饱和烃甾萜类生标物分布图，从图中可以看出，志丹地区长10原油与长9源岩的甾萜类生标物分布特征非常相似：三环萜以C23为主峰，五环三萜分布形态相近，Ts大于Tm很多，17α（H）-重排霍烷含量较高，伽马蜡烷含量较低，规则甾烷C27、C28、C29呈接近“V”字形分布特征，即C29略大于C27>C28。加之志丹地区长7油页岩和黑色泥岩不太发育，因此可认为志丹地区长9、长10原油源于长9烃源岩的可能性较大。

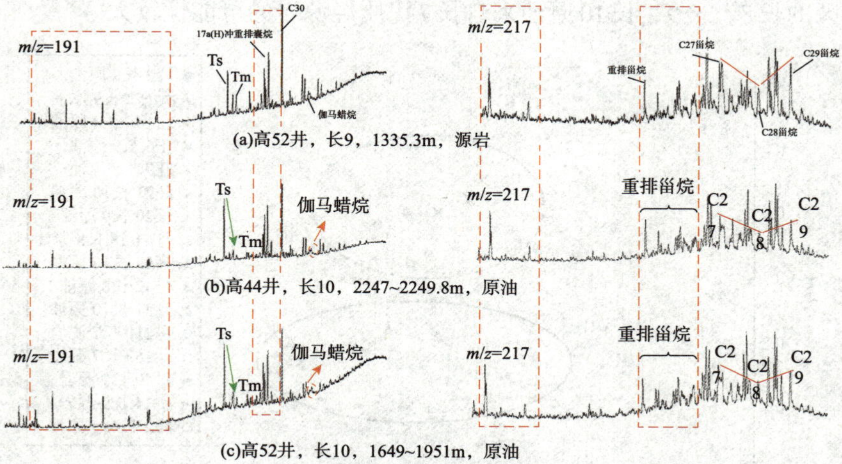

图 5-15　志丹地区饱和烃甾萜类生标物分布对比

2. 英旺地区油源对比

图5-16为英旺地区饱和烃甾萜类生标物分布图，从图中可以看出，英旺地区长7、

长8、长10原油的甾萜类生标物分布特征与长7烃源岩相近，而与长9烃源岩有区别：旺9井长7烃源岩的三环萜含量较低，Ts和Tm含量相差不大，17α（H）-重排霍烷含量相对较低；规则甾烷C27、C28、C29呈倒“L”字形分布特征，即C29>C28>C27，该地区长7、长8、长10原油的饱和烃生标物分布表现为同样的特征，说明它们具有亲缘关系；而旺9井长9源岩的三环萜含量相对于长7源岩较高，Ts含量大于Tm很多，17α（H）-重排霍烷含量也高于长7源岩，与该区原油相差较多，亲缘关系较差。

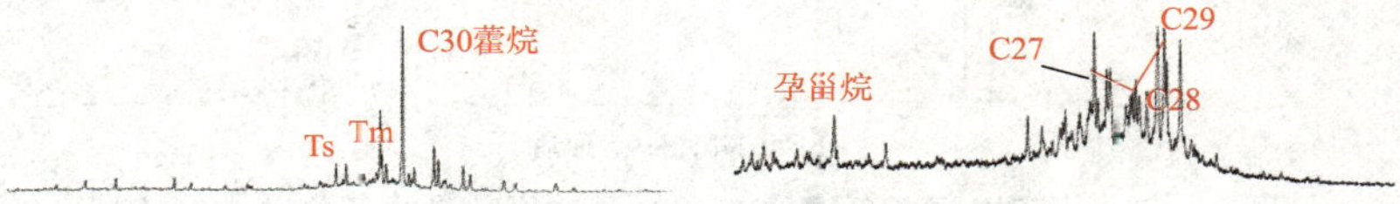

(a)旺9井，长7，556.5m，烃源岩

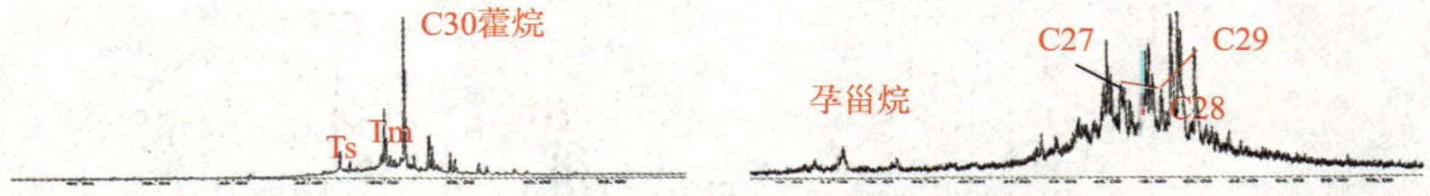

(b)旺18井，长7，649m，原油

(c)旺9井，长8，688.3m，原油

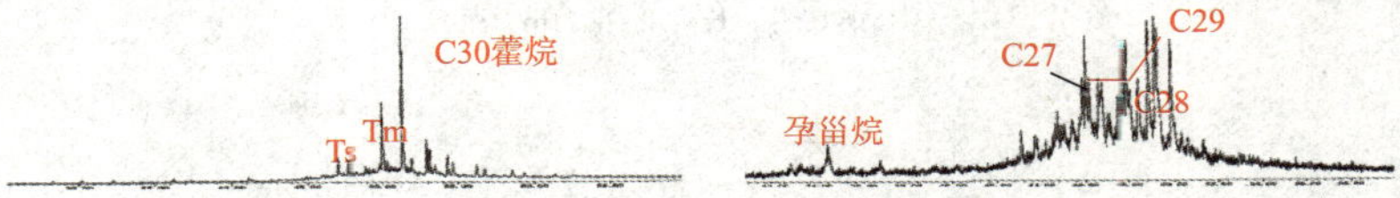

(d)旺21井，长10，567m，原油

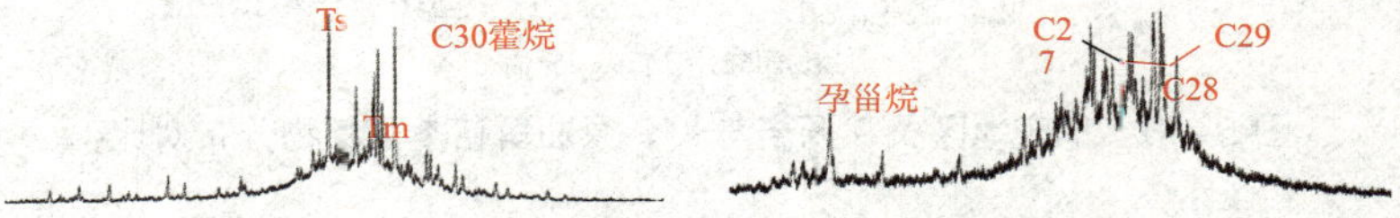

(e)旺9井，长9，811.2m，烃源岩

图5-16　英旺地区饱和烃甾萜类生标物分布对比

3. 华庆地区油源对比

图5-17为华庆地区西62井长9原油与元153井长7源岩的甾萜类生标物对比图，可以看出它们的分布特征相似，Ts略小于Tm，伽马蜡烷含量较低，规则甾烷C27、C28、C29构成具倒“L”字形，即C29>C27>C28；而图5-18华庆地区长9源岩与长9原油甾萜类生标物分布对比图中，西62、西63井长9泥岩的伽马蜡烷较高，明显高于西62井长9原油。因此，我们认为华庆地区长9原油与长7源岩的亲缘关系较近，源于长7源岩的可能性较大。

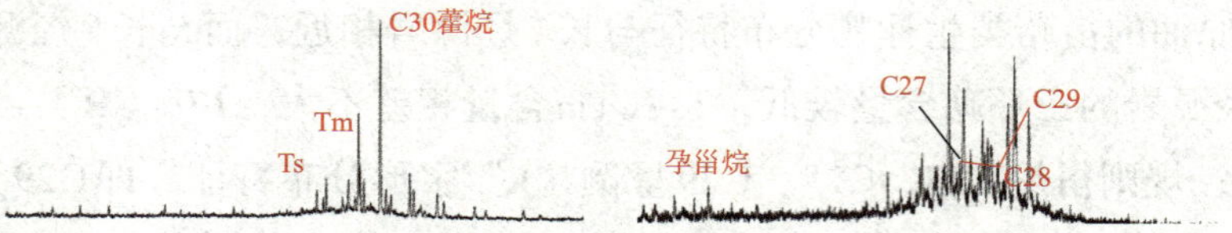

(a)元153井，长7，烃源岩

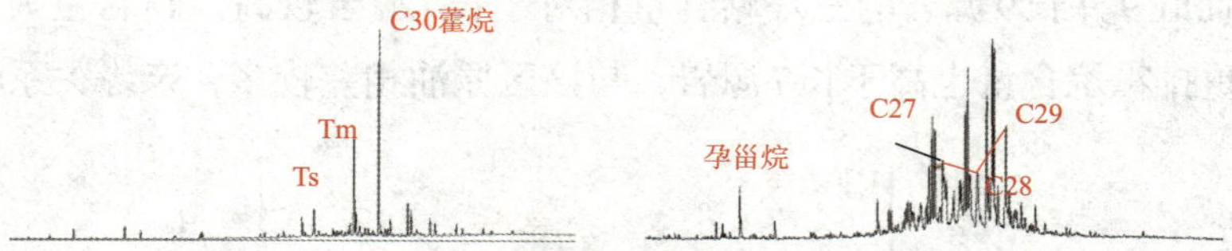

(b)西62井，长9，原油

图 5-17　华庆地区长 7 源岩与长 9 原油甾萜类生标物分布对比

(a)西62井，长9，1980.75m，泥岩

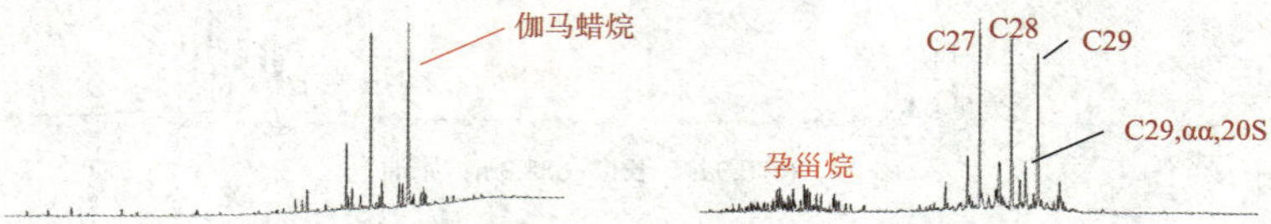

(b)西63井，长9，1928.21m，泥岩

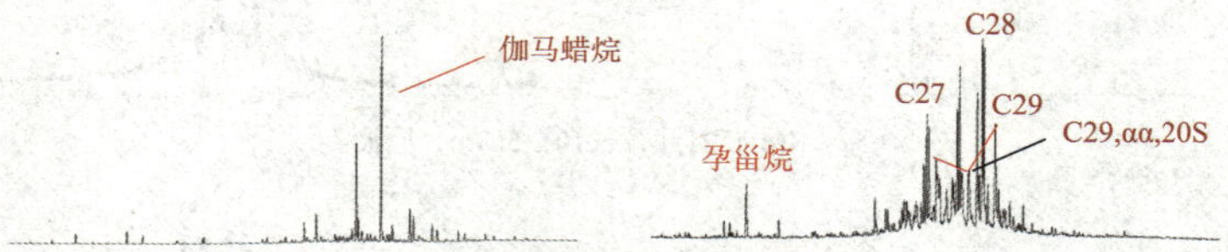

(c)西62井，长9_1，原油

图 5-18　华庆地区长 9 源岩与长 9 原油甾萜类生标物分布对比

4. 姬塬地区油源对比

图5-19为姬塬王洼子地区长9原油与长7、长9源岩的甾萜类生标物分布对比图，元152、元159长9原油与元153井长9源岩差别很大，长9源岩的三环萜烷含量较高，五环三萜含量较低；而长7源岩、元152、元159长9原油的甾萜类生标物分布特征则比较相似，三环萜含量普遍较低，五环三萜含量较该区元153井长9源岩高，规则甾烷含量C29>C27>C28，构成大概具倒“L”字形。因此，王洼子地区长9原油源于长7源岩的可能性很大。

图5-20为姬塬古峰庄地区各产层原油的甾萜类生标物分布对比图，从图中可以看出，峰2井长4+5、长8、长9原油之间的甾萜类生标物的总体分布特征和各项对比参数均相近，表明它们来源的一致性，峰2井长4+5原油毫无疑问来自长7源岩，故古峰庄地区长8、长9原油来自长7源岩。

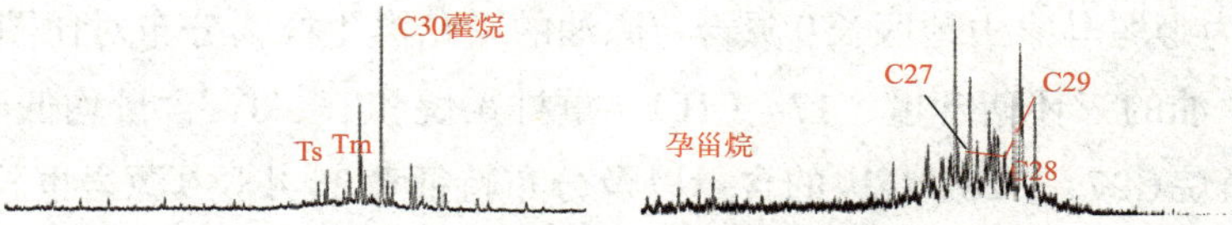

(a)元153井，长7，烃源岩

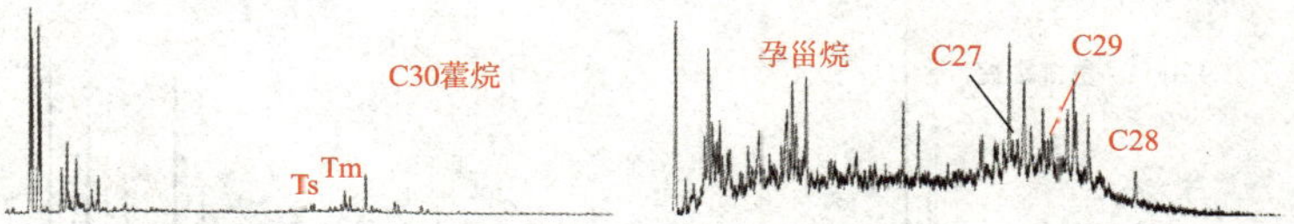

(b)元153井，长9，2384m，烃源岩

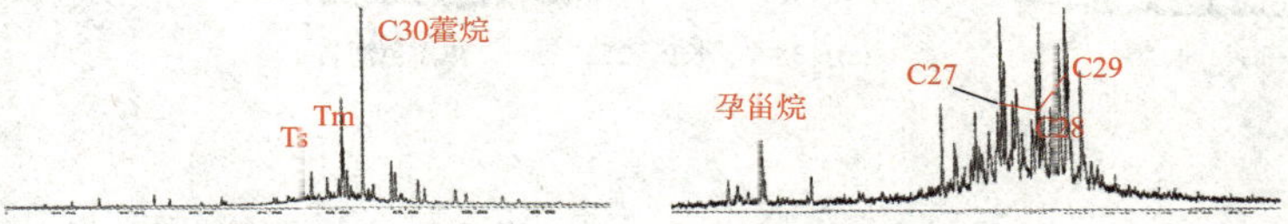

(c)元152井，长9，2513m，原油

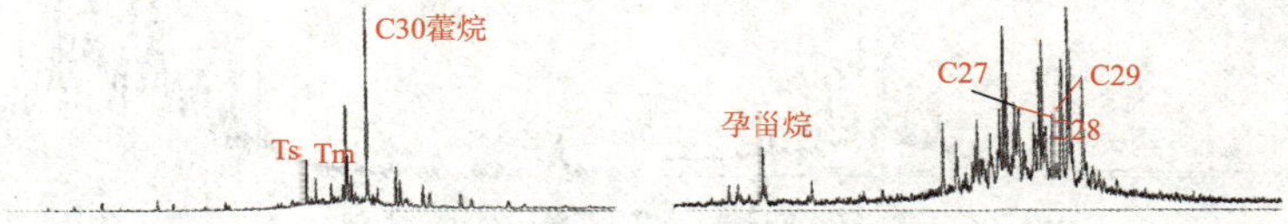

(d)元159井，长9，2348m，原油

图 5-19　王洼子地区长 9 原油与长 7、长 9 源岩的甾萜类生标物分布对比

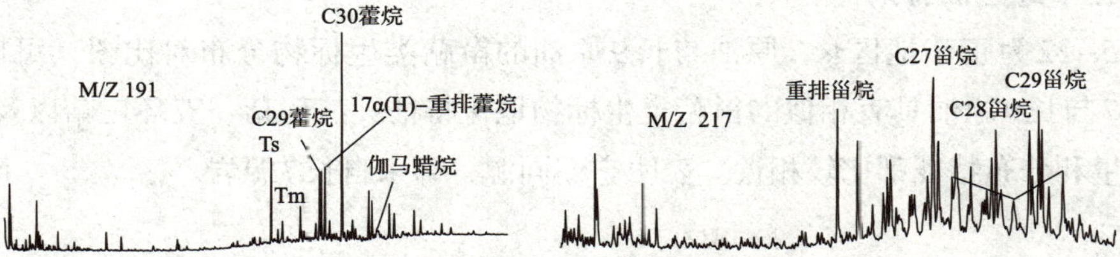

(a)峰2井，长4+5$_1$，2118~2122m，原油

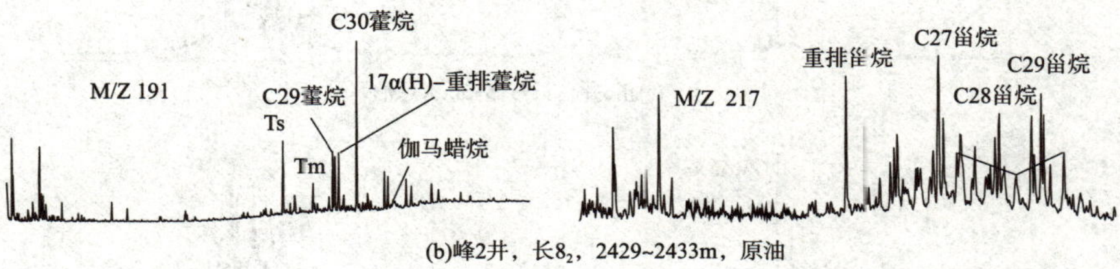

(b)峰2井，长8$_2$，2429~2433m，原油

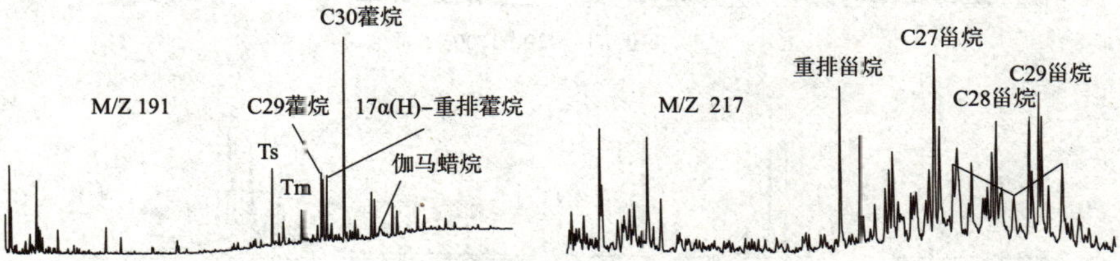

(c)峰2井，长9$_1$，2462~2465m，原油

图 5-20　古峰庄地区各产层原油的甾萜类生标物分布对比

图5-21为姬塬马家山地区长9源岩与原油的甾萜类生标物分布对比图，可以看出，黄39井长9原油的三环萜含量、17α（H）-重排霍烷和Ts、Tm含量均低于黄38井长9源岩，规则甾烷C27、C28、C29的含量以及分布特征黄38井长9源岩也较黄39井原油不同。因此，马家山地区长9原油来自其自身源岩的可能性很小，应来自长7源岩。

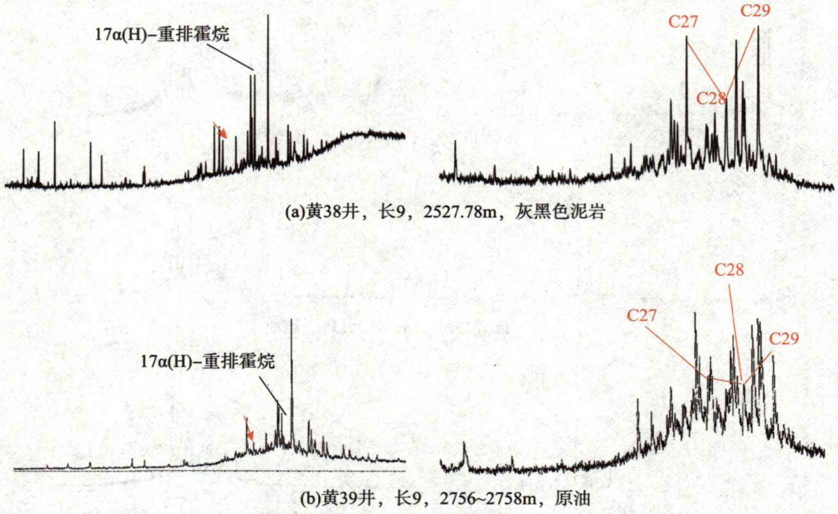

图5-21　马家山地区长9源岩与原油的甾萜类生标物分布对比

5. 正宁地区油源对比

图5-22为正宁地区长7原油与长9原油的甾萜类生标物分布对比图，可以看出，该区长7与长9原油具有相似的甾萜类生标物地化特征：三环萜、五环三萜以及规则甾烷的含量和分布特征都比较相近。表明它们同源，即来自长7源岩。

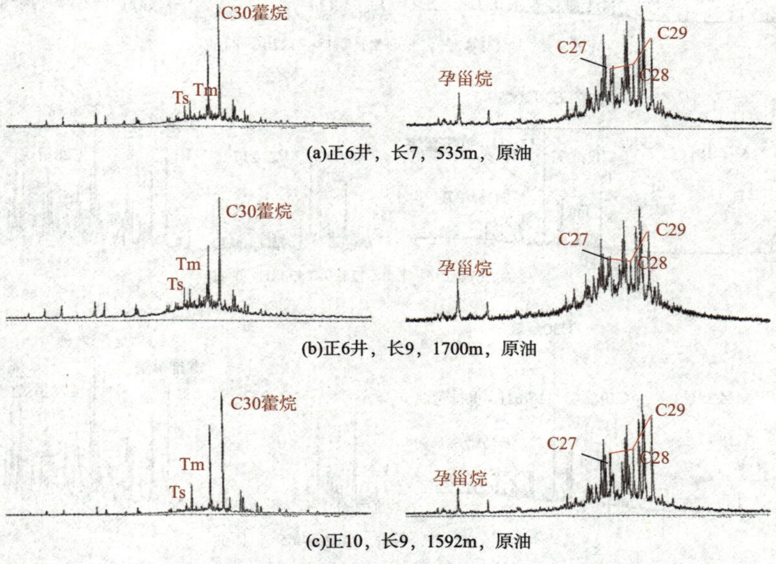

图5-22　正宁地区长7原油与长9原油的甾萜类生标物分布对比

5.3.2.4 甾、萜类生物标志化合物参数对比

通过油岩生标物分布的对比，可以明确志丹地区长8、长9、长10原油与长9烃源岩具有来源上的关系。为了进一步说明这一问题，我们计算了有关甾烷类化合物生标物参数（表5-3），并选取有关成熟度参数，清楚地展示志丹地区长8、长9、长10原油与长9烃源岩具有油源关系，且长7成因油和长9成因油具有不同的成熟度。

表5-3 鄂尔多斯盆地长7、长8、长9、长10油岩甾类生物标志物参数表

井 号	层 位	样 品	$C_{29}20S/(20S+20R)$	$C_{29}\beta\beta/(\alpha\alpha+\beta\beta)$
峰2井	长9	原油	0.55	0.54
元152井	长9	原油	0.56	0.55
池38井	长9	原油	0.56	0.53
黄39井	长9	原油	0.57	0.53
正6井	长7	原油	0.51	0.58
丹49井	长8-9	原油	0.48	0.63
旺9井	长8	原油	0.59	0.51
旺9井	长9	原油	0.58	0.53
丹44-18井	长8	原油	0.51	0.49
旺19井	长9	油砂	0.54	0.47
丹48井	长9	油砂	0.47	0.50
桥14井	长8	油砂	0.43	0.41
丹42	长8	油砂	0.47	0.51
丹49	长8	油砂	0.48	0.51
峰2	长8	油砂	0.54	0.55
白210	长8	油砂	0.52	0.50
白210	长7	泥岩	0.51	0.51
新63	长7	泥岩	0.54	0.48
元153	长7	泥岩	0.55	0.46
旺19	长9	泥岩	0.48	0.50
丹49	长9	泥岩	0.45	0.50

图5-23为鄂尔多斯盆地长7、长8、长9甾烷成熟度参数油—油对比图，显然长7烃源区与长9烃源区原油的成熟度有差异。从图中可以看出，以C29S/S+R比值0.5为界限，将来源于长7的原油与来源于长9的原油区分开来，志丹地区的长8、长9原油处在同一区域，其他姬塬、华庆以及英旺地区的长7、长8、长9原油处在同一区域。

图5-24为鄂尔多斯盆地长7、长8、长9甾烷成熟度参数油—岩对比图，表明油岩成熟度存在差异。由于具有亲源关系的油岩具有相近的成熟度，因此图5-24中的鄂尔多斯盆地长7、长8、长9甾烷成熟度参数油—岩对比图能区分出不同油源区，显然以C29S/S+R比值0.5为界限，长7油源与长9油源分列在C29S/S+R=0.5线的两边；长7泥

岩和姬塬、华庆以及英旺地区的长7、长8、长9原油处在同一区域；长9泥岩和志丹地区的长8、长9原油处在同一区域。

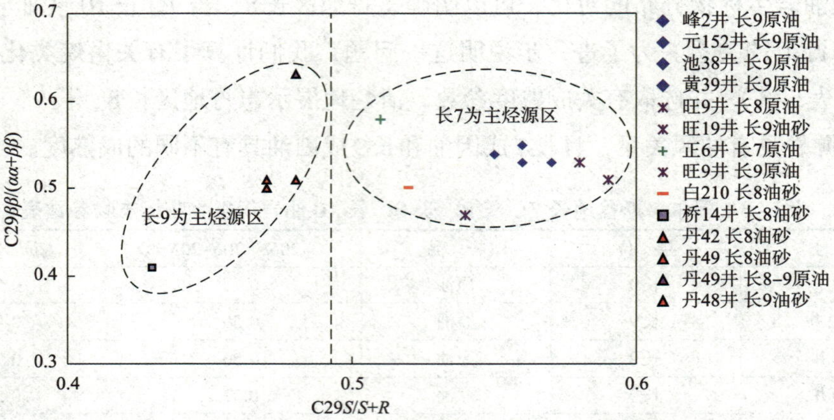

图5-23 鄂尔多斯盆地长7、长8、长9油—油甾烷成熟度参数相关图

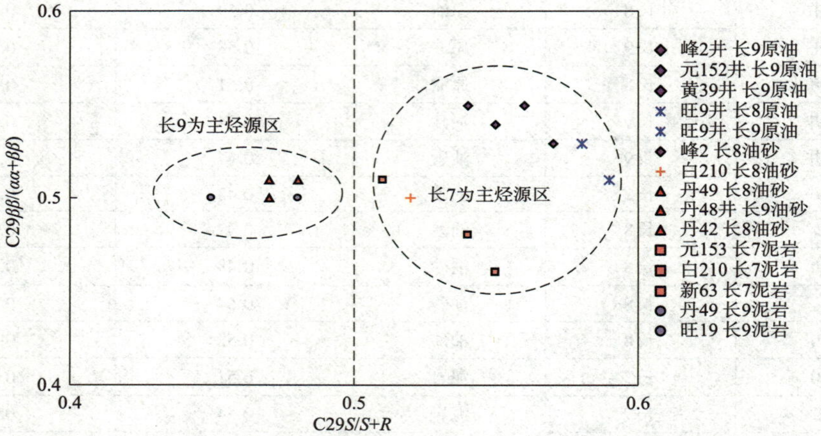

图5-24 鄂尔多斯盆地长7、长8、长9油—岩甾烷成熟度参数相关图

综上所述，鄂尔多斯盆地除志丹地区长9、长10原油源于长9自身烃源岩外，其他地区如姬塬、华庆、英旺、正宁等地区的主力油源仍然是长7，局部长7油源与长9油源交界的地方（如正宁地区的一些井）可能有两者的混源。此外，盆地长9暗色泥岩厚度图显示，长9暗色泥岩主要发育在志丹地区，英旺次之，且长9暗色泥岩达到较好烃源岩级别，正处于生油高峰阶段。依据“就近捕获”原理，志丹地区长9、长10原油应来自长9自身烃源岩。

鄂尔多斯盆地延长组异常压力特征

6

Dichinson（1953）对墨西哥沿岸异常压力的研究，揭开了世界范围内异常压力研究的序幕。从那时起至今，异常压力始终是石油地质界的一个研究热点。20世纪90年代初期，人们研究异常压力主要是对钻井和油气生产安全的考虑，主要关注异常压力的成因、识别和预测等方面。最近十余年，通过对异常流体封存箱的深入研究，引发了国内外学者对异常压力与油气聚集关系、异常压力流体特征、异常压力与生烃作用及与油气藏分布关系的研究。由于超压的重要意义，各国学者进行了大量研究，相继出版了多本专著，其中AAPG在1994~2002年出版了4部以超压为主题或与超压有关的专著（Ortoleva和Al-Shaieb，1994；Surdan，1997；Law等，1998；Huffman和Bowers，2002；Chilingar和serebryakov等，2004）。我国学者亦开展了大量研究并出版多部专著（焦大庆，1998；马启富，张启明，2000；王振锋，罗晓荣等，2003；郝芳等，2005；解习农等，2006），在盆地流体分析、超压体系的分布与成因等方面取得了一系列重要的研究进展。

根据统计，在世界范围内已知有180个沉积盆地发育超压地层，占世界沉积盆地的2/3。其中，超压体与油气分布有成因联系的约有160个沉积盆地。这说明超压体存在的普遍性，并与油气成因有着紧密的联系（马启富，2000）。

6.1 地层压力相关概念及异常地层压力分类

6.1.1 地层压力相关概念

孔隙压力即岩石孔隙空间中的流体压力，对于石油勘探与开发具有十分重要的意义。正确理解孔隙压力的相关术语，是研究沉积盆地异常压力体系、搞好异常压力研究的基础。

静水压力指的是与岩石表面及地表连通的开放体系下的水柱压力，通常具有以下性质（Dahlberg，1994）：①压力值随深度而增加；②压力变化率只依赖于水的密度变化；③代表压力增加最大速率的方向向量总是垂直的；④压力—深度的关系与流体容器的形状完全无关。静水压力的计算公式为：

$$P_h=\rho_w \cdot h \tag{6-1}$$

式中，P_h为静水压力；ρ_w为水的平均密度；h为水柱高度。

全球不同时代的沉积盆地的静水压力梯度介于9.71~11.44kPa/m（Swarbrick等，2002）。

静岩压力：由某一深度的上覆岩石和岩石中的流体所形成的压力。

即：

$$P_{ob}=P_e+P_P \tag{6-2}$$

式中，P_{ob}为静岩压力，该值随深度的增加而增加；P_e为粒间接触所施加的应力，也称骨架载荷，是由孔隙介质的固体骨架形成的压力，通常称为有效压力；P_P为孔隙流体压力，该压力主要取决于岩石骨架密度、孔隙流体密度及岩石孔隙度。

对于整个沉积层段来说，沉积岩的密度通常随着埋深的增加由低到高，直至大于2.6g/cm^3。而孔隙流体的密度与温度、压力、流体成分（包括溶解气和固体）及流体相态（气体或液体）有关，所以其变化范围较大。

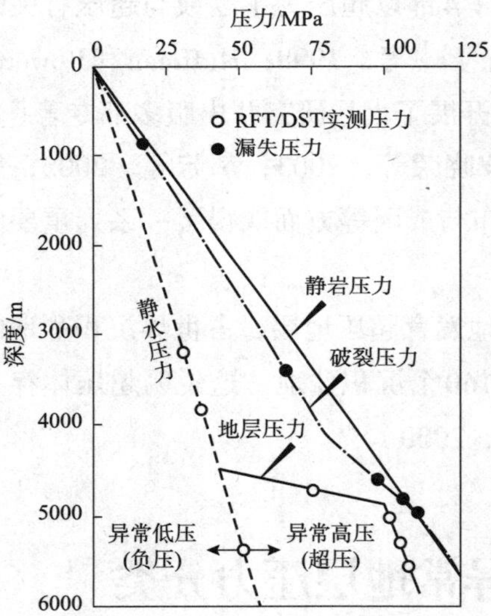

图6-1　沉积盆地地层压力剖面

（据郝芳，2005）

正常地层压力等于地表到某一地层深度的静水压力。沉积盆地的压力状态是通过与静水压力的对比来衡量的，地层流体压力与同深度静水压力的比值称为压力系数。地层的实际压力可以高于、等于和小于静水压力（图6-1）。在地下某一深度段内，地层压力明显高于或低于静水压力的现象统称为异常压力（abnormal pressure），包括异常低压或负压（subnormal pressure或under pressure）和异常高压或超压（over pressure）。地层压力明显高于静水压力（压力系数明显大于1）的现象称为超压（异常高压），而地层压力明显低于静水压力（压力系数明显小于1）的现象称为负压（异常低压）。当地层压力达到某一临界值时，地层将发生破裂，这一临界压力称为破裂压力。由于强超压可以引起地层破裂，因此，多数情况下地层压力低于静岩压力，即上覆地层压力。

6.1.2　异常地层压力分类

异常地层压力的分类主要依据地层压力梯度（Pa/m）或压力系数（P_c），压力系数是指地层压力与静水压力的比值，目前利用压力系数进行分类较为普遍。正常地层压力与异常压力之间的压力递变带称为压力过渡带。

迄今为止，各国学者提出了各种压力分类方案（表6-1）。结合盆地实际，本文主要采用解习农的分类方案。

表 6-1 异常压力的分类方案（解习农，2006）

苏联分类方案		埃克森公司分类方案		本文分类方案	
压力分类	压力系数	压力分类	压力系数	压力分类	压力系数
异常低压	<0.8	—	—	异常低压	<0.8
低压	0.8~1.0	低压	<1.0	低压	0.8~0.9
常压	1.0~1.05	常压	1.0~1.27	常压	0.9~1.2
稍高压	1.05~1.3	过渡带	1.27~1.5	弱高压	1.2~1.5
高压	1.3~2	超压	1.5~1.73	超压	1.5~1.8
超高压	>2.0	强超压	1.73~1.96	强高压	>1.8

6.2 异常压力研究方法

6.2.1 异常压力的研究方法

研究异常地层流体压力的方法主要有三类。第一类是直接利用等效泥浆比重、反映岩石可钻性的地层参数、钻井过程中的中途测试资料等。这些资料不必经过计算处理就可以获得地层压力参数，其缺点是钻井分布范围有限，难以获得纵向上和横向上的全局面貌，此外还存在钻井深度较深、测试结果不准确等缺点。第二类是地球物理测井资料，主要利用声波时差和电阻率曲线进行流体压力计算，这种方法仅限于泥岩。第三类是利用地震资料，即利用地震速度谱、波阻抗以及振幅来预测异常地层压力，特点是资料丰富、覆盖面大（解习农，2006）。本节主要利用声波时差进行异常压力的研究，因为其测井资料丰富、覆盖面广、研究方法成熟（陈荷立，1988；陈发景，1989）。

6.2.2 利用声波时差恢复异常压力

6.2.2.1 平衡深度法基本原理

一般而言，沉积盆地中的异常高压均形成于封闭或半封闭的地质环境，厚层泥岩是形成异常高压的重要条件。关于泥岩异常高压的成因已提出多种机理，如欠压实机理、生烃增压机理、黏土脱水机理等。不论何种机理，高压泥岩都表现为孔隙度高于相同深度正常压实泥岩的孔隙度。剩余孔隙度的存在使得异常高压泥岩中的孔隙流体承受了一部分本应由岩石骨架承担的上覆地静压力，这一部分地静压力在数值上就等于异常高压泥岩中的超压值。基于这一原理，可以利用平衡深度法计算出泥岩层中异常压力的大小。所谓平衡深度，即在正常压实曲线上与欠压实地层孔隙度相等的深度。这种方法的应用主要是基于以下假设条件：①不考虑地层水热作用对欠压实地层中异常压力的贡献；②不考虑地层矿物组分，尤其是黏土矿物在地质埋藏过程中的脱水作用对欠压实地层中异常压力的贡献；③假设沉积地层的性质基本相同；④假设不同深度上岩石的孔隙度相同，则其岩石颗粒间的骨架应力也相同（Magara，1968）。

根据有效应力定律，孔隙度相同处的有效应力相等。因此，欠压实泥岩的孔隙压力可以表示为：

$$P_z=P_e+(S_z-S_e)=\rho_r gZ-(\rho_r-\rho_w)gZ_e \tag{6-3}$$

如果用声波时差的变化表示正常泥岩压实曲线的压实规律，则有：

$$P_z=\rho_r gZ+\frac{(\rho_r-\rho_w)g}{C}\ln\frac{\Delta t}{\Delta t_0} \tag{6-4}$$

式中，Z为欠压实泥岩的埋藏深度，m；Z_e为欠压实泥岩对应的平衡深度，m；P_z为欠压实泥岩的孔隙压力，Pa；P_e为平衡深度处的静水压力，Pa；S_z为深度Z处的地静压力，Pa；S_e为平衡深度处的地静压力，Pa；g为重力加速度，m/s^2；ρ_r为沉积岩平均密度，kg/m^3；ρ_w为地层孔隙水密度，kg/m^3；Δt为欠压实泥岩的声波时差值，μm；Δt_0为原始地表声波时差值，μm；C为正常压实泥岩的压实系数，m^{-1}。

压力计算中涉及的参数参考前人研究（陈荷立等，1988），鄂尔多斯盆地中生界泥岩骨架声波时差值为200μs/m，地表取声波时差值为600μs/m，岩柱密度取通用经验值2.31g/cm^3，地层水密度取1.04g/cm^3。

利用平衡深度法根据声波时差资料计算欠压实泥岩孔隙压力的具体步骤为：①在测井曲线上读取不同埋深泥岩层的声波时差值，作出声波时差与埋深的关系曲线；②在声波时差与埋深的关系曲线上作出正常的压实趋势线，并求出正常压实条件下的C值和Δt值；③按式（6-3）、式（6-4）计算欠压实地层孔隙压力和异常压力。

应该指出，平衡深度法只能用于研究盆地中泥岩的压力，不能直接用于研究砂岩的压力。但大量事实表明，相邻砂岩和泥岩的流体压力往往具有相同的变化趋势（砂岩的压力一般小于泥岩的压力）。实际上，盆地中的异常压力都起源于泥岩层，砂岩的异常高压与泥岩中的异常高压具有内在的联系。

研究区延长组泥岩压实曲线有一个共同特征，即整个压实曲线均包括正常压实段和异常压实段，长7泥岩的欠压实现象在全区普遍存在，各单井曲线上仅在异常段的顶界埋深、层位以及异常段偏离正常压实趋势的幅度等方面存在着一定的差异。

6.2.2.2 测井曲线上的声波时差数据的正确读取

在读取测井数据时，要综合各类电测曲线并结合录井资料，尽可能选择厚层纯泥岩段，如自然伽马处于基线、低电阻、高电导率、高自然伽马、无严重扩径现象，单井泥岩厚度大于2m时读取声波时差数据。然后，建立各单井正常压实曲线。在正常压实带中，声波时差传播时间与深度关系如下：$\Delta t_e=\Delta t'_0 e^{-cze}$（陆明德，1991）。数据的准确读取是获得正确结果的前提。

6.3 鄂尔多斯盆地延长组古流体压力特征——以姬塬地区为例

因沉积物压实效应的不可逆性，由压实曲线经平衡深度法计算的流体压力反映该地区处于最大埋深状态下的地层压力分布状态。受区域—沉积历史的影响，鄂尔多斯盆地大部分地区在早白垩世末埋深最大，因而计算的过剩压力更多反映这一时期的情况（王震亮等，2007）。

本节共读取了77口井的声波时差值，其中4口井无异常压力。笔者对其中73口井的声波时差进行了平衡深度、地层压力、静水压力、过剩压力和压力系数的恢复计算。根据单井的最大地层压力，编制长7、长8的古异常压力平面和剖面图。

6.3.1 长7过剩压力平面分布特征

从异常压力平面分布图上看，过剩压力整体为北西—南东向展布，与湖盆走向一致。平面上具有隆凹相间的分布格局，研究区中部过剩压力一般较大，向两边逐渐变小（图6-2），反映了过剩压力整体受长7沉积中心范围控制。

异常压力的整体分布格局与长7油页岩的厚度具有较好的一致性（图6-3），厚度大的地方过剩压力一般较高，反映了厚层泥岩（油页岩）是产生异常高压的主要岩石类型。研究区长7过剩压力一般在8MPa以上，大部分在16MPa以上，局部超过24MPa（如麻黄山等地区）。

6.3.2 长8过剩压力平面分布特征

研究区长8与长7相比，泥岩过剩压力普遍较低，一般在8~12MPa，反映了长8沉积时泥岩不太发育，过剩压力整体较低。局部地区（麻黄山）过剩压力超过16MPa（图6-4），主要受长7过剩压力的影响。

长7地层与下部长8地层普遍存在较高的过剩压力差，一般在8~12MPa，局部地区超过12MPa（图6-5）。较强的过剩压力差是石油向下运移最主要的动力。

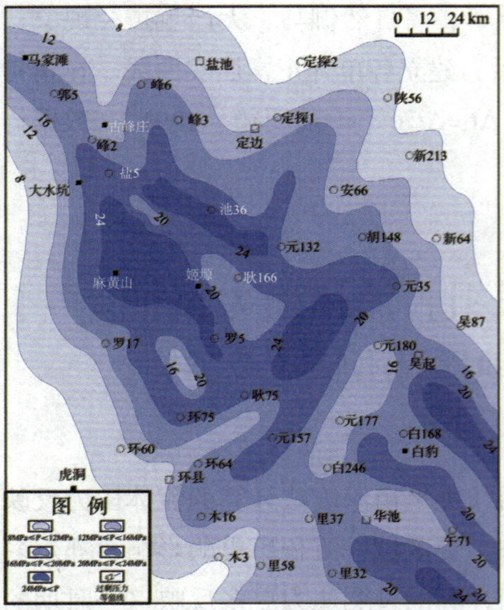

图 6-2　鄂尔多斯盆地姬塬地区早白垩世长 7 过剩压力等值线图

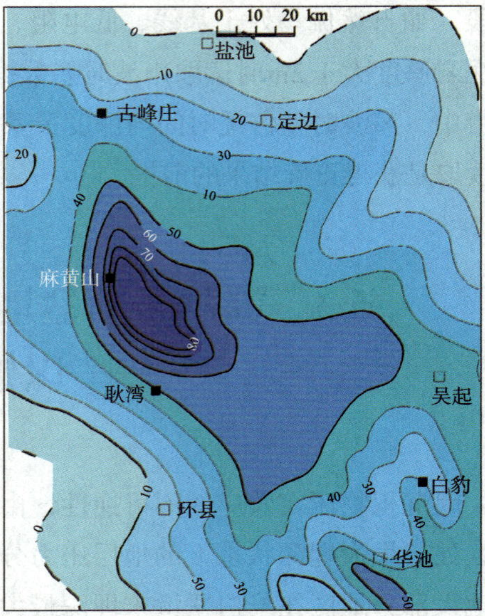

图 6-3　鄂尔多斯盆地姬塬地区长 7 高阻泥岩等厚度图

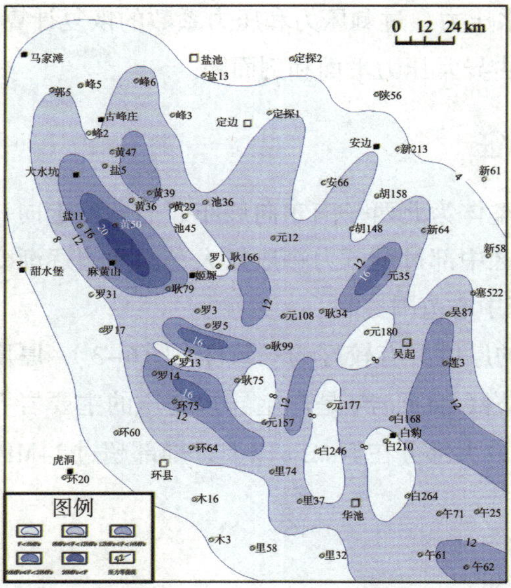

图 6-4　鄂尔多斯盆地姬塬地区早白垩世长 8 过剩压力等值线图

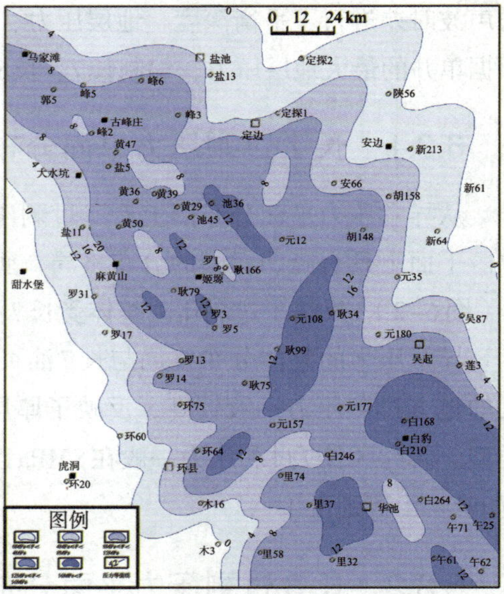

图 6-5　鄂尔多斯盆地姬塬地区长 7—长 8 过剩压力差等值线图

6.3.3　古压力系数特征

研究区长7古压力系数一般大于1.2，一般为1.4~2.0，根据表6-1，整体属于超压盆地；局部大于2.0，主要分布在铁边城、姬塬和金鼎地区，属于强超压。平面上压力系数分布具有中间大、四周小的分布规律，但高压力系数分布区也存在局部弱高压和超强压，反映了超压分布的不均衡性。压力系数与烃源分布关系一致性较强，反映了长7底部厚层泥页岩是产生高压的主要原因（图6-6）。

研究区长8厚层泥岩不发育，压力系数普遍较低。古压力系数一般大于1.2，一般为1.2~1.4，根据表6-1，整体属于为弱高压；局部大于1.5，主要分布在麻黄山、元35井区等地区，属于超压（图6-7）。

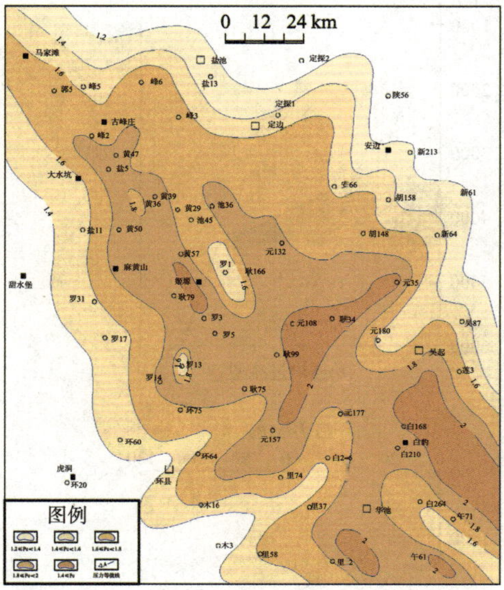

图6-6 鄂尔多斯盆地姬塬地区长7压力系数平面图

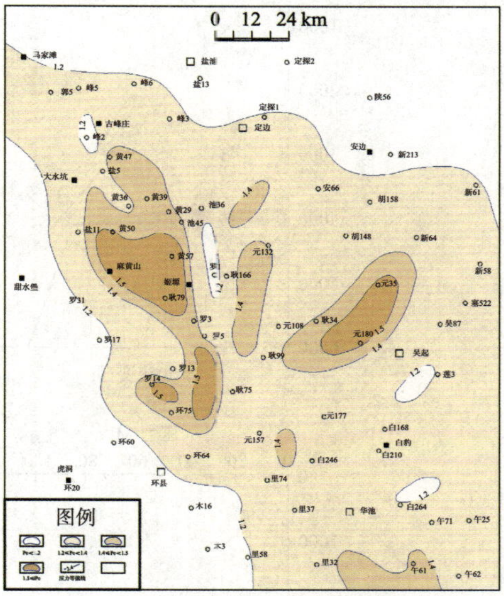

图6-7 鄂尔多斯盆地姬塬地区长8压力系数平面图

6.4 地层压力结构特征

地层压力结构是指垂向上超压系统的发育特征、超压系统与上覆正常压力系统的过渡关系。地层压力结构与油气的聚集及保存有着密切的关系（王红军等，1999）。超压盆地的压力结构可分为3种基本类型。

（1）突变型（A型）压力结构。垂向上发育两个压力系统，上部为静水压力系统，下部为超压系统，超压系统与上覆静水压力系统之间没有明显的过渡带［图6-8（a）］。在发育稳定分布的有效封闭层的沉积盆地中常发育这类压力结构。由于鄂尔多斯盆地三叠系延长组长7泥页岩是区域性盖层，因此，延长组也存在这种压力结构类型。

（2）渐变型（B型）压力结构。垂向上发育两个超压系统，上部为静水压力系统，下部为超压系统，二者之间存在明显的过渡带。根据过渡带的性质，可进一步分为递增过渡型［B1型，见图6-8（b）］和振荡过渡型［B2型，见图6-8（c）］两类。与突变型压力结构相比，递增过渡型压力结构最重要的特征是压力过渡带厚度较大（可达

1000m以上)。

(3)叠置型(C型)压力结构。垂向上发育3个或3个以上的压力系统，即静水压力系统之下发育2个或2个以上的超压系统[图6-8(d)]。

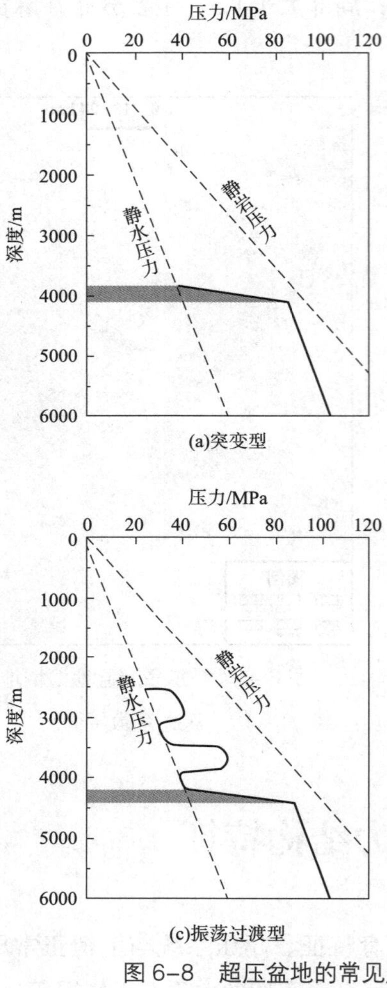

图6-8 超压盆地的常见压力结构(据郝芳，2005)

需要指出的是，一些盆地中的压力结构实际上比图6-8中所示的情况更为复杂，表现在不同压力系统的压力梯度可能存在差异、不同压力系统之间的过渡关系较为复杂等。同时，由于沉降—沉积速率和充填岩性的差异，同一盆地不同地区的压力结构可能不同(郝芳，2005)。

6.4.1 单井压力结构类型

盆地延长组主要发育突变型、叠置型两种压力结构。

突变型：垂向上发育两个压力系统，上部为静水压力系统，下部为超压系统，中间无明显过渡带。如图6-9耿75井，长7上部静水压力系统与长7超压系统突变接触，与厚层泥页岩连续发育有关。

叠置型：垂向上发育多个压力系统，即在静水压力系统之下发育两个超压系统，中间有明显过渡带。如图6-10里79井，垂向上发育两个超压系统，这主要与泥页岩不连续分布有关。

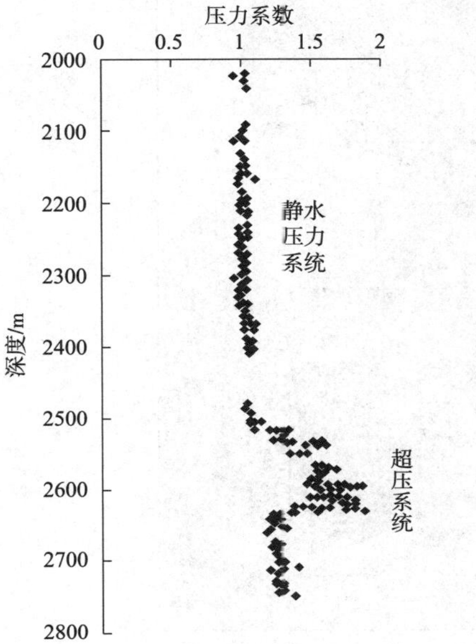

图6-9 耿75井突变型压力结构

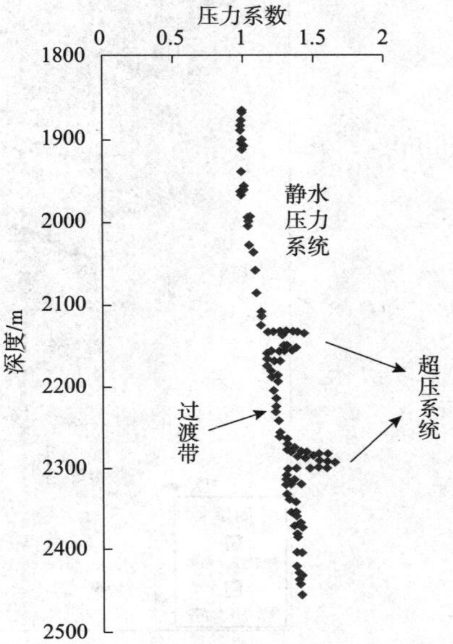

图6-10 里79井叠置型压力结构

6.4.2 压力结构类型平面分布特征

从单井压力结构平面分布图上看（图6-11），鄂尔多斯盆地姬塬地区延长组突变型和叠置型两种压力结构类型的分布与长7泥岩分布关系密切，一般厚层泥岩连续发育的地方发育突变型压力结构，泥岩沉积不连续的地方发育叠置型压力结构。这充分说明了泥岩（页岩）是产生超压的最主要的岩石类型。

6.4.3 剖面压力结构类型

本文作了两条剖面压力结构图，剖面位置见图6-11蓝色折线。

从峰5井至罗11井，长7为最大的剩余压力分布层位（大于20MPa），一般超过15MPa，主要集中在长7下部，连续性好，长度超过110km；长8流体剩余压力总体较小，大部分集中在5~10MPa。长7与长8过剩压力一般超过10MPa，为石油向下运移提供了充足的动力（图6-12）。

从环59井至安66井，长7为最大的剩余压力分布层位（局部大于25MPa），一般超过15MPa，主要集中在长7下部，连续性较好；长8流体剩余压力总体较小，大部分集中在5~10MPa，局部超过10MPa。长7与长8过剩压力一般超过10MPa，为石油向下运移提供了充足的动力（图6-13）。

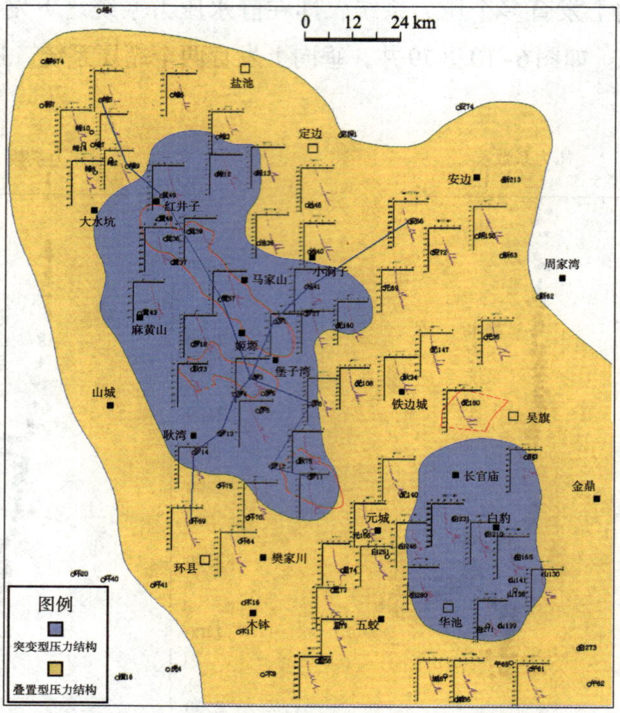

图6-11　鄂尔多斯盆地西部中区单井压力结构平面图

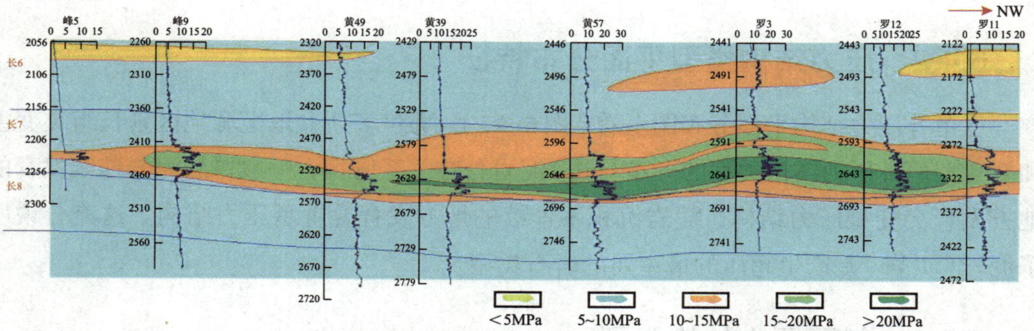

图6-12　盆地西部中区延长组峰5井—罗11井过剩压力剖面图

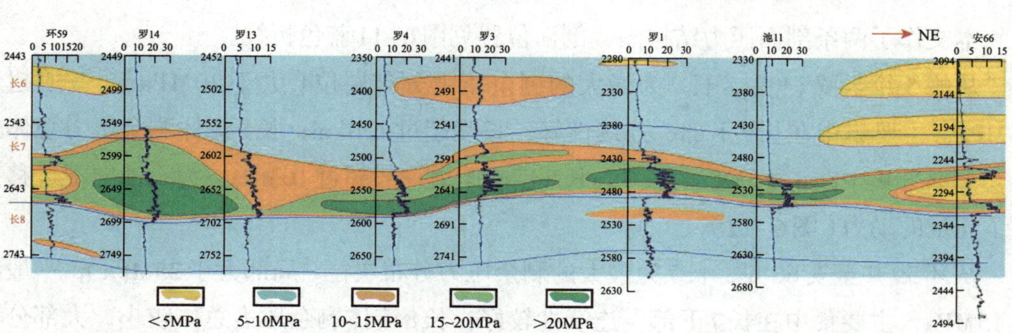

图6-13　盆地西部中区延长组环59井—安66井过剩压力剖面图

6.5 延长组异常超压的成因机制

6.5.1 异常超压常见的成因机制

超压是沉积盆地演化过程中孔隙流体滞留引起的非平衡状态。超压的发育受多种因素的控制，已发育的超压亦可以由于地质条件的变化而泄漏和散失。深入研究超压的形成机制、保存条件和演化历史是认识超压盆地流体流动和油气的生成、运移及聚集规律的基础。

在沉积盆地形成演化过程中，多种物理、化学过程都可以产生异常压力。根据超压产生的过程，可以将超压发育机制分为3类：①岩石孔隙体积的变化，即与应力有关的生压过程，包括压实不均衡（垂向负载应力）和构造应力（侧向挤压应力）；②孔隙流体体积增大引起的生压过程，包括水热增压、黏土矿物脱水、生烃作用和原油裂解成气等；③流体流动和浮力的增压作用，包括重力水头和浮力等。超压可能成因见表6-2（G V 奇格林等，2004；马启富，2000）。

表 6-2　异常高地层压力的不同成因类型

成因类型		过程描述
岩石孔隙体积的变化	垂向载荷（欠压实）	沉积和沉降速率较快的地区，压实不均衡引起超压
	侧向挤压应力	构造活动。由于岩石的水平构造挤压使孔隙体积减少，如局部和区域性断裂、褶皱、底辟，地震等
	次生胶结	胶结作用。$CaSO_4$、NaCl、$CaCO_3$等可以作为封闭遮挡物（压力盖层），由于储层内晶体的生长导致孔隙空间减少，直接导致孔隙压力增加
孔隙流体体积的变化	水热增压	热动力效应。地层温度增加导致流体膨胀、孔隙压力增加
	矿物转化	成岩作用和后生作用。沉积后的改造（边界水释放）：（1）蒙脱石和混层黏土转化成伊利石（蒙脱石脱水）；（2）石膏脱水转化成硬石膏
	烃类生成	有机物/干酪根转化成石油。干酪根形成油气导致孔隙体积显著增大
	烃类的裂解（热成因）	烃类的裂解。长链烃裂解成短链烃体积增加2~3倍。次反应通常发生在深度大于2~4km，温度高于70~120℃。有机分子的热裂解依据沉积物的深度，开始于120~140℃。温度超过180℃时，几乎所有的烃类都转变成甲烷气运移
流体压力（水压头）变化	渗透作用	地层流体中盐水浓度差能使流体穿过半渗透膜进行转换
	流体压力	承压夜面，区域性的等势面效应
	相对密度差	密度差，气柱重量和流体柱重量之间的差异

尽管沉积盆地演化中的很多物理、化学过程都可以引起流体体积膨胀或孔隙体积减小，从而成为潜在的超压发育机制，但据国内外报道的资料来看，可独立产生大规模超压机制的主要包括压实不均衡、生烃作用、构造挤压和成岩作用。

欠压实型超压主要发育于中新生代沉积盆地中，具有以下主要特征：①超压带具有异常高的孔隙度；②超压顶面深度与沉降—沉积速率成反比，即沉降—沉积速率越高，超压顶面深度越浅，强超压分布在沉降、沉积中心；③超压的分布与有机质丰度和成熟度无关，超压可发育于有机质丰度低的未成熟泥岩中；④流体活动强烈，可发育泥底辟、泥火山等与超压环境泥岩塑性变形有关的地质现象。

生烃型超压包括生油型和生气型超压两类。生油型超压主要发育于有机质丰度高的成熟原岩中（R_o>0.5%），超压带的孔隙度不高于上覆正常压力系统的泥岩孔隙度，也不高于埋藏深度相近、处于正常压力状态的同层位源岩。超压顶面受有机质丰度高的成熟源岩的控制，超压顶面不可能出现在区域性生烃门限之上。流体活动强度可能低于欠压实型超压，通常不发育泥底辟、泥火山等现象。生气型超压与生油型超压相似，超压带的压实程度、温度（高于150℃）和源岩成熟度更高（R_o>1.0%~1.3%）。

构造挤压型超压只发育于挤压盆地，超压带可以发育于有机质丰度和成熟度不同的层段。与欠压实型超压不同的是，构造挤压型超压的孔隙度可能相对低且发育构造应力驱动的侧向流体流动。

成岩型超压在近年来才得到确认，其主要特征包括：①超压带不具有欠压实特征；②超压的发育与黏土矿物的转化、石英和方解石的溶解与沉淀等成岩作用密切相关。

有的学者根据有无外界流体的流入或流出，把有外界流体流入或流出的压力系统称为开放体系，没有外界流体的介入或流体的输出称为封闭体系，并根据超压系统的成因机制将超压系统分为自源型超压和它源型超压（解习农，2006）。常见的自源型超压机制有不均衡压实作用（垂向负载应力）、黏土矿物脱水、生烃作用和原油裂解、水热增压和浮力等；它源型超压包括构造应力引起的超压和传导超压两种。总之，地下异常压力在世界各地都有发育，且形成机制各不相同，可能是物理的、化学的或者二者的结合。通常，沉积盆地单一因素引起的超压是很少的，很多盆地超压的发育可能是多种机制共同作用的结果（郝芳，2005）。在多数情况下，压力的增大是由于水不能从被压实的沉积物中排出所致，因此孔隙水必然会承担另外的载荷。

6.5.2 延长组异常高压形成机制

延长组沉积速率较快，在早白垩世时埋深最大，烃源岩开始大量排烃。因此，长7泥页岩的超压形成主要是两种机制——欠压实和生烃增压。

6.5.2.1 欠压实作用

晚三叠世延长组和侏罗系、下白垩统是沉积较快的地层，快速的沉降使长7厚层泥岩排液不畅，形成超压。因此，在长7厚层泥岩沉积早期主要存在欠压实作用产生的高压。

6.5.2.2　烃类生成作用

绝大多数学者认为，干酪根成熟后生成的油气体积要大大超过原干酪根本身的体积，不断新生的流体进入孔隙中，必然驱替原有流体向外排出，当流体不能及时排出或产生速率大于排出速率时，就会导致孔隙流体压力的增大。随着埋深的增加，温度不断升高，长7烃源岩在白垩世早期开始大量成熟、生油、排烃（杨俊杰，2002）。

近年来，张文正教授对优质油源岩生烃作用产生的体积膨胀进行了定量计算（张文正等，2006）。长7段优质油源岩的累计产油率取400kg/t，岩石密度取2.5g/cm^3，干酪根密度取1.2g/cm^3，地层状态下的原油密度为0.75g/cm^3（长6段至长8段原油高压物性分析实测平均值），油源岩的TOC按主要分布区间（6%~14%）取值，则计算得出1m^{3}油源岩累计生成的原油体积为0.080~0.187m^3，即累计生成的原油体积是岩石体积的8%~18.7%，甚至更高。可见，长7段优质油源岩生烃作用产生的体积膨胀十分可观。另外，如果假定干酪根热降解过程中体积收缩产生的空间完全被石油占据，那么干酪根生烃过程产生的体积膨胀率也可达3%~7%，该数值也远大于油源岩的孔隙度。长7段优质油源岩生烃作用产生的超压是巨大的，完全有可能成为石油初次运移（排烃）的最主要动力，甚至对低渗透储集层中的油气二次运移产生重要影响。

从以上分析可知，长7泥页岩的超压形成主要有两种机制：沉积早期，在没有大量生烃时，主要是快速压实作用引起的泥页岩欠压实形成的超压；随着埋深的增加，温度逐渐升高，有机质开始大量生烃，烃类的生成导致了孔隙体积的增加，从而引起地层压力的快速增加。

6.6　异常压力与油藏形成关系

异常高压对油气的作用是多方面的。据统计，世界范围内已知有180个沉积盆地具有超压地层体系，占世界沉积盆地的2/3，其中超压体与油气分布具有因果关系的约有160个沉积盆地，说明超压体存在的普遍性，并与油气成因有紧密联系（马起富，2000）。异常高压不仅是油气运聚的重要动力来源，而且在一定地质背景下是控制油气分布的重要因素。

超压体的过渡带是油气聚集的有利区。随着资料的增加，人们发现墨西哥湾陆架区内油气田和油气储量集中在超压面附近，主要储量不在正常压力带内，也不在强超压带内，而在弱至中等压力带内分布（Shell，1997）。这是因为很多盆地的烃源岩都位于超压带内，超压体本身就是一个物性封堵面，也是油气运移的平衡面，有利于油气的聚集。在强超压存在时，盖层的完整性受到破坏，一般不利于油气的保存。

低势区和低势层是油气运聚的主要场所，是油气储量集中分布在超压带顶底面附近的原因。多位学者研究表明，超压体对生烃也具有抑制作用（马起富，2000；郝芳，2005；查明，2002）。

下面将正常压力盆地及以欠压实成因和生烃成因为主的超压盆地的油气生成、运移、聚集等条件进行总结（表6–3）。

表 6–3 正常压力盆地与超压盆地成油条件对比（据马启富，2000，略修改）

成油条件	正常压力盆地	超压盆地	
		欠压实成因	生烃成因
生油	受有机质类型和温度控制，具有一定的生油窗和生气窗等	不但受有机质类型和温度控制，而且超压抑制和延迟有机质向烃类转化	不但受有机质类型和温度的控制，而且超压抑制和延迟有机质向烃类转化
储层	受温度、成岩作用控制，由浅至深孔隙度由大变小，渗透率也随着由好变坏，有时次生孔隙又可以使物性变好	由于快速沉积，地层孔隙中的水来不及排出，岩石骨架基本上不承压或者承压很少；在超压层系中，孔隙基本不变或变化很少，成岩作用差，一般处于压实阶段的储层为高孔—中孔、低渗	孔隙度、渗透率较低，寻找物性相对好的“甜点”
盖层	非渗透性地层如蒸发岩、致密的灰岩、页岩、粉砂岩等，以浓度和物性封闭为主	除物性和浓度封闭外，以超压封闭为主，当孔隙流体压力大于85%上覆地层压力或上覆地层的抗张强度时，即可产生水力压裂，使油气漏失	除物性和浓度封闭外，以超压封闭为主，当孔隙流体压力大于85%上覆地层压力或上覆地层的抗张强度时，即可产生水力压裂，使油气漏失
油气田驱动类型	具边水或底水驱动，溶解气驱	具边水、底水水驱	无边水和底水
运移	以分子扩散和渗流为主的运移方式沿纵向及横向以烃相运移为主	烃类以溶解状态存在于孔隙水中，初次运移以水相为主，呈脉冲式混相涌流，处于聚散动态平衡状态，由高势向低势区运移	烃类以溶解状态存在于孔隙水中，初次运移以水相为主，呈脉冲式混相涌流，处于聚散动态平衡状态，由高势向低势区运移
聚集	常规聚集，以构造及地层圈闭为主	油气聚集在超压顶面附近的各种圈闭中，或远离烃源岩到压力过渡带及常压带内	油气聚集在超压箱内物性好的岩性中，位于烃源岩内或附近，以岩性圈闭为主
勘探风险	各种风险，因地而异	超压风险：孔隙流体压力≥上覆地层压力的85%时，盖层中会产生水力压裂的微裂隙使油气散失	储层物性风险

研究结果表明，异常高压对鄂尔多斯盆地延长组下部油藏的形成与分布主要有以下作用：

（1）异常高压是延长组下部石油运移的动力。通过上述分析可知，长7与下部长8、长9地层存在10MPa左右的过剩压力差，局部超过15MPa，过剩压力差是石油向下运移的主要动力。

（2）低压区和相对低压区是石油聚集的有利场所。研究表明，石油从高压区向低压区运移，不仅在垂向上石油穿层运移，侧向上石油也是在低压区或相对低压区聚集（图6-14）。因此，结合砂体分布和低压区位置可以预测油藏分布有利区，指导勘探生产。

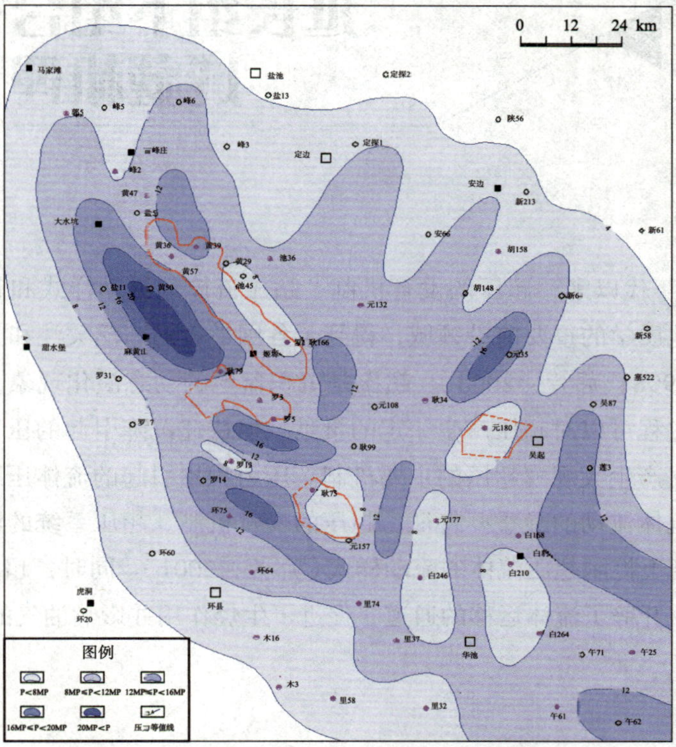

图 6-14 早白垩世鄂尔多斯盆地姬塬地区长 8 过剩压力与有利区（红色框）分布图

7 延长组下组合石油成藏机理

20世纪90年代以来，超压的发育机制、超压流体的流动样式和超压环境的成藏机理成为石油地质学的重要前沿领域，得到了各国学者的广泛关注和大量研究（hunt，1990；holm，1998；郝芳，2003）。超压是沉积盆地的动态演化现象，演化过程中很多物理、化学过程可以对超压产生一定的贡献，但快速沉降引起的压实不均衡和生烃作用应是可独立产生大规模超压的主要机制。压力积累引起的流体压裂和流体幕式排放是超压盆地流体流动的最重要特征。超压的发育机制、超压系统的内部结构和演化过程在很大程度上控制超压流体的流动样式（郝芳，2001）。同时，超压释放提供了流体运移的动力，开辟了流体运移的通道，促进了生烃作用并影响油气的分布（刘晓峰，2001）。

7.1 超压盆地幕式成藏机理研究现状

7.1.1 超压流体的流动方式

郝芳根据地下流体的流动方式特别是流动的连续性和速率，将地下流体流动分为连续稳态和非连续瞬态流体流动两类（郝芳，2003）。

稳态流体流动是指在地形差异、压实作用和构造挤压等动力的驱动下，地下流体通过孔隙、裂隙等空间持续、缓慢渗流过程。

瞬态流体流动是指由于地层的突然破裂或先存断层、裂隙的突然开启引起的地下流体突然开始快速流动并在短时间内中止的流动过程。根据瞬态流体流动的周期性、流体流动的诱发机制，瞬态流体流动可以分为事件流动和幕式流动。

事件流动是指突发性事件引起的地层破裂、断裂和裂隙的突然开启及其伴生的流体流动过程；幕式流动是指超压流体通过地层水力破裂或先存裂隙（断层）的间歇性排放过程。当地层压力达到岩层破裂压力时，地层发生水力破裂（hydraulic fracture）

（Hunt，1990；Dewers和Ortcleva，1994；Holm，1998），超压流体通过水力破裂突发性释放。在地层中发育先存裂隙或断层时，超压的积累可使在常压条件下保持封闭状态的裂隙或断层开启，超压流体通过开启的裂隙或断裂突发性释放。在超压流体释放后，地层压力降低，各种裂隙或断层闭合，流体排放终止。而后压力不断积累，再次引起地层破裂和裂隙（断层）的开启，超压再次排放（图7-1），形成压力积累—流体压裂—压力降低—裂缝闭合—压力积累的幕式过程。因此，超压流体的排放具有幕式瞬态特征。幕式流动与事件流动的主要区别在于，前者压力积累的连续性、流体流动的多期性和周期性，而事件型流体流动可能仅仅一期，即使存在多期，但不同期次流体流动无必然的成因联系且周期性不强。

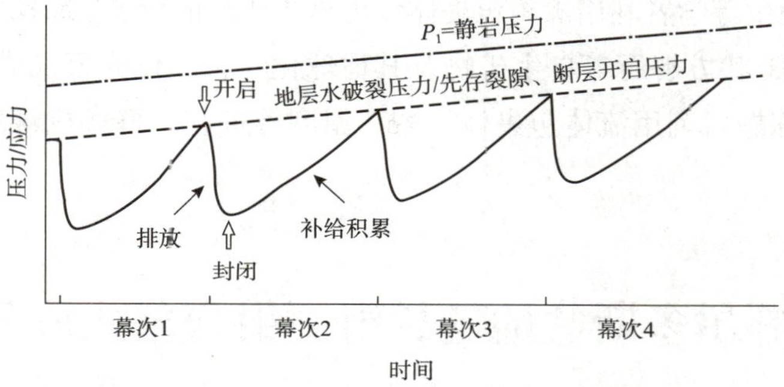

图7-1　超压引起的地层破裂或裂隙、断层的周期性开启和超压流体的幕式排放

随着各种生压过程的不断进行，流体压力达到封闭层的破裂压力，封闭层发生破裂，引起超压流体的二次排放。二次排放与初次排放存在明显的差异：①超压流体初次排放过程中发生破裂的地层是强生压单元，地层的破裂主要是自身压力积累的结果，本文称之为自驱动型破裂或主动破裂，而二次排放过程中发生破裂的地层（封闭层）或地质体本身不产生超压，地层的破裂或断层的开启是其他地层或地质体压力积累的结果，称之为受力型破裂；②自超压泥（页）岩向相邻近砂岩的超压流体初次排放既可以向上也可以向下，而超压流体二次排放主要向上；③超压流体的初次排放不发育较长距离的流体侧向流动，而超压流体的二次排放则存在流体的侧向运移和能量的侧向传递（郝芳，2005）。

7.1.2　幕式成藏研究现状及进展

幕式成藏是油气成藏的重要方式之一（郝芳，2004；赵靖舟，2005）。早在20世纪50年代，人们研究油气排烃过程（初次运移）时就发现，油气从烃源岩中向输导层的排烃具有周期性排放特征，即主要通过微裂隙系统进行幕式排烃。20世纪60~70年代，一些学者认为油气二次运移也具有幕式特点；20世纪80~90年代，对含油气盆地中异常压力的研究表明，幕式成藏是某些含油气系统的重要成藏方式（Hunt，1990；

Hooper，1991；Luo，1994；Dewers T，1994；Roberts S J，1995；Losh S，1999）。我国学者对莺歌海、二连、准噶尔、松辽等盆地的超压流体系统幕式成藏现象进行了研究，探讨了其成藏机理和充注特征（Hao F，2000；龚再升等，1999；解习农等，2006；胡文瑄等，2006；刘震等，2007；郭少斌，2005；董伟良，1999；焦养泉，2000；郝芳等，2001），反映了国内学者对这一研究领域的关注和思考。也有学者通过物理模拟手段揭示了幕式成藏的机理和特征（Zeng J，2003；侯平等，2005）。

在研究油气幕式成藏的过程中，寻找油气幕式成藏的地质证据至关重要，这也是确定成藏方式的证据。目前，郝芳等学者利用幕式流体流动的不连续性、流体流动过程中温度压力的快速变化及流体活动的多期性和周期性作为幕式成藏的识别标志（郝芳，2003）；邱楠生等学者利用沸腾包裹体作为幕式成藏的标志（邱楠生，2000）；胡文瑄等利用含油环带状方解石等自生矿物及其地球化学特点作为幕式成藏的证据（胡文瑄等，2006）；陈振岩利用流体包裹体、均一温度等进行了幕式成藏的研究（陈震岩，2003）。

7.2 鄂尔多斯盆地延长组下组合幕式成藏证据

寻找油气幕式成藏的地质证据是确定成藏方式的关键，本节主要将以下几个方面作为幕式成藏的证据。

7.2.1 长7生烃增压是烃源岩排烃的主要动力

研究认为（庞雄奇，1995），在进入生烃门限之前，源岩的含烃饱和度很低；在进入生烃门限之后，源岩的含烃饱和度逐渐增大。当源岩的含烃饱和度达到排烃门限时，压实和生烃增压作用驱使烃类通过先存孔隙运移，即连续烃相运移。如果在生烃过程中源岩的孔隙流体压力达到地层破裂压力，源岩发生破裂，流体以混相通过裂隙快速排出，即幕式排烃。

源岩中生成的烃类以何种机制为主进行初次运移，取决于源岩的有机质丰度、类型、成熟度、成熟速率、孔隙度、渗透率、应力状态、抗张强度和盆地应力状态等。根据源岩的应力状态特别是源岩的应力是否达到地层破裂压力从而引起地层破裂，可以将源岩及其初次运移分为三种类型（郝芳，2006）。其中，一类源岩具有较高的有机质丰度、较好的有机质类型且孔隙度、渗透率较低，孔隙压力在生油主带达到地层破裂压力（图7-2①），油气初次运移早期（TD1~A）以连续烃相运移为主，晚期以沿裂隙的幕式混相运移为主。

因此，幕式排烃不是所有源岩的主要排烃机制。只有生烃能力强（有机质丰度高、类型好)、生烃速率高、孔隙度低、渗透率低的源岩才能发育强超压并导致源岩破裂而发生幕式排烃，而生烃能力和生烃速率较低、孔隙度较高、渗透率较高的源岩通常难以发育足以导致源岩破裂的超压，油气初次运移以连续烃相为主。

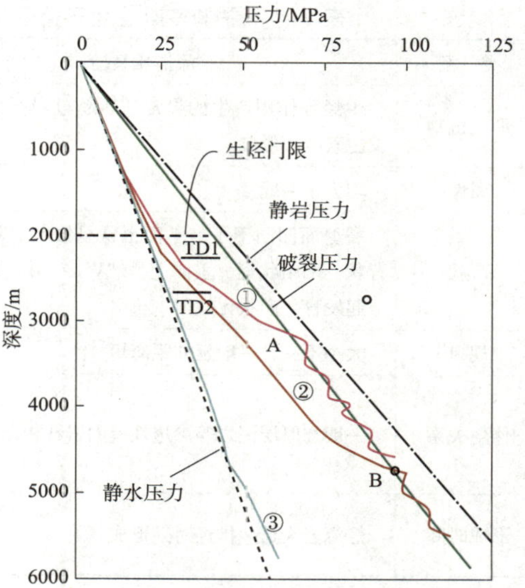

图 7-2　不同源岩生烃过程中压力的变化及初次运移机制（TD1 和 TD2 分别是源岩①和源岩②的排烃门限）

研究区为长7生烃中心区，烃源岩厚度一般大于30m，局部超过50m，最厚处超过100m（黄43井区）；干酪根主要为Ⅰ型和$Ⅱ_1$型，有机质类型比较好；有机碳含量平均为16.5%，有机质丰度比较高；孔隙度、渗透率比较低，总体与图7-2①烃源岩类似。在生烃时体积明显增加，压力明显增大，形成的超压能够使地层发生流体破裂，油气通过裂隙以幕式运移。

7.2.2　排烃通道

流体压裂缝(水力压裂缝)是指由于孔隙空间的流体压力(盆地主要是烃源岩大量生烃时的压力)增大导致泥质岩石等发生破裂而形成的裂缝(hydraulic fracturing)，这种破裂往往形成于异常高的流体压力背景(解习农，1998)。流体压裂缝大大改善了沉积物的渗透率，并为超压流体的排放提供通道。流体压裂缝的开启和封闭随流体压力的变化而改变：当流体压力超过临界值时(通常为静岩压力的85%)，水力破裂开启，流体迅速向外流动，同时导致流体压力降低；当流体压力降低到一定值时(通常为静岩压力的35%)，流体压裂缝自动封闭，形成了增压—流体压裂缝形成—超压流体释放—地层压力降低—裂缝闭合—压力积累增压的过程。这一过程周期性发生，导致超压流体的排放具有幕式瞬态特征(郝芳，2005)。根据超压体系形成的主控因素差异，可进一步划分为水力破裂型和生烃压裂型(解习农，2006)，研究区主要是后者。因此，流体压裂缝的存在，是超压流体幕式排放的有力证据。

7.2.2.1　流体压裂缝与构造缝的区别

在实际工作中，比较常见的裂缝是流体压裂缝与构造缝，而流体压裂缝的特征目前国内外文献介绍得较少，实际工作中也常被误认为是构造缝。笔者总结了二者在多方面特征上的差异(表7-1)。

表 7-1 鄂尔多斯盆地三叠系延长组流体压裂缝与构造缝特征对比

类　型	流体压裂缝	构造缝
形成机制	生烃等作用产生的异常超压超过岩石强度，岩石发生破裂而形成	构造应力超过岩石强度，岩石发生破裂而形成
属性	均为张裂缝	张裂缝、压裂缝、剪切缝均有
产状	裂缝面凹凸不平，平面上常呈锥状、马尾状、龟背状、网络状等，垂向上呈“V”字形，常多条裂缝一起发育，产状无规律	裂缝面平整，常呈直立状；多组发育时，相互平行或共轭
规模	大小不一，一般延伸距离短	一般规模较大，延伸远
伴生关系	一般与厚层泥岩等渗透性差的岩石相伴生	一般与区域性断层（基底断裂）、褶皱等应力集中区相伴生，距离这些应力集中区越近，裂缝密度越大
形成时间	烃源岩大量生排烃时期形成	构造运动发生时期形成，印支期、燕山期及喜山期等

7.2.2.2 岩心中流体压裂缝特征

本次研究中，在岩心观察中发现了较多的流体压裂缝现象，裂缝面一般凹凸不平，无规则走向，平面上常呈锥状、马尾状、龟背状、网络状等，垂向上呈“V”字形，常多条裂缝一起发育，规模及产状无规律。裂缝面常有石油运移的痕迹，多被后期方解石充填（图7-3）。同时，多数流体压裂缝中含有沥青、油迹等反映石油运移的现象（图7-4），表明流体压裂缝是石油运移的通道。

(a)耿70，长6_2，长7(38/38)，龟背状流体压裂缝

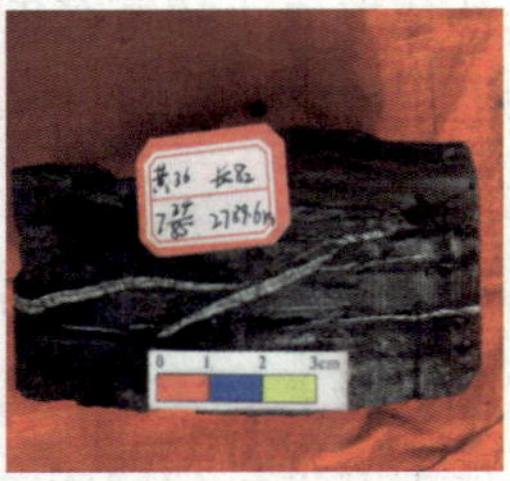

(b)黄36，长8_2，2789.6m，泥岩中近水平向流体压裂缝

(c)里82，长7_1，2208.28m，构造缝

图 7-3 岩心中观察到的流体压裂缝与构造缝对比

(a)白272，长7_1，2016.5m，流体压裂缝，含沥青

(b)白281，长7_3，2086.5m，马尾状生流体压裂缝

图 7–4 岩心中流体压裂缝缝面含沥青、油迹

7.2.2.3 显微镜下流体压裂缝特征

除了岩心中存在流体压裂缝外，在显微镜下也观察到了这种流体压裂缝，不但烃源岩中存在，长8储层中也有发现。烃源岩中流体压裂缝缝面不规则，反映了裂缝在形成时压力不均衡。在缝面上存在较强的黄色荧光，表明其曾是排烃通道（图7–5）。长8储层中流体裂缝缝面相对规则，缝面也有明显的黄色荧光，表明其曾是油气运移的通道。

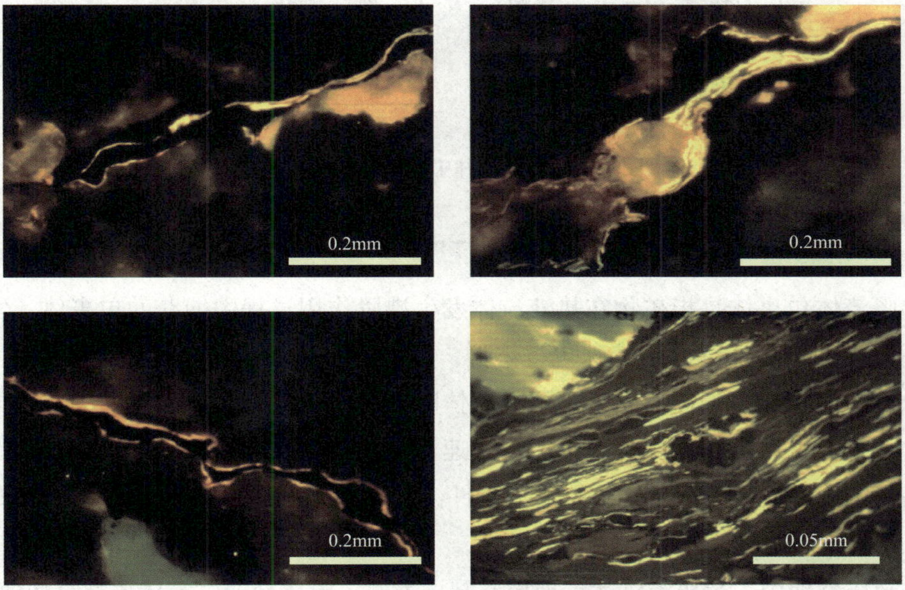

峰6井，长7_2，2439.9m，烃源岩中的早期压力裂缝

图 7–5 镜下观察到的作为油气运移通道的生烃增压裂缝

除岩心和显微镜下发现的大量流体压裂缝外，在多口井的成像测井中也发现了流体压裂缝，裂缝段多分布在烃源岩附近或内部。如峰7井在长7_3段2384~2386m处、元183井长7_3段2730~3731.5m处发现了大小混杂、产状复杂、密集分布的流体压裂缝（图7–6）。

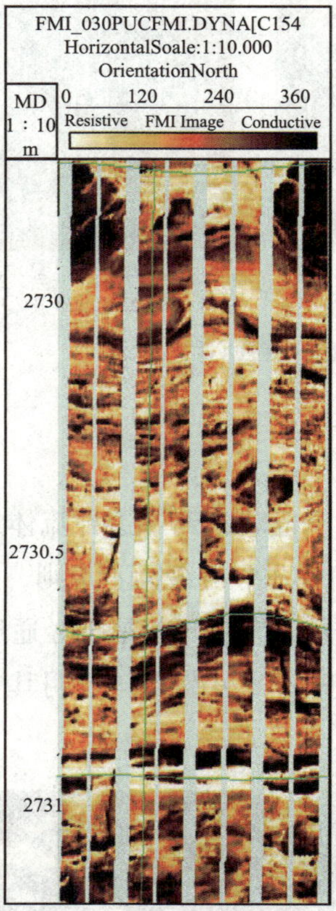

(a)元183井长7_3

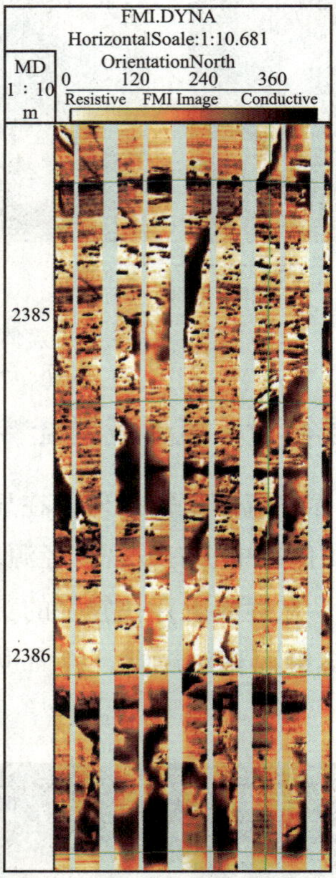

(b)峰7井长7_3

图 7-6　成像测井中流体压裂缝特征

7.2.3　幕式排烃的直接证据——沸腾包裹体

沸腾流体包裹体是指矿物在热液流体发生沸腾作用过程中捕获的包裹体，实际上是由不同类型包裹体组成的特殊包裹体群。它是单相流体由于环境（温度和压力）改变而分离为两相或多相性质完全不同的流体时捕获的包裹体，不同类型的包裹体具有一致的均一温度。沸腾作用是一个能量快速释放过程，且有间歇沸腾特点，其记录的是某一特定阶段发生的突发式沸腾涌流事件，是“突发式”成藏的重要证据（邱楠生，2000，2001；金之均，2003）。

在超压盆地中，超压流体达到地层破裂压力时，流体会通过流体压裂缝快速排出，高压流体压力迅速降低发生沸腾作用。因此，沸腾包裹体为研究油气在压力突降条件下的充注提供重要参考，是“突发式”成藏的有力证据。由于研究区构造相对稳定，因此，沸腾作用下的油气运移与生烃增压引起的流体压裂、排放密切相关。

延长组下组合包裹体数量较多，类型丰富，因此在测温时首先要对包裹体类型进行甄别。本次研究主要采用在大量生排烃时期形成的，与油气包裹体相伴生的分布在钠长石、方解石等胶结物中的盐水包裹体进行均一温度测试。流体包裹体测试是在长安大学包裹体实验室完成的，实验用的冷热台为英国Linkam科学仪器公司生产的Linkam THMS600型冷热台，测温范围为-196~600℃，测量精度为±0.1℃，Leica DMR显微镜的镜头组合为目镜10×，物镜50×，实验室温度20℃。

研究中，在长7烃源岩和长8、长9储层中均发现了沸腾油气包裹体。长7烃源岩方解石脉中的沸腾油气包裹体普遍具有黄绿色荧光，由不同比例的油气两相流体组成，包裹体包括气液二相比50%~80%的气态包裹体和气液二相比5%~50%的液相油气包裹体。包裹体大小不一、排列杂乱，呈条带状密集分布，沸腾油气包裹体形态多样，大多数具有规则的边角特征，少数形态不规则；包裹体大小悬殊，小的2~3μm，大的约80μm，气体包裹体一般较大，可达100μm，液相包裹体相对较小（图7-7、图7-8）。长7烃源岩方解石脉中的沸腾油气包裹体均一温度为80~120℃，只有一个峰值，为100℃。在测试均一温度的时候，发现气液比大于50%的气体包裹体随着温度的增加，在100℃左右由气相+液相二相均一到纯气相，而气液比小于25%~5%的气液二相油气包裹体由气相+液相二相均一到纯液相。

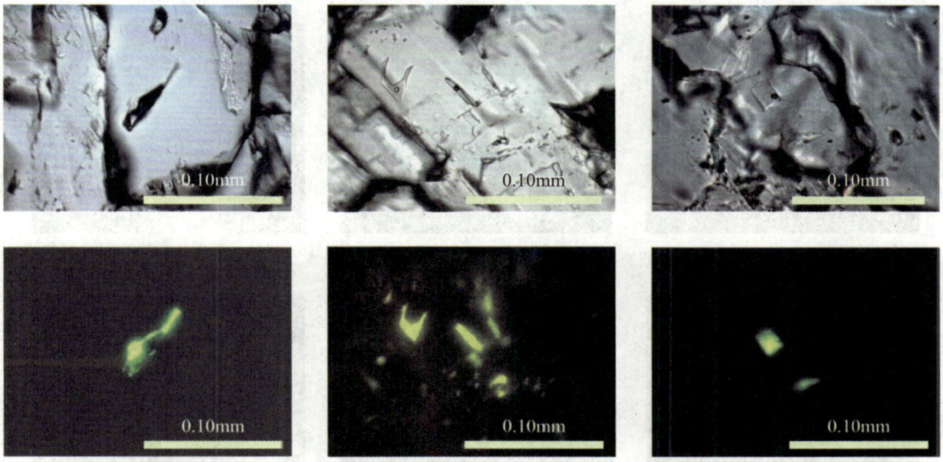

图7-7　烃源岩方解石脉中的沸腾油气包裹体群（峰6井，长7_2，2439.9m）

单偏光镜下沸腾包裹体群（上）及荧光下沸腾包裹体群（同一视域）（下）

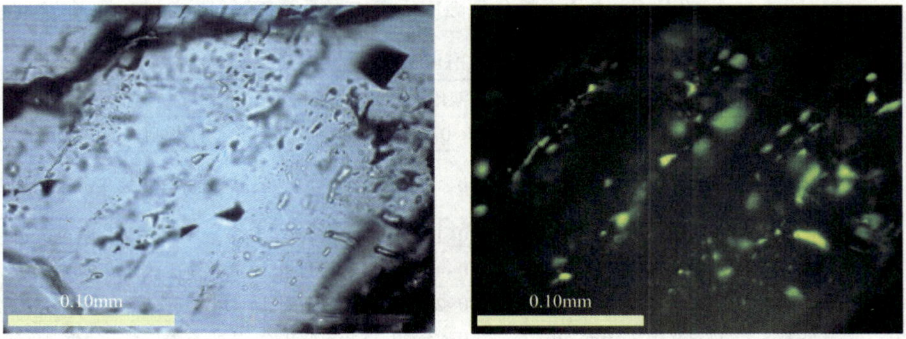

图7-8　长7烃源岩方解石脉中的油气包裹体群（峰6井，长7_2，2439.9m）

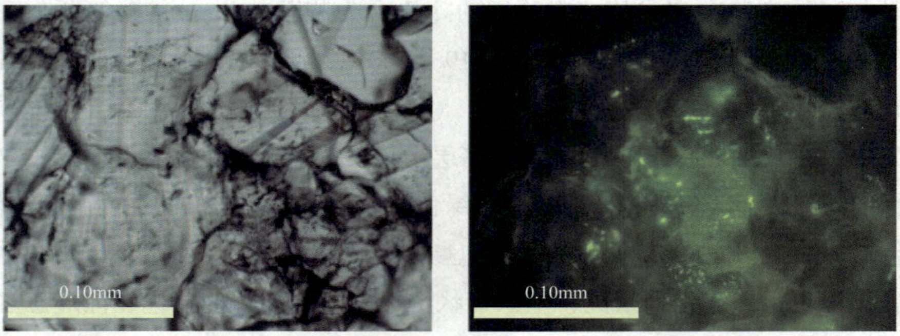

图 7-8　长 7 烃源岩方解石脉中的油气包裹体群（峰 6 井，长 7_2，2439.9m）（续）

长8、长9储层中的沸腾包裹体多分布在钙质胶结物和石英裂隙中，普遍具有黄绿色荧光，总体特征和长7烃源岩中的包裹体类似。但除了气、液相包裹体外，多个沸腾包裹体还有固相，即三相沸腾包裹体，固相多为黑色沥青；显微镜和荧光下均不发光，呈多个黑色斑点状不规则分布，含量不超过5%（图7-9），反映了随着压力的降低，固、液、气相出现了很好的分离（表7-2）。

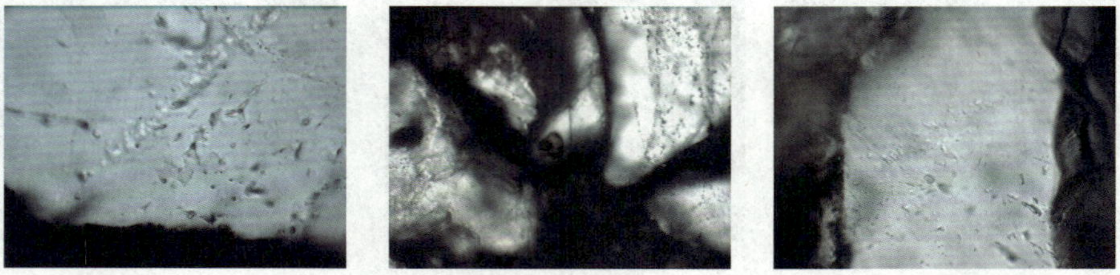

(a)池39，长8，石英晚期裂隙中的沸腾包体群(63单偏光)

(b)胡148，长9_2，石英晚期裂隙中的沸腾包体群(40单偏光)

(c)池39，长8，石英晚期裂隙中的沸腾包体群(63荧光)

(d)胡148，长9_2，石英晚期裂隙中的沸腾包体群(40荧光)

图 7-9　长 8、长 9 裂隙中沸腾油气包裹体特征

表 7-2　姬塬地区沸腾油气包裹体特征

层位	井号	样号	深度/m	寄主矿物	气液比/%	相态	特征描述
长7	峰6	F-1-1	2439.9	石英裂隙	0	液相	不规则长条状，黄色荧光
		F-1-2	2439.9	石英裂隙	0~10	气、液两相，液相	大小不等，密集分布，黄色荧光
		F-1-5	2439.9	方解石胶结物	0~10	气、液两相	长方形，黄色荧光
		F-1-6	2439.9	方解石胶结物	0~45	气、液两相	高气液比，近长方形，黄绿色荧光
		F-1-7	2439.9	方解石胶结物	0~25	气、液两相	大小不等，密集分布，黄绿色荧光
		F-1-8	2439.9	石英裂隙	0~25	气、液两相	大小不等，密集分布，黄绿色荧光
		F-1-10	2439.9	方解石胶结物	85	气、液两相	高气液比，不规则状，黄绿色荧光

续表

层位	井号	样号	深度/m	寄主矿物	气液比/%	相态	特征描述
长8	池39	C-5-6	2638.5	钙质胶结物	15	三相	椭圆状，黄色荧光
		C-5-11	2638.5	方解石胶结物	70	三相	椭圆状，含沥青，黄色荧光
		C-9-1	2643.5	钙质胶结物	30	三相	椭圆状，含沥青，黄色荧光
		C-9-9	2643.5	方解石胶结物	75	三相	椭圆状，含沥青，黄色荧光
		C-9-12	2643.5	方解石胶结物	5	三相	椭圆状，含沥青，黄色荧光
		C-14-3	2649.6	石英裂隙	5	气、液两相	大小不等，密集分布，黄色荧光
	耿166	G-5-1	2802.52	方解石胶结物	30	三相	椭圆状，含沥青，黄色荧光
长9	胡148	H-5-1	2637.8	石英裂隙	0~10	气、液两相，液相	大小不等，密集分布，黄色荧光

以上特点与前人关于沸腾包裹体的产出特点是一致的（邱楠生，2000、2001；张德会，1997），但研究区的沸腾包裹体也有特殊性：①沸腾包裹体既可产生于方解石等胶结物中，也可以产生于石英裂隙中；②包裹体主要是含烃包裹体，盐水含量较低，荧光下发强烈的黄绿色荧光，反映了混相幕式排烃时烃含量较高；③在烃源岩（裂隙方解石脉）中和烃源岩下部储层中均存在。根据沸腾包裹体形成机理，认为在长7烃源岩大量生、排烃时，随着油气的生成，压力逐渐积聚增大，当达到一定程度时，地层发生破裂产生裂隙，油气在高压下突然释放，压力急剧下降，油气水等流体由于降压迅速而出现沸腾现象，说明油气向下运移是突发事件。

研究区沸腾包裹体的发现说明了：一是油气运移为突发事件，沸腾油气包裹体是当油气积聚到一定程度，生油层或者储层产生裂隙，油气在高压下突然排出，压力急剧下降而产生的沸腾现象；二是再次证实长7沸腾油气包裹体群是长7优质油源岩高压下强排烃的重要标志，生烃作用是产生高压的主要原因；三是长7烃源岩初次排烃方式为幕式排烃。

7.2.4 包裹体均一温度特征

本次研究获得均一温度、初熔温度和冰点温度3组测试数据。从包裹体均一温度统计分析可以看出，均一温度分布范围较宽，为70~170℃，分布较连续，有两个明显的温度峰区，分别是80~100℃和120~130℃（图7-10、图7-11）。均一温度分布连续，反映出油气连续充注的特征，整个充注过程未发生大的构造事件；表现出的两个峰值，表示研究区烃类的运移和充注是一个由强到弱，再由弱到强的幕式充注的连续过程，两个峰值表明有两次幕式充注（李明诚，2005）。整个成藏过程表现出幕式充注、连续成藏的特征。此次共对12口井34个包裹体薄片样进行了测温，所测温度点共计218个（李元昊，2008）。

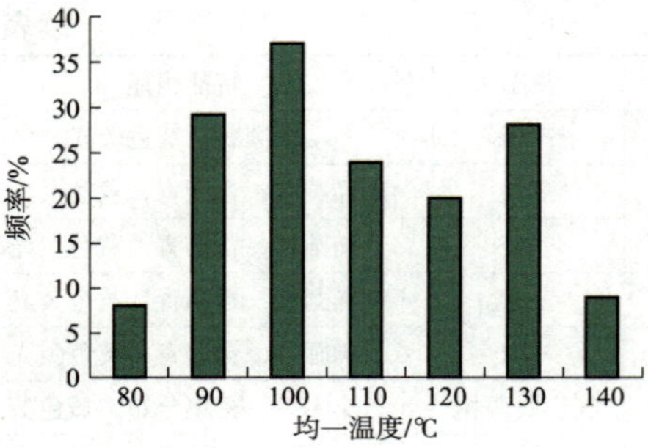

图 7-10　姬塬地区长 8 流体包裹体均一温度分布图

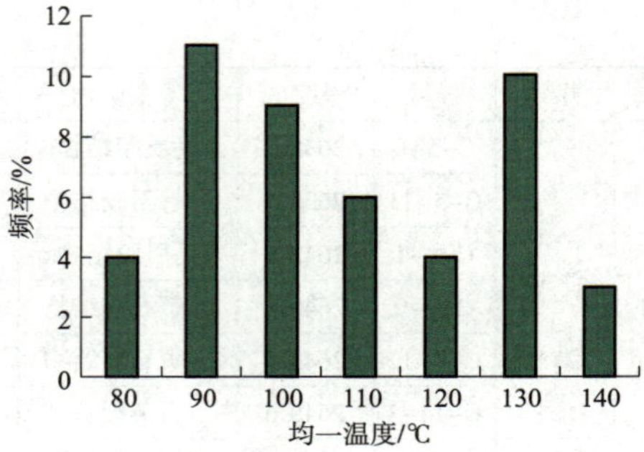

图 7-11　姬塬地区长 9 流体包裹体均一温度分布图

在大规模重力流（地形差异驱动的地下流体流动）不发育的沉积盆地中，连续缓慢流体充注时，流体包裹体没有明显的峰群，流体包裹体均一温度连续变化，最高古地温接近储层的最高古地温。在幕式瞬态流体充注情况下，流体包裹体均一温度可分为多个峰群，不同峰群反映不同的流体充注期次。从长 8、长 9 流体包裹体均一温度特征可以看出有两次大规模的幕式充注过程。

7.2.5　成藏时期

从包裹体均一温度在研究区元 98 井埋藏史分布位置来看（图 7-12），大部分包裹体均一温度点位于 85~130℃，代表了主要成藏的温度，所对应的时间为早白垩世早期到早白垩世中期，表明鄂尔多斯湖盆延长组下组合主要成藏时间为早白垩世早期到早白垩世中期，在早白垩世末开始大范围抬升以前油藏已经形成。

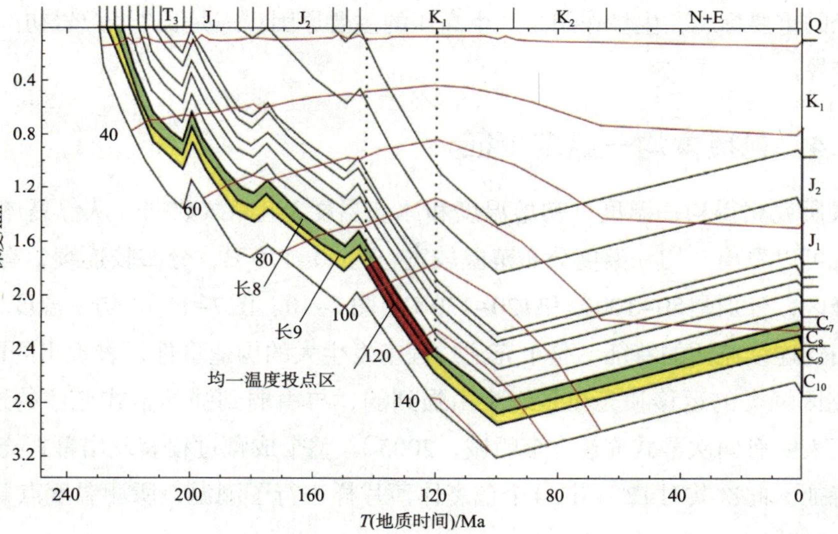

图 7-12　元 98 井中生界埋藏史图

通过上述研究，本文认为，延长组下组合油藏具有“幕式充注、连续成藏”的特征。鄂尔多斯盆地长7优质烃源岩生烃增压为幕式排烃提供动力，同时由于生烃增压等作用产生的流体压裂缝为幕式排烃提供直接通道，大量沸腾包裹体的发现充分说明了这一特征。

7.3 具有连续式生烃、幕式排烃、多点式充注成藏特征

延长组长7为鄂尔多斯盆地中生界最主要的烃源岩，具有分布面积广、厚度大、有机质含量高、类型好、成熟度高的特征。在进入生油门限后，石油开始大量生成、排出、运移、聚集、成藏。生烃作用使烃源岩形成异常高压，最大埋深期异常压力一般在10MPa以上，局部超过20MPa。当异常压力超过地层破裂强度时，地层发生流体压裂，石油和水顺着裂隙快速混相排出，随后地层压力降低、裂隙闭合，烃源岩压力逐渐增大，形成新一轮的破裂排烃，即幕式成藏（李元昊，2008）。

异常压力在剖面上具有在烃源岩中部较大、向上下逐渐降低的特征，形似大肚子曲线。在异常压力作用下，流体向压力降低的方向发生运移，达到压力平衡。因此，烃源岩可以向上、向下发生破裂排烃、成藏，最终形成研究区纵向上多层系含油的成藏特征。

如果烃源岩厚度大，往往存在一部分油排不出来的情况，即“滞排烃”，也就是常说的“死油”。如果存在滞排烃，在计算石油的排出量时，就要剔除这一部分无效资源量。因此，在分析上下排烃情况时，首先应分析烃源岩排烃情况。下面以姬塬地区延长组下组合来进行分析。

7.3.1 长7烃源岩具“连续式”生烃特征

7.3.1.1 长7烃源岩向下排烃早于向上排烃

证据一：包裹体均一温度表明，研究区长4+5、长6油藏包裹均一温度普遍高于长8、长9油藏均一温度。

包裹体均一温度表明，长7上部油藏包裹体均一温度高于长7下部油藏。这些包裹体属于同一研究区，多数井在长4+5、长6、长8、长9都有取样分析测试，2007年测试，均在长安大学完成（图7–10、图7–11、图7–13）。

研究区长7烃源岩排烃从理论上只有3种可能：一是先向上，再向下；二是上下同时排烃；三是先向下，后向上。

先看第一种可能：如果先向上后向下，由于长4+5、长6在烃源岩上部，此时捕获

的烃类包裹体形成早于长8、长9，所以包裹体均一温度应低于长8、长9包裹体均一温度。实测数据恰好相反，因此排除这种可能。

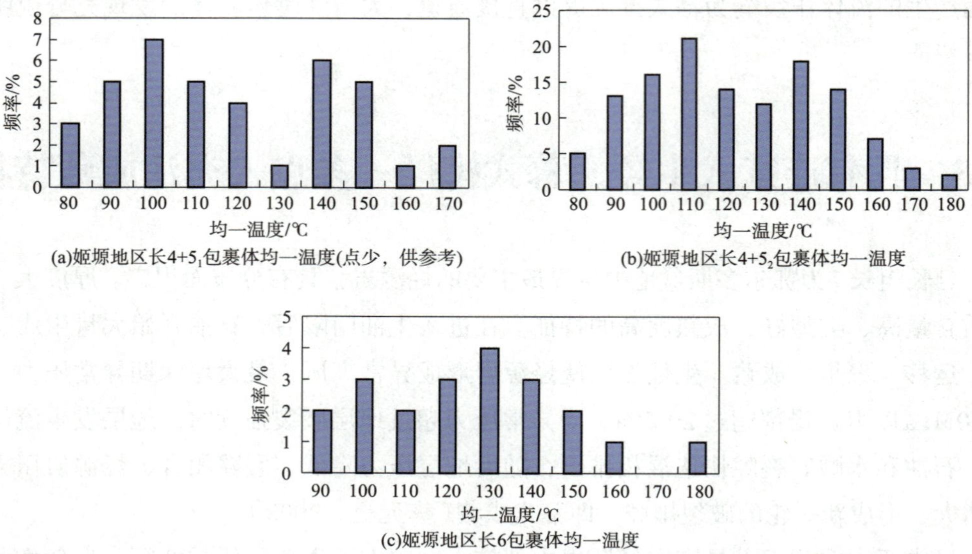

(a)姬塬地区长4+5$_1$包裹体均一温度(点少，供参考)

(b)姬塬地区长4+5$_2$包裹体均一温度

(c)姬塬地区长6包裹体均一温度

图 7-13　姬塬地区长 6、长 4+5 包裹体均一温度（李荣西，2007）

第二种情况是在某一深度段同时向上、向下排烃，此时长4+5、长6油藏和长8、长9油藏捕获的包裹体几乎是同时的。根据地温梯度特征，上部油藏捕获的包裹体均一温度应低于长8、长9油藏或几乎相同。实测数据也不能支持这种情况，因此排除这种可能。

因此，只有第三种可能，长7开始大量生烃时先向下排烃，随着埋深的继续增加，再向上排烃，此时长4+5、长6油藏的温度已经高于长8、长9油藏形成的温度。因此，油藏形成时形成的包裹体均一温度应是下部油藏低于上部油藏包裹体均一温度。实际测出的包裹体均一温度就是长4+5、长6油藏包裹均一温度普遍高于长8、长9油藏均一温度。

长4+5：分布在碎屑裂隙中的早期无荧光含烃包裹体，温度峰值在140~150℃；分布在晚期胶结物的晚期荧光油气包裹体，温度峰值在100~110℃。

长6：分布在碎屑裂隙中的早期无荧光含烃包裹体，温度峰值在125~135℃；分布在晚期胶结物的晚期荧光油气包裹体，温度峰值在95~105℃。

长8：分布在碎屑裂隙中的早期无荧光含烃包裹体，温度峰值在125~135℃；分布在晚期胶结物的晚期荧光油气包裹体，温度峰值在95~105℃。

长9：分布在碎屑裂隙中的早期无荧光含烃包裹体，温度峰值在125~135℃；分布在晚期胶结物的晚期荧光油气包裹体，温度峰值在85~95℃。

证据二：长7烃源岩厚度大，一般超过50m，局部超过120m，在沉降过程中烃源岩下部先成熟、排烃。在沉积岩中，煤的热导率最低，页岩、泥岩次之，石英岩、岩盐和石膏热导率最大。随着泥质含量的增加，热导率降低（邱楠生，2004；田在艺，1996）。不同组构的岩石热导率不同。层状岩石的热导率具有各向异性的特征，如页岩、板岩等，其平行层面的热导率比垂直层面的大，因而顺层面传热更快一些。

长7烃源岩主要是页岩，热导率低，地下热能向上传导过程中容易聚集，由于烃源厚度较大，下部烃源岩首先聚集大量的热能，开始生烃、增压、破裂、排烃。同时，生成的原油热导率也很低（表7-3）。当一部分烃排出后，这部分烃源岩有机质含量降低，在温度增加的过程中不再大量生排烃，其上部的烃源岩开始升温、增压、排烃。如此多次，烃源岩增加的压力直到不能把下部岩层压裂才开始向上排烃。

表7-3 室温下常见岩石和孔隙流体的热导率（田在艺，1996，略修改）

岩石和介质类型	热导率/[W/(m·℃)]
砂岩	1.9~4.8
页岩	0.4~2.8
煤	0.2~1.1
黏土	0.8~1.4
水	0.8
油	0.2

证据三：长7以上油藏铁方解石形成于油藏形成前，长7以下油藏铁方解石形成于石油充注后。

长7烃源岩向下排烃早于向上排烃从成岩序列上也有反映。铁方解石是典型的晚期成岩矿物。从图7-14可以看出，长7上部油藏的石油侵入晚于铁方解石形成，而图7-15长7下部油藏的铁方解石充填形成于石油侵入之后。

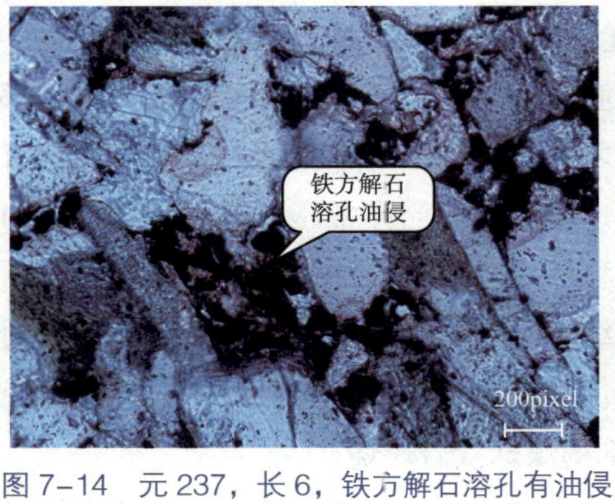

图7-14 元237，长6，铁方解石溶孔有油侵

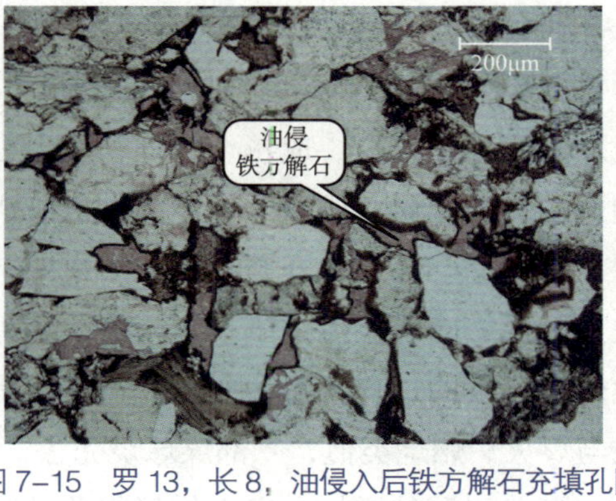

图7-15 罗13，长8，油侵入后铁方解石充填孔隙

7.3.1.2 储层多次充注是烃源岩多次生、排烃的结果

从大量排烃期包裹体均一温度统计特征来看（图7-10、图7-11、图7-13）：

①均一温度分布连续，反映出油气连续充注的特征，整个充注过程未发生大的构造事件；②表现出的两个峰值，表示研究区烃类的运移和充注是一个由强到弱，再由弱到强的幕式充注的连续过程（李明诚，2004年）。储层多次充注其实就是烃源岩多次生、排烃的结果和反映。

7.3.1.3　生烃期持续沉降的地质背景是形成超压的关键

从研究区埋藏史图上可以看出，大量生排烃期为早白垩世早期到中期，整体处于沉降阶段，尚未达到最大埋深（图7-12）。因此，随着埋深的增加一直存在超压。若大量生烃期地层抬升，导致地层压力降低，超压环境被破坏，烃源岩很难向下大量排烃成藏。

7.3.1.4　异常高压抑制有机质热演化

压力对有机质热演化的作用，长期以来一直是争论的焦点，目前主要存在3种相互矛盾的观点：①无明显影响；②压力的增大加速烃类的热裂解；③压力的增大抑制有机质的热演化和油气生成作用。研究认为，异常高压对有机质演化具有抑制作用。

异常高压对有机质的抑制作用表明，在开始生烃时异常压力对有机质成熟没有明显作用；随着有机质生烃的增加，压力也逐渐增加，异常高压逐渐对生烃作用产生影响。当达到一定程度时，压力达到压裂下部地层，此时异常压力对生烃速率影响最大，生烃速率最低。随着流体压裂和烃与水的混合物快速排出，压力降低，流体压裂缝闭合，生烃速率又开始加快，压力增加，进入下一个循环周期。

7.3.1.5　长7烃源岩连续式生烃、幕式排烃模式

通过以上研究，笔者建立了研究区长7连续式生烃及幕式排烃充注模式。

在长7烃源岩生烃前，异常压力较小。随着埋深增加，温度开始升高，长7下部有机质温度开始升高、成熟、生烃，压力也随之升高。由于异常高压对有机质成熟有抑制作用，随着异常压力的增加，有机质成熟速率降低。当异常压力达到下部地层的破裂压力时，下部地层开始破裂，形成向下运移的优势通道。油水混相快速排出，压力快速降低。随后，流体压裂缝闭合，烃源岩继续生烃、增压，进入下一个循环。两次生烃是连续的过程，每一次生烃速率都是由快到慢，与压力增加成反比。这种生烃方式与煤火炉燃烧类似，下部煤球烧完了，上部的煤球接着燃烧。

随着埋深的增加，向下排烃需要的超压越来越大。当烃源岩增加的压力（极值压力）不能把下部烃源岩压裂而上部开始压裂时才开始向上排烃（图7-16）。

长7烃源岩先向下排烃，长8、长9先成藏，然后向上排烃成藏，上部长6、长4+5、长3、长2、长1和侏罗系大致成藏时间可能依次变晚（图7-17）。

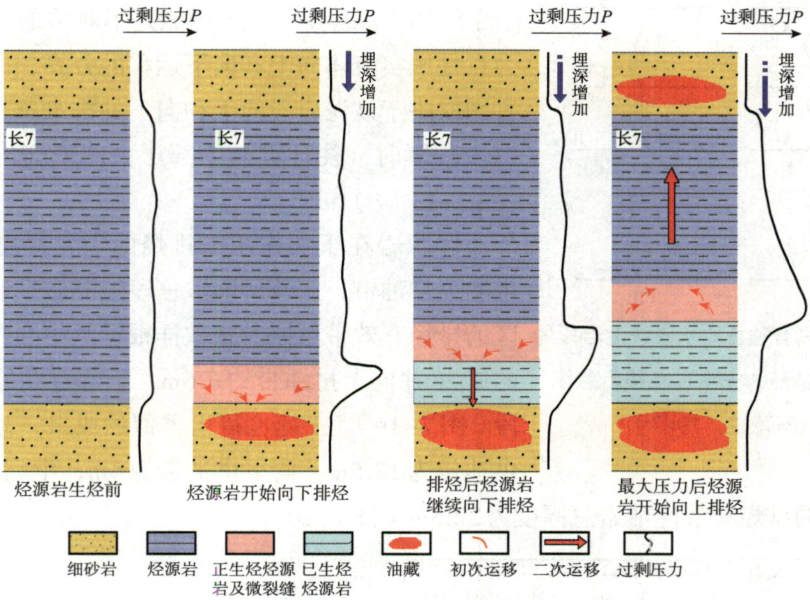

图 7-16　姬塬地区连续式生烃幕式排烃过程及模式图

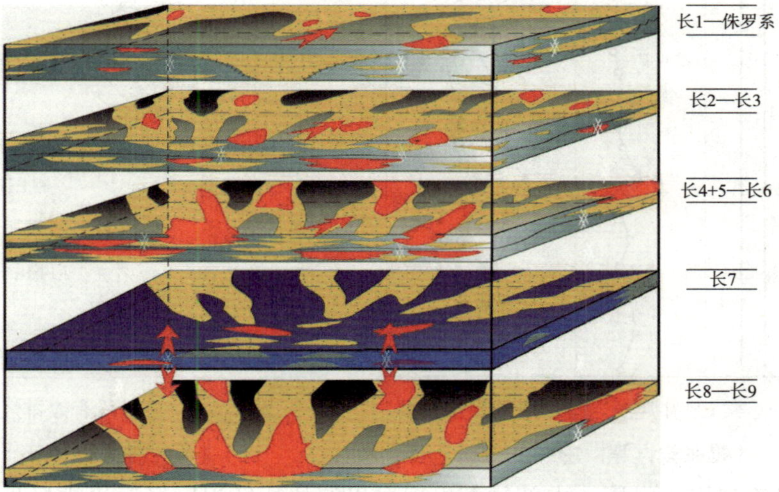

图 7-17　姬塬地区成藏模式立体图

7.3.2　长 7 烃源岩平面上具有多点式排烃特征

7.3.2.1　长 7 烃源岩段排烃充分，不存在滞排烃

1. 滞排烃研究现状

根据泥岩压实曲线可估算出流体压力，并绘制成压力剖面图（压力—深度或过剩压力—深度曲线）。一个地区可以产生初次运移的层段，可能不止包括一个具有独立排水系统的泥岩段。每一个这样的泥岩段的压力—深度曲线，在形态上可能是对称的，

[图7-18（a）（b）]，也可能是不对称的。其最高压力点是压实流体向上和向下运移的分界，而分界的位置则取决于该泥岩段向上和向下的排水条件。当泥岩层段较厚时，往往在其中部压力曲线会出现平直段[图7-18（c）（d）]。

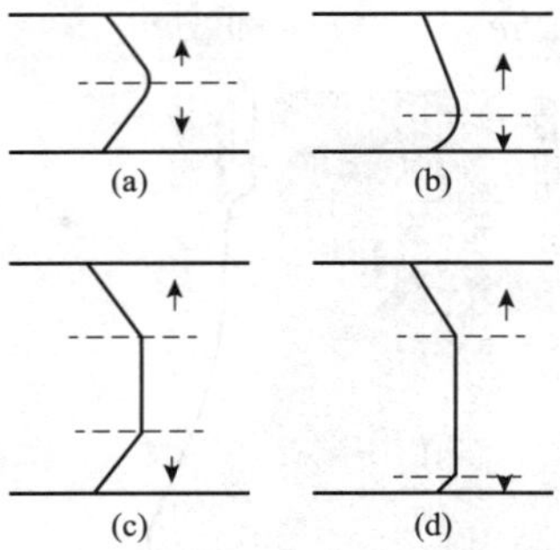

图7-18　具有独立排水系统泥岩段的几种可能的压力—深度曲线示意图（据陈荷立，1987）

烃源岩在压实作用下排烃的有效厚度分上供油带和下供油带，东营凹陷沙三段烃源岩生油岩不同地区的排烃有效带不同。张敦祥根据氯仿沥青含量确定的梁28井向上排油带约6.6m，下部存在厚层滞排烃段（图7-19）。王捷也得出类似的成果，沙三段向上供油带为18.5m，向下供油带为4m，中间为滞油带，向上向下的排烃有效生油岩总厚度为22.5m（图7-20）。

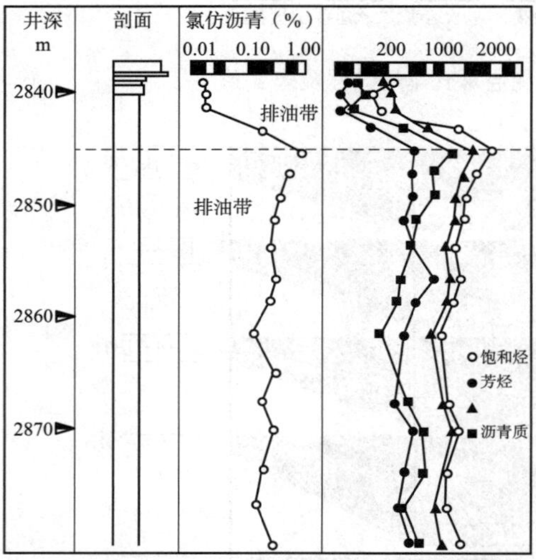

图7-19　梁28井烃源岩排、滞油带划分图（据张敦详等，1990）

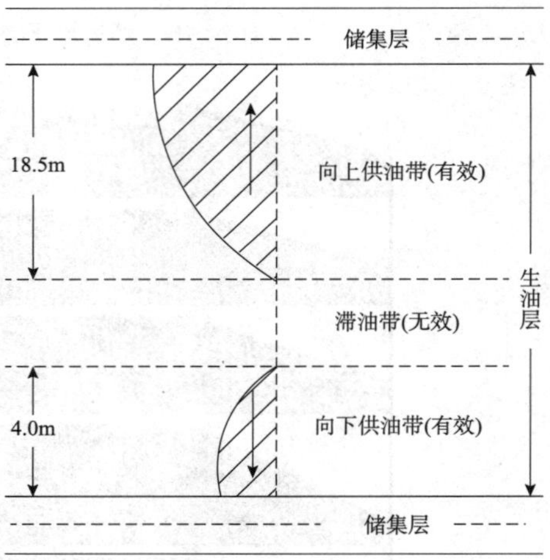

图7-20　沙三段有效排烃模式图（据王捷等，1985）

陈发景等利用异常压力中部是否出现向里凹的特征识别烃源岩排烃是否充分，如果向里凹，表明存在滞排烃段（图7-21）。

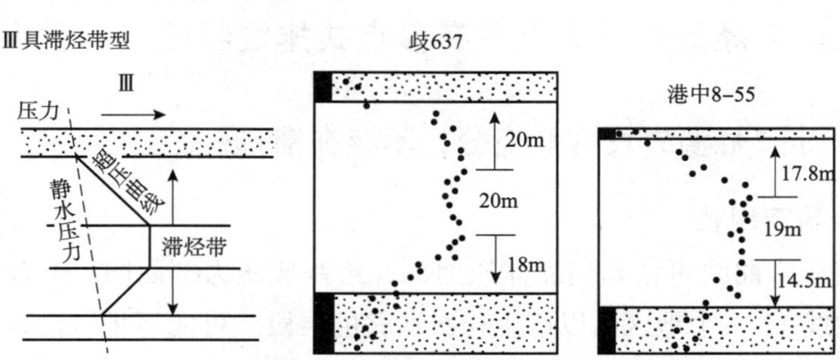

图7-21　黄骅坳陷单层泥岩排烃图（据陈发景、田世澄，1989）

从以上研究可以看出，判断是否存在滞排烃主要有两种手段：一是判断烃源排烃类型依靠异常压力曲线特征，二是地球化学突变带的出现。国内出现滞排烃主要出现在第三纪盆地中（济阳坳陷、黄骅坳陷等），而其他盆地（较老）尚未见到类似报道。

2. 长 7 泥岩页岩中不存在有机质含量突增段

从研究区长7全取心罗38井的分析化验资料来看，长7烃源岩沥青“A”等有机质含量比较稳定，不存在含量突然增加特征，表明长7排烃是比较充分的（图7-22）。同时，从长7岩心观察也没有发现含油或有原油渗出特征。从整个研究区的取心段观察来看，也没有发现长7烃源岩含油特征。

3. 长 7 异常高压段不存在滞排烃异常压力特征

利用异常压力中部是否出现向里凹的特征识别烃源岩排烃是否充分，如果向里凹，表明存在滞排烃段。从研究区两种主要的异常压力曲线来看，均没有向里凹的现象，表明长7烃源岩排烃较充分。

7.3.2.2 长 7 向下排烃厚度一般为 5~25m，有利目标区主要分布在 10m 以上排烃区

1. 异常压力下烃源岩向上、向下排烃量计算原理

源岩排烃是油气藏形成的前提和基础，确定源岩的排烃量，是油气资源潜力研究的关键。在正常压实条件下，源岩受下部高地层压力的阻挡，其排烃作用主要向上进行，不存在排烃量分配问题，但超压源岩由于存在异常孔隙流体压力，油气在其作用下既可向上发生排烃作用，又可克服地层高压向下发生排烃作用。因此，如何分配超压源岩排出的烃量，应是对上、下油气成藏定量研究的关键。由于声波时差与异常孔隙流体压力有着很好的对应关系，因此可以通过声波时差与异常孔隙流体压力的关系来研究超压源岩的上、下排烃分配量（冯莉恒，2007）。

超压源岩向外排烃动力是其内P（异常压力），排烃通道是其四周致密层产生的裂缝，排烃方向可向超压源岩四周进行排烃，但主要是向超压源岩上、下进行排烃。超压源岩排烃量的大小主要受其内P分布特征的影响，即异常孔隙流体压力极值点（又称最大异常孔隙流体压力点）的位置控制，其模式见图7-23（Δt为泥岩声波时差）。由图7-23可看出，超压源岩P极值点应是超压源岩上、下排烃的分界点，P极值点之上厚度h上的超压源岩生成的油气应向上排出；P极值点之下厚度h下的超压源岩生成的油气应向下排出。基于此，便可利用超压源岩上、下排烃厚度h上、h下与其总厚度大小的比值，来计算超压源岩上、下排烃分配量$Q_{上}$和$Q_{下}$：

$$Q_{上}=\frac{h_{上}}{h_{上}+h_{下}}Q_{总} \tag{7-1}$$

$$Q_{下}=\frac{h_{下}}{h_{上}+h_{下}}Q_{总} \tag{7-2}$$

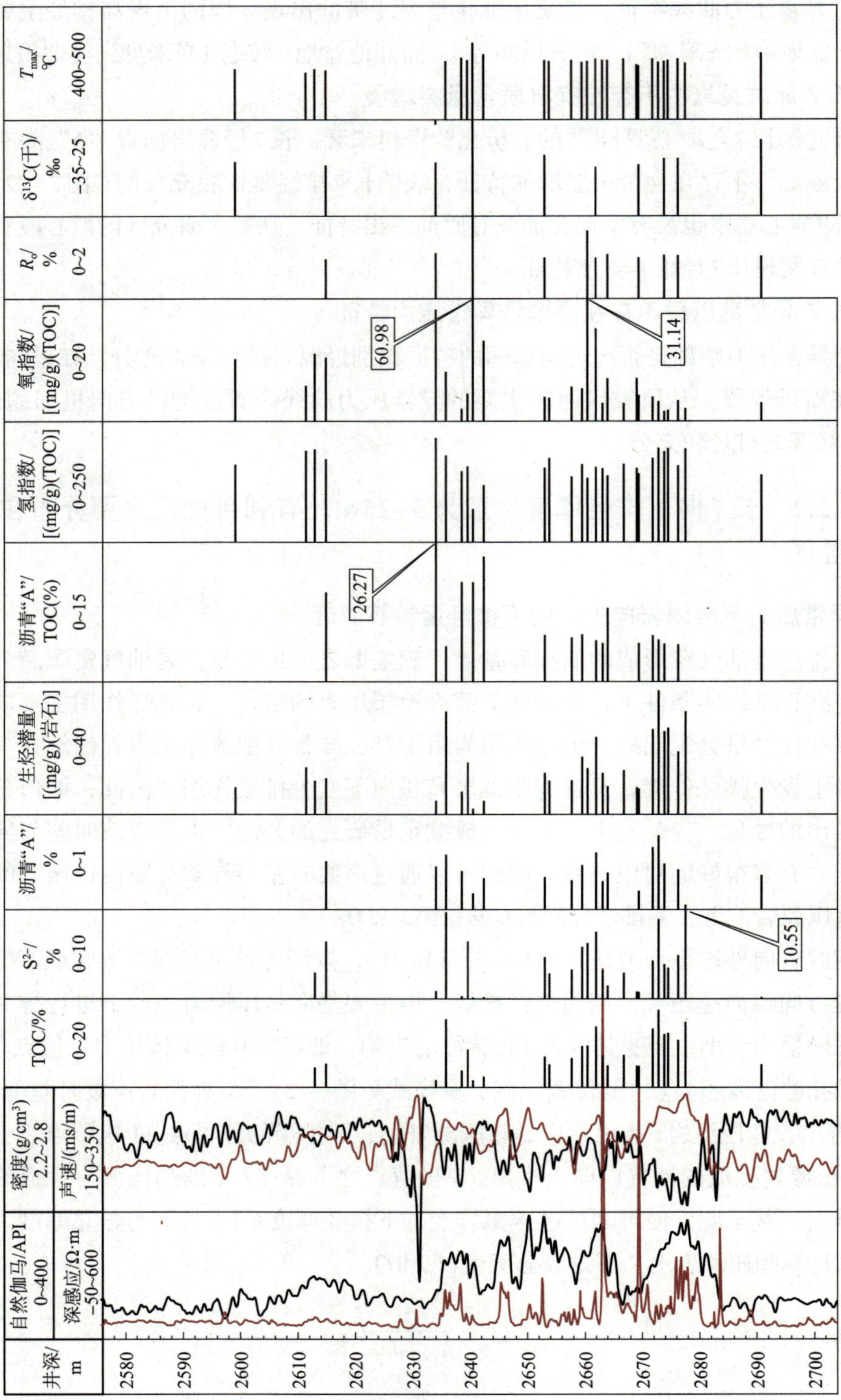

图 7-22 罗 38 井长 7 优质烃源岩测井—有机地球化学综合剖面图

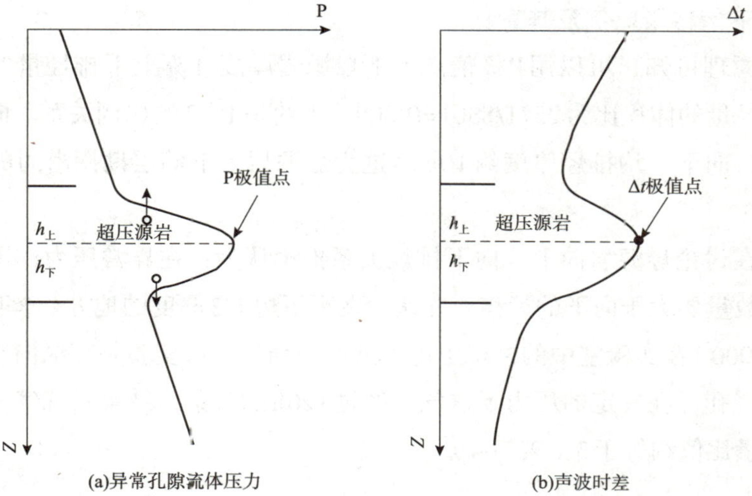

图 7-23 超压源岩上下排烃分配模式（据冯莉恒，2007）

由式（7-1）和式（7-2）可看出，$Q_上$和$Q_下$主要取决于P极值点的位置，即$h_上$和$h_下$的相对大小，只有当P极值点位于超压源岩的中点时，$h_上$和$h_下$相等，才有$Q_上=Q_下$。如果P极值点位于超压源岩上部，即$h_上<h_下$，则$Q_上<Q_下$；如果P极值点位于超压源岩下部，即$h_上>h_下$，则$Q_上>Q_下$。

2. 姬塬地区长 7 烃源岩向上、向下排烃厚度

利用上述方法对研究区近300口井进行了统计，并编制了长7向下、向上排烃厚度等值线图。

长7向下排烃厚度一般为5~25m，局部超过30m，有利目标区主要分布在10m以上排烃区内（图7-24）；长7向上排烃厚度一般为20~50m，局部超过100m（图7-25）。

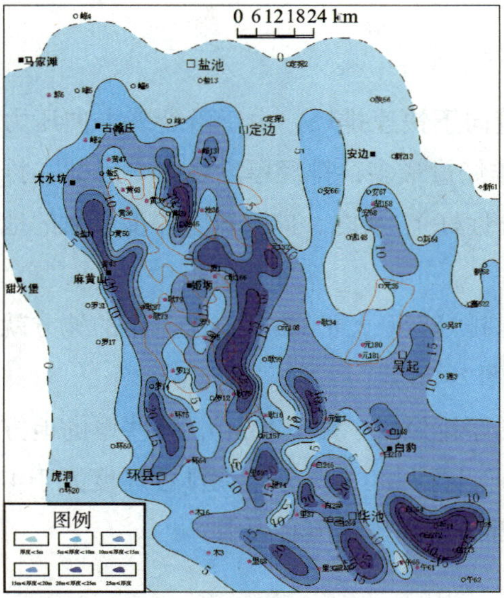

图 7-24 长 7 向下排烃厚度等值线图

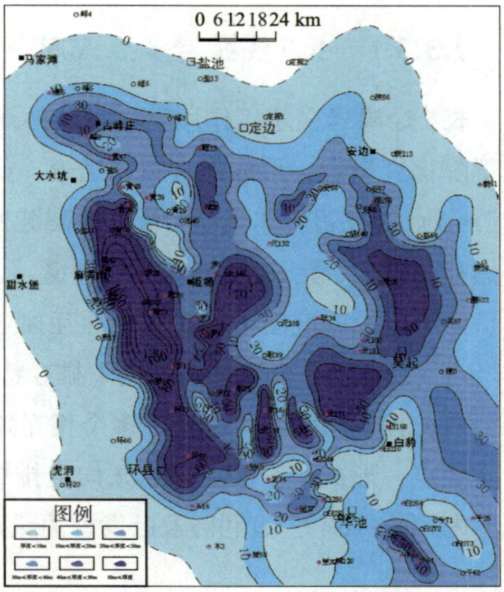

图 7-25 长 7 向上排烃厚度等值线图

3. 向上下运移量比例及其意义

由上述原理可知，可以用P极值点上下烃源岩厚度计算上下排烃量的比例。研究区下、上排烃量的体积比为2571/8301=0.309，大约是1∶3的比例关系。向上平均排烃厚度约30m，向下平均排烃厚度约10m。这为烃源岩上下储层勘探潜力的预测提供了依据。

李明诚在讨论烃源岩向上、向下排烃关系推论认为：在异常压力作用下，向上运移的距离和数量要大于向下的运移，并认为在距下边1/3厚度的地方（李明诚，2004）。朱华银等（2000）在实验室中的模拟也得出近似的结果。该实验是在纵向直立的岩心柱中间装置进气孔，在一定的压力下进气，经过120h的观察，结果发现气体向上下运移的距离和数量比值约等于3（表7-4）。

表7-4　气体上下运移距离和数量实验结果（朱华银，2000；转引自李明诚，2004，略修改）

岩心柱渗透率/$10^{-3}\mu m$	运移方向	运移距离/cm	运移数量/mL	上下运移距离比	上下运移气量比
0.09~0.26	向上	65.9	3.11	2.98	2.93
	向下	22.1	1.06		

注：进气压力1MPa，运移时间120h。

国外学者Mann等认为，烃源岩在强大的异常压力作用下，只要其压力向下释放的梯度大于烃类的浮力梯度，烃源岩中的油气也可以向下伏可渗透的运载层中运移，最大运移距离可达300~500m。

7.3.3　平面上具多点式排烃特征

7.3.3.1　长7烃源岩多点式向下排烃

长7烃源岩在超压作用下通过流体压裂缝向下快速排烃，由于沿裂缝方向压力梯度下降梯度最大，形成优势运移通道，此处排烃量最多，排烃厚度最大。因此，排烃（泄压）点就在超压体底部的流体压裂缝处（物性好）。反之，向下排烃厚度最大的地方必然存在排烃（泄压）点和流体压裂缝。

向下排烃厚度图上存在多个相互独立的厚排烃区（大于15m），这些厚的地方就是排烃点，形成了平面上多点式向下排烃特征（图7-26）。

向上排烃厚度图上也存在多个相互独立的厚排烃区（大于40m），这些厚的地方就是排烃点，形成了平面上多点式向上排烃特征。有利区主要分布在排烃厚度大于40m范围内（图7-27）。有利区及已发现油藏基本都分布在排烃中心周围。

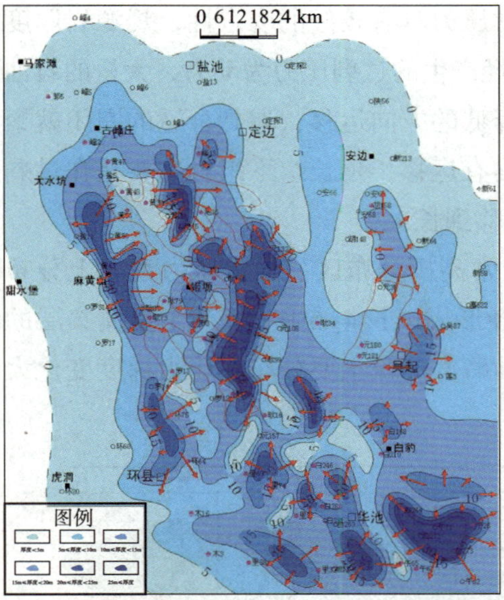

图 7-26　长 7 烃源岩向下多点式排烃

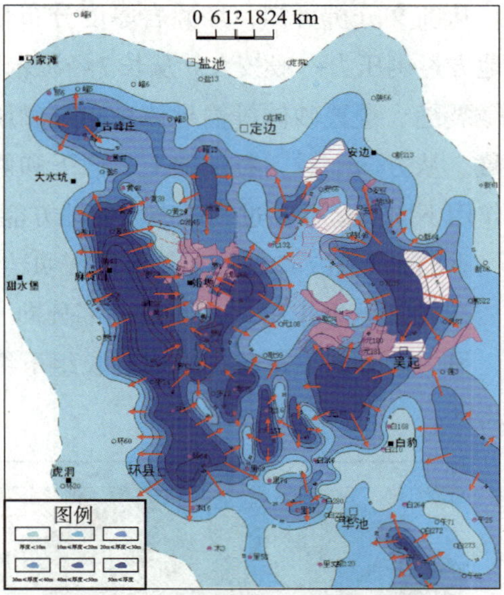

图 7-27　长 7 烃源岩向上多点式排烃

7.3.3.2　长 7 烃源岩多点式排烃意义

（1）研究区在大量排烃时期存在多个独立的超压体（封存箱），超压体之间相互独立排烃。

（2）石油在低渗透背景下以垂向运移为主，也短距离侧向运移。

（3）排烃厚度大的地方排烃时需要的过剩压力相对较大。

（4）从研究区长 4+5—长 9 主要油藏及有利区分布来看，低渗透油藏的规模主要受油藏周围排烃厚度的控制，为下一步寻找有利区提供了依据。

7.4　延长组下组合成藏模式

延长组沉积后，盆地发生了区域抬升变动（J1），导致沉积间断，延长组顶部遭受强烈而不均匀的侵蚀下切，形成了高低起伏，沟、洼、坡、阶、塬、丘等侵蚀地貌。富县组及同时代地层以填平补齐的方式充填在这些沟谷低洼部位。经中侏罗世延安期初的短暂过渡，盆地沉积范围和湖区迅速扩张，其沉积范围自东北扩展到晋北大同盆地（刘池洋等，2006）。

早白垩世中晚期研究区发生区域性大幅度沉降，接受新的沉积，到晚白垩世早期本区埋深达到最大。此时，长 7 烃源岩热演化达到生烃高峰阶段，形成大量油气，长 7 烃源岩在异常高压下强排烃运移，在下组合储层的相对低压区聚集成藏。

从前文分析可知，烃源岩厚度分布与异常压力具有较好的吻合性，烃源岩厚度大的地方过剩压力一般较大。从长7烃源岩以生烃产生的过剩压力为动力，大量的石油通过微裂缝、叠置砂体等输导体系向过剩压力降低的方向运移，遇到合适的圈闭就聚集成藏。从方向上看，石油向上、向下和侧向均有运移，延长组下组合主要是在过剩压力作用下向下运移，过剩压力大的地方能够运移到长9。

垂向上（图7-28），长7厚层泥页岩为异常高压分布区，异常压力垂向上分布不均。在异常压力作用下，石油一部分向上排烃形成以长4+5和长6为主要储集层的油藏，另一部分向下运移，形成延长组下组合油藏。油藏主要分布在压力梯度变化大的低压区。

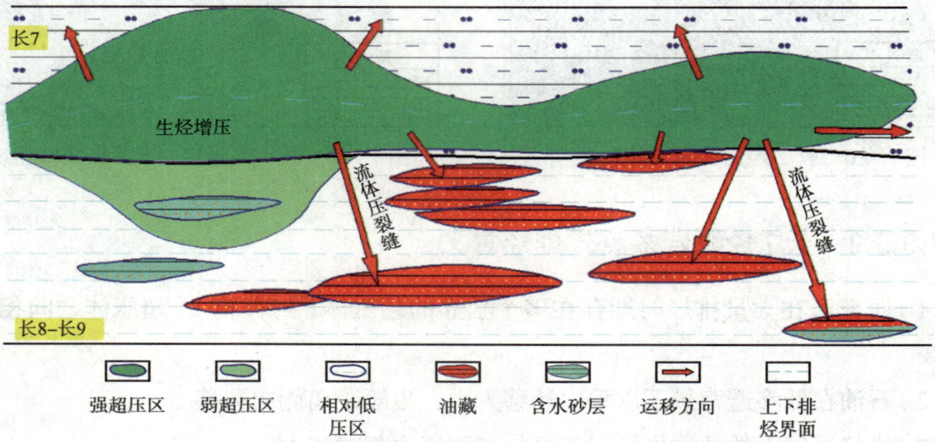

图7-28　鄂尔多斯盆地延长组下组合成藏模式图

在低压区或相对低压区形成的下组合油藏主要发育四种成藏类型：①储层与烃源岩直接接触成藏；②油气通过叠置渗砂体运聚成藏；③油气通过流体压裂缝运聚成藏；④油气通过叠置渗砂体和流体压裂缝运聚成藏。

8 低渗透油藏成藏物理模拟实验

8.1 油藏物理模拟研究现状

实验模拟是现代科学发展的一个重要支柱，也是石油地质理论研究，尤其是油气运移和聚集研究的一种极其重要的手段和方法。进入21世纪以来，许多学者一直重视油气运移和聚集模拟实验研究：Munn（1909）进行了流动的水对石油在地层内分布影响的实验；Illing（1933）进行了水和石油通过某些粗细交替砂层流动的实验；Hubbert（1940，1953）进行了动水条件下，油、气、水界面倾斜的实验，完善了油气运移和聚集的水动力学说；Catalan等（1992）用装有玻璃珠或砂粒的长玻璃管来研究静水条件下石油的二次运移；Lenormard等（1989）利用微观模型，研究了孔隙介质中非混溶驱替过程。国内曲志浩等及一些油田研究院相继利用微观模型研究了油气二次运移及真实油层复杂孔隙系统中油驱水或水驱油的过程。近年来，一些学者利用高温高压岩心驱替装置研究油气运移问题。国内孔令荣等（1991）、曲志浩（1993）、孙卫等（1994）利用微观模型研究了油气二次运移及复杂孔隙系统中油驱水或水驱油的过程。曾溅辉等（1999，2000）利用二维模型研究了均质和非均质砂层油的运移和聚集过程及机理。油气物理模拟的发展趋势表现在以下几个方面：研究内容不断深入，由单纯的油气运移和聚集机理研究向油气藏成藏的动力学模拟发展；研究方法不断改进，发展到宏观与微观模拟实验研究相结合、实验模拟与数值模拟研究相结合；实验设备更趋于先进，由单一功能向多功能应用发展，实验更趋于自动化。

8.2 成藏物理模拟实验模型设计

延长组主要是低渗透—致密型岩性油藏，具体成藏特征前文已论述。由于地下成藏过程不可直接观察，很多成藏认识都是间接推理获得的。为了深化低渗透油藏成藏机理、过程及特征，本次成藏物理模拟实验主要想解决以下问题或设想：

（1）异常压力与石油运移的关系，即向下运移距离问题，它们之间的关系式如何？

（2）上生下储型成藏石油运移特征、运移通道与下生上储运移路径上有何差别？与下生上储成藏特征差别是什么？

（3）幕式成藏的特征是什么？幕式充注成藏与稳态充注成藏的异同及影响因素是什么？

通过成藏物理模拟实验，研究异常压力与石油运移的关系，即向下运移距离主控因素，研究上生下储型石油运移特征、运移通道与下生上储运移路径上的差别，研究幕式成藏的特征问题，可以深入认识延长组下组合的成藏机理，明确有利成藏区控制因素及分布规律，对于指导下一步勘探与开发具有十分重要的意义。根据实验目的，本次物理模拟实验主要设计了两类模型：一类是成藏机理实验模型，主要探讨异常高压作用下不同类型的幕式成藏特征及控制因素，同时对比幕式成藏与稳态成藏异同；第二类是异常压力与石油向下运移距离关系模型，通过实验探讨石油向下运移距离的影响因素，为长7向下排烃距离分析，为延长组下组合勘探潜力分析提供依据。

8.2.1　成藏机理模型（共12个实验）

8.2.1.1　研究区成藏基本特征

研究表明，延长组低渗透油藏具有如下成藏特征：

（1）异常压力的产生主要是生烃作用的结果，长7烃源岩靠下的一部分在异常压力作用下向下排烃，油水混相排出，排烃方式为幕式排烃。

（2）研究区主要有3种成藏类型：①砂体直接与源岩接触；②通过叠置砂体向下运移；③通过流体压裂缝（微裂缝）向下运移。

（3）长8储层物性较差，以小孔微喉型为主，孔隙度5.5%~18.6%，平均8.1%；渗透率（0.1~18.6）$\times 10^{-3}\mu m^2$，平均0.57 $\times 10^{-3}\mu m^2$；长9物性相对较好，以小孔微细喉型为主，孔隙度6%~18.7%，平均10.6%；渗透率（0.1~157）$\times 10^{-3}\mu m^2$，平均为5.77 $\times 10^{-3}\mu m^2$。由于异常压力排运烃距离相对较远，油源欠充足，长9油藏多含水。

结合研究区成藏模式图（图7-28），简化成物理模型，内涵及说明如下。针对以上实验，我们就3种成藏类型分别在下生上储和上生下储以及两种充注压力的情况下分别进行实验研究，共进行12个实验。

8.2.1.2　与源岩直接接触砂体下生上储及上生下储实验模型（4个实验）

实验模型如图8-1、图8-2所示，实验条件为两种充注压力：5MPa和7MPa，油水混相（70%油，30%水）幕式充注。实验目的：比较两种实验条件下透镜体成藏的异同。

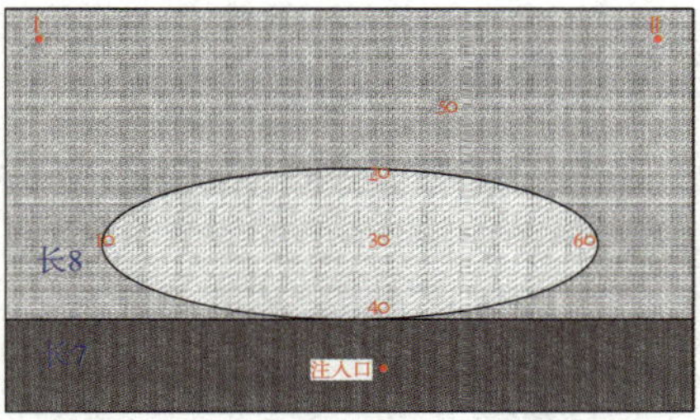

图 8-1　与源岩接触砂体下生上储实验模型

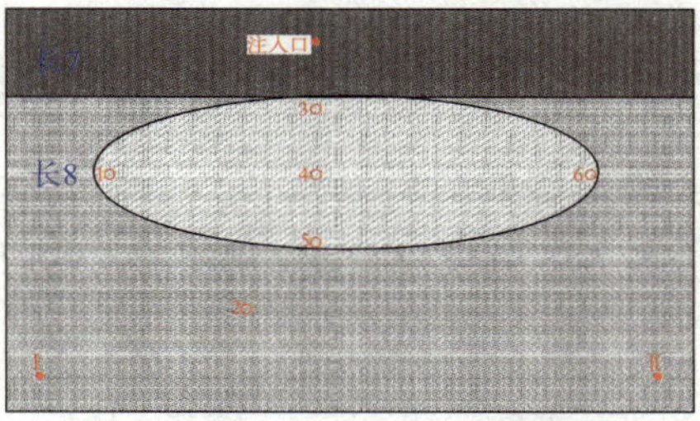

图 8-2　与源岩接触砂体上生下储实验模型

长 7 为烃源岩，实验时由泥岩代替，长 8 中的透镜体的渗透率约为 $2000\times10^{-3}\mu m^2$，
周边砂岩的渗透率约为 $416\times10^{-3}\mu m^2$

8.2.1.3　流体压裂缝（微裂缝）沟通砂体下生上储实验（4 个实验）

实验模型如图 8-3 所示，实验条件为：两种充注压力 5MPa 和 7MPa，油水混相（70% 油，30% 水）幕式充注。实验目的：比较两种实验条件下透镜体成藏的异同。

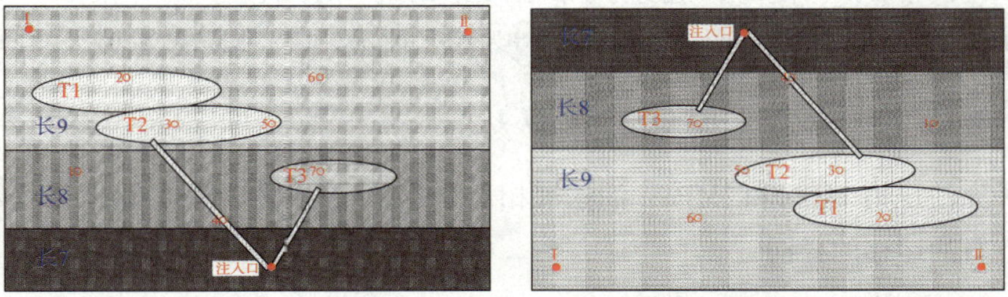

图 8-3　流体压裂缝（微裂缝）沟通砂体下生上储（左）和上生下储（右）实验模型

长 7 为烃源岩，实验时由泥岩代替；长 8 中的透镜体的渗透率约为 $2000\times10^{-3}\mu m^2$，周边砂岩的渗透率约为 $416\times10^{-3}\mu m^2$；长 9 中的透镜体的渗透率约为 $7800\times10^{-3}\mu m^2$，周边砂岩的渗透率约为 $1100\times10^{-3}\mu m^2$；穿越长 7 烃源岩、长 8 和长 9 砂层的线条为裂缝，其渗透率约为 $7800\times10^{-3}\mu m^2$

8.2.1.4　叠置砂体下生上储实验（4 个实验）

实验模型如图 8-4、图 8-5 所示，实验条件为：两种充注压力 5MPa 和 7MPa，油水混相（70% 油，30% 水）幕式充注。实验目的：比较两种实验条件下透镜体成藏的异同。限于篇幅及与流体压裂缝（微裂缝）沟通砂体试验有部分相似之处，该部分试验没有写入本书。

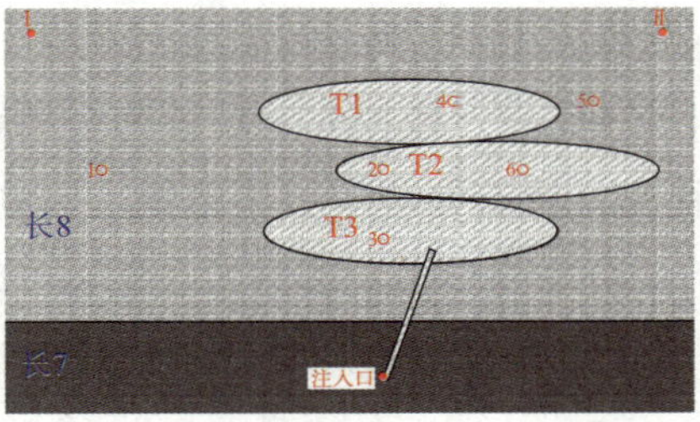

图 8-4　叠置砂体下生上储实验模型

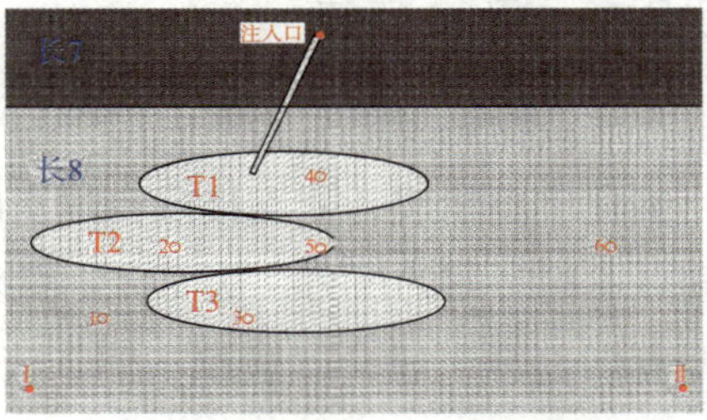

图 8-5　叠置砂体上生下储实验模型

长 7 为烃源岩，实验时由泥岩代替；长 8 中的透镜体的渗透率约为 $2000\times10^{-3}\mu m^2$，周边砂岩的渗透率约为 $416\times10^{-3}\mu m^2$；穿越长 7 烃源岩和长 8 砂层的线条为裂缝，其渗透率为 $7800\times10^{-3}\mu m^2$

8.2.2 异常压力与向下运移距离关系（共4个实验）

实验模型如图8-6所示；可细分为均质（左）和非均质（右）两类模型。在两种充注压力条件下分别进行实验研究，共进行4个实验。

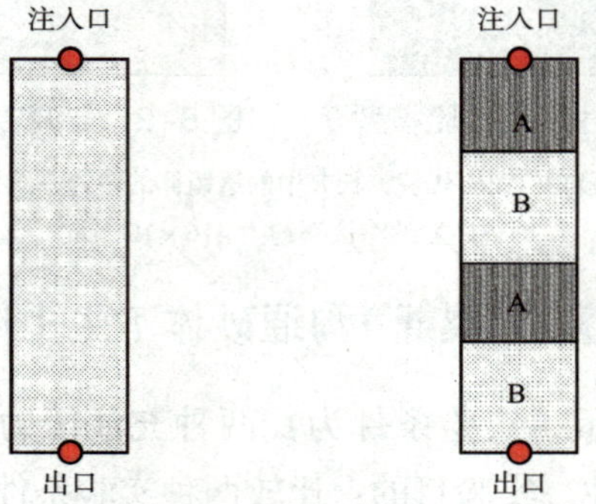

图8-6 压力与石油向下运移距离关系实验模型

均质砂体渗透率约为 $2000 \times 10^{-3}\mu m^2$，A砂体渗透率为 $416 \times 10^{-3}\mu m^2$，B砂体渗透率约为 $2000 \times 10^{-3}\mu m^2$

8.2.2.1 均质砂体实验（2个实验）

两种充注压力5MPa和7MPa；油水混相（70%油，30%水）幕式充注。比较两种实验条件下石油运移的异同。

8.2.2.2 非均质砂体实验（2个实验）

两种充注压力5MPa和7MPa；油水混相（70%油，30%水）幕式充注。比较两种实验条件下石油运移的异同。

8.3 实验装置及方法

8.3.1 实验装置

本次成藏物理模拟实验在中国石油大学（北京）完成。模拟实验装置为金属箱体，正面由钢化玻璃制成，能直接观察油水的运移状况，背面安装压力传感器，监测模型中不同点不同时刻的压力，从而确定模型中压力的分布。模拟实验装置如图8-7所示。它主要有四部分组成，即模型本体、流体注入系统、计量系统和数据采集处理系统。模型本体是模拟实验装置的核心，其参数见表8-1。

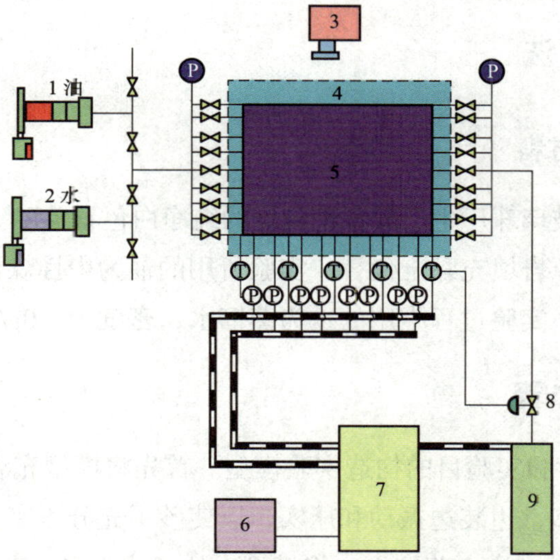

图 8-7 二维模拟实验装置示意图

1、2—ISCO 泵；3—摄影机；4—压力壳；5—实验本体；6—计算机；
7—数据采集系统；8—背压调节阀；9—产出液收集器；P—压力测点；T—温度测点

表 8-1 二维模型有关参数

几何尺寸/cm	50×30×2~4（可调）（长×高×厚）
工作压力/MPa	0.5
工作温度/℃	≤150
倾角/（°）	0~20
旋转角度/（°）	0~360
测量孔数/个	60
注入、输出孔数/个	24

流体注入系统主要有注水、注油、注气和注添加剂等支路。根据实验对象不同，各个支路可做适当调整。除了注气支路用气瓶通过减压阀直接注气外，其他多支路都以泵输送流体。目前使用的注入泵为美国ISCO100DX微量注射泵，泵的最小注入速率为0.01μL/min，泵的最大注入压力为10000PSI（68.9MPa）。流量和注入压力大小可根据需要通过注射泵来调节和计量。

压力传感器是英国GE Druck公司生产的PTX1400传感器，最大压力范围是16barg，误差范围是±2%。

数据采集和处理系统主要有HP公司HD-2000型数据采集器、Olympus数据相机和计算机组成。其中压力均由HD-2000型数据采集器采集和处理，实验过程的图像由Olympus数码相机和计算机完成。

8.3.2 实验方法

8.3.2.1 实验材料

实验用砂为沈阳玻璃珠厂生产的各种粒度的纯净白色石英砂。石英砂亲水，润湿角近于0°。实验中长7源岩填充黏土代替。实验所用的油为中性煤油，密度为0.75g/cm^3，以天然色素染成红色；实验过程中用的水为蒸馏水，密度为1.0g/cm^3。

8.3.2.2 实验步骤

（1）根据实验内容和实验目的构造实验模型。首先将模型充满水，然后将不同粒度的石英砂分层装入模型，边装边振动和压实，以使砂子充分压实。

（2）用ISCO泵向模型注入蒸馏水，将模型中的气体驱出，直到注入量等于输出量，使模型饱和水为止。

（3）用ISCO泵注入油和水，根据实验要求，采用幕式（非稳态）充注方式。在注入泵（ISCO泵）与实验模型之间设置一系列高压容器，高压容器中根据实验的油水比例分别装有油和水。首先将高压容器与模型相连的阀门关闭，用ISCO泵向高压容器注入油和水；随着注入量的增加，压力逐渐增大，当压力达到设计的压力时，打开高压容器与模型相连的阀门；在压差作用下，油和水进入长7段泥岩，再由泥岩进入砂层，相当于泥岩生烃后，发生水力破裂，裂缝突然开启，沿裂缝带流体突然释放，代表着烃源岩的幕式排烃作用。随后，重复上述过程，直到实验达到设计要求为止。

（4）对油的运移聚集过程进行观察和摄影，同时记录注入量、注入压力以及排水量和排油量。

（5）测定含油饱和度。利用3种方法测定含油饱和度：

第一种方法是实验结束后，将含油的砂子取出，用二氯甲烷将油洗出，然后在40℃左右的温度下抽提。由于二氯甲烷的沸点为38~40℃，因此抽提一段时间后，仅剩下油和水。计量油和水的数量，通过计算油在油、水总量中的百分比可得到含油饱和度。

第二种方法主要根据含油饱和度不同，透光率也不同的原理，其测定步骤为：①将实验用的油样与二甲苯以一定比例配成一定体积的标准液系列，根据加入的油样和二甲苯体积或重量计算该标准液系列中的标准含油饱和度系列。②取各种标准液5mL，置于上海分析仪器厂生产的721型分光光度计上，记录相同波长下各种标准液的透光率。③重复步骤②三次，计算各标准液透光率的平均值。以各标准液的标准含油饱和度为横坐标，各标准液透光率的平均值为纵坐标，得到标准液的含油饱和度—透光率的标准曲线。④将各个待测的样品（含油、水和砂）从实验模型中取出，装入小烧杯，然后加入相同体积的二甲苯，不断搅拌，使油充分溶解。最后取相同体积的溶液置于分光光度计上，测得相同波长下各溶液的透光率，将各透光率标在标准曲线上，可找到对应的含油饱和度，从而得到各个样品的含油饱和度，对于蒸馏水，其透光率为0。

第三种方法为水洗法。将含油的砂放置在清水中，由于油不溶于水中，加上浮力的作用，导致油、水和砂发生分离，计量油的体积，通过计算可得到含油饱和度。

8.4 与源岩接触砂体油气成藏模拟实验

本节主要进行与源岩接触砂体的成藏模拟实验研究，通过上生下储和下生上储两种类型的实验模拟和实验结果对比，弄清与源岩接触砂体类型的幕式成藏特征，研究延长组下组合上生下储型成藏的石油运移特征、运移通道。

8.4.1 实验模型与实验条件

根据提供的实验要求及条件，本类实验共设计了2个模型，分别为与源岩接触砂体下生上储实验模型（图8-8）和与源岩接触砂体上生下储实验模型（图8-9）。模型中的长7为烃源岩，长8为物性较差的砂层，其中有一个物性较好的砂岩透镜体，其物性如表8-2所示。每个模型中布置6个压力传感器，带数字的小圆圈表示其位置，模型左右的“Ⅰ、Ⅱ”表示出口的连接位置，出口位置接管线引至模型顶部，使排水口高于模型顶部，出口接量筒计量。

实验1、实验2、实验3和实验4都采用幕式充注的方式，压力为5MPa或7MPa（模拟地层压力），充注流体为油和水混相充注，第一次注入流体前先将模型所有砂层中注满水（使各砂层充分饱含水）。以后每次注入流体前将阀门关闭，用ISCO泵给注入泵与模型之间的多个相连的高压容器加压，当压力达到5MPa或7MPa时停泵，然后迅速打开阀门，让流体突然释放。随着流体的不断注入，模型中被驱替的流体从出口排出，记下各出口的排液量。重复上述过程，直到模型中基本充满油为止。实验的整个充注过程中对油运移的路径和过程进行观察和摄影。

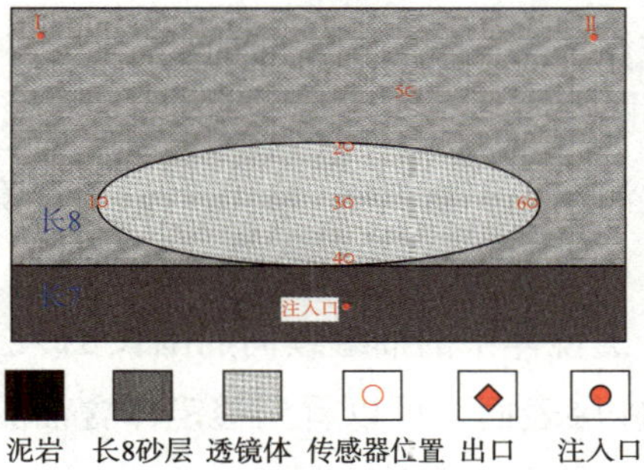

图8-8　与源岩接触砂体下生上储实验

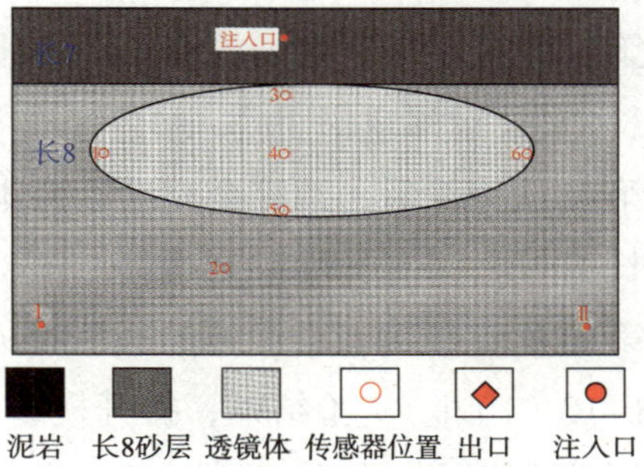

图8-9　与源岩接触砂体上生下储实验

表 8-2 实验模型参数表

长8砂层		砂岩透镜体	
粒径/mm	渗透率/$10^{-3}\mu m^2$	粒径/mm	渗透率/$10^{-3}\mu m^2$
0.05~0.1	416	0.15~0.2	2266

实验条件为幕式充注，充注压力分5MPa和7MPa两种，共4组实验。各实验的具体参数及条件见表8-3。

表 8-3 各实验条件对比表

实验编号	充注压力MPa	充注次数（幕式）	每次充注流体量/mL		备注
			油	水	
实验1	5	21	24	9	下生上储
实验2	7	18	31	12	下生上储
实验3	5	25	24	9	上生下储
实验4	7	19	31	12	上生下储

8.4.2 实验结果

8.4.2.1 实验1（下生上储型，充注压力5MPa）

1. 油的运移过程

用ISCO泵向模型内注水，水从上方排出，以便让模型中各砂层饱含水，然后开始幕式充注。第5次充注后，油在源岩长7中不断运移，然后进入长8砂层和与源岩接触的透镜体中。此时，油基本是平行向上运移，在透镜体和长8砂层中的运移速率基本是一致的［图8-10（a）］。

第8次充注后，油继续向上运移，油在透镜体中部运移较快，而右侧边界处长8砂层的油运移也较快，这可能是异常压力导致其下部源岩出现裂缝的原因［图8-10（b）］。

第12次充注后，油继续在透镜体中运移，透镜体中部运移速率较快，颜色较深，而右侧边界处的油虽运移较快，但颜色较浅［图8-10（c）］。

第14次充注后，油的前锋已经运移到透镜体上部，油颜色不断加深，而其右侧边界的长8砂层运移速率变慢，颜色变浅［图8-10（d）］。

第17次充注后，油完全充满透镜体，其含油颜色不断加深，油已经进入透镜体周边的长8砂层，并在长8砂层运移［图8-10（e）］。

第21次充注后，透镜体的颜色有所加深，透镜体中的油继续向周围长8砂层运移［图8-10（f）］。实验结束，拆开模型，清除砂层表面，可以看到透镜体含油颜色很深，而透镜体周边的长8砂层中含油相对较浅，多为表面含油［图8-10（g）］。

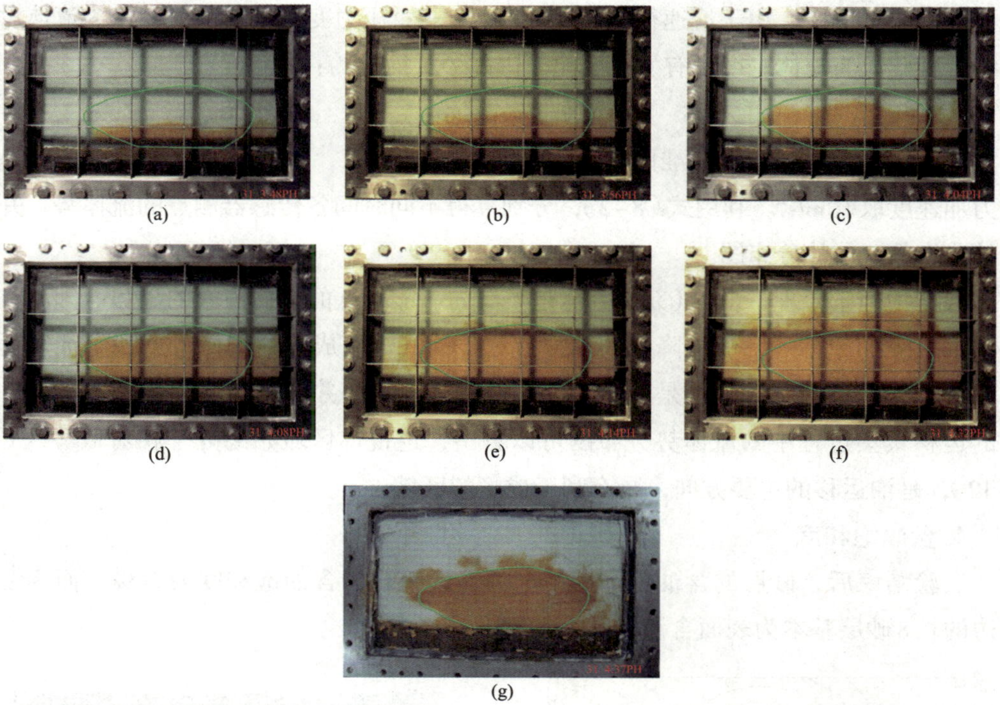

图 8-10 与源岩接触砂体下生上储实验（充注压力 5MPa）过程

2. 出口排液量变化

在实验过程中，随着注入油水量的增加，出口排水量的变化如图8-11所示。可以看出，随着注入量的增加，出口1和出口2排出的总水量是均匀增加的，出口排水总量与幕次的关系曲线呈一条直线，说明每一次充注后排出的总水量是基本一致的，也说明整个实验过程中充注压力是基本一致的。

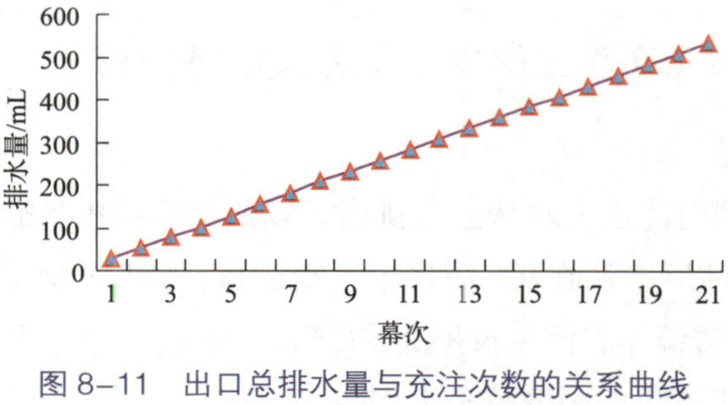

图 8-11 出口总排水量与充注次数的关系曲线

3. 流体势分布

Hubbert将地下单位质量流体具有的机械能的总和定义为流体势（Φ），并用下式表示：

$$\Phi = gZ + \int_0^p \mathrm{d}p / \rho + q^2 / 2 \tag{8-1}$$

式中，Z为测点高程；g为重力加速度；p为测点压力；ρ为流体密度；q为流速。

在实验过程中，由于流速很低，因此认为q=0；压力变化不是很大，认为流体没有压缩，因此认为流体密度没有发生变化。因此公式简化为：

$$\Phi=gZ+p/\rho \tag{8-2}$$

取模型底端作为参考基准面，水的密度1×10^3kg/m^3，油的密度为0.75×10^3kg/m^3，重力加速度取10m/s^2。利用式（8–2），分别算得不同时间各传感器测点的流体势，并作出油或水的流体势分布图。

根据物理学原理，物体（流体）总是具有向势能降低的方向汇聚的趋势。因此，势控油气成藏的原理是，势能降低的地方有利于油气汇聚成藏。流体势反映了油气运移的动力和能量条件。油气总是从高势区向低势区运移，并在相对低势区聚集成藏。从油的运移聚集过程中的流体势分布图可以看出，透镜体区域始终处于相对低势区（图8–12），是油运移的主要方向，是有利于成藏的区域。

4. 含油饱和度

实验结束后，砂层的含油饱和度情况为：透镜体的含油饱和度为74%，而透镜体周边的长8砂层基本为表面含油（图8–13）。

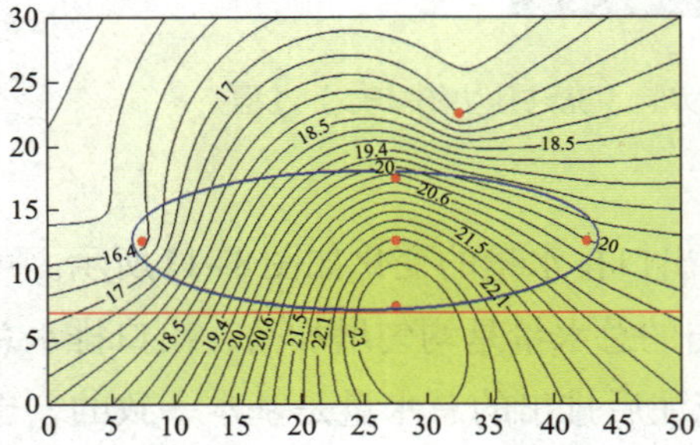

图8–12　实验1流体势分布图

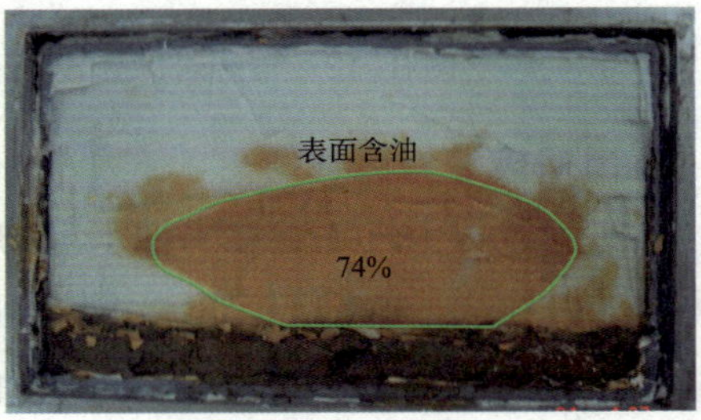

图8–13　实验1含油饱和度的分布

8.4.2.2　实验2（下生上储型，充注压力7MPa）

1. 油的运移过程

用ISCO泵向模型内注水，水从上方排出，以便让模型中各砂层饱含水，然后开始幕式充注。第4次充注后，油在长7源岩中不断运移，然后进入长8砂层和与源岩接触的透镜体中。此时，透镜体右侧及长8砂层右侧，油向上运移较快，原因可能是右侧长7源岩在压力差作用下产生的裂缝较多［图8–14（a）］。

第6次充注后，油继续向上运移，油在透镜体右侧运移较快，而透镜体左侧也有油开始进入，但运移速率较慢［图8–14（b）］。

第9次充注后，油继续在透镜体中运移，透镜体中部运移速率较快，颜色较深，而其右侧长8砂层的油运移也较快，其左侧透镜体中及长8砂层中运移较慢［图8–14（c）］。

第13次充注后，油的前锋已经运移到透镜体上部边界，油颜色不断加深，而透镜体左侧运移速率较慢［图8-14（d）］。

第15次充注后，油基本充满透镜体，油已经进入透镜体周边的长8砂层，并在长8砂层运移，其中透镜体上方的油进入长8砂层后运移较快［图8-14（e）］。

第18次充注后，油已完全充满透镜体，颜色有所加深，透镜体中的油继续向周围长8砂层运移，其中透镜体上方的油运移很快，已经快到模型的上部边界［图8-14（f）］。实验结束后，拆开模型，清除砂层表面，可以看到整个透镜体含油颜色很深，而透镜体周边的长8砂层中含油颜色相对较浅，多为表面含油［图8-14（g）］。

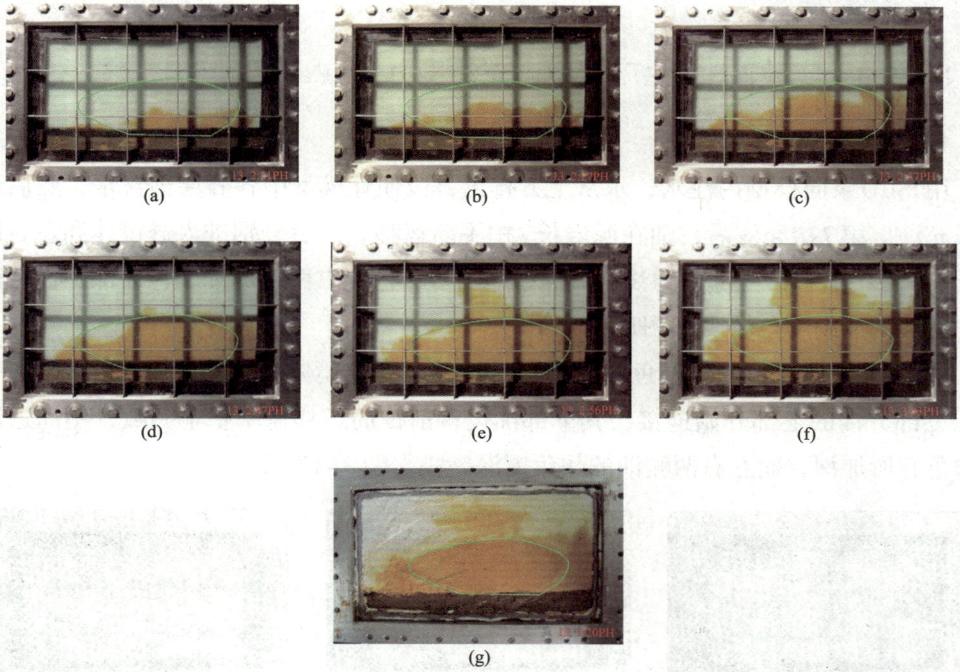

图8-14 与源岩接触砂体下生上储实验（充注压力7MPa）过程

2. 出口排液量变化

在实验过程中，随着注入油水量的增加，出口1和出口2排出的总水量是均匀增加的，出口排水总量与幕次的关系曲线基本上呈一条直线，说明每一次充注后排出的总水量是基本一致的，也说明整个实验过程中充注压力是基本一致的。

3. 流体势分布

流体势计算方法见实验1，分别算得不同时间各传感器测点的流体势，并作出流体势分布图（图8-15）。从油的运聚过程中的流体势分布图可以看出，透镜体区域始终处于相对低势区，是油运移的主要方向，是有利于成藏的地方。

4. 含油饱和度

实验结束后，砂层的含油饱和度情况为：透镜体的含油饱和度为79%，而透镜体周边的长8砂层基本为表面含油，其上部、左部及右部有部分含油较高（图8-16）。

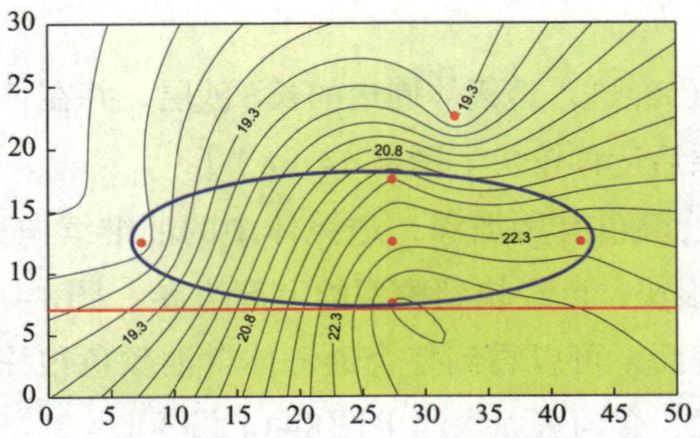

图 8-15　实验 2 流体势分布

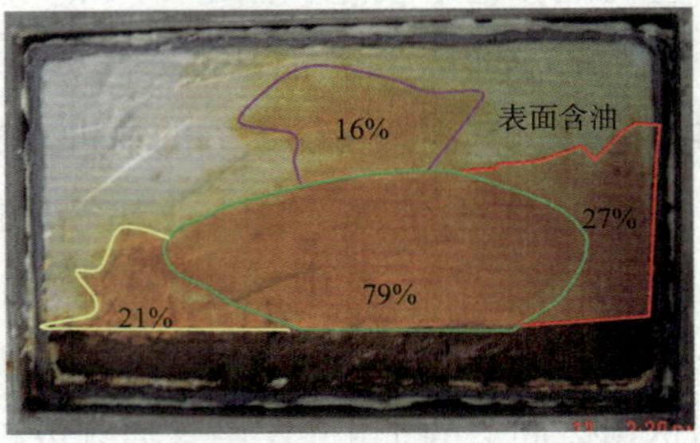

图 8-16　实验 2 含油饱和度情况

8.4.2.3　实验3（上生下储型，充注压力5MPa）

1. 油的运移过程

用ISCO泵向模型内注水，水从上方排出，以便让模型中各砂层饱含水，然后开始幕式充注。第7次充注后，油在源岩长7中不断运移，然后分别进入透镜体和左右两侧的长8砂层中运移，三部分的油运移速率差不多，但左右两侧的油颜色较深，而在透镜体中运移的油则颜色较浅［图8-17（a）］。

第11次充注后，油的颜色不断加深，油继续在透镜体和左右两侧的长8砂层中运移，三部分油的上部开始连接，其下部油运移前锋的运移速率基本一致，中间透镜体的颜色有所加深，而左右两侧油的颜色更深一些［图8-17（b）］。

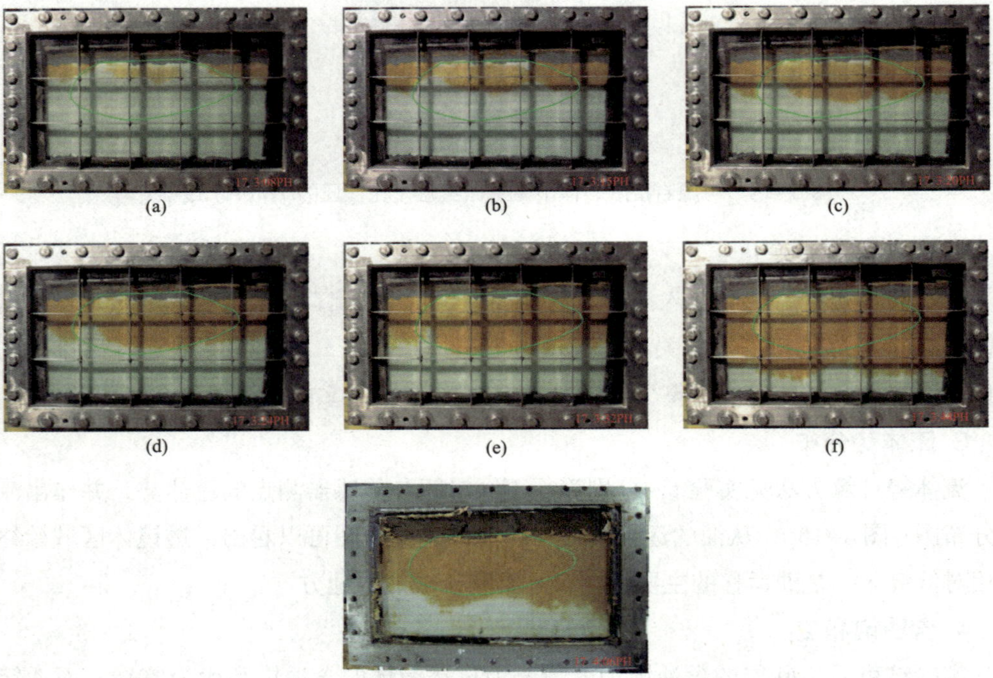

图 8-17　与源岩接触砂体上生下储实验（充注压力 5MPa）过程

第14次充注后，油继续在透镜体和左右两侧的长8砂层中运移，运移速率差别不大，在透镜体中运移速率相对较快，颜色不断加深，而在透镜体左侧长8砂层左边界处，油运移相对较慢［图8-17（c）］。

第16次充注后，油继续在透镜体和左右两侧的长8砂层中运移，透镜体中的油与右侧长8砂层的油连接成一体，运移速率较快，而在透镜体左侧长8砂层的油则运移速率较慢，总体含油颜色变深［图8-17（d）］。

第19次充注后，油完全充满透镜体，含油颜色不断加深，油在各处运移速率差别不大［图8-17（e）］。

第30次充注后，透镜体的颜色继续加深，油继续在长8砂层运移［图8-17（f）］。实验结束，拆开模型，清除砂层表面，可以看到透镜体含油颜色很深，而透镜体周边的长8砂层中含油颜色也比较深［图8-17（g）］。

2. 出口排液量变化

在实验过程中，随着注入油水量的增加，出口1和出口2排出的总水量是均匀增加的，出口排水总量与幕次的关系曲线基本上呈一条直线，说明每一次充注后排出的水量是基本一致的，也说明整个实验过程中充注压力是基本一致的。

3. 流体势分布

流体势计算方法见实验1，分别算得不同时间各传感器测点的流体势，并作出流体势分布图（图8-18）。从成藏过程中的流体势分布图可以看出透镜体区域始终处于相对低势区，是油运移的主要方向，是有利于成藏的地方。

4. 含油饱和度

实验结束后，砂层的含油饱和度情况为：透镜体的含油饱和度为76%，其余都为表面含油，透镜体左边长8砂层含油饱和度约为23%，透镜体右边长8砂层上部含油饱和度约为31%，下部含油饱和度约为25%（图8-19）。

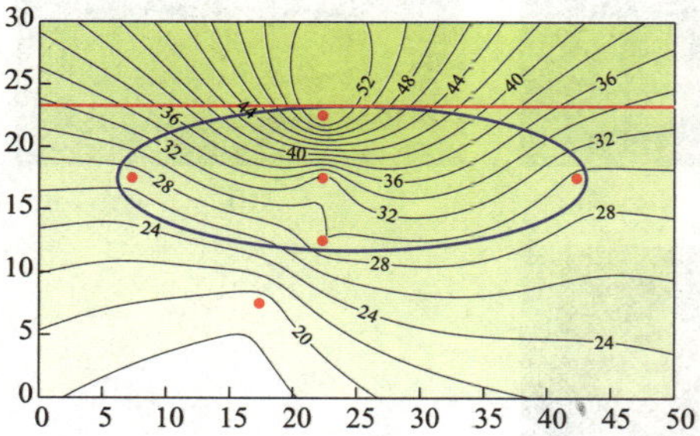

图8-18 实验3流体势分布

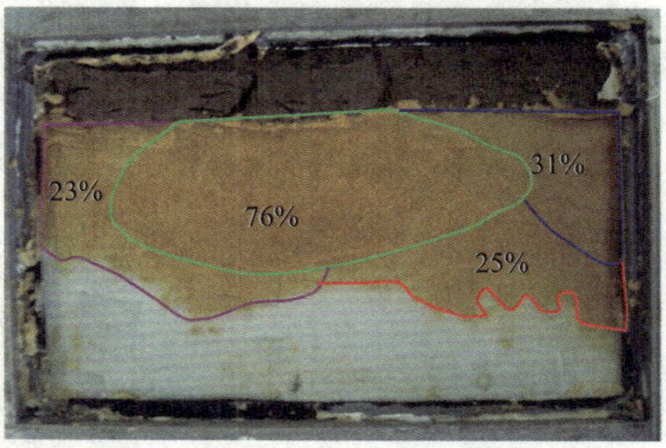

图8-19 实验3含油饱和度情况

8.4.2.4 实验4（上生下储型，充注压力7MPa）

1. 油的运移过程

用ISCO泵向模型内注水，水从上方排出，以便让模型中各砂层饱含水，然后开始幕式充注。第4次充注后，油在源岩长7中不断运移，然后分别进入透镜体和左右两侧的长8砂层中运移，在透镜体中运移速度很快，而在左右两侧长8砂层中油运移非常慢［图8-20（a）］。

第8次充注后，油的颜色不断加深，油继续在透镜体和左右两侧的长8砂层中运移，油在透镜体中的运移速度仍然很快，而右侧的长8砂层的油也开始加速运移，而左侧长8砂层的油则仍然运移缓慢［图8-20（b）］。

第10次充注后，油继续在透镜体和左右两侧的长8砂层中运移，运移速度差别很大，在透镜体和右侧长8砂层中运移较快，颜色不断加深，而在透镜体左侧长8砂层，油运移相对较慢，颜色较浅［图8-20（c）］。

第13次充注后，油继续在透镜体和左右两侧的长8砂层中运移，透镜体中的油与右侧长8砂层的油，运移速度较快，尤其透镜体中的油运移速度更快，而在透镜体左侧长8砂层的油则运移速度较慢，总体含油颜色变深［图8-20（d）］。

第16次充注后，油完全充满透镜体，含油颜色不断加深，油在左侧长8砂层仍然运移较慢［图8-20（e）］。

第19次充注后，透镜体的颜色继续加深，油继续在长8砂层运移［图8-20（f）］。拆开模型，可以看到透镜体含油颜色很深，而透镜体周边的长8砂层中含油颜色也比较深［图8-20（g）］。

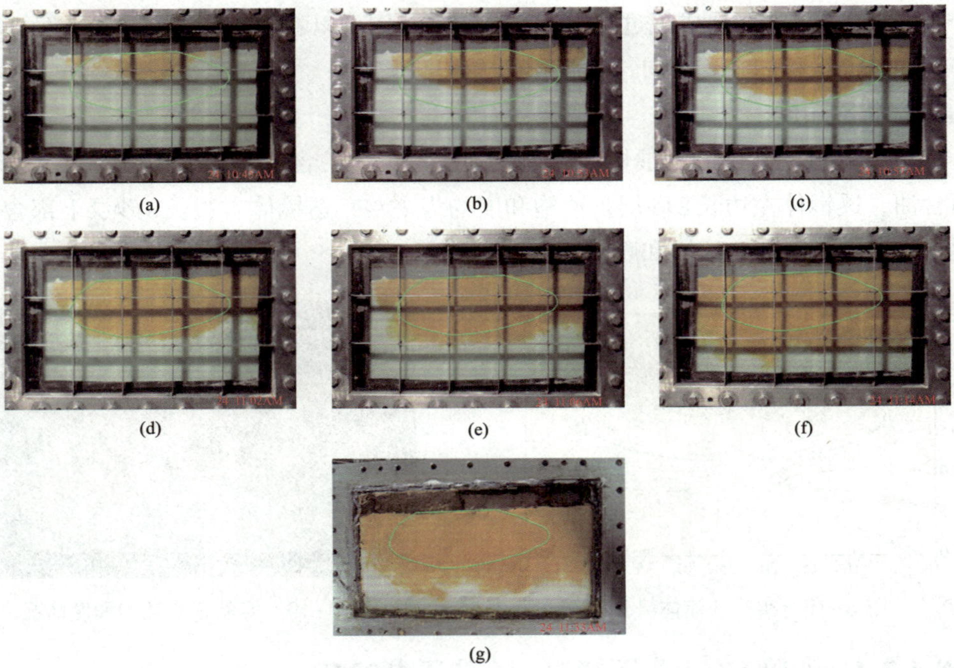
(a) (b) (c) (d) (e) (f) (g)

图8-20　与源岩接触砂体上生下储实验（充注压力7MPa）过程

2. 出口排液量变化

在实验过程中，随着注入油水量的增加，出口1和出口2排出的总水量是均匀增加的，出口排水总量与幕次的关系曲线基本上呈一条直线，说明每一次充注后排出的总水量是基本一致的，也说明整个实验过程中充注压力是基本一致的。

3. 流体势分布

流体势计算方法见实验1，分别算得不同时间各传感器测点的流体势，并作出流体势分布图（图8-21）。从油的运聚过程中的流体势分布图可以看出，透镜体区域始终处于相对低势区，是油运移的主要方向，是有利于成藏的地方。

4. 含油饱和度

实验结束后，砂层的含油饱和度情况见图8-22，油饱和度为79%，长8砂层含油区域如图所示，其余都为表面含油，透镜体左边上部长8砂层含油饱和度约为27%，下部长8砂层含油饱和度约为19%，透镜体右边上部长8砂层含油饱和度约为34%，下部长8砂层含油饱和度约为28%（图8-22）。

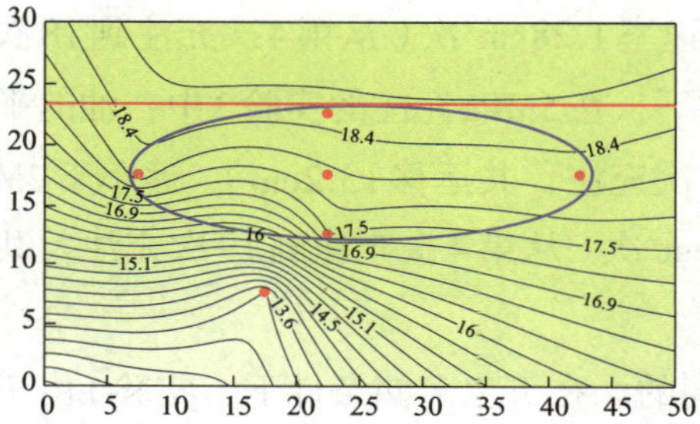

图8-21 实验4流体势分布

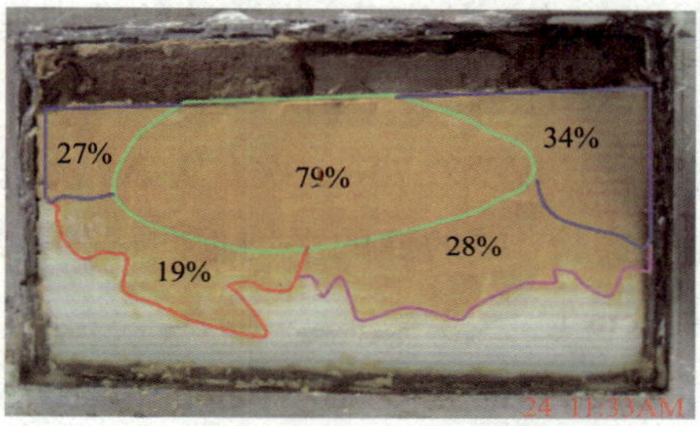

图8-22 实验4含油饱和度情况

8.4.3 实验结果讨论

1. 高渗透砂体为油气成藏的有利区

对于高渗透砂体，即使不是位于流体势的最低区，但是由于砂岩透镜体的物性好，也导致砂岩透镜体的油气成藏。不管是下生上储还是上生下储，不论是充注压力为5MPa还是7MPa，砂岩透镜体均能成藏。例如在实验2中，最终砂岩透镜体的含油饱和度为79%，而其他物性较低的砂层的含油饱和度最多也没有达到30%的；在实验3中，最终砂岩透镜体的含油饱和度为76%，远高于周围的物性较低的砂层。因此，物性相对较好的砂岩透镜体最有利于油气聚集成藏。

2. 下生上储与上生下储条件下，油气运聚成藏存在着差异性

（1）下生上储比上生下储，油气更容易聚集成藏。在7MPa的充注压力下，上生下储的实验4中，油充满砂岩透镜体需要19次充注，而在下生上储的实验2中，油充满透镜体只需要15次充注。在5MPa的充注压力下，上生下储的实验3中，油充满透镜体需要19次充注，而在下生上储的实验1中油充满透镜体则需要17次充注。可以看出，在下生上储型实验1和实验2中，充满透镜体需要的充注次数远小于上生下储型实验3和实验4中充满透镜体需要的充注次数，因此油在下生上储型实验中比在上生下储型实验

中油气更容易聚集成藏。

（2）油在上生下储实验中比下生上储实验中更容易进入透镜体周边物性较差的砂层。例如在实验3和实验4中，进入透镜体周边的砂层的油较多，含油饱和度都比较大，可以达到34%，而在实验1和实验2中，进入透镜体周边的砂层的油较少，含油饱和度最大仅为27%。

（3）油在上生下储实验中运移速率要比油在下生上储实验中的运移速率小。例如油在实验2（下生上储）中运移速度为1.28cm/次，而油在实验4（上生下储）中运移速度为0.96cm/次。

3. 充注压力对油的运移速率和运移方式具有重要影响

（1）充注压力越大，油的运移速率越大。下生上储条件下，在5MPa充注的实验1中，油的平均垂向运移速率为0.75cm/次（从第5次充注到21次充注，共运移12cm），而在7MPa充注的实验2中，油的平均垂向运移速率1.28cm/次（从第4次充注到18次充注，共运移18cm），大于实验1。上生下储条件下，在5MPa充注的实验3中，油的平均垂向运移速度为0.73cm/次（从第7次充注到25次充注，共运移13.2cm），远小于7MPa充注的实验4中的油的平均垂向运移速度0.96cm/次（从第4次充注到19次充注，共运移14.4cm）。

（2）不同的充注压力下油的运移方式是不同的。在下生上储条件下，实验1由于充注压力较小，油基本上是平行向上运移的，而在实验2中由于充注压力较大，油在各位置的运移速率是不一致的，油的运移前锋比较明显。在上生下储条件下，实验3由于充注压力较小，油基本上是平行向下运移的，而在实验4中由于充注压力较大，油在各位置的运移速度是不一致的，油的运移前锋比较明显。

4. 在幕式充注条件下，油在与源岩接触砂体中的运移路径比较复杂

在幕式充注条件下，油在与源岩接触砂体中的运移路径比较复杂，主要取决于幕式充注压差在烃源岩中产生的裂缝，裂缝的方向、位置、大小和数量对油运移的路径具有重要影响。例如在实验1中，长7右侧的裂缝要多一些，导致油在长8砂层和透镜体中右侧运移较快；而在实验4中，长7中部的裂缝要多一些，导致油在透镜体中部运移较快。

8.5 流体压裂缝沟通砂体成藏模拟实验

本节主要介绍流体压裂缝沟通砂体成藏模拟实验，通过上生下储和下生上储两种类型以及稳态和幕式两种充注方式进行实验模拟，并对实验结果进行分析对比，研究流体压裂缝沟通砂体实验的幕式成藏特征，分析延长组下组合上生下储型成藏的石油运移特征、运移通道。

8.5.1 实验模型与实验条件

实验共设计两个模型，即流体压裂缝沟通砂体下生上储实验模型（图8-23）和流体压裂缝沟通砂体上生下储实验模型（图8-24）。模型中长7为烃源岩，长8、长9为物性相对较差的砂层，T1、T2、T3为物性相对较好的砂体，通过裂缝与烃源岩相通，其物性如表8-4所示。每个模型中布置7个压力传感器，其中空心圆代表压力传感器位置；模型左右有两个出口——出口1和出口2，出口位置接管线引至模型顶部，使排水口高于模型顶部，出口接量筒计量。

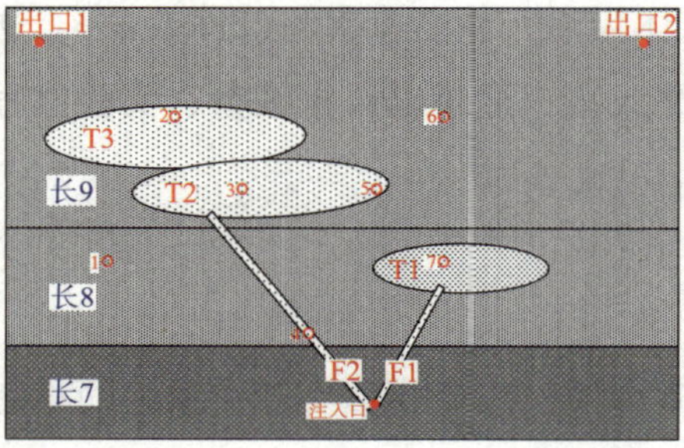

图8-23 下生上储实验模型

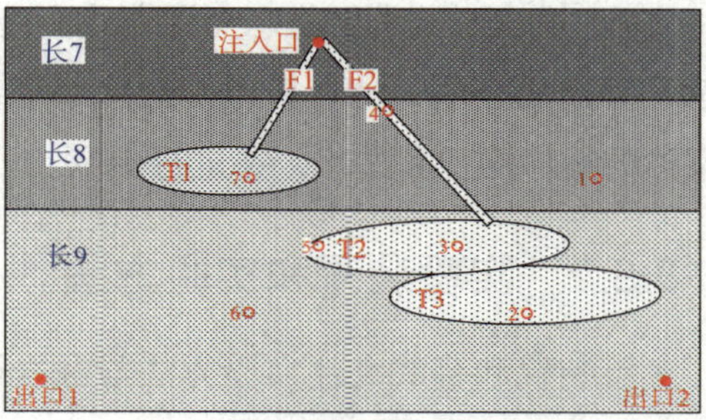

图8-24 上生下储实验模型

本部分共进行6个实验，分别为幕式充注和稳态（连续）充注。实验模型Ⅰ（下生上储）所进行的实验为实验1、实验2、实验3；实验模型Ⅱ（上生下储）所进行的实验为实验4、实验5、实验6。具体实验条件见表8-5。

表8-4 实验模型的物性参数

编 号	粒径/mm	孔隙度/%	渗透率/（$\times 10^{-3}\mu m^2$）
砂体1（T1）	0.15~0.2	33	2000
砂体2（T2）	0.3~0.35	33	7816
砂体3（T3）	0.3~0.35	33	7816
长8	0.05~0.1	31	416
长9	0.1~0.15	33	1156
微裂缝（F1、F2）	0.3~0.35	33	7816

表8-5 实验条件

实验编号	模 型	充注方式	充注压力	充注量/充注速率
实验1	模型Ⅰ（下生上储）	幕式油水混相充注	5MPa	每次33mL，其中水9mL
实验2			7MPa	每次43mL，其中水12mL
实验3		稳态（连续）充注	—	0.1mL/min
实验4	模型Ⅱ（上生下储）	幕式油水混相充注	5MPa	每次33mL，其中水9mL
实验5			7MPa	每次43mL，其中水12mL
实验6		稳态（连续）充注	—	0.1mL/min

实验1、实验2、实验4和实验5采用幕式充注方式，充注流体为油水混相，充注压力实验1和实验4为5MPa，实验2和实验5为7MPa。第一次注入流体前先将模型所有砂层中注满水（使各砂层充分饱含水）。以后每次注入流体前将阀门关闭，用ISCO泵将油和水注入泵与模型之间的高压容器中，当压力达到所需压力时停注，然后迅速打开阀门，让油水混相沿裂缝涌流，相当于裂缝突然开启，流体突然释放。随着流体的不断注入，模型中被驱替的流体从出口排出，记下各出口的排液量。重复上述过程，直到模型中流体运移达到稳定且出口排出油比稳定为止。在实验的整个充注过程中，对油运移的路径和过程进行观察和摄影。

实验3和实验6采用稳态充注方式，充注流体为油，注油速率为0.1mL/min。通过连续不间断的充注，油在模型中运移聚集，最终成藏，记录出口排液量，实验过程中观察油的运移路径和过程，并进行摄像。

8.5.2 实验装置和实验方法

实验装置和幕式充注实验方法与源岩接触砂体油气成藏模拟实验一致。而稳态注入方式，为单一油相在某一注油速率下，稳态充注，根据实验情况确定油的注入量和注入速率，注入量和注入压力可通过ISCO泵计量，该类实验的注入速率为0.1mL/min，实验过程中观察油的运移路径和过程，并进行摄像。采出液的油、水量用玻璃量筒收集并读数计量。

8.5.3 实验结果

8.5.3.1 实验1（下生上储型，充注压力5MPa）

1. 油的运移过程

用ISCO泵向模型中注水，水从上方排出，使各砂层及砂体饱含水，然后每次以5MPa的压力向模型中进行油水混相充注。

实验开始充注后，油同时进入两条裂缝，并且沿左侧裂缝（F2）运移较快一些。第3次充注后，油主要沿两条微裂缝垂向运移，此时，油已经充注物性较差的T1砂体一小部分空间，但还没有进入物性好的T2砂体［图8-25（a）］。

第4次充注后，油开始进入各砂体进行侧向运移。油已充满T1砂体约1/3的空间，同时油已进入T2砂体，但其含油面积却仅为T1砂体的1/2左右，还有一小部分油向微裂缝周围的砂层中聚集［图8-25（b）］。

第5次充注后，油已基本充满物性差的T1砂体，此时T2砂体约一半空间含油。油在进入砂体后的运移过程中，侧向运移明显要比垂向运移快。油在微裂缝周围的聚集进一步扩大，并且大致成锥形的聚集面［图8-25（c）］。

第7次充注后，油已完全充满T1砂体并开始向其顶部聚集；而T2砂体也已基本充满，并开始进入T3砂体，且在T3砂体中侧向运移距离明显大于垂向运移距离［图8-25（d）］。

第10次充注后，油继续向T1砂体周围（顶部和底部）全面聚集，T3砂体已基本充满油［图8-25（e）］。

第15次充注后，各砂体的颜色均加深，整个T1砂体周围产生了相当大的聚集面积，T2砂体周围基本不聚集，油主要通过T3砂体向周围聚集，实验结束［图8-25（f）］。

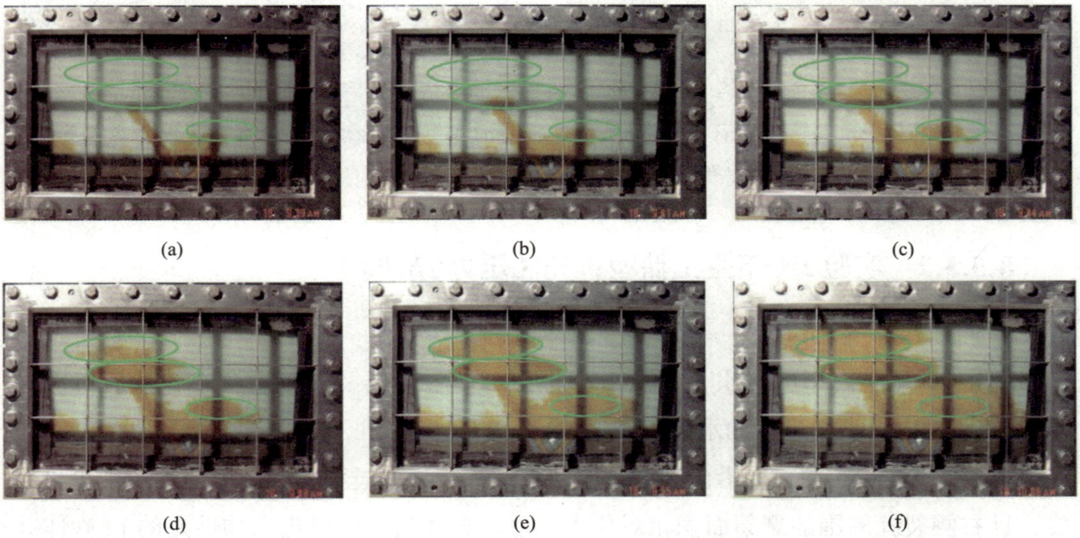

图8-25　流体压裂缝沟通砂体下生上储实验模型实验（充注压力5MPa）过程

2. 出口排液量变化

在实验过程中，随着充注次数的增加，两出口的排水量之和是均匀增加的，两出口排水量与幕次的关系曲线基本呈一条直线，说明每次充注后排出的总水量是基本一致的，也说明整个实验过程中充注压力是基本一致的。

3. 流体势分布

分别算得不同时间各传感器测点的流体势，并作出流体势分布图（图8-26）。流体势反映了油气运移的动力和能量条件，油气总是从高势区向低势区运移，并在相对低势区聚集成藏。从油气运移聚集过程中的流体势分布图可以看出，砂体T1、T2、T3始终处于相对低势区并处在油向出口运移的路径上，又由于砂体的物性比周围砂层中的要高，所以由各砂体所形成的物性封闭圈一方面处在流体势的相对低势区，另一方面其物性又相对较好，因而是有利于成藏的区域。

4. 含油饱和度

实验结束后，砂体的含油饱和度情况如图8-27所示。砂体T2和砂体T3的含油饱和度约为72%，而砂体T1由于其物性较差，含油饱和度约为65%。并且由于实验为幕式充注，充注瞬间由于压力较大，因而在靠近源岩及裂缝的长8砂层中会有相当一部分的油聚集，其含油饱和度约为29%~31%。油在充注满T1砂体后也向其周边砂层中聚集，围绕T1砂体形成了含油饱和度大约为24%的聚集面。

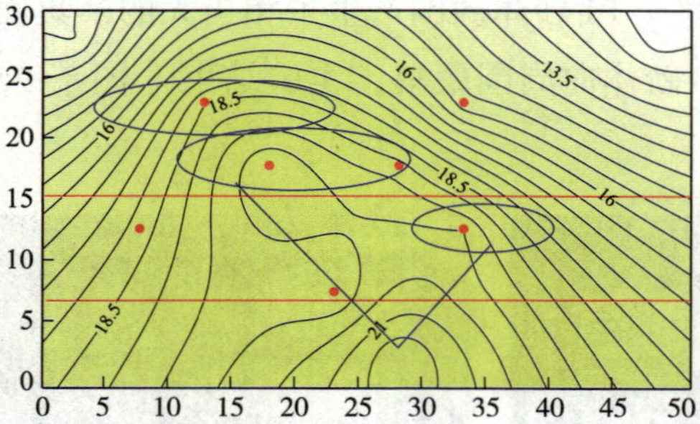

图8-26 流体势分布图

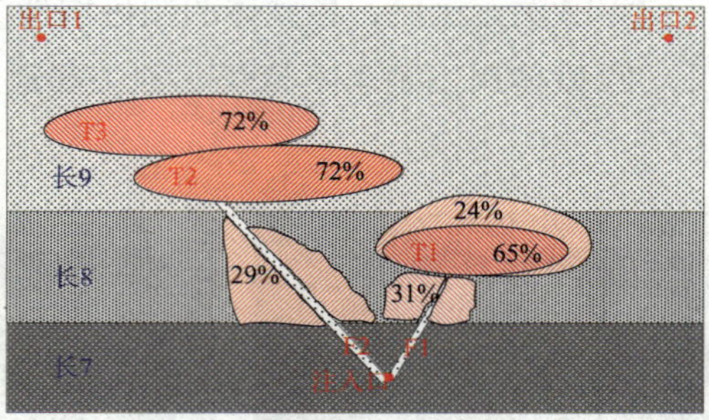

图8-27 含油饱和度情况图

8.5.3.2 实验2（下生上储型，充注压力7MPa）

1. 油的运移聚集过程

用ISCO泵向模型中注水，水从上方排出，使各砂层及砂体饱含水，然后每次以7MPa的压力向模型中进行油水混相充注。

第1次充注后，油主要沿微裂缝垂向向上运移，运移过程中在裂缝周围产生少量聚集，且右侧裂缝周围的聚集面积相对要大一些。充注后，油已进入物性差的T1砂体并充注约1/2的空间，此时油刚刚开始进入物性好的T2砂体［图8-28（a）］。

第2次充注后，由裂缝运移上来的油主要在砂体中侧向运移。其中，T1砂体基本完全充满油，而T2砂体只充注了约1/3，油在T2砂体中以向两侧运移为主要方向。由于充注压力大，油在裂缝周围的聚集面积明显进一步增大［图8-28（b）］。

第3次充注后，油已完全充满T1砂体并且向其顶部大面积聚集。在T2砂体中，已充满砂体左侧，同时向其右侧运移，并且油已开始进入顶部T3砂体［图8-28（c）］。

第5次充注后，油继续通过T1砂体向顶部聚集，在其周围形成了相当大的聚集面积。左侧微裂缝周围也有很大的聚集。油已充满整个T2砂体，且基本充满T3砂体右半部分并继续向其左侧运移［图8-28（d）］。

第7次充注后，油完全充满各个砂体，各砂体的颜色进加深且T2和T3砂体颜色要比T1砂体深一些。下部长8砂层中油的聚集面积非常大［图8-28（e）］。

第9次充注后，各砂体颜色进一步加深，油继续向T3砂体左侧即出口1的方向运移，下部长8砂层右部基本全充满油，实验结束［图8-28（f）］。

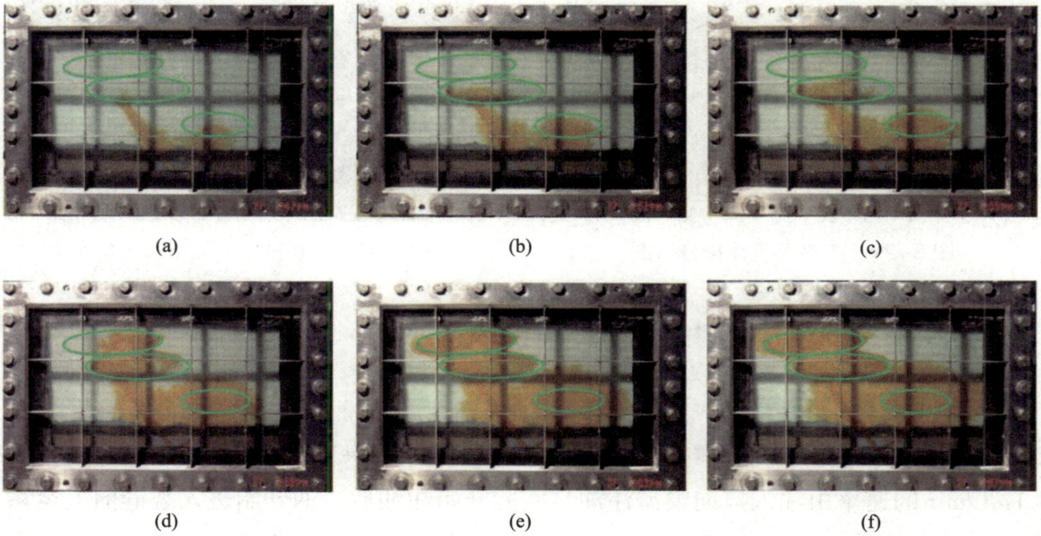

图8-28 流体压裂缝沟通砂体下生上储实验模型实验（充注压力7MPa）过程

2. 出口排液量变化

在实验过程中，随着充注次数的增加，两出口的排水量之和是均匀增加的，两出口排水量与幕次的关系曲线呈一条直线，说明每次充注后排出的总水量是基本一致的，也说明整个实验过程中充注压力是基本一致的。

3. 流体势分布

分别算得不同时间各传感器测点的流体势，并作出流体势分布图（图8-29）。流体势反映了油气运移的动力和能量条件，油气总是从高势区向低势区运移，并在相对低势区聚集成藏。从实验油气运移聚集过程中的流体势分布图可以看出砂体T1、T2、T3始终处于相对低势区并处在油向出口运移的路径上，又由于砂体的物性比周围砂层中的要高，所以由各砂体所形成的物性封闭圈闭一方面处在流体势的相对低势区，另一方面其物性又相对较好，因而是有利于成藏的区域。

4. 含油饱和度

实验结束后，砂体的含油饱和度情况见图8-30，体的含油饱和度约为73%，T3的含油饱和度约为74%，而砂体T1由于其物性较差，其含油饱和度约为67%。并且由于实验为幕式充注，充注瞬间压力很大，因而在靠近源岩及裂缝的长8砂层中有相当一部分的油聚集，其含油饱和度约为32%。油在充注满T1砂体后也向其周边砂层中聚集，围绕T1砂体形成了含油饱和度大约为28%的聚集面。

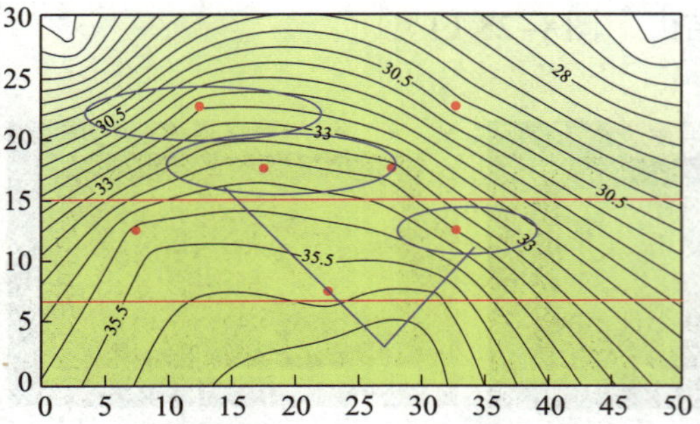

图 8-29　实验 2 流体势分布图

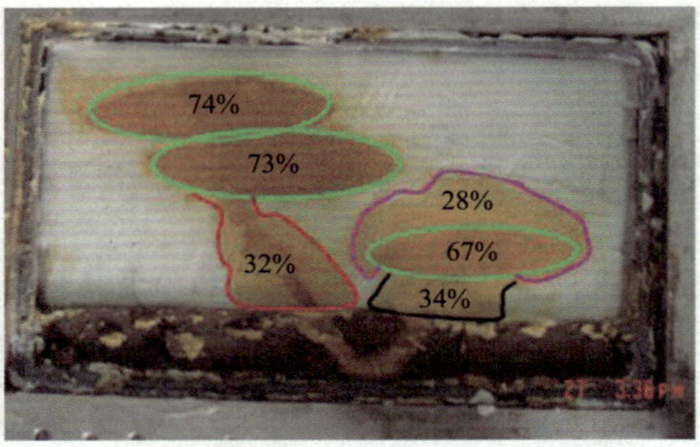

图 8-30　实验室 2 含油饱和度情况图

8.5.3.3　实验3（下生上储型，稳态充注）

1. 油的运移聚集过程

用ISCO泵向模型内注水，水从上方排出，以便让模型中各砂层饱含水，然后以0.1mL/min的速率由注入口向模型注油。实验开始注油后，油开始进入裂缝向上运移，且基本上全部沿左侧裂缝（F2）向上运移，而右侧裂缝（F1）基本上没有油进入。

充注100min后，油仍基本上全部沿左侧裂缝向上运移，并且已经开始进入T2砂体，而右侧裂缝则基本上没有油进入［图8-31（a）］。

充注131min后，油继续沿左侧裂缝向T2砂体运移，并且已充满T2砂体左半部分，同时在浮力作用下油已开始进入T3砂体；而此时右侧裂缝仍然没有油进入［图8-31（b）］。

充注781min后，油继续沿左侧裂缝垂直向上运移，在浮力作用下油在垂向上运移比侧向上快，T3砂体已充满，T2砂体仍未充满，在浮力作用下靠近T2砂体顶部油运移明显快一些，并且继续沿T2砂体顶部向其右侧运移；T2、T3砂体含油部分颜色（含油饱和度）明显加深；然而右侧裂缝仅见很少由浮力驱进的油且颜色很浅［图8-31（c）］。

充注1416min后，油已经完全充满T2砂体，且整个T2、T3砂体颜色都很深，而右侧裂缝仍只进入很少的油［图8-31（d）］。

充注1975min后，T2、T3砂体颜色继续加深，并且油已经向两砂体周边扩散，表明T2、T3砂体含油饱和度已接近最大；此时，T1砂体中也开始进油［图8-31（e）］。

充注2977min后，油继续由左侧裂缝和T2、T3砂体向周边大量扩散；T1砂体也已完全充满并向其周边砂层中扩散，但其颜色很浅且大大低于T2、T3砂体［图8-31（f）］。

充注8591min后，整个模型都已基本被油充满，各砂体颜色进一步加深，出口1出油，出口2仍出水，实验结束［图8-31（g）］。

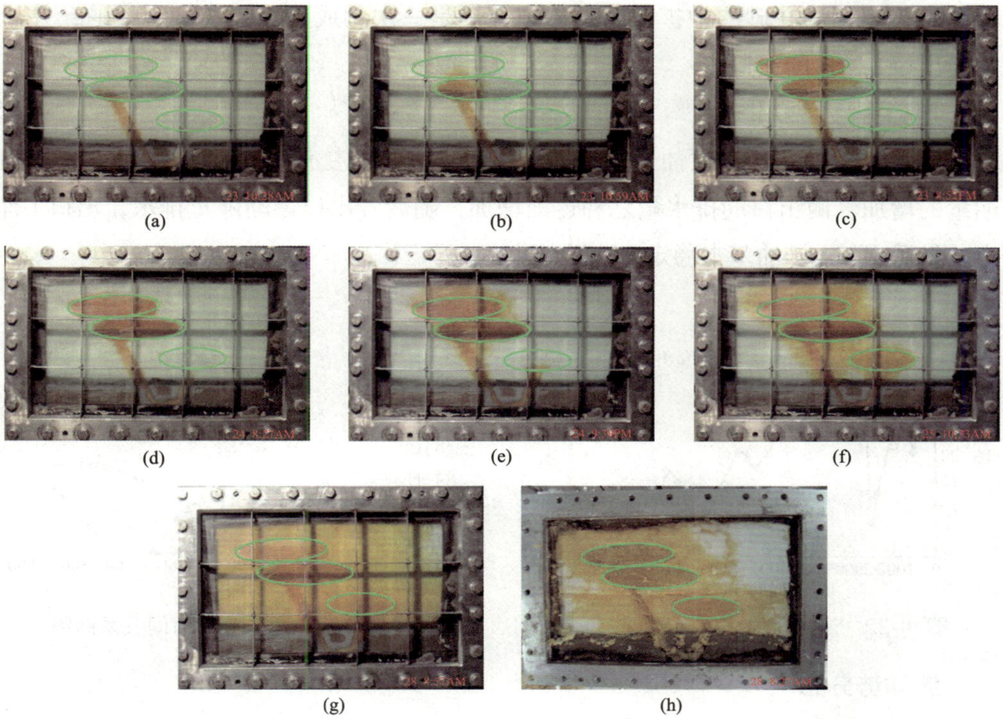

图 8-31　流体压裂缝沟通砂体下生上储实验油的运聚过程（稳态充注）

2. 注入压力变化情况

注入压力的变化反映了油气运移过程中所受阻力的变化。从图8-32可知，实验过程中的相对压力变化经历了由小—大—小—大的过程，压力的高点往往对应油开始进入某一砂体时刻，而低点则往往表示油在某砂体的运移通道已经打通。实验开始注油时，阻力很大，导致注入口的压力不断增大。

当充注34min后，压力达到第一个高点，此时油积聚的压力已可以克服裂缝砂的毛管阻力，因而此时油开始进入裂缝，随后压力开始下降。

当充注131min后，压力达到第二个高点，而此时正是油开始进入T3砂体的时刻；压力一直到充注340min后才开始下降，表明油通过T3砂体的通道已形成。

当充注781min后，压力达到第三个高点说明油在向T2砂体右部运移时所受阻力大，而此时正是运移通道开始形成时，随后就可见到压力明显下降。

当充注1975min时，压力达到整个实验中的最高值，而此时正是物性很差的T1砂体开始进油的时刻，表明油在向T1砂体中运移时确实会受到很大毛管阻力。

当充注3402~3645min时，压力达到第五个高点，此时正是油向出口1方向运移的时段，在充注3645min后，出口1开始出油，表明油向出口1运移的通道已经形成。

当充注5082min、6538min、7547min、8591min时，压力分别达到第六、七、八、

九个高点，表明油在砂层中扩散时的通道并不是一次形成，而是逐步形成的，并最终形成向出口2运移的通道。

3. 出口排液量变化

在实验过程中，随着注油量的增加，出口排液量的变化如图8-33。可以看出随着注油量的增加，两出口的排水量之和逐渐增加，随后各出口逐渐停止排水，出口1有油排出，最后出口1排油基本稳定，实验结束。

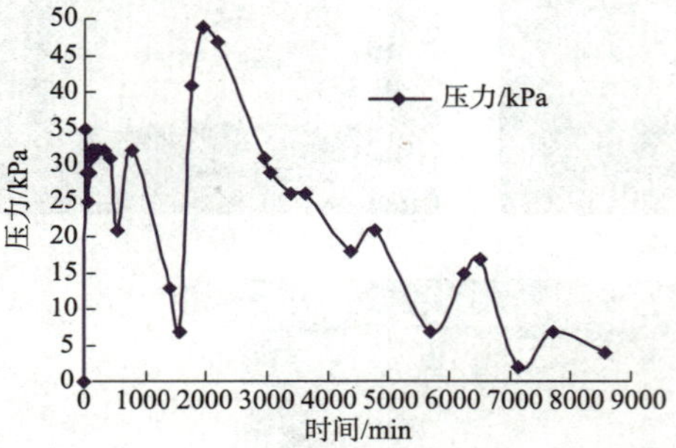

图 8-32　注入压力与时间关系

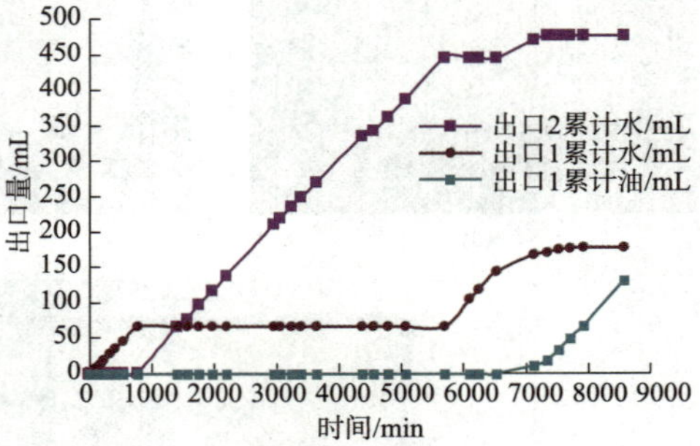

图 8-33　出口排液量与时间关系曲线

4. 流体势分布

从油的运移聚集过程中的流体势分布图（图8-34）可以看出，砂体T1、T2、T3始终处于相对低势区，砂体T1和T2、T3均满足两个条件，即一方面均处在流体势的相对低势区，另一方面其物性都相对较好。并且由于浮力在运移过程中成为主要动力，因而在实验过程中物性更好的T2和T3砂体成藏相对较早。

5. 含油饱和度

实验结束后，砂体的含油饱和度情况见图8-35，砂体T3的含油饱和度为94%，砂体T2的含油饱和度为92%，而砂体T1的含油饱和度为83%。实验过程中由于注油时间长，油在充满各砂体后，必会向各砂层中聚集，因而在各砂层中产生相当面积的聚集，其中长8砂层基本被油充满，其含油饱和度为28%左右，长9砂层含油饱和度则相对较高，为37%。

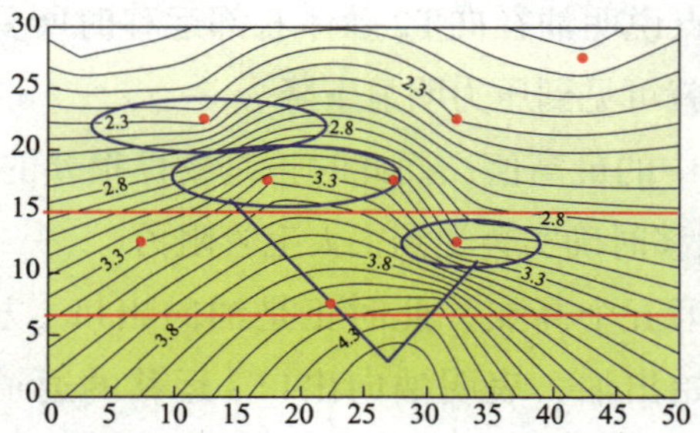

图 8-34　实验 3 流体势分布图

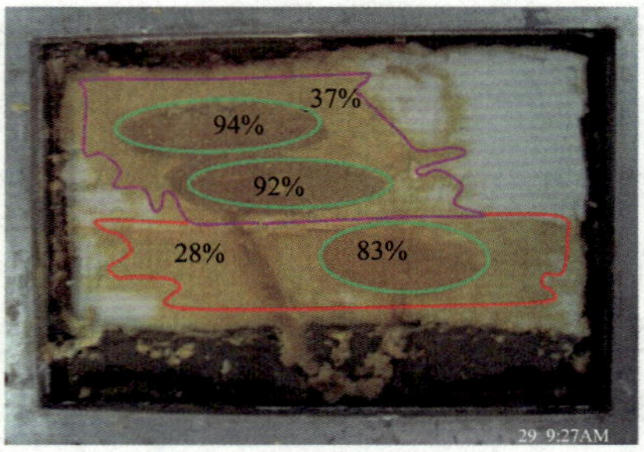

图 8-35　实验 3 含油饱和度图

8.5.3.4 实验4（上生下储型，充注压力5MPa）

1. 油的运移聚集过程

用ISCO泵向模型中注水，水从上方排出，使各砂层及砂体饱含水，然后每次以5MPa的压力向模型中进行油水混相充注。

实验开始充注后，油同时进入两条裂缝向下运移，并且沿两条裂缝运移速率相当，所以第2次充注后油便首先进入距离注口近的T1砂体。

第3次充注后，油主要沿微裂缝向下垂向运移，少部分向裂缝周围砂层中聚集。此时油已充注物性差的T1砂体约一半空间，而T2砂体中的油刚开始进入［图8-36（a）］。

第5次充注后，油继续沿裂缝向砂体中运移，少量的油继续向裂缝周围聚集并在源岩附近的砂层中连成一片。大量的油进入T1砂体，充满其约2/3空间，并向T1下部聚集，而T2砂体中含油面积则很小［图8-36（b）］。

第6次充注后，油已充满T1砂体，并且在其下部产生了较大范围的聚集，此时，油向T2砂体两侧运移，只充注了约一半空间［图8-36（c）］。

第8次充注后，油通过T1砂体向其下部大面积聚集，T2砂体右侧已充满，油继续向其左侧同时开始向T3砂体中运移［图8-36（d）］。

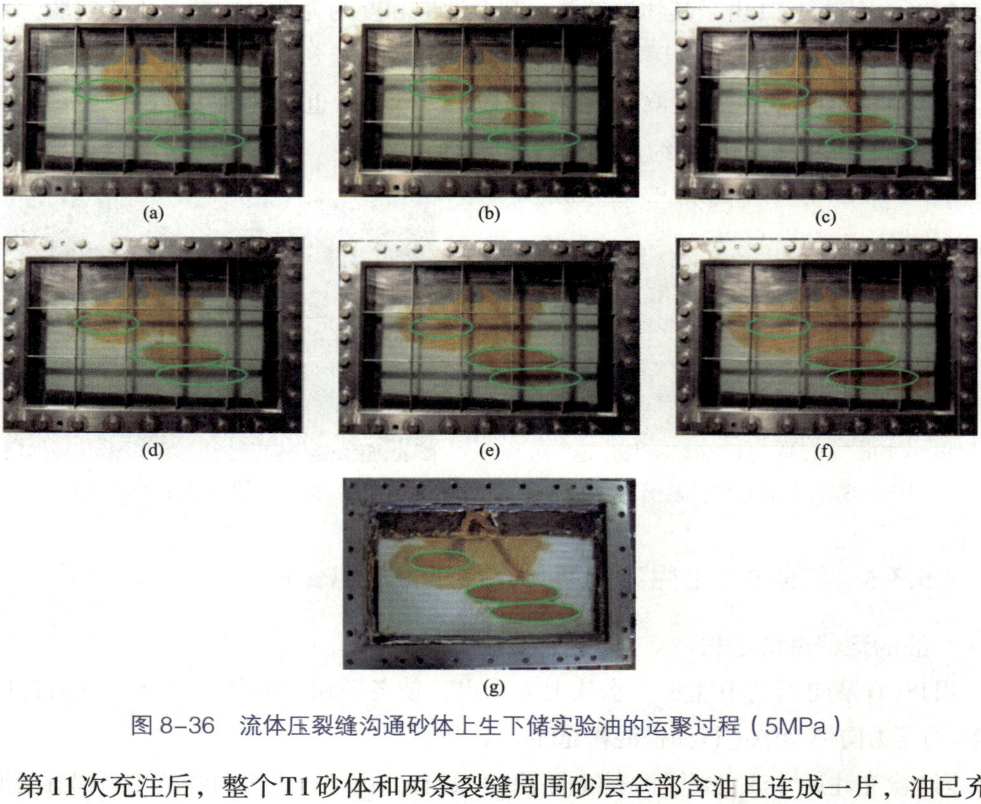

(a) (b) (c) (d) (e) (f) (g)

图8-36 流体压裂缝沟通砂体上生下储实验油的运聚过程（5MPa）

第11次充注后，整个T1砂体和两条裂缝周围砂层全部含油且连成一片，油已充满

T2砂体，并且已充满T3砂体左侧并继续向其右侧运移［图8-36（e）］。

第17次充注后，各个砂体均充满油，上部砂层呈近扇状的聚集，且面积相当大，油通过T3砂体向其右侧即出口2的方向运移，实验结束［图8-36（f）］。拆开模型后效果［图8-36（g）］。

2. 出口排液量变化

在实验过程中，随着充注次数的增加，两出口的排水量之和是均匀增加的，两出口总排水量与幕次的关系曲线呈一条直线，说明每次充注后排出的总水量是基本一致的，也说明整个实验过程中充注压力是基本一致的。

3. 流体势分布

分别算得不同时间各传感器测点的流体势，并作出流体势分布图（图8-37）。从实验油气运移聚集过程中的流体势分布图可以看出，砂体T1、T2、T3始终处于相对低势区并处在油向出口运移的路径上，又由于砂体的物性比周围砂层中的要高，所以由各砂体所形成的物性封闭圈闭一方面处在流体势的相对低势区，另一方面其物性又相对较好，因而是有利于成藏的区域。

4. 含油饱和度

实验结束后，砂体的含油饱和度情况见图8-38。砂体T2和砂体T3的含油饱和度约为71%，而砂体T1由于其物性较差，其含油饱和度约为64%。并且由于实验为幕式充注，充注瞬间压力很大，因而在靠近源岩及裂缝的长8砂层中有相当一部分的油聚集，其含油饱和度为23%~28%。油在充注满T1砂体后也向其周边砂层中聚集，围绕T1砂体形成了含油饱和度大约为23%的聚集面。

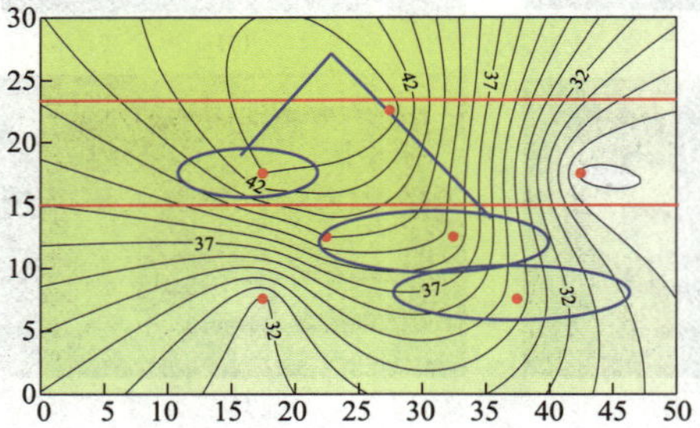

图8-37　实验4流体势分布图

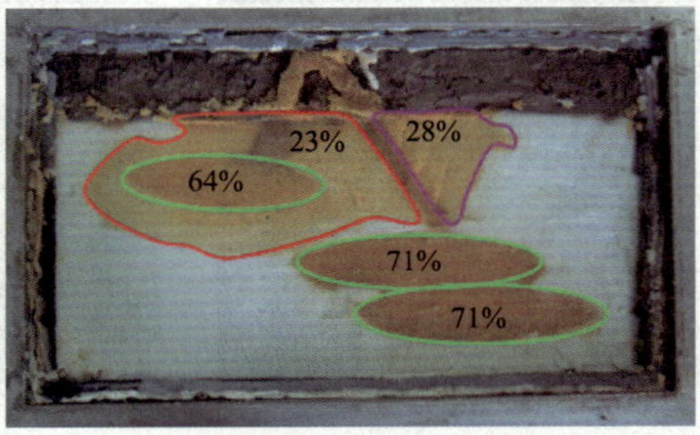

图8-38　实验4含油饱和度图

8.5.3.5　实验5（上生下储型，充注压力7MPa）

1. 油的运移聚集过程

用ISCO泵向模型中注水，水从上方排出，使各砂层及砂体饱含水，然后每次以7MPa的压力向模型中进行油水混相充注。

第1次充注后，油主要沿微裂缝向下垂向运移，由于压力大的缘故相当部分的油向裂缝周围砂层中聚集。油已进入物性差的T1砂体，并充注约1/3的空间，而距离源岩远的T2砂体尚没有油进入［图8-39（a）］。

第2次充注后，油继续沿裂缝向砂体中运移，裂缝周围聚集面积进一步扩大。T1砂体约2/3的空间充满油，而此时T2砂体刚进油且面积很小［图8-39（b）］。

第3次充注后，油已充满物性差的T1砂体，并向其下部呈面式聚集。油在T2砂体中向两侧运移，同时开始进入T3砂体［图8-39（c）］。

第4次充注后，油继续通过两条裂缝和T1砂体向周围砂层中聚集，油已基本充满T2砂体并在T3砂体中继续侧向运移［图8-39（d）］。

第5次充注后，T2砂体已完全充满油且T3砂体左侧也已基本充满，油主要向其右侧运移［图8-39（e）］。

第9次充注后，油完全充满各砂层，T1砂体及裂缝所在的砂层表面聚集油的面积很大且连成一片，油已经通过T3砂体向其右侧即出口2的方向运移，实验结束［图8-39（f）］。拆开模型后效果［图8-39（g）］。

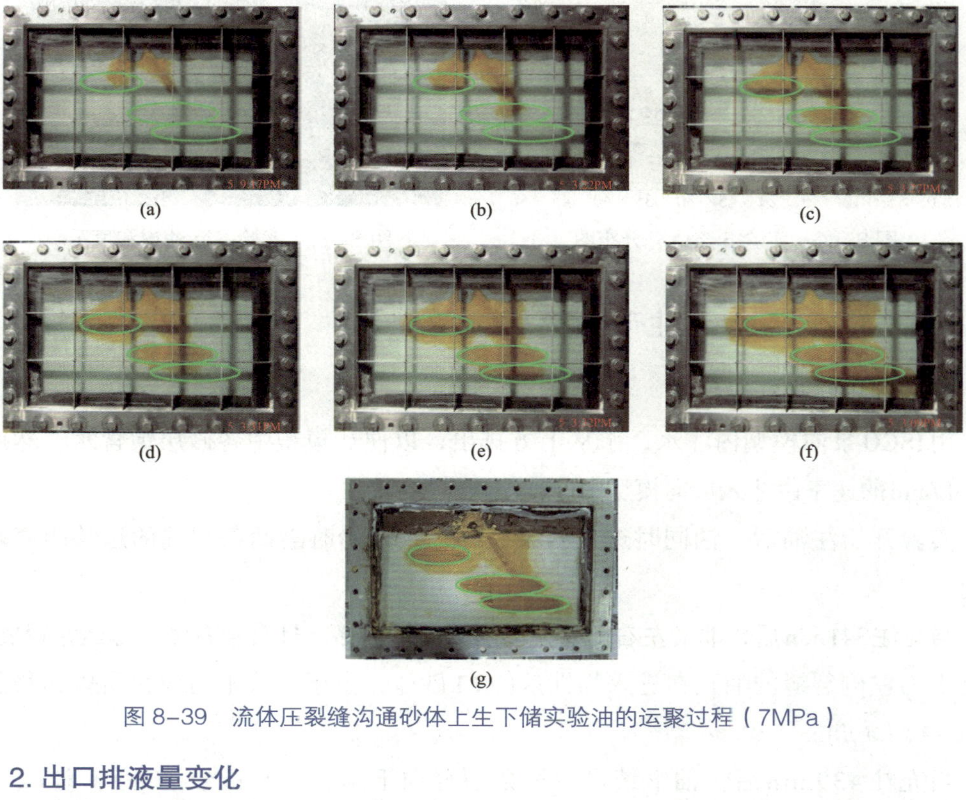

图8-39　流体压裂缝沟通砂体上生下储实验油的运聚过程（7MPa）

2. 出口排液量变化

在实验过程中，随着充注次数的增加，两出口的排水量之和是均匀增加的，两出口总排水量与幕次的关系曲线呈一条直线，说明每次充注后排出的总水量是基本一致的，也说明整个实验过程中充注压力是基本一致的。

3. 流体势分布

从实验油气运移聚集过程中的流体势分布图（图8-40）可以看出，砂体T1、T2、T3始终处于相对低势区并处在油向出口运移的路径上，又由于砂体的物性比周围砂层中的要高，所以由各砂体所形成的物性封闭圈闭一方面处在流体势的相对低势区，另一方面其物性又相对较好，因而是有利于成藏的区域。

4. 含油饱和度

实验结束后，砂体的含油饱和度见图8-41。砂体T2和砂体T3的含油饱和度约为73%，而砂体T1由于其物性较差，其含油饱和度约为66%。并且由于实验为幕式充注，充注瞬间压力很大，因而在靠近源岩及裂缝的长8砂层中有相当一部分的油聚集，其含油饱和度为25%~33%。油在充注满T1砂体后也向其周边砂层中聚集，围绕T1砂体形成了含油饱和度大约为25%的聚集面。

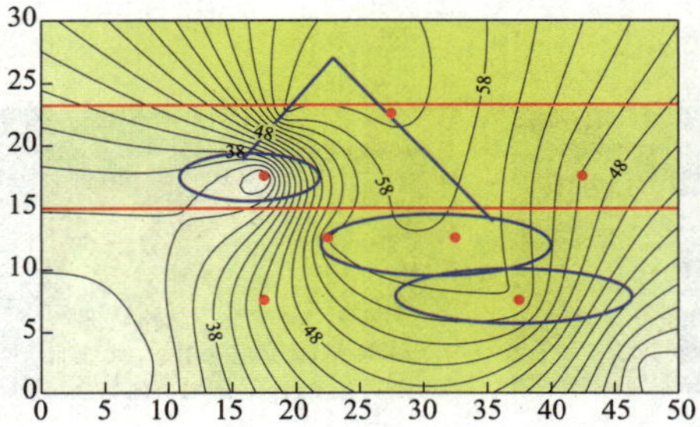

图8-40　实验5流体势分布图

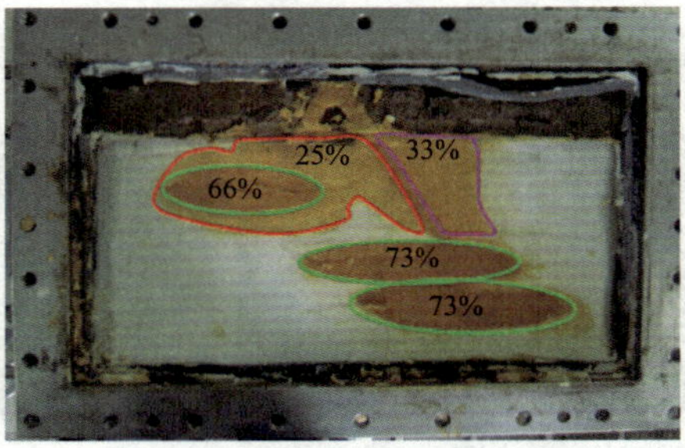

图8-41　实验5含油饱和度图

8.5.3.6　实验6（上生下储型，稳态充注）

1. 油的运移聚集过程

用ISCO泵向模型内注水，水从上方排出，以便让模型中各砂层饱含水，然后以0.1mL/min的速率由注入口向模型中连续注入煤油。

实验开始注油后，油同时进入两条裂缝，且开始时沿两条裂缝的运移距离基本相同。

当充注341min后，油沿左右两条裂缝继续向下运移，且沿着右侧裂缝运移得要远，这是因为左侧裂缝的油正在进入物性差的T1砂体，由于毛管阻力较大所以运移受阻［图8-42（a）］。

当充注439min后，油继续沿着两条裂缝向下运移，且已经进入T1和T2砂体［图8-42（b）］。

当充注628min后，油继续向T1、T2砂体中运移，已基本充满T2砂体，并已开始进入T3砂体，而T1砂体尚未充满，可见油向物性好的T2砂体中运移的速度明显很快。

在充注过程中，油在各砂体中的运移始终是以面式向前推进的，并无突出的运移前锋，这可能是由于浮力起的是阻力作用造成的［图8-42（c）］。

当充注793min后，油已完全充满T1砂体，T2砂体的颜色明显加深，油开始全面进入T3砂体［图8-42（d）］。

当充注1413min后，油继续向T3砂体中运移，且以侧向运移为主，T1和T2砂体颜色进一步加深，说明其含油饱和度在增大［图8-42（e）］。

当充注2236min后，油已完全充满各个砂体，并开始向各个砂层中散失，且砂体的颜色均加深，但T1砂体的颜色比T2和T3砂体的浅［图8-42（f）］。

当充注9995min后，油已基本充满模型，各砂体颜色进一步加深，出口2出油，出口1出水，实验结束［图8-42（g）］。拆开模型后效果［图8-42（h）］。

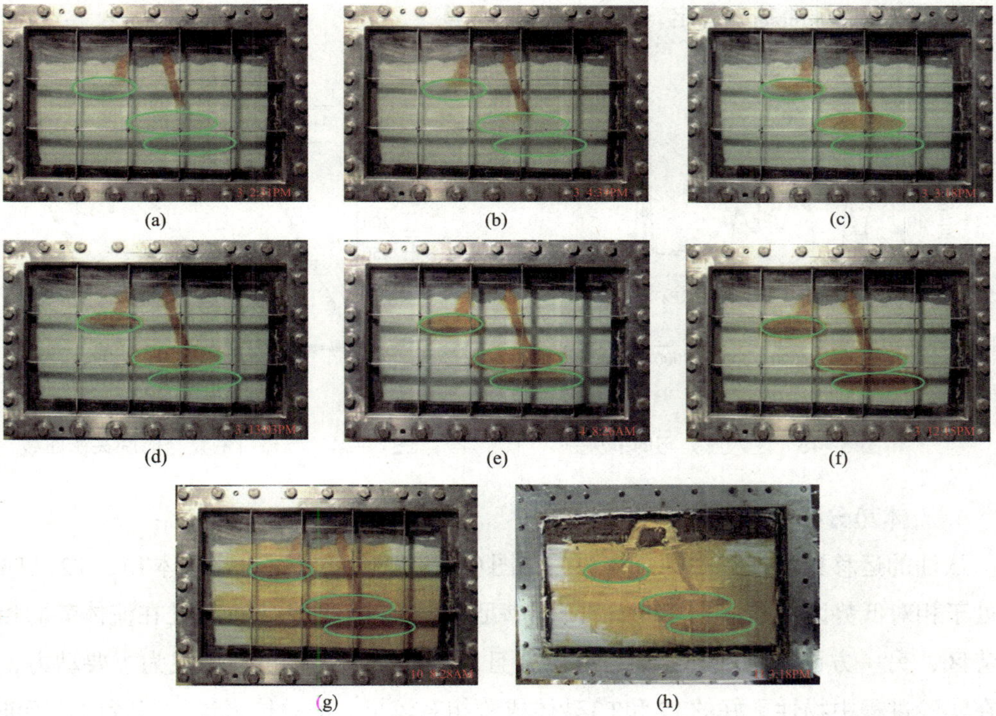

图8-42　流体压裂缝沟通砂体上生下储实验油的运聚过程（稳态）

2. 注入压力变化情况

注入压力的变化反映了油气运移过程中所受阻力的变化。从图8-43可知，实验过程中的相对压力变化经历了由小—大—小—大的过程，压力的高点往往对应油开始进入某一砂体时刻，而低点则往往表示油在某砂体的运移通道已经打通。实验开始注油时，阻力很大，导致注入口的压力不断增大。

当充注532~793min时，压力达到第一个高点，此时正是油充满T2砂体开始进入T3砂体的时候，即通道由宽变窄的时间，这之后油向T3砂体运移的通道形成。

当充注1968min后，压力达到第二个高点，此时油开始由各砂体向砂层中运移，由于砂层的物性差所以油向砂层中的运移受阻，直到压力积聚到一定程度突破毛管阻力。

当充注3685min后，压力达到第三个高点，此时油向出口2运移的通道已形成，出口开始出油。

此后，依次达到四、五、六、七、八、九个高点，表明油在砂层中运移的通道并不是一次形成的，而是分阶段形成的。

3. 出口排液量变化

实验过程中，随着注油量的增加，出口排液量的变化见图8-44。可以看出，随着注油量的增加，两出口的排水量逐渐增加，随后各出口逐渐停止排水，出口2有油排出，最后出口2排油基本稳定，实验结束。

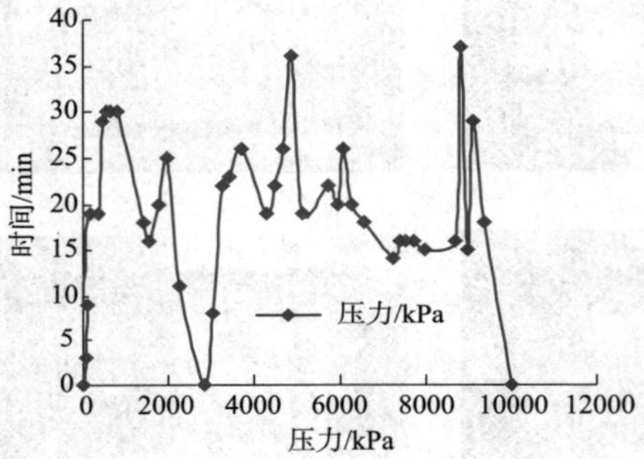

图8-43 注入压力与时间关系

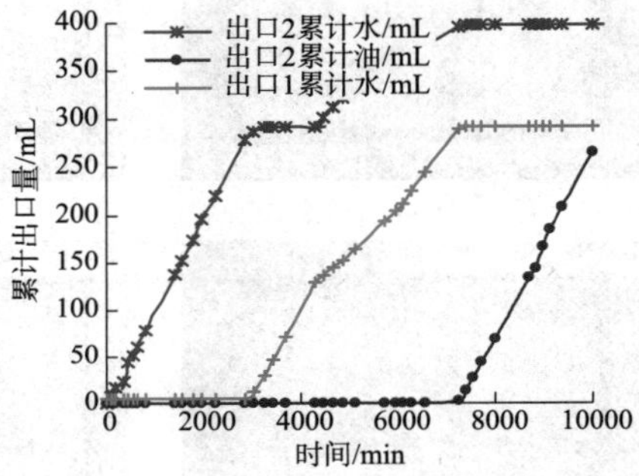

图8-44 出口排液量与时间关系曲线

4. 流体势分布

从油的运移聚集过程中的流体势分布图（图8-45）可以看出，砂体T1、T2、T3始终处于相对低势区，砂体T1和T2、T3均满足两个条件，即一方面均处在流体势的相对低势区，另一方面其物性都相对较好。并且由于浮力在运移过程中成为主要动力，因而在实验过程中物性更好的T2和T3砂体成藏相对较早。但总体来说，三者均处于油运移的主要方向，因而是成藏的有利区域。

5. 含油饱和度

实验结束后，砂体的含油饱和度情况见图8-46。砂体T3的含油饱和度为91%，砂体T2的含油饱和度为92%，而砂体T1的含油饱和度为81%。实验过程中由于注油时间长，油在充满各砂体后，必会向各砂层中聚集，因而在各砂层中产生相当面积的聚集，其中长8砂层基本被油充满，其含油饱和度为28%左右，长9砂层的含油饱和度则相对较高，为35%。

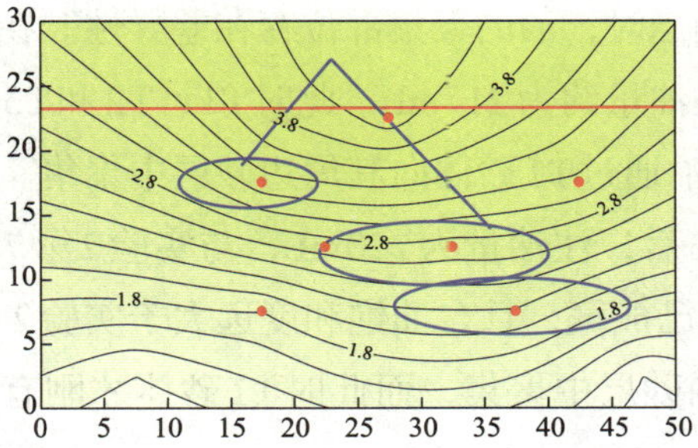

图 8-45 实验 6 流体势分布图

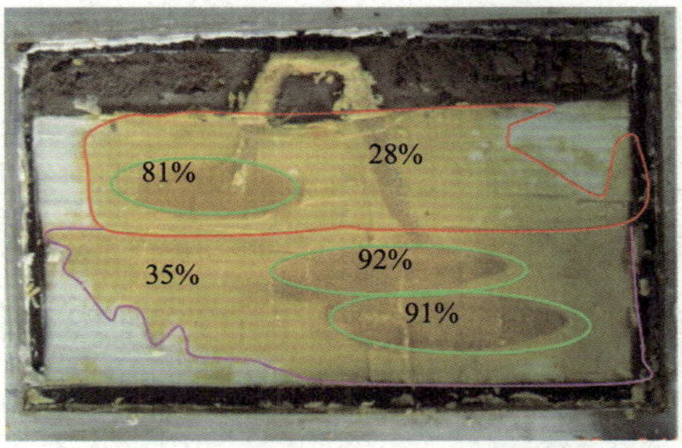

图 8-46 实验 6 含油饱和度图

8.5.4 实验结果讨论

8.5.4.1 不同充注方式下油的运移和聚集特征

1. 不同充注方式下油的运移特征

（1）不同充注方式下，油的运移路径不同。例如在下生上储条件下，幕式充注时（实验 1 和实验 2），油沿着 F1 和 F2 裂缝的运移几乎是同步的，即不论砂体物性好坏，在充注时油同时进入两条裂缝并向其上部沟通的 T1 和 T2 砂体中运移；但在稳态充注条件下（实验 3），油首先是沿 F2 裂缝向上运移至物性好的 T2 和 T3 砂体，直到 T2 和 T3 砂体基本充满时才开始沿着 F1 裂缝向物性差的 T1 砂体中运移。

这主要是因为两者的动力来源不同，幕式充注时，油的运移靠瞬间高压，流体释放瞬间压力差非常大，以至砂体的毛细管阻力对其影响是非常微弱的，所以油会不具有选择性的同时向物性好的 T2 砂体和物性差的 T1 砂体中运移。

而在稳态充注时，油在向上的运移过程中主要靠很小的注油压力和浮力的作用，此时砂体毛细管力的作用则是不可以忽略的，由于 T1 砂体的物性比 T2 砂体差三个数量级，所以其毛细管阻力相对来说是很大的，因而油会首先向阻力小的 T2 砂体方向运移。

（2）不同充注方式下，油的运移速率明显不同。在幕式充注条件下（实验 1、实验 2、实验 4 和实验 5），在充注的瞬间，压力差很大，油运移的速度很大，油以油源为中心，迅速向周围的裂缝或砂体中运移；而稳态充注条件下（实验 3 和实验 6），油的运移主要靠很小的注油压力（几十千帕）和向上的浮力的作用，因而一直较缓慢。

2. 不同充注方式下油的聚集特征

（1）不同充注方式下，油的聚集特征不同。在下生上储条件下，稳态充注实验 3 中油首先在上部距源岩远但物性好的 T2 和 T3 砂体中聚集成藏，然后向物性差的 T1 砂体中运移聚集成藏，若油源十分充足，则可在物性较差的长 8、长 9 砂层中聚集；而在幕式充注（实验 1 和实验 2）中，由于压力差很大，油首先在物性相对较差但距源岩较近的 T1 砂体中成藏，随后才在距源岩较远的、物性较好的 T2 和 T3 砂体中聚集成藏。

（2）不同的充注方式下，充注油量大致相当时，油的聚集部位存在差异性。在幕式充注条件下，例如实验2在第7次充注后，注油量约为217mL，此时T1、T2和T3砂体均已成藏，而且T1砂体充满度较高，有大量油通过T1砂体向其周边砂层中聚集。而在稳态充注条件下，例如实验3在充注2204min后，注油量为220mL，与实验2第7次充注后注油量相当，但实验3中T2和T3砂体均已成藏，且含油饱和度远大于实验2中T2和T3砂体含油饱和度，并有一部分油向周围砂层中聚集，而此时T1砂体才刚有油进入，远未成藏。

8.5.4.2 不同充注压力下油的运移和聚集特征

（1）在不同的充注压力下，油的运移速率和运移距离有着很大差别。在下生上储条件下，实验1（5MPa）在第三次充注后，油才刚开始进入T1和T2砂体，而实验2（7MPa）在第三次充注后油已经充满T1砂体，并且T2砂体也已有一半进油。可见，在相同条件下，充注压力越大油的运移速率越快，运移距离越远（表8-6）。在上生下储条件下，实验4（5MPa）在第三次充注后，油才刚开始进入T2砂体，且T1砂体仅充注一半，而实验5（7MPa）在第三次充注后油已经充满T1砂体，并且开始从T2砂体进入T3砂体。可见，在相同条件下，充注压力越大油的运移速率越快，运移距离越远（表8-7）。

表8-6 下生上储型幕式充注油在垂向上的运移距离　　cm

实验编号		充注次数		
		3	5	7
实验1	T1	11	12.5	14
	T2+T3	17	20	22.6
实验2	T1	15	16.5	19
	T2+T3	21	25	25.5

表8-7 上生下储型幕式充注油垂直向下的运移距离　　cm

实验编号		充注次数		
		3	5	8
实验4	T1	14	15.5	17
	T2+T3	17.5	21	23
实验5	T1	15	17	18
	T2+T3	21.5	24	25

（2）在不同的充注压力下，油的聚集特征不同。例如，在下生上储条件下，实验1在第七次充注后，T1和T2砂体均基本成藏，而实验2仅在第三次充注后，物性差的T1砂体已完全成藏，而物性好的T2砂体也已充注一半。可见，充注压力越大，排烃压力越大，油运移动力越大，越能够克服成藏过程中毛细管阻力等各种阻力，物性差

的砂体成藏的可能性及成藏效率就越高。在上生下储条件下，实验4（5MPa）和实验5（7MPa）第三次充注后进行对比，发现此时实验1中油刚开始进入T2砂体，且仅充注T1砂体1/3左右的空间；而实验2中油已经充注T2砂体的大部并已开始进入T3砂体，对于距离烃源岩较近的T1砂体则已基本充满且已溢出砂体底部向砂层中聚集。可见，充注压力越大即烃源岩中产生的异常高压越大，则在流体释放时运移动力越足，越易克服毛细管力等各种阻力，油在垂向上运移距离越远。因而，在幕式成藏条件下，排烃压力的大小是决定下部高渗砂体能否成藏的一个重要因素。

在充注量大致相同的情况下，充注压力越大，油的聚集量越大。在5MPa充注下的实验1中，第9次充注后，注入油量为216mL时，油已经充满透镜体T1和T2，但还没有充满T3；但在7MPa充注下的实验2中，第7次充注后，注入油量为216mL时，油已经充满透镜体T1、T2和T3。

8.5.4.3　不同供烃方向下油的运移和聚集特征

在幕式充注条件下，在下生上储和上生下储实验中，油的运移和聚集特征差别不大，但是在稳态条件下，下生上储和上生下储实验中，油的运移和聚集特征存在着较大的差别。在下生上储稳态实验（实验3）中，T1砂体由于物性差因而其毛细管阻力大，而T2砂体物性好毛细管阻力小，所以在浮力作用下，油向阻力最小的方向运移即向T2砂体中运移，而向T1砂体运移时所受阻力大，运移暂时受阻，因此油主要沿沟通物性较好的T2和T3砂体的裂缝运移，并在T2和T3砂体中聚集，随后才沿沟通物性相对差的砂体T1的裂缝运移，并在T1砂体中聚集；在上生下储稳态实验（实验6）中，浮力和毛细管力均为油运移过程中的阻力，因此油主要靠注油压力同时向T1和T2砂体中运移，但是由于T1砂体阻力比T2砂体阻力要大，因此，油沿F2裂缝向T2砂体运移的要快一些，即T2砂体比T1砂体先成藏。

8.5.4.4　流体压裂缝沟通砂体油气成藏特征及其勘探意义

流体压裂缝沟通砂体油气成藏的影响因素主要有沟通砂体和烃源岩的裂缝、充注动力、砂体物性、距源岩远近和供烃强度等。但是不同的充注方式具有不同的油气成藏特征和勘探意义。

1. 幕式（非稳态）成藏特征其勘探意义

幕式充注时，油的运移靠瞬间高压，流体释放瞬间压力差非常大，以至砂体的毛细管阻力对其影响是非常微弱的，所以油会不具有选择性地沿着沟通烃源岩的裂缝同时向物性好的T2、T3砂体和物性差的T1砂体中运移。在幕式（非稳态）充注条件下，油气成藏的第一类主控因素为沟通砂体和烃源岩的裂缝、砂体距源岩的距离以及砂体物性。在一般情况下，沿着沟通砂体和烃源岩的裂缝分布的、物性较好的、距离源岩比较近的砂体首先成藏，而物性更好的、距离源岩比较远的砂体随后成藏；第二类主控因素应为充注动力和供烃强度。若充注动力和供烃强度足够大，则一方面，沿沟通砂体和烃源岩的裂缝分布的、距源岩较远的、物性相对较差的砂体和砂层亦可能成藏；另一方面，由于充注动力足够大，与烃源岩相邻的低渗透砂层亦可能形成一些微裂缝，从而导致油气的运移和聚集。因此，在幕式（非稳态）充注条件下，从烃源岩中排驱的油气首先沿沟通烃源岩的主要裂缝向上（下）运移，遇到高渗透砂体聚集成藏，若充注压力和供烃强度足够大，则油气可在高渗透砂体周围渗透率相对较低的砂层中聚集成藏；另外，一些油气将沿烃源岩中的水力裂缝向上（下）运移至相邻的砂层，并在紧邻烃源岩的部位聚集成藏。此时，在幕式（非稳态）充注条件下，油气勘探的主要目标为与沟通砂体和烃源岩的裂缝相连的高渗透砂体和周围砂层，其次寻找与烃源岩相邻的微裂缝发育的砂层。

2. 稳态成藏特征及其勘探意义

在稳态充注条件下，下生上储时，油气运移的动力为很小的注油压力和浮力，砂体的毛细管阻力很大。这时，油气成藏的第一类主控因素为沟通砂体和烃源岩的裂缝和砂体物性。从烃源岩中排驱的油气在排烃压力和浮力的作用下首先沿沟通烃源岩的主要裂缝向上（下）运移，在高渗透砂体中聚集成藏，而距离烃源岩较近的物性相对较差的低渗透砂体，由于其毛细管阻力很大，不能聚集成藏；第二类主控因素应为供烃强度和距烃源岩距离。若供烃强度足够大，则沿沟通砂体和烃源岩的裂缝分布的、距源岩较近和较远的、物性相对较差的砂体和砂层亦可能成藏。此时，油气勘探的主要目标为与沟通砂体和烃源岩的裂缝相连的高渗透砂体和周围砂层，即使其离烃源岩较远；其次为一些物性相对较差的砂体。在上生下储时，油气运移的动力只有很小的排驱压力，浮力和砂体的毛细管力均为阻力。与下生上储条件相比，物性较好的砂体与烃源岩的距离显得相对重要。此时，油气勘探的主要目标为与沟通砂体和烃源岩的裂缝相连、距离烃源岩较近的高渗透砂体和周围砂层；其次为一些物性相对较差的砂体。

8.6 异常压力与向下运移距离关系模拟实验

异常高压是石油向下运移的动力，本节对异常压力与向下运移距离的关系进行物理模拟，主要模拟不同充注压力下、不同充注通道情况下对向下运移距离的影响。

8.6.1 实验模型与实验条件

本类实验共设计了3个模型，分别为运移通道较宽时均质模型（图8-47）、运移通道较窄时均质模型（图8-48）以及非均质模型（图8-49），每个模型中布置6个压力传感器，小圆圈表示其位置；模型上下实心小圆圈分别表示注入口和出口的连接位置，出口位置接管线引至模型顶部，使排水口高于模型顶部，出口接量筒计量；图中砂层均以纯净白色的亲水石英砂填充；实验所用的油为中性煤油，密度为0.75g/cm^3，以天然色素染成红色；实验过程中用的水为蒸馏水，密度为1.0g/cm^3。

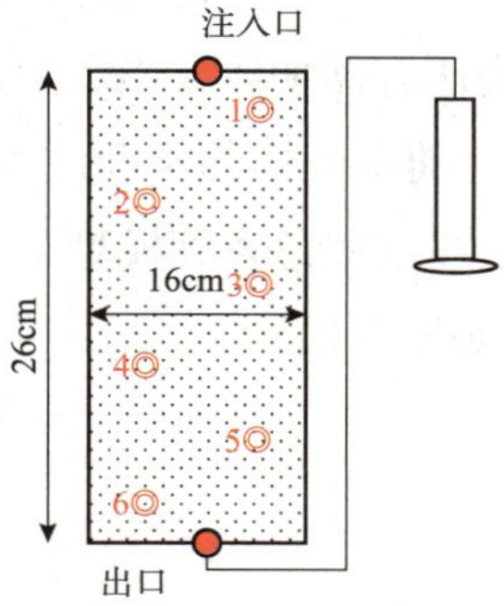

图 8-47　运移通道较宽时均质模型示意图的关系

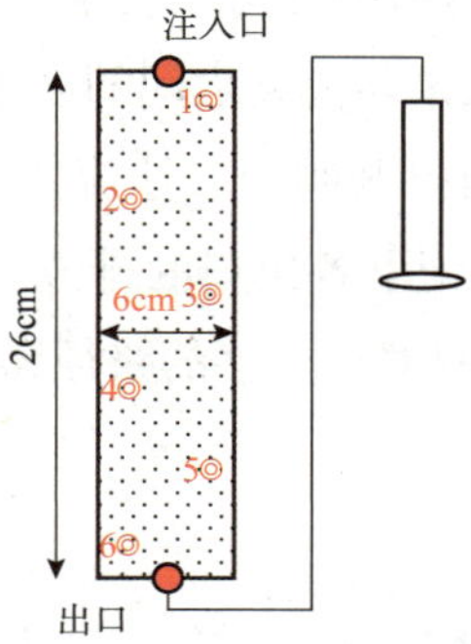

图 8-48　运移通道较窄时均质模型示意图

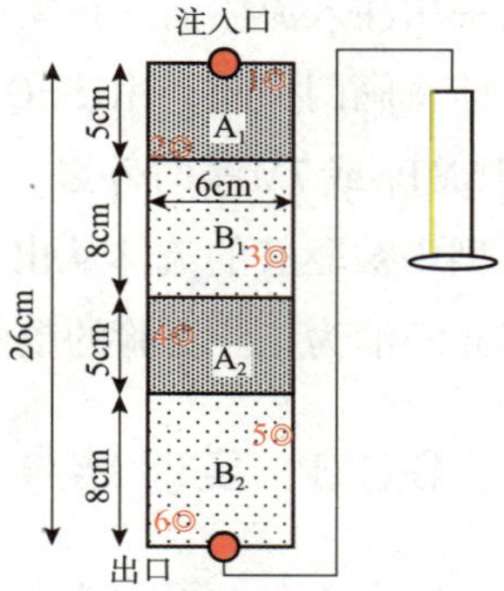

图 8-49　非均质模型示意图

本类模型一共做了6组实验，为幕式充注，分5MPa和7MPa两种充注压力进行实验，具体参数及条件见表8-8和表8-9。

表 8-8　实验模型物性参数表

实验项目	砂层（均质模型）		砂层A（非均质模型）		砂层B（非均质模型）	
	粒径/mm	渗透率/$10^{-3}\mu m^2$	粒径/mm	渗透率/$10^{-3}\mu m^2$	粒径/mm	渗透率/$10^{-3}\mu m^2$
实验1	0.15~0.2	2200	—	—	—	—
实验2	0.15~0.2	2200	—	—	—	—
实验3	0.15~0.2	2200	—	—	—	—
实验4	0.15~0.2	2200	—	—	—	—
实验5	—	—	0.05~0.1	416	0.15~0.2	2200
实验6	—	—	0.05~0.1	416	0.15~0.2	2200

表 8-9　各实验条件对比表

实验编号	充注压力/MPa	充注次数（幕式）	每次充注流体量/mL		备　注
			油	水	
实验1	5	15	24	9	宽运移通道均质模型
实验2	7	12	31	12	宽运移通道均质模型
实验3	5	7	24	9	窄运移通道均质模型
实验4	7	5	31	12	窄运移通道均质模型
实验5	5	9	24	9	非均质模型
实验6	7	5	31	12	非均质模型

8.6.2 实验装置和实验方法

实验装置和实验方法与源岩接触砂体油气成藏模拟实验基本一致。6个实验都采用幕式充注的方式，压力为5MPa或7MPa（模拟地层压力），充注流体为油和水混相充注。第一次注入流体前先将模型所有砂层中注满水（使各砂层充分饱含水）。以后每次注入流体前将阀门关闭，用ISCO泵给注入泵与模型之间的多个相连的高压容器加压，当压力达到5MPa或7MPa时停泵，然后迅速打开阀门，让流体突然释放。随着流体的不断注入，模型中被驱替的流体从出口排出，记下各出口的排液量。重复上述过程，直到模型中基本充满油为止。实验的整个充注过程对油运移的路径和过程进行观察和摄影。

8.6.3 实验结果

8.6.3.1 实验1（均质砂体通道较宽，充注压力5MPa）

用ISCO泵向模型内注水，水从上方排出，以便让模型中砂层饱含水，然后开始幕式充注。第一次充注后，油从注入口处向下运移，同时向左右两边运移，呈同心半圆状，越向外油颜色越浅，说明含油饱和度越小，当静置约1h后，油已经扩散到模型的左右两边界处，向下运移到约8cm处［图8-50（a）］。

第三次充注后，油基本平行向下运移，运移的距离并不大，但含油区域的颜色明显变深，说明含油饱和度变大，当静置约17h后，油的前锋已运移到10.5cm处［图8-50（b）］。

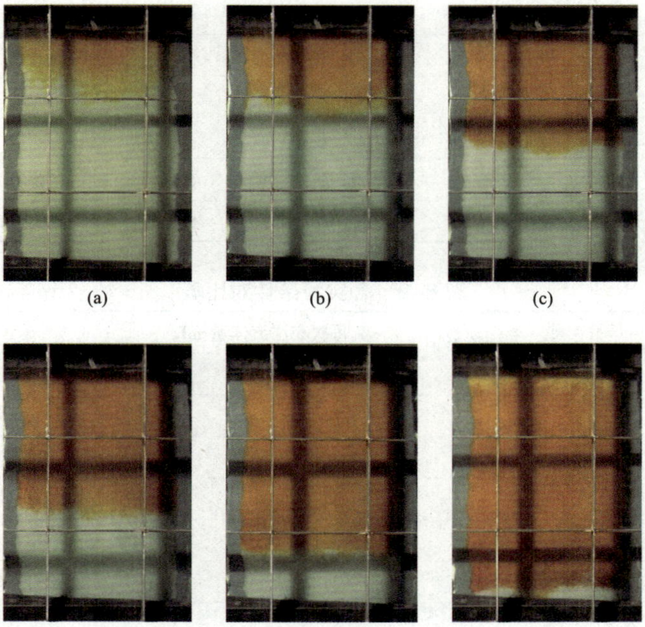

图8-50 运移通道较宽时均质实验油的运移过程（5MPa）

第七次充注后，油继续向下近似平行运移，运移速率并不快，但油的颜色不断加深，当静置约1h后，油的前锋已经运移到13.8cm处［图8-50（c）］。

第九次充注后，油继续向下平行运移，油的颜色不断加深，当静置约1h后，油的前锋已经运移到16.5cm处［图8-50（d）］。

第十二次充注后，油继续向下运移，几乎是平行向下运移，当静置约1h后，油已经运移到约20cm处［图8-50（e）］。

第十五次充注后，油继续向下运移，当静置约17h后，油的前锋已经运移到底部边界处，实验结束［图8-50（f）］。

8.6.3.2 实验2（均质砂体通道较宽，充注压力7MPa）

用ISCO泵向模型内注水，水从上方排出，以便让模型中砂层饱含水，然后开始幕式充注。第一次充注后，油从注入口处向下运移，同时向左右两边运移，含油区域整体颜色较深，周边较浅，当静置约1h后，油基本扩散到模型的左右两边界处，向下运移到约9cm处［图8-51（a）］。

第二次充注后，油继续向下运移，总体来说注入口下方的中间部分运移较快，左右两侧运移较慢，含油饱和度不断增大，其中中间含油区域的颜色较深，两侧颜色较浅，说明中间含油饱和度大，两侧含油饱和度小，当静置约1h后，油的前锋已运移到10cm处［图8-51（b）］。

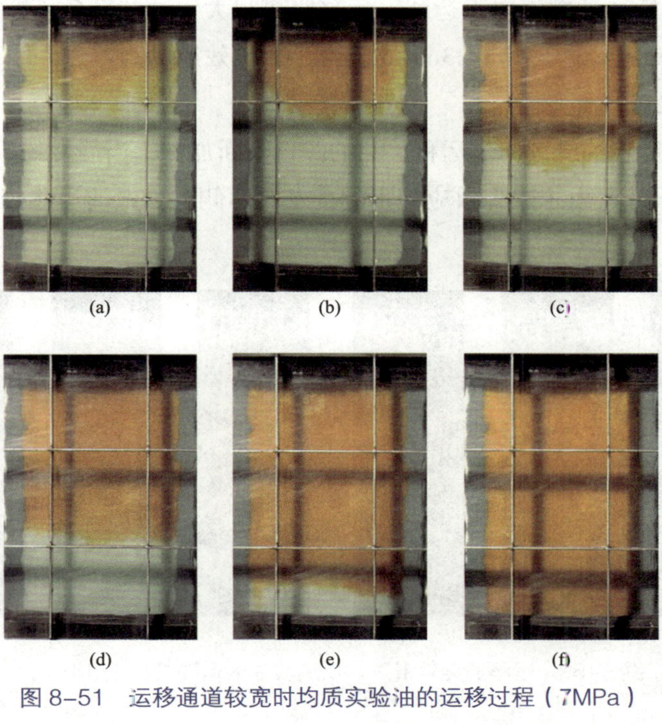

(a) (b) (c) (d) (e) (f)

图8-51 运移通道较宽时均质实验油的运移过程（7MPa）

第五次充注后，油继续向下运移，仍然是中间运移快，左右两侧运移慢，油的颜色不断加深，当静置约6h后，油的前锋已经运移到15cm处［图8-51（c）］。

第七次充注后，油继续向下运移，基本是平行向下运移，油的颜色不断加深，当静置约1h后，油的前锋已经运移到18cm处［图8-51（d）］。

第十次充注后，油继续向下运移，几乎是平行向下运移，当静置约17h后，油已经运移到约23cm处［图8-51（e）］。

第十二次充注后，油继续向下运移，当静置约1h后，油已经运移到底部边界处，实验结束［图8-51（f）］。

8.6.3.3 实验3（均质砂体通道较窄，充注压力5MPa）

用ISCO泵向模型内注水，水从上方排出，以便让模型中砂层饱含水，然后开始幕式充注。第一次充注后，油从注入口处向下运移，基本是整体向下运移，没有实验1所述的同心半圆现象，含油饱和度整体较高，当静置约18h后，油的运移前锋颜色稍变淡，这是因为在静置状态下，油在浮力作用下向上运移的结果，此时油已运移到约6cm处［图8-52（a）］。

第二次充注后，油基本平行向下运移，运移的距离较大，含油区域的颜色明显变深，说明含油饱和度变大，当静置约24h后，油的前锋已运移到9.5cm处［图8-52（b）］。

第三次充注后，油继续向下运移，运移距离很大，油的颜色不断加深，当静置约24h后，油的前锋已经运移到14.3cm处，由于边界效应的影响，左右两侧有少量油运移较快［图8-52（c）］。

第四次充注后，油继续向下运移，油的颜色不断加深，当静置约24h后，油的前锋已经运移到18cm处，由于边界效应的影响，左右两侧有少量油运移较快，这部分油的位移不计算在内［图8-52（d）］。

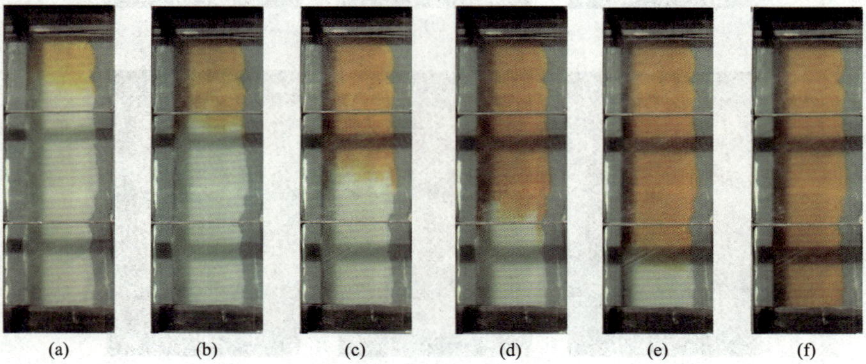

图8-52　运移通道较窄时均质实验油的运移过程（5MPa）

第五次充注后，油继续向下运移，当静置约5h后，油已经运移到约22cm处［图8–52（e）］。

第七次充注后，油继续向下运移，当静置约1h后，油已经运移到模型底部边界处，实验结束［图8–52（f）］。

8.6.3.4 实验4（均质砂体通道较窄，充注压力7MPa）

用ISCO泵向模型内注水，水从上方排出，以便让模型中砂层饱含水，然后开始幕式充注。第一次充注后，油从注入口处向下运移，基本是整体向下运移，同样没有实验1所述的同心半圆现象，含油饱和度整体较高，当静置约1h后，油已运移到约8cm处［图8–53（a）］。

第二次充注后，油基本呈锥形向下运移，中间运移较快，两侧运移较慢，运移的距离较大，含油区域的颜色明显变深，说明含油饱和度变大，当静置约1h后，油的前锋已运移到14cm处，左右两侧边界有少量油运移较快，这是边界效应的影响，此处忽略这种影响［图8–53（b）］。

第三次充注后，油继续向下运移，基本是平行向下运移，运移距离很大，油的颜色不断加深，含油饱和度不断增大，当静置约24h后，油的前锋已经运移到16.9cm处［图8–53（c）］。

第四次充注后，油继续向下运移，油的颜色不断加深，当静置约1h后，油的前锋已经运移到22.5cm处［图8–53（d）］。

第五次充注后，油继续向下运移，当静置约1h后，油已经运移到模型底部边界处［图8–53（e）］。当静置约24h后，实验现象基本无明显变化，实验结束［图8–53（f）］。

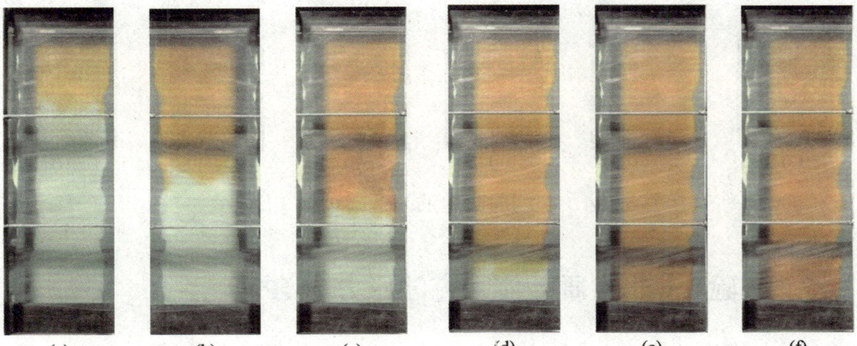

图8–53 运移通道较窄时均质实验油的运移过程（7MPa）

8.6.3.5 实验5（非均质砂体，充注压力5MPa）

用ISCO泵向模型内注水，水从上方排出，以便让模型中砂层饱含水，然后开始幕式充注。第一次充注后，油从注入口处向下运移，很快充满砂层A1，含油饱和度整体较高，当静置约18h后，油的运移前锋已经进入砂层B1，但颜色非常淡，已运移到约8cm处［图8-54（a）］。

第二次充注后，油继续向下运移，含油区域的颜色明显变深，说明含油饱和度变大，左右两侧少部分油在边界效应的影响，运移速率明显大得多，在此不考虑其影响。当静置约1h后，油的前锋已运移到9cm处，但砂层A1和砂层B1交界区域含油颜色较淡［图8-54（b）］。

第三次充注后，油继续在砂层B1向下运移，运移距离较大，油的颜色不断加深，当静置约1h后，油的前锋已经运移到12cm处，砂层A1和砂层B1交界的部分区域含油颜色较淡［图8-54（c）］。

第四次充注后，油继续向下运移，运移距离很大，已经充满砂层B1进入砂层A2，油的颜色不断加深，当静置约7h后，油的前锋已经运移到17.4cm处，而刚进入的砂层A2部分含油颜色较浅［图8-54（d）］。

第六次充注后，油继续向下运移，已经充满砂层A2进入砂层B2，当静置约5h后，油已经运移到约22cm处，而刚进入砂层B2的油颜色很浅［图8-54（e）］。

第九次充注后，油继续向下运移，当静置约1h后，油已经运移到模型底部边界处，实验结束［图8-54（f）］。

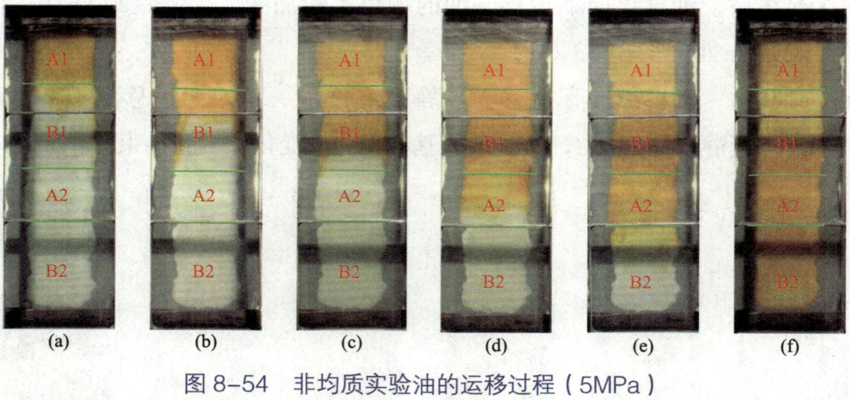

图8-54　非均质实验油的运移过程（5MPa）

8.6.3.6　实验6（非均质砂体，充注压力7MPa）

用ISCO泵向模型内注水，水从上方排出，以便让模型中砂层饱含水，然后开始幕式充注。第一次充注后，油从注入口处向下运移，很快充满砂层A1，含油饱和度整体较高，当静置约18h后，油的运移前锋已经进入砂层B1，但颜色较淡，已运移到约8cm处［图8-55（a）］。

第二次充注后，油继续在砂层B1向下运移，含油区域的颜色明显变深，说明含油饱和度变大，当静置约5h后，油的前锋已运移到11.9cm处。总体来说，中间部分运移较快，左右两侧运移较慢［图8-55（b）］。

第三次充注后，油已经充满砂层B1，并进入砂层A2，运移距离较大，油的颜色不断加深，当静置约1h后，油的前锋已经运移到18cm处，各砂层含油饱和度相差不大［图8-55（c）］。当静置约17h后，上部砂层A1和B1的含油饱和度增加，而下部砂层A2的含油饱和度减小，这是在浮力作用下油向上运移的结果［图8-55（d）］。

第四次充注后，油继续向下运移，已经充满砂层A2进入砂层B2，当静置约7h后，油已经运移到约22.4cm处［图8-55（e）］。

第五次充注后，油继续在砂层B2向下运移，当静置约17h后，油的前锋已经运移到模型底部边界处，砂层B2总体颜色较浅，实验结束［图8-55（f）］。

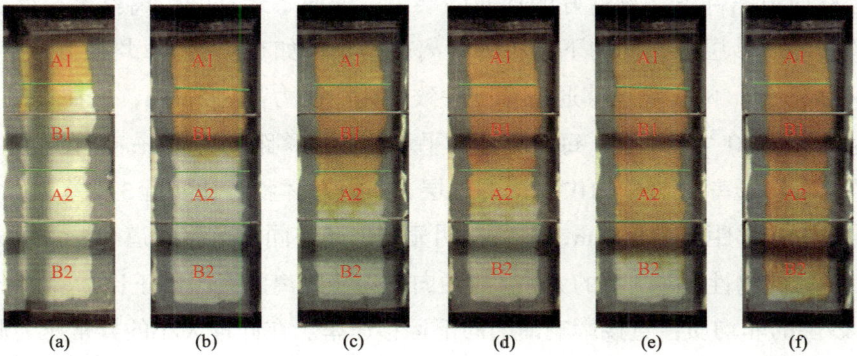

图8-55 非均质实验油的运移过程（7MPa）

8.6.4 实验结果讨论

8.6.4.1 充注压力对油的运移具有重要的影响

（1）充注压力越大，油的运移速率越大。在不同的充注压力下，油的运移速率有着明显的差别，在均质砂体中，实验3（5MPa）油的平均运移速率为4cm/次（第一次充注到第五次充注进行平均）小于实验4（7MPa）时油的平均运移速率4.84cm/次（第一次充注到第四次充注进行平均）。在非均质砂体中，充注压力对运移速率的影响更大，例如实验5（5MPa）油的平均运移速率为2.8cm/次（第一次充注到第六次充注进行平均），远小于实验6（7MPa）时油的平均运移速率4.8cm/次（第一次充注到第四次充注进行平均）。

（2）充注压力越大，油的运移距离越大。在同样的运移通道中，充注压力大时，每次充注的运移距离就大。例如在同样运移通道较窄的实验3和实验4中，充注压力为5MPa实验3中，每次充注的平均运移距离为4cm，而在充注压力为7MPa实验4中，每次充注的平均运移距离为4.84cm。因此在同样运移通道中，异常压力与向下运移距离成正比，异常压力越大，向下运移距离越大；反之，异常压力越小，向下运移距离越小。

（3）充注压力对油的运移路径具有一定的影响。从整体的充注过程来看，运移路径差别不大，但从局部来看差别还是很大的。在实验的前几次充注中，实验1（5MPa充注）由于充注压力较小，油基本平行向下运移，而在实验2（7MPa充注）中由于充注压力较大，油基本是锥形运移的，即中间部分运移较快，左右两侧运移较慢。

8.6.4.2 砂层的非均质性对油的运移具有重要的影响

（1）砂层的非均质性直接影响向下运移距离的大小。在同样大小的异常压力和同等宽度的运移通道条件下，物性好的均质砂层中，油向下运移的距离就大；反之，含有物性差的非均质砂层中，油向下运移的距离就小。例如在实验3（均质砂层）和实验5（非均质砂层）中，两实验运移通道宽度一致，充注压力都为5MPa，但在实验3（砂体渗透率为$2200\times10^{-3}\mu m^2$）中，每次充注的平均向下运移距离为4cm；而在实验5（模型中加入了两个渗透率为$416\times10^{-3}\mu m^2$的砂层，所以总体物性比实验3要差）中，每次充注的平均向下运移距离为2.8cm，差距很明显。因此在同样运移通道和异常压力一致的条件下，砂体的物性（渗透率的大小）与油向下运移距离的大小成正比。

（2）砂层的非均质性直接影响油的向下运移速率。在同样大小的异常压力和同等宽度的运移通道条件下，在5MPa的充注压力下，均质砂层实验3中，油的平均运移速率为4cm/次，而非均质砂层实验5中，油的平均运移速率只有2.8cm/次。但是随着充注压力的增大，砂层的非均质性对油的运移速率的影响减小，甚至不明显。例如在7MPa的充注压力下，均质砂层实验4（7MPa）中，油的平均运移速率为4.84cm/次，而非均质砂层实验6中，油的平均运移速率4.8cm/次。

8.6.4.3 运移通道大小对油的运移具有重要的影响

在同样充注压力和同样的砂体物性条件下，运移通道较窄时，每次充注的平均运移距离就相对较大。例如在充注压力同为7MPa的实验2（运移通道16cm）和实验4（运移通道6cm）中，运移通道较宽的实验2中，每次充注的平均运移距离为1.63cm，而在运移通道较窄的实验4中，每次充注的平均运移距离为4.84cm，差距相当大。因此在异常压力和砂体物性一致的条件下，向下运移距离与运移通道成反比，运移通道越宽，向下运移距离越小；反之，运移通道越窄，向下运移距离越大，运移通道的宽窄与油向下运移的距离成反比。

9 延长组下组合石油富集规律与成藏模式

9.1 延长组下组合油藏成藏时期

油藏的形成时期是研究成藏机理的主要内容之一，根据包裹体资料并结合埋藏史和盆地构造演可以分析油藏成藏时期及期次。

9.1.1 陕北长10油藏形成于早白垩世末

长10油藏发现相对较少，主要在陕北志丹附近有发现。该区是目前全盆地长10油层组中发现的规模最大的油藏，并有多个有利区，目前高52井区已投入开发。

流体包裹体是目前分析成藏期次和充注时期的主要技术。本次研究主要根据胶结物和石英裂隙、加大边中气液两相包裹体进行测温（图9-1），获得包裹体均一温度，结合埋藏史进行成藏期次的研究。

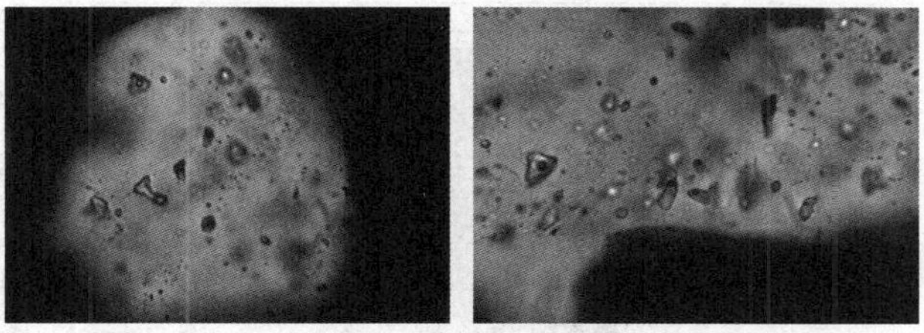

(a)高50井，长10，石英颗粒裂隙溶蚀孔中气液二相包体群

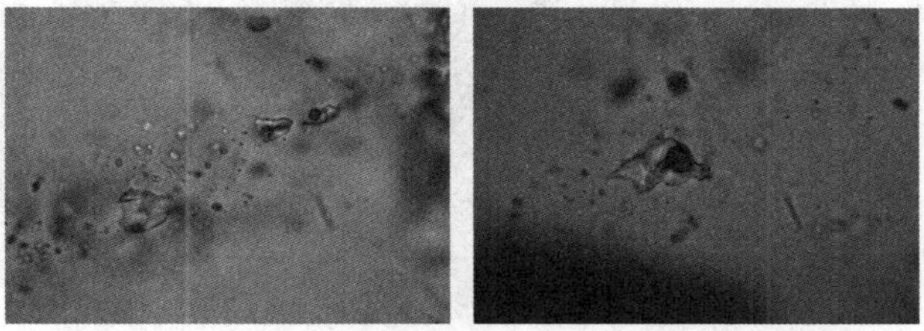

(b)王517井，长10，石英颗粒裂隙溶蚀孔中气液二相包体群

图9-1 陕北长10包裹体特征

包裹体均一温度峰值在120~130℃和150~160 ℃(图9-2);从埋藏史上看,120~130℃更为合理,代表了成藏高峰期—早白垩世末(图9-3、图9-4)。

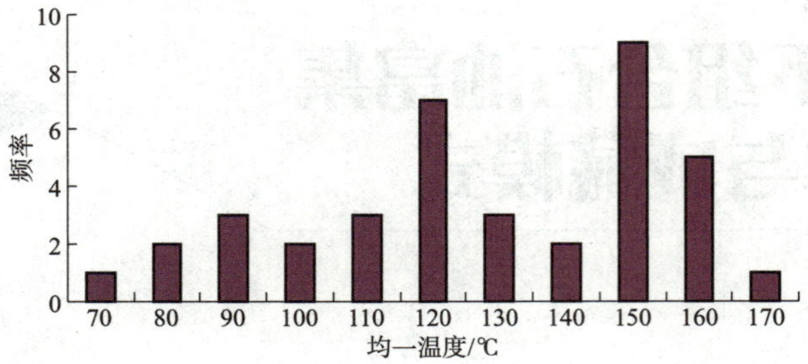

图 9-2 陕北长 10 包裹体均一温度分布直方图

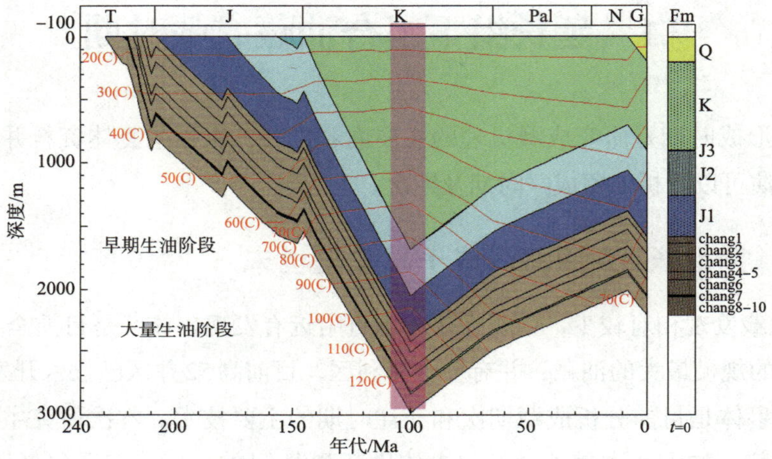

图 9-3 鄂尔多斯盆地陕北地区埋藏史

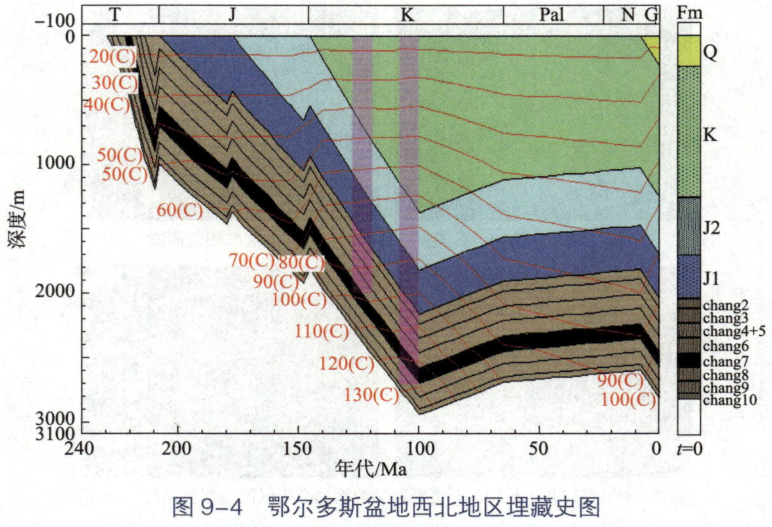

图 9-4 鄂尔多斯盆地西北地区埋藏史图

9.1.2 姬塬、陇东地区长9油藏形成于早白垩世中晚期

西北姬塬地区长8、长9油藏形成于早白垩世中晚期（均一温度峰值在125~135℃和85~95℃，见图7-10、图7-11）。

西南陇东地区长9、长8油藏形成于早白垩世晚期（均一温度峰值在120~130℃和100~110℃，见图9-5）。

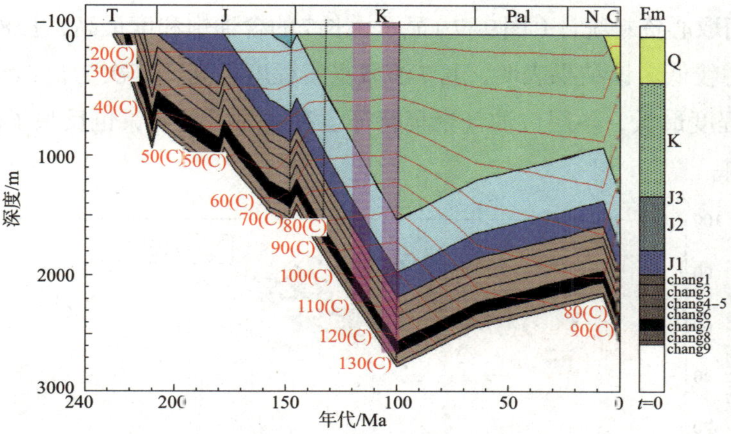

图9-5 鄂尔多斯盆地陇东地区埋藏史图

9.2 延长组下组合石油富集规律

研究表明，延长组下组合已在长8、长9、长10发现了多个油藏，表明下组合具有较好的成藏条件，但成藏条件要求较为苛刻，其形成受烃源岩、沉积相、砂体、储层、异常压力等多种因素综合控制。石油勘探主要目标是寻找高产富集油藏，因此，明确油藏的富集分布规律及主控因素对预测油藏目标十分重要。笔者发现，延长组下组合油藏有“近源、低压、优相”的富集分布规律及主控因素。

9.2.1 近源

受烃源岩控制，离源越近，油藏分布越多。这是因为石油向下运移的动力是异常高压力，浮力、毛细管力是阻力，异常高压随着向下运移的距离的增加而逐渐减弱消失。因此，距离烃源岩远的储层往往含油饱和度低，含有较多的地层水。

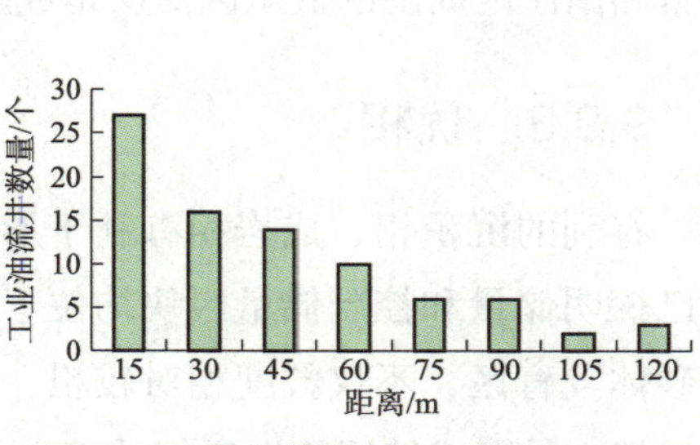

图9-6 姬塬地区长8—长10工业油流井数量与长7_3距离关系图

根据工区内长7以下84口工业油流井出油

深度，距长7_3底面距离统计可以看出：长8—长10工业油流井数量与长7_3距离成反比例关系，越靠近烃源岩工业油流井越多，大部分分布在据长7_3底约60m以内，约占总数的76%。60~120m仅14%，超过120m的目前尚未发现（图9-6、表9-1）。

表 9-1　姬塬地区长 8—长 10 工业油流井数量与长 7_3 距离关系表

距长7_3底距离/m	0~15	15~30	30~45	45~60	60~75	75~90	90~105	105~120	总数
工业油流井数/口	27	16	14	10	6	6	2	3	84

井筒密闭取心资料统计（图9-7）显示，长7的含油饱和度最高，长8略低，长9的油饱和度相对较低。该结果表明，长7油藏富集程度最高，其次为长8油藏，长9、长10油藏富集程度最低，各层位油气聚集特征也存在显著差异，也反映了油藏饱和度受排烃压力控制。

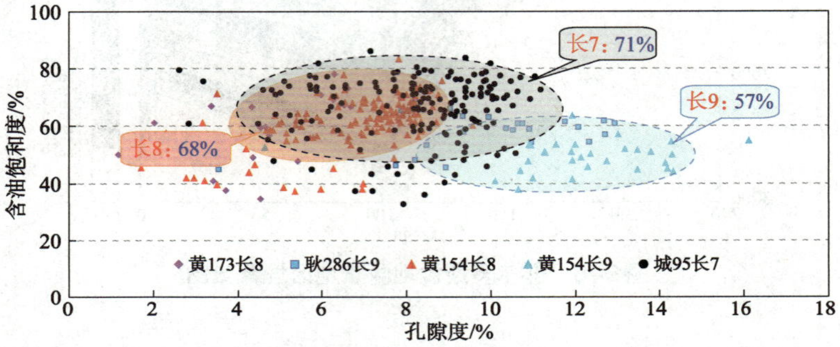

图 9-7　长 7—长 9 砂岩孔隙度与油饱关系图（密闭取心）

9.2.2　低压

在异常高压作用下，石油从高压区向低压区运移，前文的成藏物理模拟实验也揭示了这一规律。早白垩世末，长7大量生烃产生异常高压并产生水力破裂缝。从长7过剩压力等值线图上可以研究区整体处于高压，局部存在强超压，压力超过20MPa。长7、长8之间一般存在8~12MPa的异常压力，为石油向下运移提供了动力。随着石油向下运移，运移动力逐渐降低，石油在相对高渗低压区聚集成藏，因此，在低压区特别是紧邻高压区周围的低压区储层是成藏最有利的位置。

9.2.3　优相

有利的沉积相、成岩相有利于形成厚度大、物性好的储层，便于石油的聚集。目前已探明储量和控制储量区块均位于三角洲前缘水下分流河道和河口坝位置，是三角洲砂体发育区，不仅粒度相对较粗，而且受到河流和湖泊波浪的改造作用，颗粒分选性较好，是形成储层物性良好的基本条件的前提。

储层的储集性不仅受沉积环境的控制，同时在很大程度上受控于成岩作用。例如高能环境下形成的特高渗砂体，由于后期压实和胶结作用，可能变成低渗甚至非渗透性砂体；相反，在低能环境下形成的低渗砂体，可能会由于成岩后期溶解、溶蚀变成高孔高渗的砂体。不同地区由于沉积背景、成岩环境不同，发育的成岩相不同。姬塬地区铁方解石胶结是造成本区物性变差的主要因素，同时局部绿泥石和高岭石发育有利于形成局部良好储层。

总之，延长组发育多套富含有机质的烃源岩，尤其是长7优质烃源岩大面积发育，有利于油气近距离充注成藏。在过剩压力的驱动作用下，长7、长9优质烃源岩生成的油气向下排烃，并在邻近有利储层中聚集成藏。

9.3 油藏形成的动力机制及输导体系

9.3.1 生烃增压提供了石油向运移的动力

从长7过剩压力平面分布图上看，过剩压力在平面上具有隆凹相间的分布格局，与长7油页岩厚度具有较好的一致性（图9-8）。

盆地长7过剩压力一般大于8MPa，局部超过20MPa，最大超过24MPa，主要分布在麻黄山、马家山北、铁边城、金鼎南及华池等地区。

从长9过剩压力平面分布图上看，过剩压力在平面上存在两个高值区，与长9油页岩厚度具有较好的一致性（图9-9）。

盆地长9过剩压力一般大于6MPa，局部超过18MPa，最大超过22MPa，主要分布志丹两侧。盆地长10、长9油藏主要分布在低压区或相对低压区。

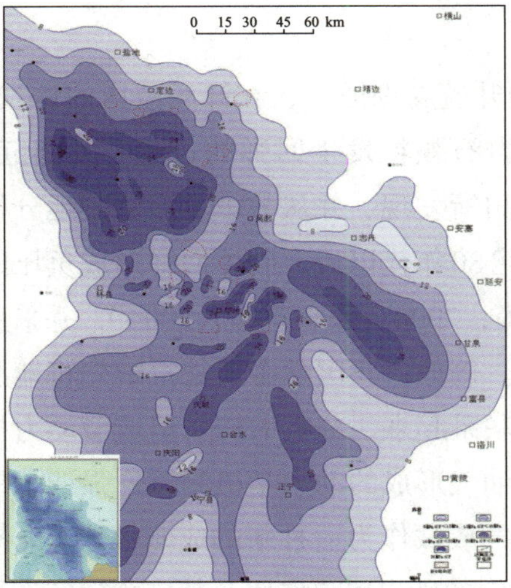

图9-8 盆地早白垩世末长7过剩压力等值线图

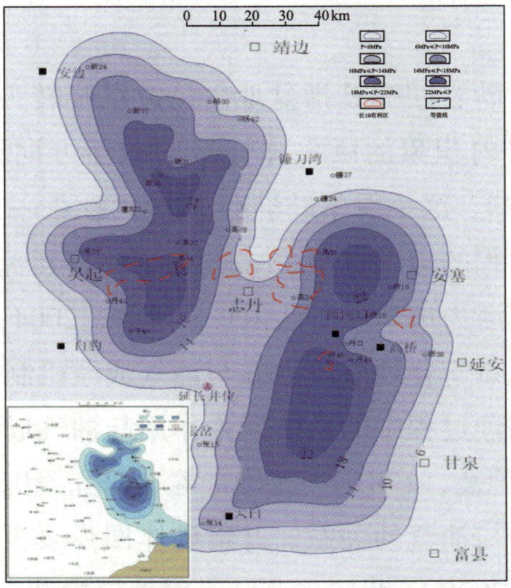

图9-9 盆地早白垩世末长9过剩压力等值线图

9.3.2 裂缝、叠置砂体提供了石油向下运移的通道

在异常压力作用下，石油通过裂缝、断层等优势运移通道向下运移。在岩心观察中发现了大量的裂缝、裂缝含油、沥青等石油运移痕迹，表明这些裂缝是低渗透背景下石油运移的优势通道（图9-10）。

(a)白272，长7_1，2016.5m，生烃增压缝，含沥青

(b)桥29井，长9_1，1558.4m，页岩中垂直裂缝见油迹

(c)桥22井，长10，1572.4m，裂缝见油迹

(d)元286，长8_1，2155.3m，裂缝含沥青

(e)高44井，长9_1，2122.6m，页岩中裂缝

(f)高35井，长10，1646.8m，垂直裂缝

图9-10　岩心中断层、裂缝特征

9.4 陕北长10砂岩回弹形成的负压有利于石油的运聚

砂岩回弹是指盆地由持续沉降转为整体抬升遭受剥蚀时，在卸载减压的诱发下，砂岩内积累的巨大弹性量向减压方向释放，岩石颗粒发生回弹的过程（关德范等，2005）。这一现象最早由土力学之父——Terzaghi所发现，并从数学方面清楚地分析了该过程的力学机制（Terzaghi K，1948）。20世纪80年代以后，砂体回弹形成负压的观点逐渐为地学界所认识（金博等，2004；高岗等，2008；张立宽等，2004），并采用这些观点解释地层压力并与油气成藏机制相结合。例如：我国学者关德范最先将地层抬升剥蚀过程中的砂体回弹作用与油气成藏机理联系起来，分析大庆长垣成藏动力机制（关德范，1981）；庞雄奇等在研究我国和世界油气形成的动力学机制时，强调了地层抬升与油气的关系，并将砂体回弹泵吸抽拉油气成藏作为一种新的成藏模式（庞雄奇等，2000）。我国一些学者对地层抬升剥蚀过程中的砂岩回弹作用及其成藏效应进行了深入研究和总结，并对人造岩心和天然岩心进行了不同情况下的回弹量物理模拟实验，

总结出了砂岩回弹量相关经验公式（姜振学等，2004；谈彩萍等，2008）。

延长组沉积后，受构造运动的影响，发生了多次沉降和抬升剥蚀，其中早白垩世末的构造运动规模最大，地层剥蚀最厚，影响最深，不仅奠定了现今盆地西倾大单斜的构造格局（刘池洋等，2006），而且对油气成藏具有重要的作用。陕北志丹地区剥蚀厚度大具有发生砂岩回弹的构造背景，同时该区在长10油层组发现了多个油藏，勘探前景广阔。

9.4.1 鄂尔多斯盆地砂岩回弹存在的证据

9.4.1.1 早白垩世末大规模的抬升剥蚀构造背景为砂岩回弹创造了条件

早白垩世末至晚白垩世初，鄂尔多斯盆地整体抬升剥蚀，这是在区域挤压应力作用下发生的。这期区域抬升完成了古太平洋构造体制向今太平洋构造体制的转换，宣告宏伟的燕山运动结束。盆地这次区域整体抬升，从早白垩世末开始，经晚白垩世，一直延续到新生代古新世甚至始新世早中期。这段时期的地层记录基本缺失，前晚白垩世地层也遭受不同程度的区域剥蚀（刘池洋等，2006）。

其中，盆地东部抬升剥蚀最为强烈，剥蚀量一般为600~1400m，最大超过1600m；西缘次之，定边—环县—镇原一带最少（图9-11）。盆地东部巨厚的剥蚀量形成的卸载减压为该区地层砂岩颗粒发生回弹创造了有利的背景条件。

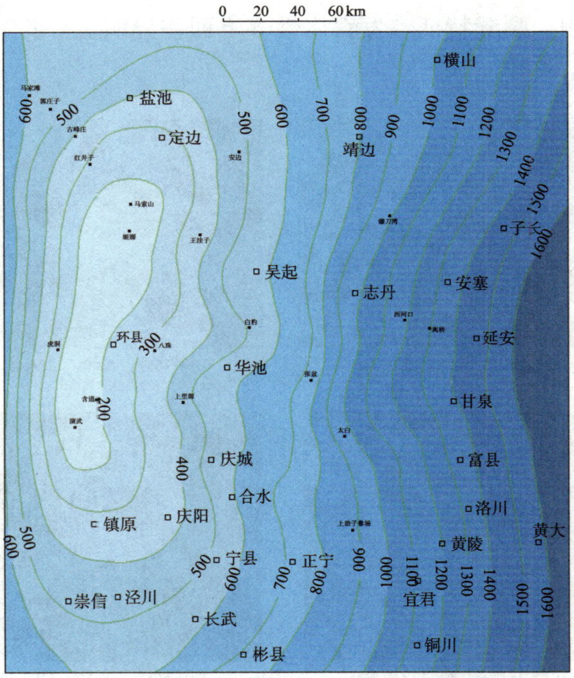

图 9-11 鄂尔多斯盆地早白垩世末地层剥蚀厚度等值线图

9.4.1.2 陕北地区长10砂岩厚度大、粒度较粗、成岩作用相对较弱，具备明显的回弹能力

并不是所有砂岩在后期抬升发生剥蚀就发生回弹，砂岩回弹需要特定的条件：颗粒没有发生永久变形，接触关系常为点接触、线接触。当颗粒间的接触关系达到凹凸接触、缝合接触时，颗粒已基本永久变形，不具回弹能力（姜振学等，2007）。

长10油层组主要发育河流—三角洲—浅湖沉积。其中西北体系最为发育，主要为辫状河沉积；东北体系为曲流河—三角洲沉积；西南体系为辫状河—三角洲沉积。沉积中心位于张岔—太白—宜君一带，主要发育浅湖相沉积（李元昊等，2010）。近年来，在志丹地区发现了多个长10高产富集区，油源对比表明主要来自该区长10上部的长9烃源岩。该区长10砂体规模较大，砂体一般长90~160km，宽15~30km，厚度45~60m。储层主要发育长石砂岩和岩屑长石砂岩，粒度以中粗粒为主，成岩作用相对较弱。该区为长8、长9沉积中心位置，沉积总体粒度较细，岩石颗粒一般为凹凸及以上接触关系，成岩作用较强，颗粒已基本永久变形，回弹能力相对较弱；而该区长10砂岩粒度相对较粗，岩石颗粒多为点—线接触，回弹条件有利。

9.4.1.3 陕北地区长10砂岩回弹的证据——回弹微裂缝

在大量铸体薄片、扫描电镜和岩心中发现了回弹微裂缝，它具有常顺层分布、不切穿颗粒且分布较密集、连通性较好特征（图9-12）。与压碎微裂缝、成岩微裂缝和构造微裂缝在成因机制、裂缝特征、发育岩性等方面差异明显（表9-2），是砂岩发生回弹作用的直接证据。

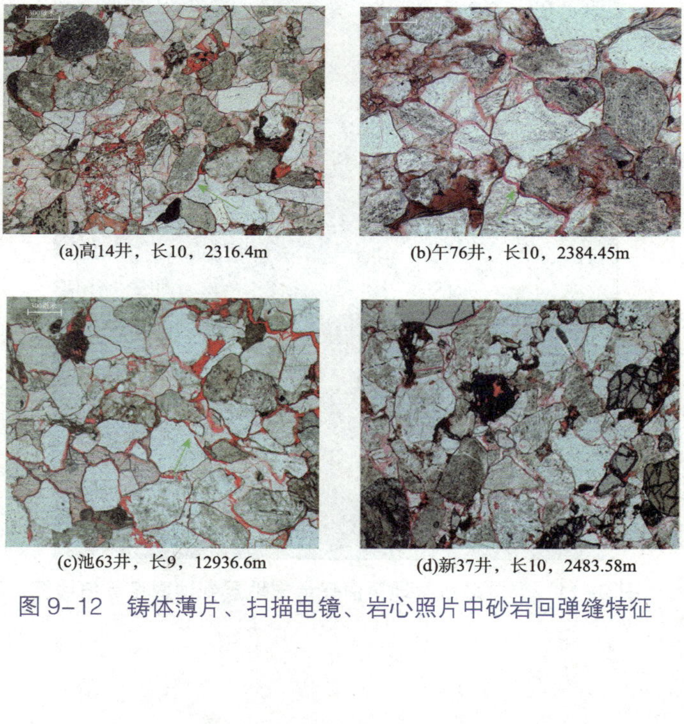

(a)高14井，长10，2316.4m

(b)午76井，长10，2384.45m

(c)池63井，长9，12936.6m

(d)新37井，长10，2483.58m

图9-12 铸体薄片、扫描电镜、岩心照片中砂岩回弹缝特征

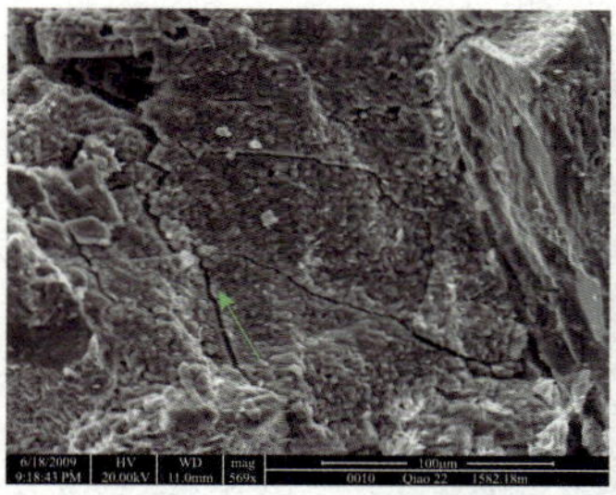

(e)桥22井，1582.18，长10，浊沸石胶结破裂

(f)高51井，长10，1636.1m

图 9-12 铸体薄片、扫描电镜、岩心照片中砂岩回弹缝特征（续）

表 9-2 砂岩回弹缝与其他微裂缝特征对比表

类别	砂岩回弹缝	压碎微裂缝	成岩微裂缝	构造微裂缝
成因机制	上覆地层剥蚀减压，岩石颗粒回弹形成	岩石在压实作用下刚性的、易碎颗粒沿弱势面破碎而成	沉积物在成岩过程中因失水形成	小规模构造活动形成
裂缝特征	顺层分布，不切穿颗粒，分布较密集，侧向连通性好	裂缝终止于颗粒内部或边缘，与其他微裂缝连通性差	分布范围局限，沟通性差	常多组发育，平行或共轭，与其他裂缝连通性好
发育岩性	成岩作用弱，分选较好的砂岩，位于岩石颗粒间	常见于石英或长石颗粒中	多在泥岩中发育	多见于砂岩

9.4.2 砂岩回弹作用对油气成藏的影响

9.4.2.1 砂岩回弹量计算方法及其影响因素

具有回弹能力的砂岩在后期剥蚀抬升后发生一定量的回弹，但岩石的回弹受哪些因素的影响？回弹量有多大？根据前人研究和模拟实验认为，砂岩回弹主要受3个因素的影响：①岩性是影响岩石回弹量的重要因素，刚性颗粒比塑性颗粒更具回弹能力；②砂体厚度、上伏地层剥蚀厚度与岩石回弹量成正相关（姜振学等，2007），并总结出了经验公式：$H_{回弹量}=0.01\times h_{砂厚}\times[0.1447\times\ln(h_{剥蚀厚度}/43.3)+0.4729]$；③同时岩石的粒度、成岩作用等对砂岩回弹量也具有一定影响。

9.4.2.2 陕北长10砂岩回弹形成的负压有利于石油的运聚

利用在大量生排烃时期形成的分布在石英裂隙、钠长石、方解石等胶结物中的原生油气包裹体的均一温度确定成藏期次。从包裹体均一温度统计结果来看，峰值分布在120~130℃，结合埋藏史图，陕北长10油藏形成于早白垩世末期，是构造开始大规模抬升时期。

盆地早白垩世末发生大规模的抬升剥蚀，根据前人模拟实验经验公式并结合本区砂岩岩性特征，计算该区长10砂岩回弹量。计算结果表明，陕北地区长10砂岩发生回弹，一般为10~20cm，局部地区超过25cm，整体东部大于西部（图9-13）。岩石体积容量增大形成负压，对上部的长9烃源岩产生泵吸作用，利于石油运移进入长10储层。

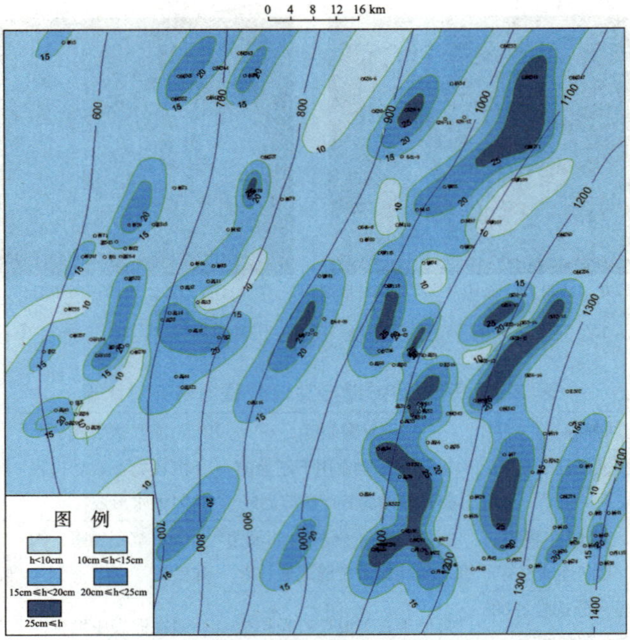

图 9-13　陕北地区长 10_1 砂岩回弹量等值线图（蓝色等值线是剥蚀量等值线）

9.4.2.3　砂岩回弹作用改善了局部地区的储层物性

在统计陕北地区长 10_1 储层物性时，发现高 44 井区、高 52 井区和桥 30 井区 3 个地区储层孔隙度基本相同（图 9-14），而储层渗透率具有从东向西减少（图 9-15）的趋势的异常情况。该区成岩作用及强度基本相同，出现这个异常情况的原因是什么呢？分析表明，该区东强西弱的砂岩回弹作用改善了陕北长 10 局部地区的储层物性，使东部的高 52、桥 20 井区储层渗透率与西部的高 44 井区相比明显要高。

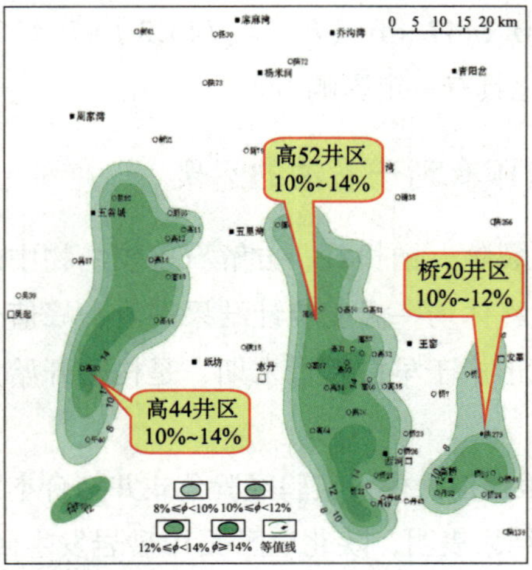

图 9-14　陕北地区长 10_1 孔隙度等值线图

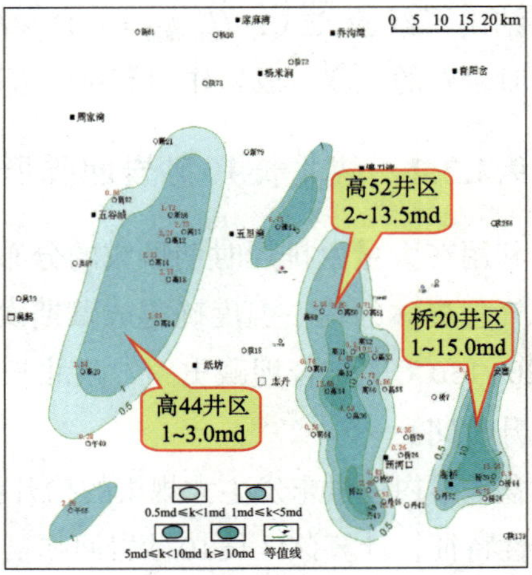

图 9-15　陕北地区长 10_1 渗透率等值线图

上述研究表明，早白垩世末大规模的抬升剥蚀构造背景为砂岩回弹创造了条件。陕北地区剥蚀厚度大，长10油层组粒度粗，压实胶结程度相对较弱，剥蚀造成的局部地区砂岩储层回弹作用明显，同时发现了砂岩回弹缝等直接证据。砂体回弹作用改善了局部地区储层物性，同时砂岩回弹作用形成的负压“泵吸”石油从上部烃源岩向下运移到长10储层，促进了该区成藏。

9.5　延长组下组合石油勘探潜力分析

研究表明，延长组下组合的勘探潜力主要受烃源岩在异常高压控制下向下排烃距离的控制，也就是长7、长9烃源岩生成的油有多少能排到长8、长9、长10储层内，长8据烃源岩较近，难度很小，主要是长9、长10到底能有多少油进入。根据前面的研究结果，姬塬、陇东及华庆等地区长9油源主要来自盆地长7烃源岩，而陕北地区长10油源主要来自盆地长9烃源岩。因此需要对以下石油勘探潜力进行分析。

长9勘探潜力：需要研究清楚长7烃源岩向下运移到长9储层，其范围、控制因素、有多少油能运移到长9储层。

长10勘探潜力：需要研究清楚长9烃源岩向下运移时，有多少能运移长10，长7烃源岩能否运移到长10，有多少油能运到长10，其范围和控制因素。

技术关键点：长7向下排烃厚度，长9向下排烃厚度，异常高压下长7、长9烃源岩向下排烃距离等。

根据盆地烃源岩的排烃特征，将生烃区域分为向上排烃区，向下排烃区和向内排烃区3个区（图9–16）。其中，向下排烃区是影响延长组下组合油藏的主要因素。

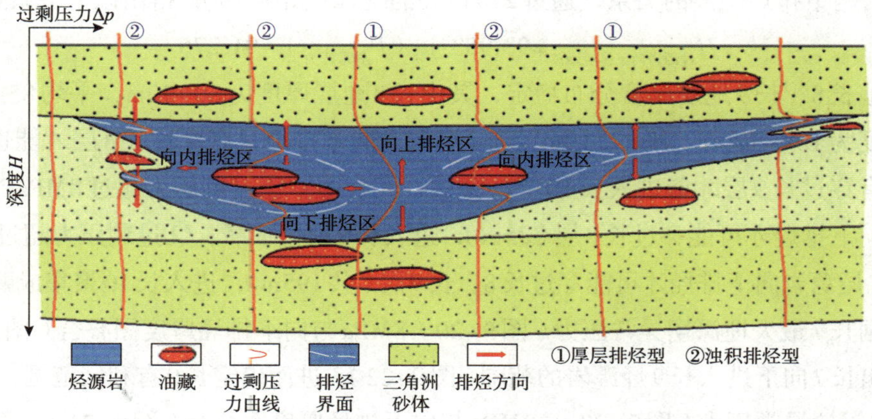

图9–16　盆地长7、长9烃源岩过剩压力曲线特征及排烃方向示意图

从盆地长7向下排烃厚度等值线图上看，总体具有周边薄中心厚的特征，厚层排烃

区成多点式分布。向下排烃厚度一般为5~15m，局部超过20m，最厚可达40m左右。

从盆地长9向下排烃厚度等值线图上看，总体存在两个排烃中心。向下排烃厚度一般为3~9m，局部超过12m，最厚可达13m左右（图9-17、图9-18）。

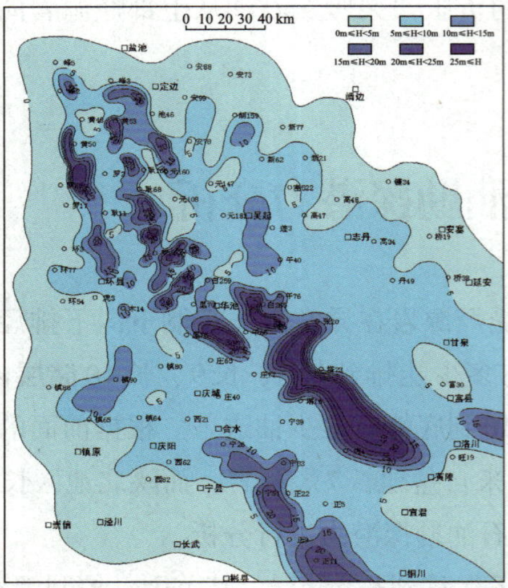

图9-17　长7烃源岩向下排烃厚度等值线图

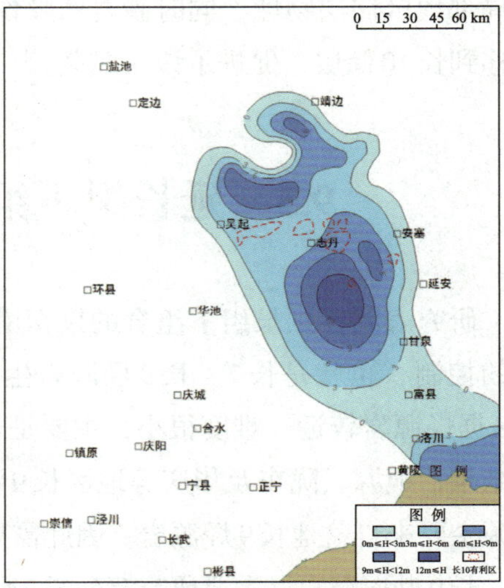

图9-18　长9烃源岩向下排烃厚度等值线图

9.5.1　下排烃距离与过剩压力的关系

前面油源对比结果显示，只有志丹—吴起附近下组合长10—长8油藏存在长9烃源岩的参与，其他地区下组合油源则主要是长7优质烃源岩。因此，分析长7烃源岩下排烃动力及距离对分析下组合富集特征具有重要的意义。

通过统计单个井点过剩压力和下组合最深油层之间的距离（下排烃距离），而获得过剩压力与下排烃距离的关系，通过214口井的统计（图9-19），得出以下关系式：

$$H_{经源岩向下排烃距离}=93.953\cdot\ln(P_{异常压力})-91.276 \qquad (9-1)$$

盆地长8、长9地层厚度分布稳定，其中长8地层厚度为80~90m，平均85m，长9地层厚度为100~120m，平均110m；长7烃源岩向下排烃只有穿过长8层才能进入长9层，只有穿过长9层才能进入长10层。公式计算表明：①过剩压力超过8MPa时，长7烃源岩向下排烃才可能穿过长8层（85m），进入长9聚集成藏；②过剩压力超过20MPa时，长7烃源岩向下排烃才可能穿过长8、长9层（共195m），进入长10聚集成藏。

根据长7最大埋深期异常压力（图9-20）8MPa与向下排烃厚度图叠合（图9-21），可以圈出长7向下进入长9烃源岩的范围（图9-22），进而确定长9有利区范围；根据长7最大埋深期异常压力（图9-20）20MPa与向下排烃厚度图叠合（图9-21），可以圈出长7向下进入长10烃源岩的范围（图9-23），进而确定长10有利区范围。

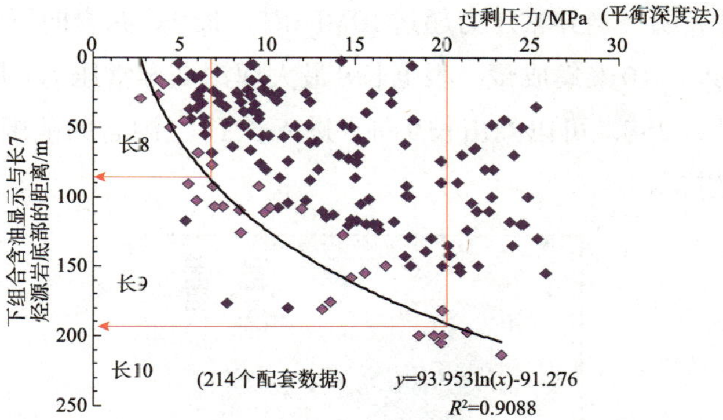

图 9-19　异常压力与向下运移距离关系散点图

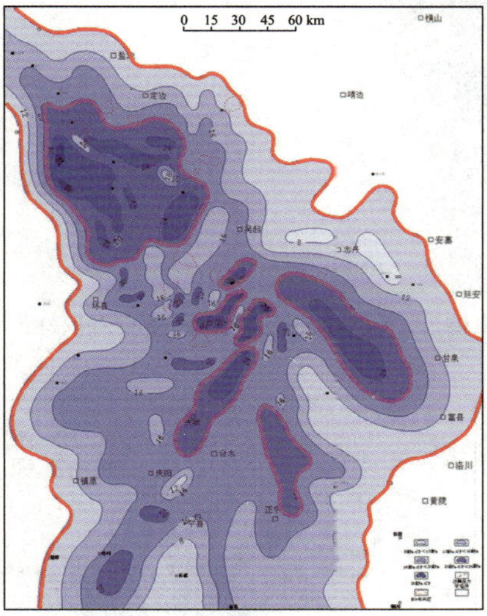

图 9-20　早白垩世末长 7 过剩压力等值线
（红色线为 8MPa 等值线，紫色为 20MPa 等值线）

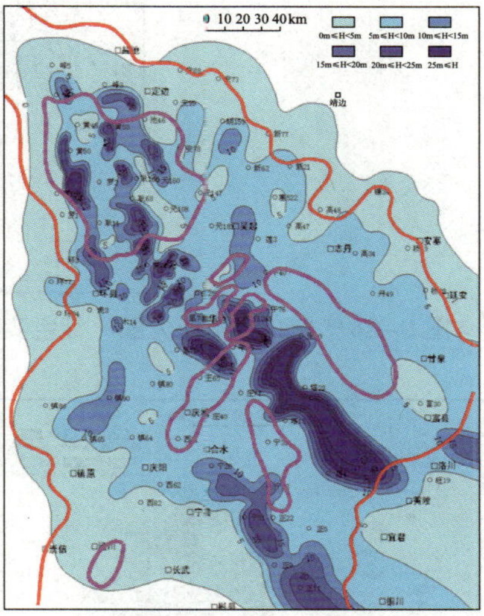

图 9-21　长 7 向下排烃厚度与压力叠合图
（红色线为 8MPa 等值线，紫色为 20MPa 等值线）

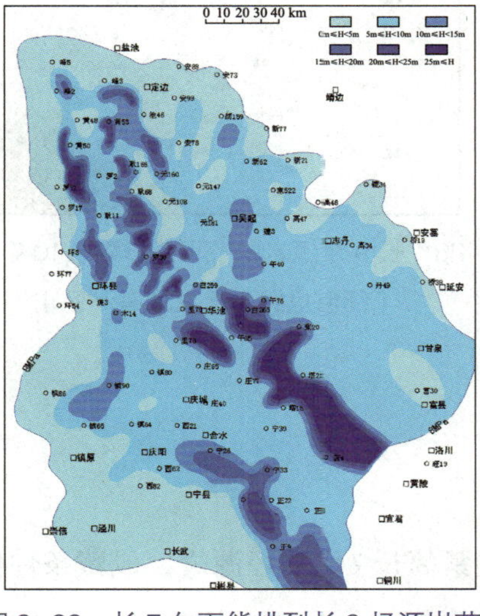

图 9-22　长 7 向下能排到长 9 烃源岩范围

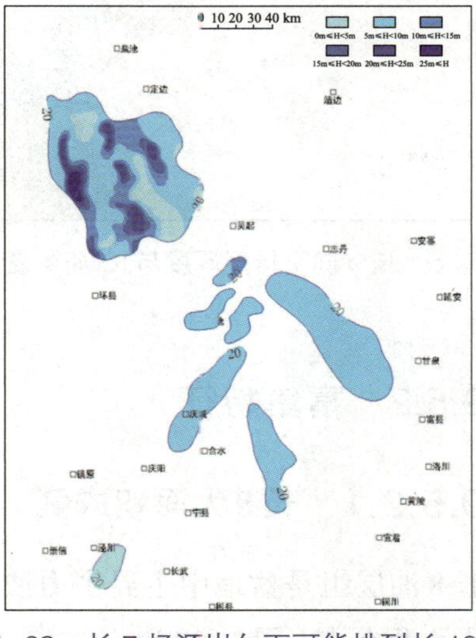

图 9-23　长 7 烃源岩向下可能排到长 10 范围

通过公式计算表明，当异常压力超过10MPa时，长9烃源岩向下排烃才可能到达长10层（110m），进入长10聚集成藏。根据长9最大埋深期异常压力（图9-24）与向下排烃厚度图叠合（图9-25），可以圈出长9向下进入长10烃源岩的范围（图9-26），进而确定长10有利区范围。

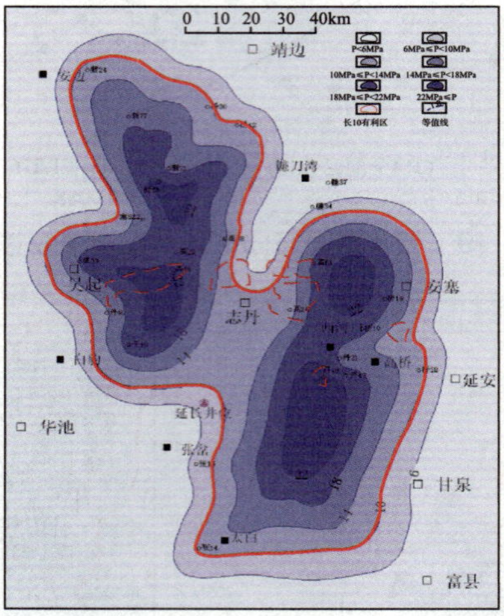

图9-24　长9异常压力图（红色实线为10MPa等值线，虚线为长10已发现有利区）

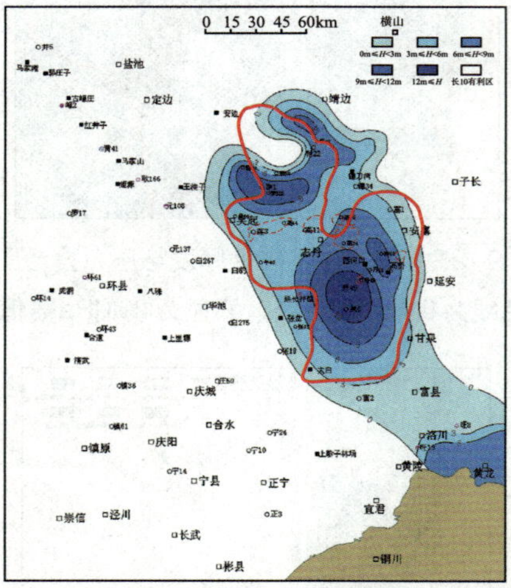

图9-25　长9向下排烃厚度与10MPa叠合图

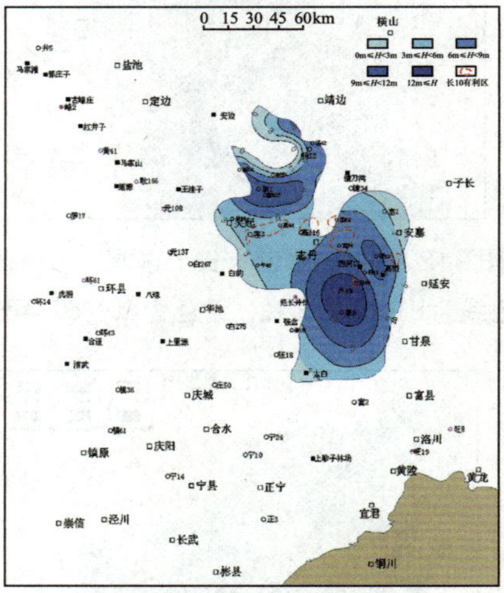

图9-26　长9烃源岩向下可能排到长10范围图（红色虚线为已发现有利区）

9.5.2　富集特征

9.5.2.1　长8大面积成藏

长8油层组是盆地中生界主力油层，纵向上紧邻长7优质烃源岩，成藏条件优越，油藏大面积分布（图9-27）。

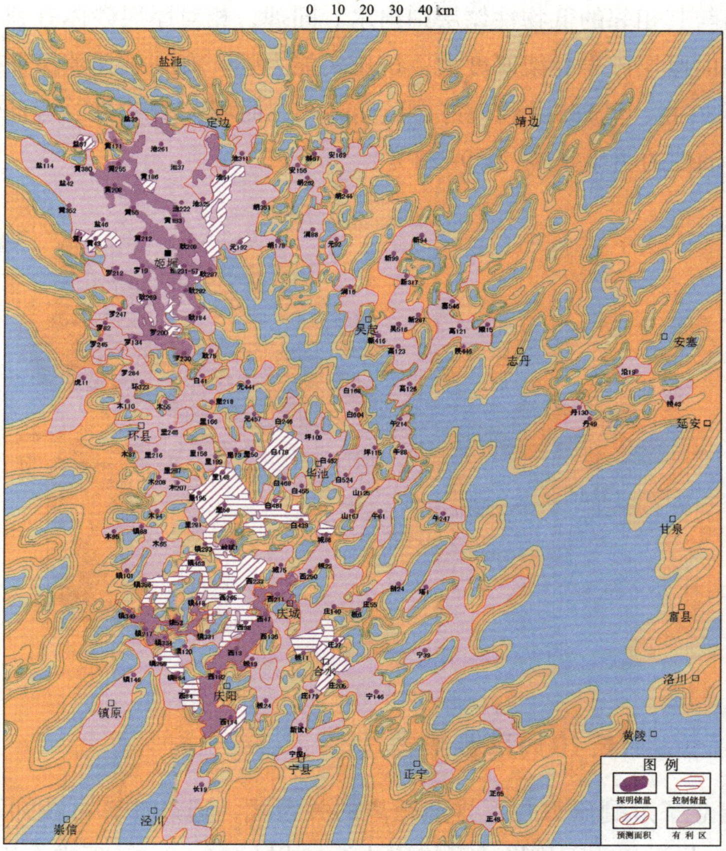

图 9-27　鄂尔多斯盆地长 8 石油勘探成果图

1. 长 8_1 油藏大面积分布

盆地长 8_1 分流河道砂体稳定，储层物性好，以上生下储为主。由于长 7 烃源岩分布范围广，烃源岩生成的石油可直接往长 8_1 呈大面积充注，易形成大面积岩性油藏。如陇东地区长 8_1 完钻探评井 2650 口，工业油流井 604 口，占比 23%。长 8 在浅水背景下砂体十分发育，砂体大面积分布，全盆地长 8_1 有效储层面积则高达 10481.5km^2。

2. 长 8_2 油藏“优势相”富集

从长 8_2 油藏分布来看，具有显著的有利沉积、成岩相控藏的特点。

（1）较大规模的滩坝 + 分流河道砂体控制了油藏分布。从前面的沉积相研究可知，长 8_2 厚层砂带沉积成因以滩坝砂体为主，并且有沿岸分布的特征，厚度大、物性好；局部分流河道砂体亦具有厚度大、物性好的优势，从油层纵横向分布可以明显地看出，这些有利储集体控制了长 8_2 油藏的分布。

（2）低渗背景下的相对高渗储层控制了油藏的分布。长 8_2 油藏属典型的岩性油藏、石油富集成藏受控于储层物性的高低和非均质性的强弱，同一条砂带由于沉积及成岩作用的差异，引起储层物性及非均质性的横向变化，相对储层物性高、非均质性弱的区块成藏，而与其相邻的低物性储层则出水。同理，相对厚层砂体有利于相对高渗储层的形成：纵向厚层砂岩骨架厚度大，抗压实能力强，有利于孔隙保存，物性好，渗透率高。如环82井、里185井物性好、试油高产，而环92井物性、含油性差，物性的差异导致了含油性的明显差异（图9-28）。

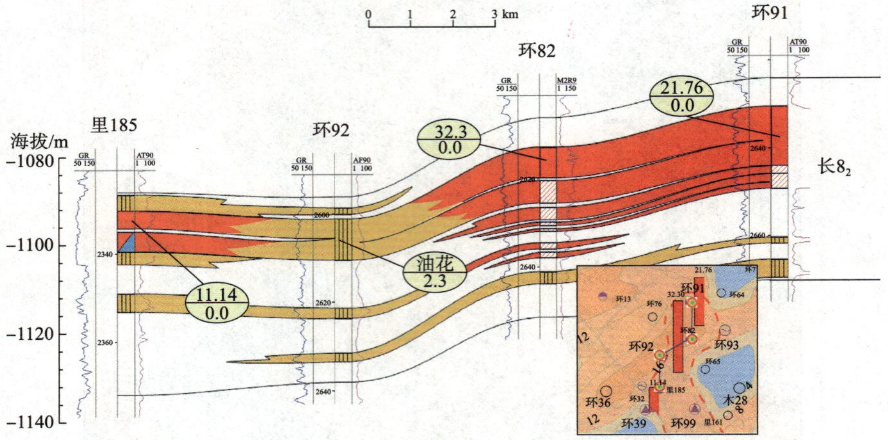

图9-28　里185井—环91井延长组长8_2油藏剖面图

9.5.2.2　长9、长10局部富集

前面已建立了过剩压力与下排烃距离的关系式，通过计算可获知过剩压力超过10MPa时，长9烃源岩向下排烃才可能到达长10层（110m），从而进入长10聚集成藏。因此可以通过早白垩世末长9过剩压力和长9向下排烃厚度等值线，确定长9烃源岩向下可能排到长10范围，即长10石油富集区。

长9油藏纵向上主要分布于上部长9厚层砂岩中（油源欠充足）；平面上受沉积、成岩、油源及运聚多因素制约，油藏分布差异性明显。西北姬塬地区，位于长7生烃中心，油源充足，剩余压力高，运移动力足，下部长8砂岩发育，叠置砂体形成的运移通道畅通，同时该区长9砂岩在全盆地最发育。因此，储层、油源、运聚条件三位一体有机配置决定了该区长9油藏富集，勘探潜力大。盆地西南及中部地区受油源限制，油藏零星分布。而东南地区虽然位于长7生烃中心，但长8、长9砂岩规模小、相变快，储层和运聚条件均较差，勘探潜力有限。

长10油层组物性条件相对较好，以构造、构造—岩性油藏为主要油藏类型，因此主要分布在盆地东部斜坡上倾部位。长10油源主要来自长7烃源岩，局部受长9烃源岩影响。早白垩世末期，长7、长9两套烃源岩生成的烃类，在生烃增压及负压吸附等联合驱动下，通过叠置砂体及裂缝侧向、垂向运移，在长10油层组构造高部位或相对高渗区聚集成藏，形成构造—岩性油藏（图9-29）。

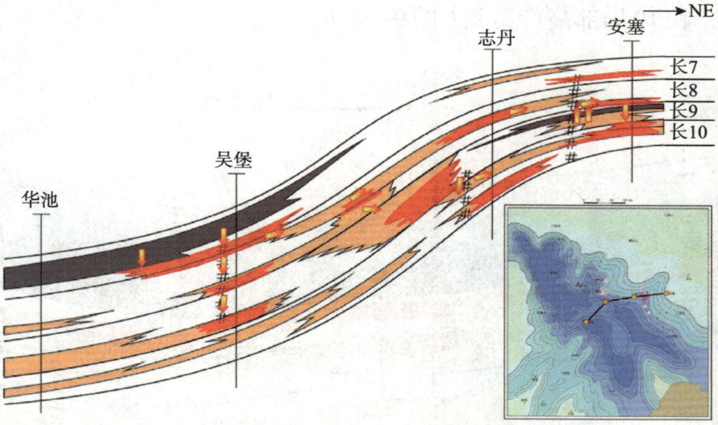

图 9-29　陕北地区延长组长 10 井—长 7 井成藏特征图

9.6　延长组下组合成藏模式

延长组下组合具有多源主次供烃、源储压差驱动、近源连续聚集的成藏规律。

（1）二源主次供烃：延长组发育长7、长9两套烃源岩，长7为主力烃源岩，长9为区域烃源岩。盆地陕北地区油烃源岩为长7、长9，中西部油源来自长7烃源岩。

（2）源储压差驱动：优质烃源岩生烃增压作用强烈，源储压差为石油向下运移提供了较强的动力。

（3）砂体裂缝输导：纵向叠置砂体和裂缝构成了下组合有效输导体系。

（4）近源连续聚集：油藏具有幕式充注、连续成藏、近源聚集等特征；越靠近烃源岩，充注程度和含油饱和度越高。

总之，长7、长9烃源岩生成的原油在剩余压力的驱动下，通过叠置砂体及裂缝的输导，向下进入下组合储层后优先选择相对高渗透砂岩、构造较高的甜点部位聚集成藏（图9-30）。长8油藏大面积连片分布，长9

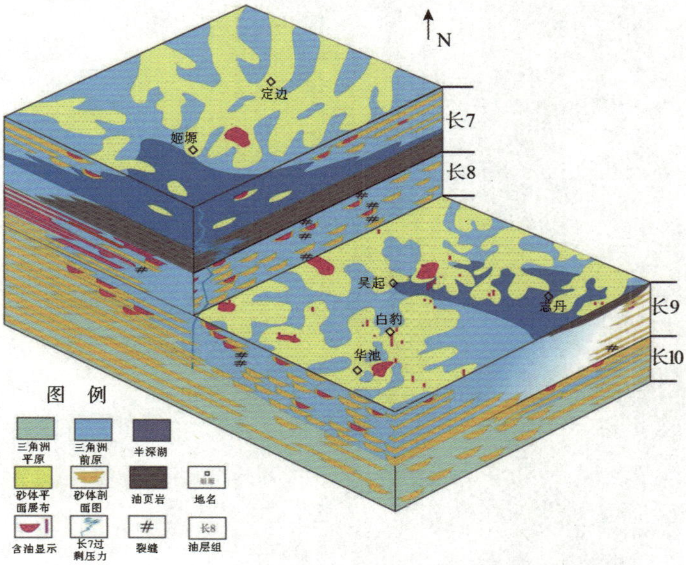

图 9-30　鄂尔多斯盆地延长组下组合成藏模式图

具有一定规模，长10局部高产富集（图9-31）。

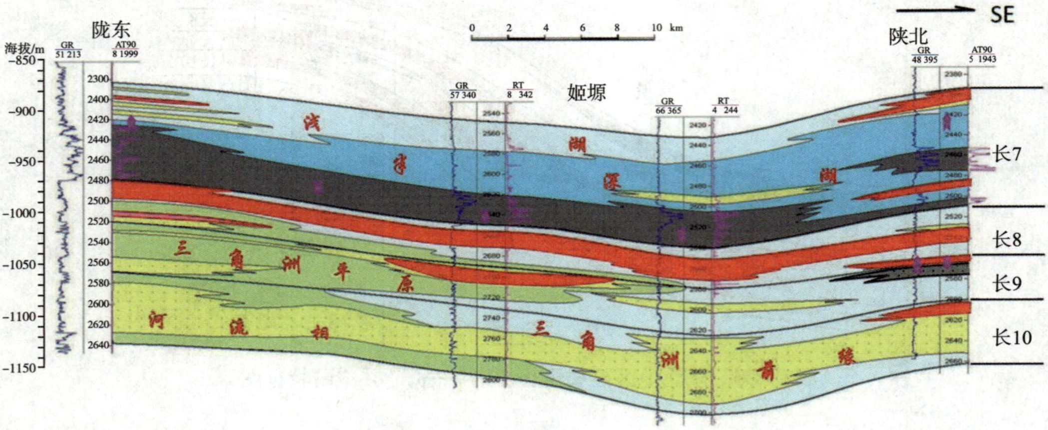

图 9-31　鄂尔多斯盆地延长组下组合油藏分布图

参考文献

[1] 白云来，王新民，刘化清，等．鄂尔多斯盆地西部边界的确定及其地球动力学背景［J］．地质学报，2006，80（6）：792–810.
[2] 陈发景，田世澄．压实与油气运移［M］．武汉：武汉地质大学出版社，1989.
[3] 陈荷立等编译．油气运移（2）［M］．北京：石油工业出版社，1987.
[4] 陈景山，陈昌明．三角洲沉积与油气勘探［M］．北京：石油工业出版社，1981.
[5] 陈丽华．储层试验测试技术［M］．北京：石油工业出版社，1993.
[6] 陈衍景．秦岭印支期构造背景、岩浆活动及成矿作用［J］．中国地质，2010，37（4）：854–862.
[7] 陈彦华，刘莺．成岩相－储集体预测的新途径［J］．石油实验地质，1994，16（3）：274–280.
[8] 陈振岩，吴文柱．辽河盆地东部凹陷幕式成藏特征［J］．石油与天然气地质，2003，24（1）：32–35.
[9] 沉积构造与环境解释编著组．沉积构造与环境解释［M］．北京：科学出版社，1984.
[10] 楚美娟，郭正权，白嫦娥，等．鄂尔多斯盆地延长组长 81 浅水三角洲沉积模式［J］．石油天然气学报，2013，35（6）：10–16.
[11] 楚美娟，郭正权，等．鄂尔多斯盆地延长组长 8 油层组沉积及其演化特征［J］．石油天然气学报，2012，34（2）：13–18.
[12] 楚美娟，李士祥，刘显阳，等．鄂尔多斯盆地延长组长 8 油层组石油成藏机理及成藏模式［J］．沉积学报，2013，31（4）：683–692.
[13] 褚庆忠．异常压力形成机制研究综述［J］．天然气勘探与开发，2001，24（4）：38–46.
[14] 淡彩萍，江兴歌，陈拥锋，等．石油运移成藏有利区预测方法研究——以渤海湾盆地东营凹陷为例［J］．石油实验地质，2008，30（6）：629–635.
[15] 邓秀芹，刘新社，李士祥．鄂尔多斯盆地三叠系延长组超低渗透储层致密史与油藏成藏史［J］．石油与天然气地质，2009，30（2）：156–161.
[16] 邓秀芹，付金华，姚泾利，等．鄂尔多斯盆地中及上三叠统延长组沉积相与油气勘探的突破［J］．古地理学报，2011，13（4）：443–455.
[17] 邓秀芹，李文厚，李士祥，等．鄂尔多斯盆地华庆油田延长组长 6 油层组深水沉积组合特征［J］．地质科学，2010，45（3）：745–756.
[18] 邓秀芹，李文厚，刘新社，等．鄂尔多斯盆地中三叠统与上三叠统地层界线讨论［J］．地质学报，2009，83（8）：1089–1096.
[19] 邓秀芹，蔺昉晓，刘显阳，等．鄂尔多斯盆地三叠系延长组沉积演化及其与早印支运动关系的探讨［J］．古地理学报，2008，10（2）：159–166.
[20] 蒂索·威尔特．石油形成和分布油气勘探新途径［M］．北京：石油工业出版社，1982.
[21] 董必谦，邱凤歧．北祁连山蛇绿岩套和蛇绿混杂岩的特征及其地质构造意义［J］．青藏高原地质文集，1984，14：217–234.
[22] 董伟良，黄保家．东方 1-1 气田天然气组成的不均一性与幕式充注［J］．石油勘探与开发，1999，26（2）：15–18.
[23] 窦立荣．油气地质学概论［M］．北京：石油工业出版社，2001.
[24] 窦伟坦，田景春，徐小蓉，等．陇东地区延长组长 6—长 8 油层组成岩相研究［J］．成都理工大

学学报（自然科学版），2005，32（2）：129-132.
［25］杜业波，季汉成，吴因业，等．前陆层序致密储集层的单因素成岩相分析［J］．石油学报，2006，27（2）：48-52.
［26］杜业波，季汉成，朱筱敏．川西前陆盆地上三叠统须家河组成岩相研究［J］．吉林大学学报（地球科学版）．2006b，36（3）：358-364.
［27］杜远生，韩欣．论震积作用和震积岩［J］．地球科学进展，2000，15（4）：389-394.
［28］段毅，吴保祥，郑朝阳，等．鄂尔多斯盆地西峰油田油气成藏动力学特征［J］．石油学报，2005，26（4）：29-33.
［29］费特尔．异常地层压力［M］．北京：石油工业出版社，1982.
［30］冯益民，何世平，闫军．北祁连山中段早中奥陶世蛇绿岩中席状岩墙杂岩的发现及其地质意义［J］．地质论评，1994，40（3）：252-264.
［31］冯益民，何世平．北祁连山蛇绿岩地质和地球化学研究［J］．岩石学报，1995，11（增刊）：125-146.
［32］冯益民，何世平．祁连山大地构造与造山作用［M］．北京：地质出版社，1996.
［33］冯益民，吴汉泉．北祁连山及其邻区古生代以来的大地构造演化初探［J］．西北地质科学，1992，13（2）：61-74.
［34］冯增昭，王英华，刘焕杰，等．中国沉积学［M］．北京：石油工业出版社，1994.
［35］冯增昭．单因素分析多因素综合作图法——定量岩相古地理重建［J］．古地理学报，2004，6（1）：3-17.
［36］付广，李晓伟．源外上生下储成藏主控因素及有利区预测——以松辽盆地尚家地区泉二段为例［J］．岩性油气藏，2009，21（1）：1-4.
［37］付广，王有功．三肇凹陷青山口组源岩生成油向下“倒灌”运移层位及其研究意义［J］．沉积学报，2008，26（2）：354-359.
［38］付金华，郭正权，邓秀芹．鄂尔多斯盆地西南地区上三叠统延长组沉积相及石油地质意义［J］．古地理学报，2005，7（1）：34-44..
［39］甘克文．特提斯域的演化和油气分布［J］．海相油气地质，2000，5（3-4）：21-29.
［40］甘肃省地质矿产局，甘肃省区域地质志［M］．北京：地质出版社，1989.
［41］龚再升，陈红汉，孙永传．莺歌海盆地流体压力自振荡与天然气幕式成藏的耦合特征［J］．中国科学：D辑，1999，29（1）：68-74.
［42］龚再升，王国纯．渤海新构造运动控制晚期油气成藏［J］．石油学报，2001，22（2）：1-7.
［43］关德范，王国力，张金功，等．成烃成藏理论思维［J］．石油实验地质，2005，27（5）：425-431.
［44］郭凯，曾溅辉，李元昊，等．陇东地区延长组构造裂缝方解石脉特征及其与烃类流体活动的关系［J］．中国石油大学学报（自然科学版），2013，37（2）：36-42.
［45］郭少斌．松辽盆地东岭地区幕式成藏分析［J］．石油实验地质，2005，27（2）：134-137.
［46］郭正权，楚美娟，陈杰，等．鄂尔多斯延长组长9成藏特征［J］．低渗透油气田，2007，3（4）：11-18.
［47］韩晓东，楼章华，姚炎明，等．松辽盆地湖泊浅水三角洲沉积动力学研究［J］．矿物学报，2000，20（3）：307-312.
［48］郝芳，邹华耀，方勇，等．断-压双控流体流动与油气幕式快速成藏［J］．石油学报，2004，25（6）：38-43.

[49] 郝芳，姜建群，邹华耀，等. 超压对有机质热演化的差异抑制作用及层次［J］. 中国科学（D辑），2004，34（5）：443-451.
[50] 郝芳，李思田，龚再升，等. 莺歌海盆地底辟发育机理与流体幕式充注［J］. 中国科学（D辑），2001，31（6）：471-476.
[51] 郝芳，邹华耀，方勇，等. 超压环境有机质热演化和生烃作用机理［J］. 石油学报，2006，27（5）：9-17.
[52] 郝芳，邹华耀，杨旭升，等. 油气幕式成藏及其驱动机制和识别标志［J］. 地质科学，2003，38（3）：403-412.
[53] 郝芳. 超压盆地生烃作用动力学与油气成藏机理［M］. 北京：科学出版社，2005.
[54] 何登发，贾承造，童晓光，等. 叠合盆地概念辨析［J］. 石油勘探开发，2004，31（1）：1-7.
[55] 何镜宇，孟祥化. 沉积岩和沉积相模式及建造［M］. 北京：地质出版社，1987.
[56] 何雁兵，傅强，金艳，等. 鄂尔多斯盆地英旺地区长9、长10油层组油源及成藏分析［J］. 岩性油气藏，2012，24（5）：55-60.
[57] 何自新. 鄂尔多斯盆地演化与油气［M］. 北京：石油工业出版社，2003.
[58] 侯平，罗晓容，周波，等. 石油幕式运移实验研究［J］. 新疆石油地质，2005，26（1）：33-35.
[59] 胡朝元. 生油区控制油气田分布——中国东部陆相盆地进行区域勘探的有效理论（源控论）［J］. 石油学报，1982（2）.
[60] 胡朝元. 油气成藏原理［M］. 北京：石油工业出版社，2002.
[61] 胡见义. 中国陆相石油地质理论基础［M］. 北京：石油工业出版社，1991.
[62] 胡文瑄，金之钧，张义杰，等. 油气幕式成藏的矿物学和地球化学记录——以准噶尔盆地西北缘油藏为例［J］. 石油与天然气地质，2006，27（4）：442-449.
[63] 黄第藩. 石油地质译文集——油气运移（第一集）［M］. 北京：石油工业出版社，1988.
[64] 黄第藩，李晋超，周翥虹，等. 陆相有机质演化和成烃机理［M］. 北京：石油工业出版社，1984.
[65] 黄思静，武文慧，刘洁，等. 大气水在碎屑岩次生孔隙形成中的作用以鄂尔多斯盆地三叠系延长组为例［J］. 中国地质大学学报，2003，28（4）：419-424.
[66] 黄思静，谢连文，张萌，等. 中国三叠系陆相砂岩中自生绿泥石的形成机制及其与储层孔隙保护的关系［J］. 成都理工大学学报（自然科学版），2004，31（3）：273-281.
[67] 季汉成，翁庆萍，杨潇. 鄂尔多斯盆地东部下二叠统山西组山2段成岩相划分及展布［J］. 古地理学报，2008，10（4）：409-417.
[68] 贾承造，何登发，石昕，等. 中国油气晚期成藏特征［J］. 中国科学D辑地球科学，2006，36（5）：412-420.
[69] 姜振学，庞雄奇，金之均，等. 地层抬升过程中的砂体回弹作用及其油气成藏效应［J］. 地球科学，2004，29（4）：420-426.
[70] 姜振学，田丰华，夏淑华. 砂岩回弹物理模拟实验［J］. 地质学报，2007，81（2）：244-248.
[71] 焦大庆. 含油气盆地流体演化研究［M］. 北京：石油工业出版社，1998.
[72] 焦养泉，武法东，李思田，等. 滦平盆地成岩作用过程及古热流体幕式运移事件分析［J］. 岩石学报，2000，16（4）：615-622.
[73] 解习农，李思田，刘晓峰. 异常压力盆地流体动力学［M］. 武汉：中国地质大学出版社，2006：137-161.
[74] 解习农，刘晓峰，胡祥云，等. 超压盆地中泥岩的流体压裂与幕式排烃作用［J］. 地质科技情

报，1998，17（4）：59-62.
[75] 解习农，刘晓峰，赵士宝，等.异常压力环境下流体活动及其油气运移主通道分析［J］.地球科学，2004，29（5）：589-594.
[76] 解习农，刘晓峰.超压盆地流体动力系统与油气运距关系［J］.矿物岩石地球化学通报，2000，19（2）：103-108.
[77] 解习农，王其允，李思田.沉积盆地泥质岩石的水力破裂和幕式压实作用［J］.科学通报，1997，42（20）：2193-2195.
[78] 金之均，张一伟，王捷，等.油气成藏机理与分布规律［M］.北京：石油工业出版社，2003：239-242.
[79] 莱复生.石油地质学［M］.北京：地质出版社，1975.
[80] 赖旭龙，殷鸿福，杨逢清.秦岭三叠纪古海洋再造［J］.地球科学，1995，20（6）：648-654.
[81] 雷振宇，张朝军，杨晓萍.鄂尔多斯盆地含油气系统划分及特征［J］.勘探家，2000，5（3）：75-82.
[82] 李春昱，刘仰文，朱宝清，等.秦岭及祁连山构造发展史［J］.国际交流地质学术论文集，1978，（1）：174-187.
[83] 李春昱.中国板块构造轮廓［J］.中国地质科学院院报，1980，2（1）：11-22.
[84] 李德生.重新认识鄂尔多斯盆地油气地质学［J］.石油勘探与开发，2004，31（6）：1-6.
[85] 李继亮，肖文交，闫臻.盆山耦合与沉积作用［J］.沉积学报，2003，21（1）：52-60.
[86] 李克勤，等.中国石油地质志（卷十二）［M］.北京：石油工业出版社，1992.
[87] 李克勤，等.陕甘宁盆地晚三叠世河流、三角洲、湖泊沉积模式与油气关系［J］// 中国石油学石油地质委员会.碎屑岩沉积相研究，北京：石油工业出版社，1988.
[88] 李明诚，单秀琴，马成华，等.油气成藏期探讨［J］.新疆石油地质，2005，26（5）：587-591.
[89] 李明诚.对油气运聚研究中一些概念的再思考［J］.石油勘探与开发，2002，29（2）：13-16.
[90] 李明诚.石油与天然气运移［M］.3版.北京：石油工业出版社，2004.
[91] 李明诚.石油与天然气运移研究综述［J］.石油勘探与开发，2000，27（4）：3-10.
[92] 李明诚.油气成藏保存条件的综合研究［J］.石油学报，1997.18（2）：41-47.
[93] 李明诚.油气运移基础理论与油气勘探［J］.地球科学.2004，29（4）：379-1383.
[94] 李群，王英民.陆相盆地坡折带的隐蔽油气藏勘探战略［J］.地质论评，2003，49（4）：445-448.
[95] 李荣西，李元昊，郭正权，等.异常高压驱动石油运移成藏——鄂尔多斯盆地延长组多相态烃类沸腾包裹体证据［J］.地质科学，2013，48（4）：1219-1233.
[96] 李荣西，席胜利，邸领军.用储层油气包裹体岩相学确定油气成藏期次——以鄂尔多斯盆地陇东油田为例［J］.石油与天然气地质，2006，27（2）：194-1199.
[97] 李思田，路凤香，林畅松，等.中国东部及邻区中、新生代盆地演化及地球动力学背景［M］.武汉：中国地质大学出版社，1997.
[98] 李思田，等.中国东部及邻区中、新生代盆地演化及地球动力学背景［M］.北京：地质大学出版社，1997.
[99] 李维锋，高振中，彭德堂，侧积交错层 - 辫状河道的主要沉积构造类型［J］.石油实验地质，1996，18（3）.
[100] 李元昊，蔺昉，杜金良，等.鄂尔多斯盆地三叠系延长组长8浅水三角洲沉积特征［J］.低渗透油气田，2007（3）：19-24.

[101] 李元昊，刘池阳，王秀娟，等．鄂尔多斯盆地三叠系延长组砂岩墙（脉）的发现及地质意义［J］．低渗透油气田，2007（1）：11–15.
[102] 李元昊，刘池洋，独育国，等．鄂尔多斯盆地西北部上三叠统延长组长 8 油层组浅水三角洲沉积特征及湖岸线控砂［J］．古地理学报，2009，11（3）：265–274.
[103] 李元昊，刘池洋，王秀娟，等．鄂尔多斯盆地三叠系延长组砂岩墙（脉）特征及其地质意义［J］．中国地质，2007，34（3）：400–405.
[104] 李元昊，刘池洋，王秀娟，等．鄂尔多斯盆地西北部延长组下部幕式成藏特征［J］．石油学报，2009，30（1）：61–67.
[105] 李元昊，刘池洋，王秀娟．鄂尔多斯盆地三叠系延长组震积岩特征研究［J］．沉积学报，2008，26（5）：772–779.
[106] 李元昊，刘建平，梁艳，等．鄂尔多斯盆地上三叠统延长组低渗透岩性油藏成藏物理模拟［J］．石油与天然气地质，2009，30（6）：706–712.
[107] 李元昊，王秀娟．鄂尔多斯盆地上三叠统延长组沉积中心迁移特征及其对成藏的作压［J］．低渗透油气田，2010（3）：7–13.
[108] 李元昊，向慧，罗安湘，等．鄂尔多斯湖盆西北部延长组下部石油成藏机理及主控因素［J］．低渗透油气田，2009（1）：5–13.
[109] 李元昊，张铭记，王秀娟，等．鄂尔多斯盆地西北部上三叠统延长组复合油藏成藏机理［J］．岩性油气藏，2010，22（2）：32–36.
[110] 李元昊，郭小军，梁艳，等．鄂尔多斯盆地上三叠统延长组长 10 油层组沉积特征及物源［J］．古地理学报，2018，20（5）：787–802.
[111] 李元昊，蔺昉晓，杜金良，等．鄂尔多斯盆地三叠系延长组长 8 浅水三角洲沉积特征［J］．低渗透油气田，2007，3–4：19–24.
[112] 李元昊，刘池洋，王秀娟．鄂尔多斯盆地三叠系延长组震积岩特征研究［J］．沉积学报，2008，26（5）：772–778.
[113] 李元昊，宋方新，韩鹏，等．构造稳定时期河控三角洲三元控砂模式［J］．古地理学报，2019，21（3）：397–406.
[114] 李元昊，王秀娟，梁艳，等．陆相湖盆沉积中心迁移特征及主控因素——以鄂尔多斯盆地上三叠统延长组为例［J］．低渗透油气田，2016（2）：12–17.
[115] 李元昊，王秀娟．鄂尔多斯盆地上三叠统延长组沉积中心迁移特征及其对成藏的作用［J］．低渗透油气田，2010（4）：7–13.
[116] 李元昊，杨桂茹，彭建，等．鄂尔多斯盆地前侏罗纪古地貌形成演化及沉积充填特征［J］．世界地质，2020，39（1）：56–71.
[117] 李元昊．鄂尔多斯盆地西部中区延长组下部石油成藏机理及主控因素［D］．西安：西北大学，2008.
[118] 里丁 H.G. 沉积环境和相［M］．北京：科学出版社，1986.
[119] 林壬子，张敏，等编译．油藏地球化学进展［M］．陕西科学技术出版社，1996.
[120] 刘斌．流体包裹体热力学［M］．北京：石油工业出版社，1999.
[121] 刘池洋，赵红格，桂小军，等．鄂尔多斯盆地演化—改造的时空坐标及其成藏（矿）响应［J］．地质学报，2006（5）：617–638.
[122] 刘池洋，赵红格，王锋，等．鄂尔多斯盆地西缘（部）中生代构造属性［J］．地质学报，2005，79（6）：737–747.

[123] 刘池洋，赵红格，杨兴科，等．前陆盆地及其确定和研究[J]．石油与天然气地质，2002，23(4)：307-314.

[124] 刘池洋．沉积盆地动力学与盆地成藏（矿）系统．地球科学与环境学报[J]. 2008，30(1)：1-23.

[125] 刘池洋．叠合盆地特征及油气赋存条件[J]．石油学报，2007，28(1)：1-7.

[126] 刘池洋 .1990. 河套盆地呼和坳陷沉降—堆积中心转移及其形成机制[J]// 赵重远，刘池洋，姚远．华北克拉通沉积盆地形成与演化及其油气赋存．西安：西北大学出版社．

[127] 刘池洋．叠合盆地特征及油气赋存条件[J]．石油学报，2007，28(1)：1-7.

[128] 赵重远，刘池洋，姚远．含油气盆地地质学研究进展[M]．西安：西北大学出版社，1993.

[129] 刘豪，王英民，王媛，等．大型坳陷湖盆坡折带的研究及其意义[J]．沉积学报，2004，22(1)：95-102.

[130] 刘和甫．盆地 - 山岭耦合体系与地球动力学机制[J]．地球科学，2001，26(6)：581-594.

[131] 刘华清，李相博，完颜蓉，等．鄂尔多斯中生代盆地演化及勘探潜力评价[R]．兰州：中国石油勘探开发研究院西北分院，2005.

[132] 刘化清，李相博，等．鄂尔多斯盆地长 8 油层组古地理环境与沉积特征[J]．沉积学报，2011，29(6)：1086-1095.

[133] 刘化清，李相博，白云来，等；鄂尔多斯盆地“崆峒山砾岩”成因初步分析[J]．天然气地球科学．2006，17(5)：668-671.

[134] 刘立，胡春燕．砂岩中主要碎屑成分的物源意义[J]．岩相古地理，1991(6)：48-53.

[135] 刘联群，凌升阶，杨亚娟，等．鄂尔多斯盆地三叠系延长组长 7 高阻泥岩展布特征及其与油气富集关系探讨[J]．低渗透油气田，2004(4)：10-12.

[136] 刘孟慧，赵澄林．碎屑岩成岩演化模式[M]．东营：石油大学出版社，1993.

[137] 刘少峰，李思田，庄新国，等．鄂尔多斯西南缘前陆盆地沉降和沉积过程模拟[J]．地质学报，1996，70(1)：12-22.

[138] 刘树根，邓宾，李智武，等．盆山结构与油气分布——以四川盆地为例[J]．岩石学报，2011，27(3)：621-635.

[139] 刘腾，陈刚，徐小刚，等．物源分析方法及其发展趋势[J]．西北地质，2016，49(4)：121-128.

[140] 刘晓峰，解习农．超压释放及其对油气运移和聚集的意义[J]．地质科技情报，2001，20(4)：51-55.

[141] 刘勇，金晓辉，雷天成．鄂尔多斯盆地延长组油气初次运移特征[J]．西安石油学院学报，1997，12(1)：8-11.

[142] 刘泽容，信荃麟，等．油藏描述原理与方法技术[M]．北京：石油工业出版社，1993.

[143] 刘震，黄艳辉，潘高峰，等．低孔渗砂岩储层临界物性确定及其石油地质意义[J]．地质学报，2012，86(11)：1815-2825.

[144] 刘震，刘俊榜，高先志，等．二连盆地岩性油藏的幕式充注和相对早期成藏特征分析[J]．石油与天然气地质，2007，28(2)：240-248.

[145] 柳益群，李文厚．陕甘宁盆地东部上三叠统含油长石砂岩的成岩特点及孔隙演化[J]．沉积学报，1996，14(3)：87-95.

[146] 楼章华，兰翔，卢庆梅，等．地形、气候与湖面波动对浅水三角洲沉积环境的控制作用——以松辽盆地北部东区葡萄花油层为例[J]．地质学报，1999，73(1)：83-91.

［147］楼章华，卢庆梅，蔡希源，等．湖平面升降对浅水三角洲前缘砂体形态的影响［J］．沉积学报，1998，16（4）：27–31.

［148］楼章华，袁笛，金爱民．松辽盆地北部浅水三角洲前缘砂体类型、特征与沉积动力学分析［J］．浙江大学学报（理学版），2004，31（2）：211–215.

［149］卢欣祥．秦岭花岗岩及其对秦岭造山带构造演化的揭示与反演（秦岭花岗岩大地构造图说明书）［M］．西安：西安地图出版社，2000.

［150］鲁洪波．稀土元素地球化学分析在岩相古地理研究中的应用［J］．石油大学学报，1999，32（1）：6–9.

［151］罗静兰，刘小洪，林潼，等．成岩作用与油气侵位对鄂尔多斯盆地延长组砂岩储层物性的影响［J］．地质学报，2006，80（5）：664–673.

［152］罗晓容．油气运聚动力学研究进展及存在问题［J］．天然气地球科学，2003，14（5）：337–1344.

［153］吕晓光，李长山，蔡希源，等．松辽大型浅水湖盆三角洲沉积特征及前缘相储层结构模型［J］．沉积学报，1999，17（4）：572–576.

［154］马安来，金之钧，张大江，等．流体包裹体在油气成藏和油藏评价研究中的应用［J］．海洋石油，2005，25（2）：10–113.

［155］马启富，陈斯忠，张启明．超压盆地与油气分布［M］．北京：地质出版社，2000.

［156］马特 A，塔克 M.E. 现代和古代湖泊沉积物［M］．北京：地质出版社，1984.

［157］马正．油气测井地质学［M］．武汉：中国地质大学 .1994.

［158］毛明陆，李元昊．鄂尔多斯盆地三叠系延长组层序地层特征［J］．低渗透油气田，2005（4）：5–11.

［159］牟泽辉．鄂尔多斯盆地庆阳以南三叠系延长组长 5、长 6、长 7 储层成岩作用［J］．天然气工业，2001，21（2）：13–17.

［160］内蒙古自治区地质矿产局．内蒙古自治区区域地质志［M］．北京：地质出版社，1989.

［161］牛树银，孙爱群，白文吉．造山带与相邻盆地间物质的横向迁移［J］．地学前缘（中国地质大学，北京），1995，2（1–2）：85–90.

［162］潘长春，周中毅，解启来．油气和含油气包裹体及其在油气地质地球化学研究中的意义［J］．沉积学报，1996，14（4）：15–23.

［163］庞雄奇．排烃门限控油气理论与应用［M］．北京：石油工业出版社，1995.

［164］齐亚林，邓秀芹，楚美娟，等．鄂尔多斯盆地晚三叠世长 8 期沉积环境分析［J］．地质科技情报，2014（4）：170–175.

［165］奇林格，谢列布里亚科夫，罗伯逊．异常地层压力成因与预测［M］．北京：石油工业出版社，2004.

［166］邱楠生．沉积盆地热体制研究的理论与应用［M］．北京：石油工业出版社，2004.

［167］邱楠生，金之钧．油气成藏的脉动式探讨［J］．地学前缘，2000，7（4）：561–566.

［168］邱楠生，张善文，金之钧．东营凹陷油气流体运移模式探讨——来自沸腾包裹体的证据［J］．石油实验地质，2001，23（4）：403–407.

［169］邱欣卫，刘池洋，李元昊，等．鄂尔多斯盆地延长组凝灰岩夹层展布特征及其地质意义［J］．沉积学报，2009，27（6）：1138–1146.

［170］裘怿楠，薛叔浩，应风祥．中国陆相油气储集层［M］．北京：石油工业出版社，1997.

［171］裘怿楠．油气储层评价技术［M］．北京：石油工业出版社，1997.

[172] 屈红军，马强，董云鹏，等．大巴山前陆盆地晚三叠世——侏罗纪沉积中心的迁移及古流向［J］．石油与天然气地质，2009，30（5）：584–588.
[173] 任纪舜，王作勋，陈炳蔚，等．从全球看中国大地构造——中国及邻区大地构造图简要说明［M］．北京：地质出版社，2002.
[174] 宋凯，吕剑文，杜金良，等．鄂尔多斯盆地中部上三叠统延长组物源方向分析与三角洲沉积体系［J］．古地理学报，2002，4（3）：59–66.
[175] 宋凯，吕剑文，凌升阶，等．鄂尔多斯盆地定边–吴旗地区前侏罗纪古地貌与油藏［J］．古地理学报，2003，5（4）：497–50.
[176] 孙国凡，刘景平，刘克琪，等．华北中生代大型沉积盆地的发育及其地球动力学背景［J］．石油与天然气地质．1985，6（3）：280–286.
[177] 孙永传，李蕙生，等，碎屑岩沉积相和沉积环境［M］．北京：地质出版社，1985.
[178] 汤锡元，郭忠铭．鄂尔多斯盆地西缘地质构造演化特征［J］// 杨俊杰．鄂尔多斯盆地西缘掩冲带构造与油气．兰州：甘肃科学技术出版社，1990.
[179] 田丰华，姜振学，夏淑华．砂体回弹在大庆油田形成过程中的贡献［J］．中国石油大学学报（自然科学版）．2008，32（2）：16–19.
[180] 田丰华，姜振学．剥蚀减压过程中的砂体回弹作用及其成藏效应研究综述［J］．地质科技情报．2008，27（31）：64–67.
[181] 田丰华，姜振学．地层抬升剥蚀对油气成藏的促进作用［J］．西南石油大学学报（自然科学版）．2008，30（5）：37–40.
[182] 田世澄，陈建渝，张树林，等．论成藏动力学系统［J］．勘探家，1996，1（2）：20–25.
[183] 田世澄，陈永进，张兴国，等．论成藏动力系统中的流体动力学机制［J］．地学前缘（中国地质大学，北京），2001，8（4）：329–335.
[184] 田在艺，张庆春．中国含油气沉积盆地论［M］．北京：石油工业出版社，1996.
[185] 童晓光．论成藏组合在勘探评价中的意义［J］．西南石油大学学报，2009，31（6）：1–8.
[186] 汪泽成，刘和甫，熊宝贤，等．从前陆盆地充填地层分析盆山耦合关系［J］．地球科学，2001，26（1）：33–39.
[187] 王琪，禚喜准，陈国俊，等．鄂尔多斯西部长 6 砂岩成岩演化与优质储层［J］．石油学报，2005，26（5）：17–23.
[188] 王琪，禚喜准．鄂尔多斯盆地盐池—姬塬地区三叠系长 4+5 砂岩成岩演化特征与优质储层分布［J］．沉积学报，2005，23（4）：397–405.
[189] 王飞宇，金之钧，吕修祥，等．含油气盆地成藏期次分析理论和新方法［J］．地球科学进展，2002，17（5）：754–1760.
[190] 王峰，王多云，高明书，等．陕甘宁盆地姬塬地区三叠系延长组三角洲前缘的微相组合及特征［J］．沉积学报，2005，23（2）：218–223.
[191] 王华，吴巧生，李绍虎．前陆盆地类型及其沉积动力学研究综述［J］．地质科技情报，1998，17（3）：12–18.
[192] 王捷，关德范，等．油气生成运移聚集模型研究［M］．北京：石油工业出版社，1999.
[193] 王琪，禚喜准，史基安．鄂尔多斯盆地延长组砂岩中不同期次碳酸盐岩胶结物氧碳同位素组成及其意义［J］．天然气工业，2007，10：96–104
[194] 王起琮，李文厚，赵虹，等．靖边–安塞地区延长组长 1 段沉积相特征［J］．西北大学学报（自然科学版）2006，36（1）：107–111.

[195] 王荃，刘雪亚．我国西部祁连山区的古海洋地壳及其大地构造意义［J］．地质科学，1975，（1）：42-55.

[196] 王双明，张玉平．鄂尔多斯侏罗纪盆地形成演化和聚煤规律［J］．地学前缘，1999（增刊）：147-155.

[197] 王秀娟，李元昊．鄂尔多斯盆地上三叠统延长组砂岩回弹及其对成藏的作用［J］．低渗透油气田，2013（1）：41-44.

[198] 王玉新．鄂尔多斯西缘中生代前陆盆地的形成与演化［J］// 张功成．中国含油气盆地构造［M］．北京：石油工业出版社．

[199] 王兆云，赵文智，何海清．超压与烃类生成相互作用关系及对油气运聚成藏的影响［J］，石油勘探与开发，2002，29（4）：12-115.

[200] 王振峰，罗晓容．莺歌海盆地高温高压地层钻井压力预监测技术研究［M］．北京：石油工业出版社，2004.

[201] 王震亮，陈荷立．神木－榆林地区上古生界流体压力分布演化及对天然气成藏的影响［J］．中国科学 D 辑：地球科学（增刊），2007，37：49-61.

[202] 魏红红，李文厚，邵磊，等．汝箕沟盆地上三叠统延长组沉积环境［J］．西北大学学报（自然科学版），2001，31（2）：171-174.

[203] 吴崇筠，薛叔浩．中国含油气盆地沉积学［M］．北京：石油工业出版社，1992.

[204] 吴汉泉．东秦岭和北祁连山的蓝闪片岩［J］．地质学报，1980，54（3）：195-207.

[205] 吴素娟，黄思静，孙治雷，等．鄂尔多斯盆地三叠系延长组砂岩中的白云石胶结物及形成机制［J］．成都理工大学学报（自然科学版），2005，32（6）：569-575.

[206] 吴元保，郑永飞．锆石成因矿物学研究及其对 U-Pb 年龄解释的制约［J］．科学通报，2004，49（16）：1589-1602.

[207] 武富礼，李文厚，李玉宏，等．鄂尔多斯盆地上三叠统延长组三角洲沉积及演化［J］．古地理学报，2004，6（3）：307-314.

[208] 席胜利，刘新社．鄂尔多斯盆地中生界石油二次运移通道研究［J］．西北大学学报（自然科学版），2005，35（5）：628-632.

[209] 夏林圻，夏祖春，等．祁连山及邻区火山作用与成矿［M］．北京：地质出版社，1998.

[210] 肖序常，陈国铭，朱志直．祁连山古板块构造的一些认识［J］．地质科技，1974（3）：73-78.

[211] 肖序常，陈国铭，朱志直．祁连山古蛇绿岩的地质构造意义［J］．地质学报，1978，54（1）：287-295.

[212] 薛叔浩，刘雯林，薛良清，等．湖盆沉积地质与油气勘探［M］．北京：石油工业出版社，2002.

[213] 杨华，邓秀芹，庞锦莲，等．鄂尔多斯盆地延长组湖盆中部大型复合浊积体发育特征及浊积岩形成控制因素分析［J］．西北大学学报（自然科学版，增刊），2006，36（162）

[214] 杨华，张文正．论鄂尔多斯盆地长 7 段优质油源岩在低渗透油气成藏富集中的主导作用［J］：地质地球化学特征［J］．地球化学，2005，34（2）：147-154.

[215] 杨俊杰．鄂尔多斯盆地西缘逆冲带构造与油气［M］．兰州：甘肃科学技术出版社．

[216] 杨俊杰．鄂尔多斯盆地构造演化与油气分布规律［M］．北京：石油工业出版社，2002

[217] 杨仁超，李进步，樊爱萍，等．陆源沉积岩物源分析研究进展与发展趋势［J］．沉积学报，2013，31（1）：99-107.

[218] 杨守业，李从先 .REE 示踪沉积物物源研究进展［J］．地球科学进展，1999，14（2）：164-

166.
[219] 杨晓萍，陈丽华．陕北斜坡延长统低渗透储集层成岩相研究［J］．石油勘探与开发，2001，28（4）：38–40.
[220] 杨晓萍，张宝民，雷振宇，等．含油气盆地中浊沸石的形成与分布及其对油气勘探的意义［J］．中国石油勘探，2006（2）：33–38.
[221] 杨晓萍，赵文智，等．低渗透储层成因机理及优质储层形成与分布［J］．石油学报，2007，28（4）：57–61.
[222] 姚光庆，马正，赵彦超，等．浅水三角洲分流河道砂体储层特征［J］．石油学报，1995，16（1）：24–30.
[223] 于兴河．碎屑岩系油气储层沉积学［M］．北京：石油工业出版社，2008.
[224] 喻建，邓秀芹，罗晓蓉．鄂尔多斯盆地晚三叠世西部沉积物源综合分析［J］，西北大学学报，2006，36（162）.
[225] 张成立，王涛，王晓霞．秦岭造山带早中生代花岗岩成因及其构造环境［J］．高校地质学报，2008，14（3）：304–316.
[226] 张德会．流体的沸腾和混合在热液成矿中的意义［J］．地球科学进展，1997，12（6）：546–551.
[227] 张国伟，孟庆任，于在平，等．秦岭造山带的造山过程及其动力学特征［J］．中国科学（D辑），1996，26（3）：193–200.
[228] 张国伟，张本仁，袁学诚，等．秦岭造山带与大陆动力学［M］．北京：科学出版社.2001.
[229] 张泓．鄂尔多斯盆地中、新生代构造应力场［J］．华北地质矿产，1996，11（1）：87–92.
[230] 张惠，孟祥振，蒲仁海，等．子长－蟠龙地区长1半深—深湖相沉积及其生油意义［J］．西北大学学报（自然科学版），2012，42（1）：82–87.
[231] 张文正，李善鹏，徐正球．鄂尔多斯盆地延长组长7油页岩工业利用前景分析［J］．低渗透油气田，2006（11）：1–2.
[232] 张文正，杨华，傅锁堂，等．鄂尔多斯盆地长91相优质烃源岩的发育机制探讨［J］．中国科学D辑：地球科学（增刊）.2007（37）：33–38.
[233] 张文正，杨华，傅锁堂，等．鄂尔多斯盆地晚三叠世湖相优质烃源岩发育段中震积岩的发现及其地质意义［J］．西北大学学报（自然科学版，增刊），2006，36（162）.
[234] 张文正，杨华，解丽琴，等．湖底热水活动及其对优质烃源岩发育的影响——以鄂尔多斯盆地长7烃源岩为例［J］．石油勘探与开发，2008，37（4）：424–428.
[235] 张文正，杨华，李剑锋，等．论鄂尔多斯盆地长7段优质油源岩在低渗透油气成藏富集中的主导作用——强生排烃特征及机理分析［J］．石油勘探与开发，2006，33（3）：289–293.
[236] 张渝昌．中国含油气盆地原型分析［M］．南京：南京大学出版社，1997.
[237] 张宗清，张国伟，唐索寒，等．秦岭沙河湾奥长环斑花岗岩的年龄及其对秦岭造山带主造山期结束时间的限制［J］．科学通报，1995，44（9）：981–984.
[238] 长庆油田石油地质志编写组．中国石油地质志（卷12）［M］．北京：石油工业出版社，1992.
[239] 赵澄林，朱筱敏．沉积岩石学［M］．北京：石油工业出版社，2001.
[240] 赵红格，刘池洋．物源分析方法及研究进展［J］．沉积学报，2003，21（3）：157–159.
[241] 赵徽林，刘孟慧，纪友亮，等．东濮凹陷下第三系碎屑岩沉积体系与成岩作用［M］．北京：石油工业出版社，1992.
[242] 赵靖舟．论幕式成藏［J］．天然气地球科学，2005，16（4）：469–476.

[243] 赵俊峰，刘池洋，喻林，等.鄂尔多斯盆地中生代沉积和堆积中心迁移及其地质意义[J]. 地质学报，2008，82（4）：540-549.

[244] 赵生贵.祁连造山带特征及其构造演化[J]. 甘肃地质学报，1996，1.

[245] 赵文智，等.石油地质理论与方法进展[M]. 北京：石油工业出版社，2006.

[246] 赵文智，何登发.石油地质综合研究导论[M]. 北京：石油工业出版社，1999.

[247] 赵文智，靳久强，薛良青，等.中国西北地区侏罗纪原型盆地形成与演化[M]. 北京：地质出版社，2000.

[248] 赵文智，王新民，郭彦如，等.鄂尔多斯盆地西部晚三叠世原型盆地及其改造演化[J]. 石油勘探与开发，2006，33（1）：6-13.

[249] 赵文智，邹才能，宋岩，等.石油地质理论与方法进展[M]. 北京：石油工业出版社，2006：1-251.

[250] 赵重远，周立发.成盆期后改造与中国含油气盆地地质特征[J]. 石油与天然气地质，2000，21（1）：7-10.

[251] 赵重远.沉积盆地成因与地球的均衡作用[J]. 石油与天然气地质，1981，2（1）：37-45.

[252] 郑荣才，耿威，周刚，等.鄂尔多斯盆地白豹地区长6砂岩成岩作用与成岩相研究[J]. 岩性油气藏，2007，19（2）：1-8.

[253] 中国科学院兰州地质研究所.中国陆相油气的形成演化和运移[M]. 兰州：甘肃人民出版社，1981.

[254] 钟广法，邬宁芬.1997.成岩岩相分析：一种全新的成岩非均质性研究方法[J]. 石油勘探与开发，24（5）：62-66.

[255] 周鼎武，赵重远，等.鄂尔多斯盆地西南缘地质特征及其与秦岭造山带的关系[M]. 北京：地质出版社，1994.

[256] 朱国华.陕甘宁盆地上三叠统延长组低渗透砂体和次生孔隙砂体的形成[J]. 沉积学报，1985，3（2）：1-17.

[257] 朱日祥，杨振宇，吴汉宁，等.中国主要地块显生宙古地磁视极移曲线与地块运动[J]. 中国科学（D辑），1998，28（增刊）：1-14.

[258] 朱夏.朱夏论中国含油气盆地构造[M]. 北京：石油工业出版社，1986.

[259] 左国朝，刘寄栋.北祁连早古生代大地构造演化[J]. 地质科学，1987，（1）：14-24.

[260] 左国朝.北祁连地区早古生代碰撞缝合作用.中国北方板块构造文集[M]. 北京：地质出版社，1986.

[261] 李继亮，尚文交，闫臻.盆山耦合与沉积作用，沉积学报，2013，21（1）：52-60.

[262] 于俊波，郭殿军，王新强.基于恒速压贡技术的低渗透储层物性特征[J]. 大庆石油学院学报. 2006，30（2）：22-24.

[263] Makowitz，R.H. Lander，et al. Digenetic modeling to assess the relative timing of quartz cementation and brittle grain process during compation [J]. AAPG Bulletin，2006，90（6）：873-885.

[264] Allen P A. Basin analysis [M]. 1990，Oxford：Blackwell.

[265] Ann Muggeridge，et al. The rate of pressure dissipation from abnormally pressured compartments [J]. AAPG Bulletin，89（1）：2005，61-80.

[266] Cari L. Johnson，et al. Geochemical characteristics and correlation of oil and nonmarine source rocks from Mongolia [J]. AAPG Bulletin，2003，87（5）：817-846.

[267] Cross T A，Lessenger MA. Sediment volume partitioning：rationale for stratigraptic model evaluation

and high resolution stratigraphic correlation. [J] Accepted for publication in Norwegian Petroleums Foreing Conference Volume, July 1996.

[268] Cross T A. Stratigraphic controls on reservoir attributes in continental strata [J]. Geology Frontier, 2000, 7 (4): 1-29.

[269] David W. Houseknecht. Assessing the relative importance of compaction processe sand cementation to reduction of porosity in sandstones [J]. The American Association of Petroleum Geologists Bulletin.1987, 71 (6): 633-642.

[270] Davis P A.1992, Depositional Systems : An Introduction To Sedimentology And Stratigraphy [J]. Prenticehall, Inc., Englewood Cliffs, New Jersey.

[271] Dewers T, Ortoleva P. Nonlinear dynamical aspects of deep basin hydrology : Fluid compartment formation and episodic fluid release [J]. American Journal of Science, 1994, 294 (6): 713-755.

[272] Dreyer T, Scheie A, Walderhuug O. Minipermeter-base study of permeability trends in channel sand bodies [J]. AAPG Bulletin, 1990, 74 : 359-374.

[273] England WA, MackenzieAS, MannDM, et al. The movement and entrapment of petroleum fluids in the surface [J]. journal of Geological Society, London, 1986, 144 : 327-334.

[274] Fisher W V. Models For Pyroclastic Surges And Pyroclastic Flows [J]. J. Vocanol. Geothem. Res., 1979, (6): 305-318.

[275] Glasmann J R, Clark R A, Larter S, et al. Diaggenesis in Bergen High area, North Sea : relationship to hydrocarbon maturation and fluid flow [J]. Brent sandstone.AAPG Bulletin, 1989, 73 : 1341-1360.

[276] Guy Plint A, Paul J McCarthy, Ubiratan F, et al. Nonmarine sequences trtigraphy : Updip expression of sequence boundary sand system stracts in a high resolution framework, Cenomanian Dunvegan Formation, Alberta foreland basin, Canada [J]. AAPG Bulletin, 2001, 85 (11): 1967-2001.

[277] Hao F, Li S, Gong Z, et al. Thermal regime, interreservoir compositional heterogeneities, and reservoir-filling history of the Dongfang Gas Field, Yinggehai Basin, South China Sea : Evidence for episodic fluid injections in over pressured basins [J]. AAPG Bulletin, 2000, 84 (5): 607-626.

[278] Hindle A D. Petroleum migration pathways and charge concentration : A three-dimensional Model[J]. AAPG Bulletin, 1997, 81 (9): 1451-1481.

[279] Hogg A J C, Hamilton P J, Macintyre R M. Mapping diagenetic fluid flow within a reservoir : K-Ar Dating in the Alwyn area (UK North Sea) [J]. Marine and Petroleum Geology, 1993, 10 : 279-294.

[280] Hooper E C D. Fluid migration along growth faults in compacting sediments [J]. Journal of Petroleum Geology, 1991, 14 (S1): 161-180.

[281] Hubbert M K. Entrapment of petroleum under hydrodynamic conditions [J]. AAPG Bulletin, 1953, 37 : 1954-2026.

[282] Hunt J M. Generation and migration of petroleum from abnormally pressured fluid compartments [J]. AAPG Bulletin, 1990, 74 (1): 1-12.

[283] James Collister, Robert Ehrlich, et al. Modification of the petroleum system concept : Origins of alkanes and isoprenoids in crude oils [J]. AAPG Bulletin, 2004, 88 (5): 587-611.

[284] James R Boles, Peter Eichhubl. Evolution of a hydrocarbon migration pathway along basin-bounding faults : Evidence from fault cement [J]. AAPG Bulletin, 2004, 88 (7): 947-970.

[285] Losh S, Eglinton L B, Schoell M, et al. Vertical and lateral fluid flow related to a large growth fault, South Eugene Island Block 330 Field, off shore Louisiana [J]. AAPG Bulletin, 1999, 83 (2): 244-276.

[286] Luo M, Baker M R, LeMone D V. Distribution and generation of the over pressure system, eastern Delaw are Basin, western Texas and southern New Mexico [J]. AAPG Bulletin, 1994, 78 (9): 1386-1405.

[287] Magara K. Compaction and migration of fluids in Miocene mudstone, Nagaoka Plain, Japan [J]. Bulletin of the American Association of Petroleum Geologists, 1968, 52: 2466-2501.

[288] Mark Wilkinson, R. Stuart Haszeldine, et al. Hydrocarbon filling and leakage history of a deep geopressured sandstone, Fulmar Formation, United Kingdom North Sea [J]. AAPG Bulletin, 2006, 90 (12): 1945-1961.

[289] Miall A. D. Reservoir Heterogeneityies In Fluvial Sandstones: Lessons From Outcrop Studies [J]. Bull. Am. Ass. Petrol. Geol., 1998, 72: 682-697.

[290] Monthioux M, Landais P. Durand B. Comparison between extracts from natural and artificial maturation series of Mahakam delta coals [J]. Org Geochem, 1986, 10 (3): 299-311.

[291] Nelson R A, Moldovanyi E P, Matcek C C, et al. Production characteristics of the fractured reservoirs of the LaPazfield, Maracaibobasin, Venezuela [J]. AAPG Bulletin, 2000, 84 (11): 1791-1809.

[292] Nelson R A. Geologic analysis of naturally fractured reservoirs [M]. Gulf Publishing Company, Huston, Texas. 1985.

[293] Patricia Sruoga and Nora Rubinstein. Processes controlling porosity and permeability in volcanic reservoirs from the Austral and Neuquen basin, Argentina [J]. AAPG Bulletin, 2007, 91 (1): 115-129.

[294] R di primio, B Horsfield. From petroleum-type organofacies to hydrocarbon phase prediction [J]. AAPG Bulletin, 2006, 90 (7): 1031-1058.

[295] Reading H, G. sedimentary environments: process, facies and stratigraphy 3rd [M]. Blackwell scientific publications, 1996.

[296] Reinhard Hesse, IngoKlaucke, Khodabkhsh, et al. Sandy submarine braid plains: Potential deep water reservoirs [J]. AAPG Bulletin, 2001, 85 (8): 1499-1521.

[297] Ritts B D, Hanson A D, Zinniker D et al. Lower-middle Jurassic nonmarine source rocks and petroleum systems of the Northern Qaidam Basin, northwest China [J]. AAPG Bulletin, 1999, 83 (12): 1980-2005.

[298] Roberts S J, Nunn J A. Episodic fluid expulsion from geopressured sediments [J]. Marine and Petroleum Geology, 1995, 12 (2): 195-202.

[299] S. N. Ehrenberg. Factors controlling porosity in Upper Carboniferous-Lower Permian carbonate strata of the Barents Sea [J]. AAPG Bulletin, 2004, 88 (12): 1653-1676.

[300] Sales, J K. Jeal strength vs. trapclosure-A fundamental control on the distribution of oil and gas [J]. AAPG Memoir, 1997, 67: 57-83.

[301] Shanmugam G. Significance of secondary porosity in interpreting sandstone composition [J]. AAPG, 1985, 69 (3): 378-384.

[302] Shirley P. Dutton, Eugene M. Kim, et al. Play analysis and leading-edge oil-reservoir development methods in the Permian basin: Increased recovery through advanced technologies [J]. AAPG Bulletin, 2005, 89 (5): 553-576.

[303] T Mccann，A Saintot. Tracing Tectonic Deformation Using the Sedimentary Record [M]. published by the geological society London，2003.

[304] Tissot B P，Welte D H. Petroleum Formation and Occurrence. 2nd [M]. Berlin：Springer，1984.

[305] Vail P R. Seismic stratigraphy interpretation using sequence stratigraphy. Part1：stratigraphy interpretation procedure. In：Bally A W，ed. Aalas of Seismic Stratigrphy [J]. AAPG，Studies in Geology，1987，27：1-10.

[306] Waples D W. The time and temperature in petroleum exploration：Application of Lopatin Method to Petroleum Exploration [J]. AAPG，1890，64：916-927.

[307] Zeng J，Jin Z. Experimental investigation of episodic oil migration along fault system [J]. Journal of Geochemical Exploration，2003，78-79，493-498.

[308] Zhouheng Chen，Kirk G Osadetz. Geological risk mapping and prospect evaluation using multivariate and Bayesian statistical methods，western Sverdrup Basin of Canada [J]. AAPG Bulletin，2006，90 (6)：859-872.